KB035100

아인슈타인의 냉장고

EINSTEIN'S FRIDGE
by PAUL SEN

Einstein's Fridge

폴 센 지음 | 박병철 옮김

아인슈타인의 냉장고

뜨거운 것과 차가운 것의 차이로 우주를 설명하다

매일경제신문사

●●●

조제프Joseph와 네이선Nathan에게

차례

| 프롤로그 |

열역학Thermodynamics은 역사상 가장 유용하면서 가장 널리 적용되어 온 과학 이론이다.

명칭만 놓고 보면 열역학의 관심사는 열의 거동과 관련된 좁은 분야에 한정되어 있는 것 같다. 실제로 열역학이 처음 태동하던 시기에는 열의 물리적 특성을 연구하는 것이 전부였다. 그러나 오늘날의 열역학은 연구 범위가 크게 확장되어 우주를 이해하는 수단으로까지 발전했다.

열역학의 핵심은 에너지와 엔트로피entropy 그리고 온도라는 세 가지 개념으로 요약할 수 있다. 이들(그리고 이들을 지배하는 법칙)을 이해하지 못하면 물리학, 화학, 생물학을 비롯한 모든 과학은 기본 논리 자체를 잃게 된다. 열역학의 법칙은 만물의 기본 단위인 원자와, 살아 있는 세포부터 문명 세계에 동력을 공급하는 각종 엔진과 은하의 중심부에 있는 블랙홀에 이르기까지, 모든 것의 거동 방식을 결정한다. 우리는 왜 숨을 쉬어야 하는가? 왜 먹어야 하는가? 빛은 어떻게 자신의 모습을 드러내며, 우주는 어떻게 끝날 것인가? 이 모든 질문의 답이 열역학에 들어 있다.

간단히 말해서, 열역학은 현대 문명을 떠받치는 기반이다. 열역학이라는 분야가 탄생한 후로 인류는 과거 그 어떤 시대보다 눈부신 발전을 이룩했으며, 지구상에 인류가 출현한 이래로 가장 건강하고 긴 삶을 누리고 있다. 일례로 요즘 태어난 아이들은 성인이 될 때까지 살아남을 확률이 거의 100퍼센트에 가깝다. 물론 세상에는 아직도 잘못된 부분이 많이 남아 있으나, 그런 것 때문에 과거의 원시적인 삶으로 돌아가려는 사람은 거의 없다. 물론 이 모든 발전을 열역학 혼자 이룩한 것은 아니지만, 열역학이 없었다면 인류는 지금처럼 풍요로운 삶을 누리지 못했을 것이다. 하수펌프와 제트엔진, 안전한 전기공급망과 생명을 살리는 생화학 등 우리가 당연하게 여기는 현대 문명의 모든 기술은 에너지와 엔트로피 그리고 온도를 이해했기 때문에 탄생할 수 있었다.

그러나 이토록 중요한 열역학도 태동기에는 신데렐라와 비슷한 대접을 받았다(화려하게 데뷔했다는 뜻이 아니라 철저하게 무시당했다는 뜻_옮긴이).[1] 열역학과 관련된 문제는 중고등학교 물리학 교과서에 짤막하게 언급되었을 뿐, 우주를 이해하는 데 반드시 필요한 엔트로피에 대해서는 아무도 관심을 갖지 않았다.

내가 열역학을 처음 접한 것은 케임브리지 공과대학의 학부 2학년 때였는데, 당시 수업시간에 배운 것이라곤 엔진과 증기터빈 그리고 냉장고와 관련된 단편적 내용들뿐이었다. 만일 그때 '열역학을 이용하면 모든 과학을 통일된 관점에서 올바르게 이해할 수 있다'는 사실을 알았다면, 훨씬 더 열심히 파고들었을 것이다. 열역학을 일반 독자들에게 소개하는 책도 크게 다르지 않은 것 같다. 고등교육을 받은 사람들도 인류 역사상 최고의 지적 산물인 열역학에 대해서는 대체로 무지한 편이다. 우리는 저변에 깔린 원리를 전혀 모르는 채 음식의 칼로리를 계산하고, 에너지 요금을 지불하고, 지구 온난화를 걱정하고 있다.

아인슈타인의 이론이 세상에 알려질 때에도 열역학은 여전히 신데렐라 신세였다. 그의 혁명적인 업적을 모르는 사람은 없지만, 그의 이론이 열역학과 밀접하게 관련되어 있다는 것과 열역학의 발전에 엄청난 공헌을 했다는 사실을 아는 사람은 거의 없다. 소위 '기적의 해 miracle year'로 불리는 1905년에 아인슈타인은 에너지와 질량을 연결하는 방정식 $E=mc^2$를 포함하여 총 네 편의 논문을 발표했다.

당시 아인슈타인은 학문 이외에 여러 가지 문제(재정난, 지도교수와의 불화)로 어려운 시기를 겪고 있었지만, 그의 논문은 결코 맨땅에서 캐낸 우연의 산물이 아니었다. 그는 1902년부터 3년에 걸쳐 열역학과 관련된 세 편의 논문을 발표했고, 1905년에 발표한 처음 두 논문—〈물질의 원자적 구조(브라운 운동)〉와 〈빛의 양자적 특성(광전효과)〉—은 그 후속편에 해당한다. 그해 세 번째로 발표한 논문에 담긴 특수 상대성 이론special relativity은 열역학에서 영감을 떠올린 걸작이었으며,[2] $E=mc^2$를 증명한 네 번째 논문은 뉴턴이 제안했던 질량과 열역학의 에너지를 개념적으로 통합한 세기적 논문이었다.

아인슈타인은 열역학을 다음과 같이 평가했다. "열역학은 범우주적으로 통용되는 유일한 이론이다. 다른 이론이 모두 사라진다고 해도, 열역학만은 우주의 섭리를 담은 이론으로 끝까지 살아남을 것이다."[3]

아인슈타인이 열역학에 관심을 가진 것은 자신의 주 전공 분야인 이론물리학 때문만이 아니었다. 세간에는 잘 알려지지 않았지만, 그는 열역학의 실용적인 활용에도 많은 관심을 가지고 있었다. 1920년대 후반에 아인슈타인은 당시 시판되던 냉장고의 가격을 낮추고 안전성을 높이기 위해 새로운 냉장고를 설계한 적이 있다. 이 작업에 수년 동안 매달리면서 아에게AEG 사와 일렉트로룩스Electrolux 사로부터 적지 않은 후원금까지 받았으니 단순한 여가활동은 아니었다.

그런데 왜 하필 냉장고였을까? 여기에는 그럴 만한 사연이 있다. 1926년에 베를린의 한 가정집에서 냉장고의 파이프를 타고 흐르던 유독가스가 새어나와 어린아이를 포함한 여러 명이 사망했다. 이 사고는 베를린의 한 일간지를 통해 세상에 알려졌고, 비극적 뉴스를 접한 아인슈타인은 안전한 냉장고를 만들기로 마음먹었다고 한다.

열역학은 위대한 과학일 뿐만 아니라 위대한 역사이기도 하다.

2012년 초에 나는 TV 다큐멘터리를 제작하던 중[4] 은둔생활을 즐겼던 프랑스의 사디 카르노Sadi Carnot가 1824년에 자가 출판한 얇은 책

《불의 동력에 관한 소고Reflections on the Motive Power of Fire》를 접하게 되었다.

카르노는 자신의 연구를 인정받지 못하고 서른여섯이라는 젊은 나이에 콜레라로 세상을 떠났지만, 그로부터 20년이 채 지나기 전에 그의 이름 앞에 '열역학의 창시자'라는 수식어가 붙기 시작했다. 19세기 말에 영국의 물리학자 켈빈 경Lord Kelvin은 카르노의 책이 "과학계에 주어진 최고의 선물"이라며 극찬을 아끼지 않았다.[5]

나 역시 카르노의 책에 완전히 매료되었다. 다른 기초물리학 저자들과 달리, 그의 관심사는 대수학과 미적분학에 물리학적 직관을 결합하여 더욱 행복하고 깨끗한 세상을 구현하는 것이었다. 인류의 미래를 진심으로 걱정했던 그는, 오직 과학만이 당면한 문제를 해결하고 진보를 이룩하는 열쇠라고 생각했다.

카르노의 과학은 19세기에 유럽에서 일어난 혁명적 변화의 결과물이었다. 그의 책은 비상한 사고력의 산물이자, 거의 비슷한 시기에 일어난 두 가지 혁명(프랑스 혁명과 산업혁명)의 산물이기도 하다. 카르노의 책을 접한 후 그의 이론을 이어받은 다른 과학자들의 책을 읽기 시작하면서, 그들의 연구가 주변 세상의 영향을 받아 탄생했다는 사실이 더욱 분명해졌다. 열역학의 역사는 인간이 과학적 지식을 획득해온 역사임과 동시에 지식과 사회가 서로 영향을 주고받으면서 발전해온 변천사이기도 하다.

나는 이 책을 통해 과학의 역사가 다른 어떤 역사보다 중요하다고 주장할 참이다. 실제로 역사를 돌이켜보면, 지식을 한계까지 밀어붙인 사람이 장군이나 군주보다 중요한 역할을 해왔다. 이 책에는 과학의 영웅들과 우주의 진리를 향한 그들의 탐구 여정이 소개되어 있다. 사디 카르노를 비롯하여 윌리엄 톰슨William Thomson, 켈빈 경, 제임스 줄James Joule, 헤르만 폰 헬름홀츠Hermann von Helmholtz, 루돌프 클라우지우스Rudolf Clausius, 제임스 클러크 맥스웰James Clerk Maxwell, 루트비히 볼츠만Ludwig Boltzmann, 알베르트 아인슈타인Albert Einstein, 에미 뇌터Emmy Noether, 클로드 섀넌Claude Shannon, 앨런 튜링Alan Turing, 제이콥 베켄슈타인Jacob Bekenstein, 그리고 스티븐 호킹Stephen Hawking이 바로 그들이다. 이들의 이야기를 접하다 보면 인간의 지성이 이룩한 최고의 업적 중 하나를 자연스럽게 이해할 수 있을 것이다.

우리의 영웅 중 한 사람인 루트비히 볼츠만은 이런 말을 한 적이 있다. "국가적 사업에서 수백만 명을 진두지휘하거나, 십만 대군을 이끌고 전쟁에서 승리하는 것은 물론 위대한 일이다. 그러나 허름한 연구실에서 허름한 장비로 자연의 진리를 발견하는 것은 더욱 위대한 일이라고 생각한다. 승리한 전쟁은 역사학자의 기록 보관소에 저장될 뿐이지만, 자연의 진리는 지식의 기초가 되어 인류의 삶에 끊임없이 영향을 주기 때문이다."[6]

Einstein's Fridge

01

영국으로 가다

증기기관의 수가 믿을 수 없을 정도로 증가했다.

장 바티스트 세[1]

1814년 9월 19일, 프랑스의 경제학자이자 사업가인 마흔일곱 살의 장 바티스트 세Jean Baptiste Say가 정탐 임무를 띠고 10주에 걸친 여행길에 올랐다. 3개월 전에 나폴레옹이 지중해의 엘바섬으로 유배되면서 프랑스와 북유럽 사이의 무역 봉쇄가 해제된 후, 새로 들어선 프랑스 정부가 최근 급성장한 영국 경제의 원동력을 분석하기 위해 장 바티스트 세를 일종의 스파이로 파견한 것이다. 세는 10대 시절에 2년 동안 영국의 여러 무역회사에서 근무하면서 영어를 익혔고, 성인이 된 후에는 프랑스 북부에 직물공장을 운영하면서 경제학의 이론과 실무를 폭넓게 익힌 실력자가 되었다.

스파이라고는 하지만, 사실 바티스트 세에게 주어진 임무는 위험이나 비밀과는 다소 거리가 있었다. 그는 영국인들에게 자신이 파견된 이유를 굳이 숨기지 않고 친영적親英的 성향과 특유의 사교성을 십분 발휘하여 영국의 광산과 공장, 항구는 물론이고 극장과 시골 마을까지 두루 돌아다니면서 영국의 발전상을 눈으로 확인했다. 그는 젊은 시절에 살았던 풀험Fulham, 런던의 서쪽에 있는 작은 마을에서 여행을 시작했는데, 26년 전의 모습과는 너무도 다르게 변해 있었다. 한적했던 마을에 새로 지은 집들이 빼곡하게 들어서고, 드넓었던 초원에는 온갖 종류의 상점들이 즐비하게 늘어서 있었던 것이다.

풀험은 18세기 영국의 발전상을 보여주는 상징적 장소였다. 그 사이에 영국의 인구는 600만에서 900만으로 1.5배나 증가했고,[2] 음식과 의복의 품질이 몰라보게 향상되었으며, 노동자들은 유럽 최고 수준의 임금을 받으면서 풍족한 생활을 누리고 있었다. 교역량도 급증하여 런던항에 정박한 선박의 수가 과거의 세 배인 3000척에 달했고, 다른 지역에서도 새로 건설된 운하와 도시에 수많은 가스등이 어두운 밤을 밝히고 있었다. 세는 버밍험의 주물공장과 맨체스터에 있는 7층짜리 방적공장, 그리고 요크와 뉴캐슬의 석탄광산과 글래스고의 면직물 생산 공장을 둘러보았다. 특히 면직물 공장의 소유주 핀레이Finlay는 프랑스의 경쟁업체를 대수롭지 않게 생각했는지, 공장의 모든 시설을 자랑스럽게 보여주었다.

영국의 경제발전을 견인했던 목화 가공 산업의 수출 규모는 바티스트 세가 영국을 처음 방문했던 1780년대부터 두 번째로 방문했던 1810년대 사이에 무려 25배나 증가했다.[3] 당시 영국은 식민지로부터 면화를 싼값에 수입하여 막대한 이득을 남기고 있었으며, 프랑스인들은 (나폴레옹의 정책에 찬성했던 사람들을 포함하여) 식민지 확장만이 국가 경제를 발전시키는 최선의 방법이라고 믿었다. 그러나 세는 식민지 정책이 장기적으로 무익하며, 영국이 장족의 발전을 이룩할 수 있었던 것은 식민지 덕분이 아니라 기술 혁신 때문이라고 생각했다.[4] 그중에서도 특히 세의 관심을 끈 것은 사방에서 김을 뿜으며 요란하게 돌아가는 증기기관이었다.

"모든 곳에서 증기기관의 수가 믿을 수 없을 정도로 증가했다. 30년 전까지만 해도 런던에는 증기기관이 단 두 개밖에 없었지만, 지금은 수천 개나 된다… 증기기관이 없으면 영국의 산업은 이윤을 창출할 수 없다."[5]

증기기관의 덕을 가장 크게 본 분야는 영국의 광산산업이었다. 광산은 우물처럼 땅속 깊이 파고 들어가야 하기 때문에 지하수가 쉽게 유입된다. 산업혁명 이전에는 말의 힘으로 물을 길어 올렸는데, 몇 미터만 들어가도 말이 힘에 부쳐서 많은 애를 먹었다. 게다가 말 한 마리를 1년 동안 먹이려면 약 2에이커(1에이커는 약 4000제곱미터_옮긴이)의 땅에서 곡물을 키워야 하는데, 영국 전역의 광산에 투입된 말들을 먹이기에는 농지가 턱없이 부족했다.[6] 그러나 1820년에 생산된 증기기관은 270미터 깊이에서 물을 길어 올릴 수 있는 수준까지 발전했고,[7] 그 덕분에 석탄 생산량이 급증하면서 철 생산량도 크게 늘어났다(용광로에 불을 피우려면 석탄이 필요하다). 실제로 1750~1805년 사이에 영국의 철 생산량은 2만 8000톤에서 25만 톤으로 무려 9배 가까이 증가했다.[8]

19세기 초에 영국에는 바티스트 세의 말처럼 엄청난 수의 증기기관이 운용되고 있었지만, 그다지 혁신적인 도구는 아니었다. 이 시기에 증기기관이 널리 퍼진 것은 효율이 높아서가 아니라, 사방으로 에너지가 새어나가는 저효율 증기기관을 사용해도 수지 타산이 맞을 정도로 석탄이 풍부했기 때문이다. 예를 들어 1811년에 스코틀랜드 남부의 캐프링턴 탄광Caprington Colliery에 설치된 증기기관은 영국의 발명가 토머스 뉴커먼Thomas Newcomen이 100년 전에 작성한 설계도 그대로 제작된 것이다. 이 장치는 지금 우리가 생각하는 것처럼 뜨거운 증기를 피스톤으로 밀어내면서 동력을 발휘하는 장치가 아니라 증기를 이용한 진공엔진(vacuum engine, 공기압과 진공을 이용하여 동력을 생산하는 장치_옮긴이)에 가까웠는데, 작동 원리가 매우 복잡하고 효율이 낮아서 그다지 바람직한 동력원은 아니었다(engine은 상황에 따라 기관機關으로 번역하기도 하고, 영어 그대로 '엔진'으로 표기한 경우도 있다. 예를 들어 steam engine은 증기기관이지만, jet engine은 제트기관이라 하지 않았다. 이후로는 '기관'과 '엔진'을 동의어로 이해해주기 바란다_옮긴이).

뉴커먼의 엔진 작동 원리는 다음과 같다. 석탄으로 물을 데워서 증기가 생성되면 밸브가 열리면서 피스톤이 장착되어 있는 커다란 실린더로 흘러 들어간다. 처음에 피스톤은 위로 올라간 상태이다. 실린더에 증기가 차면 밸브가 자동으로 닫히는데, 이때 차가운 물을 실린더에 분사하면 온도가 내려가면서 증기가 물로 응결된다. 그런데 물은

토머스 뉴커먼의 엔진

증기보다 부피가 훨씬 작기 때문에 피스톤의 아래쪽에 순간적으로 진공상태가 형성되고, 바깥 대기가 진공을 메우기 위해 실린더로 유입되면서 피스톤을 강하게 밀어낸다. 동력이 생성되는 것은 바로 이 단계이다. 증기는 진공을 만들기 위한 수단일 뿐, 실제로 일을 하는 것은 증기가 아니라 대기압이다.

이 현상은 간단한 실험으로 확인할 수 있다. 음료수 캔의 내용물을 비우고 소량의 물을 부은 후 증기가 생성될 때까지 캔에 열을 가한다. 간단한 안전장비를 갖추고 캔을 집게로 집어서(매우 뜨거울 것임!) 차가운 물에 넣자마자 거꾸로 뒤집으면 응결이 일어나면서 캔의 내부가 부분적으로 진공상태가 되고, 대기의 압력에 의해 처참하게 일그러진다.

뉴커먼의 엔진은 이 과정(실린더에 증기가 유입되었다가 응결되어 부분적으로 진공상태가 형성되는 과정)을 끊임없이 반복하면서 실린더의 왕복운동을 유도하여 펌프를 작동시키는 장치이다. 현장에서는 1부셸bushel, 약 38킬로그램의 석탄으로 2200~4500톤의 물을 30센티미터가량 들어 올릴 수 있었는데, 석탄에서 발생한 열에너지의 99.5퍼센트가 아무런 쓰임새 없이 낭비되었기 때문에 요즘 기준에서 보면 매우 비효율적인 엔진이었다.[9]

그럼에도 뉴커먼식 엔진이 100년 이상 사용된 이유는 석탄이 매우 저렴했기 때문이다. 바티스트 세가 영국을 방문했던 무렵에 영국의 연간 석탄 생산량은 거의 1600만 톤에 달했고,[10] 리즈와 버밍험 같은 신생 산업도시에서는 석탄 1톤당 가격이 10실링을 넘지 않았다.[11] 석탄이 이렇게 쌌으니 굳이 엔진의 효율을 높일 필요가 없었던 것이다.

그러던 중 1769년에 스코틀랜드 출신의 공학자 제임스 와트James Watt가 효율을 네 배로 높인[12] 새로운 엔진을 개발하여 특허를 획득했다.[13] 그러나 역설적이게도 와트의 엔진은 향후 30년 동안 영국 산업의 발목을 잡는 걸림돌로 작용하게 된다. 그의 사업 파트너인 매튜 볼턴Matthew Boulton이 당시 특허 체계를 교묘하게 이용하여 와트의 엔진보다 효율이 높은 엔진이 출시되는 길을 원천적으로 봉쇄했기 때문이다.[14] 지금도 그렇지만, 혁신이 항상 상업적 성공으로 이어진다는 보장은 없다.

과학에 대한 영국인의 애증도 발전을 저해하는 요인 중 하나였다.[15] 일단 긍정적인 면부터 살펴보자. 18세기에는 영국의 중산층 수가 크게 증가하면서 많은 사람들이 자연철학에 관심을 갖게 되었다. 당시에는 미디어가 없었기 때문에 서점의 베스트셀러는 대부분 백과사전이었고, 군중들은 자석의 거동부터 천문학적 발견에 이르는 다양한 지식을 얻기 위해 공개 강연장에 벌떼처럼 몰려들곤 했다. 이런 분위기에서 과학 토론을 위한 모임도 많이 생겼는데, 가장 유명한 모임은 와트와 볼턴이 가입했던 루나 소사이어티Lunar Society, 만월회였다. 그러나 일부 대중들은 과학을 별로 달갑게 생각하지 않았다. 조지프 프리스틀리Joseph Priestley, 산소를 최초로 발견한 영국의 화학자를 비롯한 일부 과학자들이 프랑스 혁명을 지지하고 나섰기 때문이다. 심지어 1791년에는 성난 군중들이 프리스틀리의 집과 연구소에 불을 지르기도 했다.

게다가 영국의 두 명문 대학교(옥스퍼드와 케임브리지)에는 현대식 물리학과 공학에 해당하는 강좌가 아예 존재하지 않았다.[16] 아이작 뉴턴Isaac Newton의 모교인 케임브리지의 교수들은 뉴턴이 발견했던 수학적 원리를 학생들에게 가르치긴 했지만, 그의 업적을 확장하는 데에는 별 관심이 없었고, 외국에서 개발된 수학적 기술을 신뢰하지 않았다.[17] 1806년에 진보적 성향의 수학자 로버트 우드하우스Robert Woodhouse가 유럽의 수학을 수용해야 한다고 주장했다가 보수적 논평지인 《반-자코

뱅 리뷰Anti-Jacobin Review》에 의해 매국노로 낙인찍힌 적도 있다.[18] 당시 영국의 학자들은 수학의 현실적 응용에도 별 관심이 없었다. 뉴턴의 운동법칙은 행성의 공전 궤도를 비롯하여 다양한 자연현상을 설명해주었으나, 케임브리지의 교수들이 수학과 물리학을 가르치는 목적은 부유층 자제들에게 교회와 국가 그리고 왕국에 대한 충성심을 주입하는 것이었다. 참다못한 케임브리지의 학생들이 학교 측에 거세게 항의했지만, 교육 방침이 바뀔 때까지는 수십 년을 기다려야 했다.

그러나 프랑스의 분위기는 영국과 사뭇 달랐다.

장 바티스트 세는 영국 경제와 산업의 발전상을 정리하여 1816년에 《영국 이야기De l'Angleterre et des Anglais》라는 책으로 출간했다. 이와 비슷한 시기에 프랑스의 공학자와 사업가 그리고 정치인들도 이와 비슷한 책을 출간했는데, 이들은 한결같이 "영국 경제를 따라잡으려면 증기력을 최대한 활용해야 한다"고 주장했다. 그러나 여기에는 한 가지 문제가 있었으니, 영국해협 남쪽에서는 석탄이 귀하다는 것이었다. 당시 프랑스의 석탄 생산량은 연간 약 100만 톤 정도였는데, 대부분의 광산이 도심에서 멀리 떨어진 랑그도크Languedoc 지역에 집중되어 있어서 영국의 산업 중심지보다 세 배 이상 비싼 가격(톤당 28실링)에 거래되었다.[19] 그래서 프랑스의 공학자들은 산업화 초기 단계부터 영국의 공학자들과 달리 엔진의 효율(주어진 양의 석탄으로 유용한 에너지를 최대한 추출하는 방법)에 관심을 가질 수밖에 없었다.

프랑스의 수학과 과학 교육 체계도 영국과는 사뭇 달랐다. 그 차이는 프랑스로 돌아온 바티스트 세가 3년 후에 공업경제학 교수로 부임한 국립미술공예학교National Conservatory of Arts and Crafts의 사례에서 분명하게 드러난다.[20] 이름에서 알 수 있듯이, 이 학교는 케임브리지처럼 엘리트를 양성하는 교육기관이 아니었다. 공교육을 강화하겠다는 프랑스 혁명 정부의 공약에 따라 파리에 설립된 국립미술공예학교는 '과학과 수학은 미신을 잠재우고 귀족의 특권을 압도하는 최상의 무기'라는 기치 아래 심도 있는 과학 교육을 제공했고,[20] 합리적 사회에 반드시 필요한 합리적 법체계를 가르치는 데에도 많은 자원을 투자했다. 얼마 후 정권을 잡은 나폴레옹도 프랑스의 군사력을 키우기 위해 국립미술공예학교를 전폭적으로 지원했으며, 이런 분위기에서 프랑스 과학자들은 뉴턴의 업적에 기초하여 과학의 적용 범위를 넓히고 일상생활에 간편하게 적용할 수 있는 다양한 과학 지식을 개발했다. 그래서 국립미술공예학교 같은 곳에서는 "증기기관을 수학적으로 분석하면 효율을 높일 수 있다"는 주장이 당연한 사실로 받아들여졌다.

그리고 바로 이 학교에 다녔던 한 젊은 학생이 드디어 열역학의 과학적 기초를 세우게 된다.

Einstein's Fridge

02

불을 이용한 동력

냉기도 반드시 필요하다. 차가운 곳이 없으면 열은 아무짝에도 쓸모없다.[1]

사디 카르노

그는 매우 신사적이고 겅우가 바르며 사람들 앞에서 수줍어하지도 않는다…
그의 신념은 아무도 꺾지 못할 것이다.[2]

사디 카르노에 대한 한 친구의 평가

중간 체격에 매사 조심스럽고 섬세하면서 내성적인 성격의 사디 카르노는 결코 길지 않았던 인생을 고독 속에서 살다 갔다. 1820년대 초의 국립미술공예학교에서 카르노는 별로 눈에 띄는 학생이 아니었다. 현재 남아 있는 그의 초상화를 보면 교양 있고 사려 깊은 표정을 짓고 있지만, 전체적인 분위기는 다소 나약해 보인다. 옆에서 조금만 건드려도 금방 쓰러질 것처럼 생겼다.

사디 카르노는 1796년 6월 1일에 파리의 쁘띠 룩상부르크Petit Luxembourg 궁전에서 태어났다.[3] 그의 부친인 라자르 카르노Lazare Carnot는 뛰어난 수학자이자 공학자로서, 몽골피에 형제(Montgolfier brother, 프랑스의 발명가_옮긴이)가 1783년에 사람을 태운 채 기구 비행에 성공하고 얼마 지나지 않아 기구의 성능을 개선하는 논문을 발표할 정도로 실용과학에 능했으며,[4] 각종 기계장치와 물레방아의 작동 원리에 대한 논문도 다수 발표했다. 그는 13세기 페르시아의 시인 '시라지의 사아디Saadi of Shirazi'의 열렬한 팬이었기에, 아들에게 사디Sadi라는 희한한 이름을 지어주었다고 한다.

프랑스 혁명이 촉발된 1789년부터 라자르는 정치에 입문하여 2년 후 과도 정부의 국회의원으로 선출되었으며, 그 후에는 프랑스 혁명군을 효율적으로 개편하여 유명세를 떨쳤다. 당시 프랑스 혁명을 주도했던 많은 사람들이 테러로 목숨을 잃었는데, 라자르는 운 좋게도 끝까지 살아남아 사디가 태어났던 1796년에는 프랑스를 다스리는 5인방 중 한 사람이 되었다. 그러니까 사디 카르노는 18세기 유럽의 정치적 · 지적 격동기에 권력의 핵심부에서 태어나 자란 셈이다.

라자르 카르노는 어린 사디를 직접 가르치다가 과학에 소질이 있음을 간파하고 프랑스 최고 고등과학 교육기관인 파리의 에콜폴리테크닉École Polytechnic에 입학시켰다.[5] 사디 카르노가 훗날 다니게 될 국립미술공예학교처럼,[6] 에콜폴리테크닉도 공교육을 강화하겠다는 프랑스 혁명 정부의 공약에 따라 1794년에 설립되었다(설립자 중 한 사람이 바로 라자르 카르노였다). 이 학교의 모집관들은 출신 성분이나 재력에 상관없이 재능 있는 학생들을 찾기 위해 프랑스 전역을 돌아다녔는데, 어느 정도 효과는 있었지만 입학생의 대부분은 상류층 자제들이었다.

입학시험도 어렵기로 유명해서, 파리의 국립고등학교(대학예비학교)에 다니거나 카르노처럼 개인 교습을 받지 않으면 합격하기가 어려웠다. 사디 카르노는 1812년 11월에 지원자 중 세 번째로 어린 나이(16세)로 응시하여 24등으로 합격했다. 그해 신입생이 184명이었으니, 상위 15퍼센트 안에 드는 준수한 성적이다.

카르노는 에콜폴리테크닉에서 근 2년 동안 수학과 물리학의 최신 이론을 습득했고, 1814년 10월에 졸업한 후 프랑스군 공병대에 입대하여 군인의 길을 걷기 시작했다. 그러나 이것은 별로 현명한 선택이 아니었다. 1815년 6월에 영국과 프로이센을 주축으로 한 연합군이 워털루 전투에서 프랑스군을 격파하고 나폴레옹을 지중해의 세인트헬레나섬으로 유배시켰다. 그 후 100만 명이 넘는 외국 군대(제7연합군)가 프랑스에 주둔하면서 치안을 담당했고, 혁명의 와중에 참수당한 루이 16세의 동생 루이 18세가 정식으로 왕위에 올랐는데, 이 모든 것이 카르노 가문에 악재로 작용했다. 나폴레옹이 워털루에서 패하기 직전에 라자르 카르노를 내무장관으로 임명했기 때문이다.

프랑스 정부는 나폴레옹과 가까웠다는 이유로 라자르를 독일의 마그데부르크Magdeburg로 추방시켰고, 파리에 남은 사디 카르노는 졸지에 고립무원 외톨이가 되었다. 나폴레옹이 통치하던 시대에는 프랑스의 고위 장성들조차 '카르노'라는 이름에 주눅이 들어 하급 장교인 사디에게 온갖 친절을 베풀었지만, 전쟁이 끝난 후에는 새로 부임한 고위 장교들이 사디를 외딴 시골로 전출시켰다. 그리하여 사디는 1819년부터 월급이 절반으로 깎인 중위의 신분으로 외딴 기지에서 비교적 한가한 시간을 보내게 된다.

이곳에서 사디 카르노는 대부분의 여가 시간을 평소 관심이 많았던 과학 기술에 투자했다. 그는 파리에 새로 건설된 최신 시설의 공장을 견학하고, 국립미술공예학교에서 장 바티스트 세의 강의를 들으며 과학 지식의 폭을 더욱 넓혀나갔다. 파리의 동쪽 외곽에 위치한 국립미술공예학교는 에콜폴리테크닉과 마찬가지로 프랑스 혁명 정부가 공교육을 강화하겠다는 공약을 지키기 위해 수도원을 개조하여 설립한 교육기관이다. 프랑스 혁명 때 축출되었다가 나폴레옹이 엘바섬으로 유배된 후 복귀한 부르봉 왕조는 국립미술공예학교에 재정 지원을 계속했지만, 과거 나폴레옹과 친분을 맺었던 다수의 강사와 학생들을 블랙리스트에 올려놓고 정부요원을 파견하여 행동거지를 감시했다.

이토록 삼엄한 분위기에도 불구하고 국립미술공예학교는 학구적인 분위기를 이어나갔다. 카르노는 바로 이곳에서 니콜라 클레망Nicolas Clément이라는 화학 교수를 만나 온도와 열의 의미를 깨우치게 된다.

열보다는 온도가 좀 더 쉬운 개념이다. 19세기 초의 과학자들은 온도를 '물체의 뜨거운 정도를 나타내는 양'으로 간주했다. 큰 냄비와 작은 종지를 예로 들어보자. 두 용기에 같은 수도꼭지에서 나온 물을 가득 채우고 손가락을 담그면 느낌이 거의 비슷하다. 각 용기에 온도계를 담그면 동일한 눈금을 나타낼 것이다.

반면에 열은 조금 까다로운 구석이 있다. 두 용기를 난로 위에 올려놓으면 연료가 타면서 방출된 열에 의해 물의 온도가 올라간다. 그러나 두 용기에 담긴 물의 온도가 같아지려면 작은 종지보다 큰 냄비에 더 오래 열을 가해야 한다. 이는 곧 물질의 온도를 높이는 데 필요한 열이 물질의 양에 따라 다르다는 것을 의미한다. 그렇다면 열이란 대체 무엇일까? 연료가 타면서 대체 무엇이 방출되기에 물이 뜨거워지는 것일까?

클레망과 카르노가 살던 시대에 대부분의 과학자들은 "열의 실체는 눈에 보이지 않는 칼로릭caloric이며, 이것은 무게가 없는 작은 입자들로 이루어져 있다"고 믿었다. 그리고 열이 뜨거운 곳에서 차가운 곳으로 흐르다가 결국 같은 온도에 도달하는 이유는 "칼로릭 입자들이 서로 밀어내는 경향이 있기 때문"이라고 생각했다. 칼로릭 입자들이 서로 밀어내면 (모든 물질에 존재한다고 믿었던) 작은 구멍으로 새어나오고, 이들이 다른 물질의 작은 구멍으로 흘러 들어가서 온도를 높인다는 논리다. 그러므로 온도를 특정한 값만큼 올리려면 물질의 부피가 클수록 많은 칼로릭을 투입해야 한다. 칼로릭은 물질을 뜨겁게 만들 뿐만 아니라, 녹아내리거나 끓게 만들 수도 있다. 그 무렵의 과학자들은 칼로릭이 산소와 같은 기체 원소여서 한 곳에서 다른 곳으로 자유롭게 이동할 수 있으며, 다른 원소들이 그렇듯 새로 생성되거나 소멸되지 않는다고 생각했다.

그러나 1800년대 초에 접어들면서 칼로릭 이론의 문제점이 발견되기 시작했다. 미국 태생의 이민자로 당시 바이에른 통치자의 보좌관이자 무기고 관리책임자였던 벤자민 톰슨Benjamin Thompson은 대포의 내부를 대형 드릴로 닦을 때마다 마찰에 의해 발생하는 엄청난 열 때문에 애를 먹고 있었다. 열을 방지하기 위해 포신을 물에 담근 채 두 시간쯤 드릴을 돌리면 물이 펄펄 끓을 정도였다.

연료를 태울 때 열이 방출되는 현상은 칼로릭 이론으로 설명 가능하지만, 마찰에 의해 발생하는 열은 칼로릭 이론으로 설명할 수 없다. 톰슨은 이런 내용을 골자로 하는 논문을 작성하여 왕립학회에 제출했다. 난로 위에 올려놓은 물이 끓는 것은 연료가 타면서 방출된 칼로릭 입자 때문이라고 생각할 수도 있다. 연료가 고갈되면 칼로릭이 더 이상 방출되지 않으므로 열 공급도 끊긴다. 그러나 마찰은 열을 무한정 방출할 수 있다. 포신을 열심히 닦기만 하면 된다. 즉 마찰은 열을 방출하는 것이 아니라 열을 창조한다. 칼로릭 이론에 의하면 열은 창조되지도 소멸되지도 않아야 하는데, 마찰은 이 이론을 따르지 않는 것처럼 보였다(톰슨은 프랑스의 저명한 화학자이자 칼로릭 이론의 창시자인 앙투안 라부아지에Antoine Lavoisier의 미망인 마리-앤 라부아지에Marie-Anne Lavoisier와 결혼했으나 얼마 가지 못하여 이혼했다[7]).

카르노는 클레망으로부터 칼로릭 이론의 장단점을 배웠을 뿐만 아니라, 클레망이 독자적으로 개발한 '열을 정량적으로 측정하는 방법'까지 전수받았다. 증기기관이 발명된 지 거의 100년이 지났음에도 불구하고, 당시에는 열량을 측정하는 보편적 단위가 없었다. 콘월광산(Cornish mining, 영국 남서부 콘월주에 있는 광산_옮긴이)의 공학자들은 엔진의 성능을 논할 때 '듀티duty, 1부셸 또는 38킬로그램의 석탄으로 약 30센티미터 들어 올릴 수 있는 물의 무게'라는 단위를 사용했지만, 석탄에서 발생한 열량을 계측하는 단위는 존재하지 않았다. 예를 들어 알코올 1리터를 끓이는 것보다 물 1리터를 끓이는 데 더 많은 열이 필요하다는 것은 누구나 아는 사실이었다. 그런데 어느 누구도 그 차이를 수치로 나타낼 생각을 하지 않던 차에, 클레망이 누구나 사용할 수 있는 실용적인 방법을 개발한 것이다.

작성자가 누구인지는 알려지지 않았지만, 클레망의 강의를 정리한 한 학생의 노트에는 다음과 같이 적혀 있다.[7] "클레망 선생님께서 열량을 수치로 표현하기 위해 칼로리calorie라는 단어를 창안했다. 1칼로리는 물 1킬로그램의 온도를 1℃ 높이는 데 필요한 열량이다." 그렇다. 현대인들이 음식에 함유된 에너지의 양을 나타낼 때 사용하는 바로 그 '칼로리cal'다. 예를 들어 100그램짜리 감자칩 한 봉지에 500칼로리의 열량이 함유되어 있다면, 이 감자칩이 우리 몸에 들어갔을 때 발휘되는 열량으로 물 500킬로그램의 온도를 1℃ 높일 수 있다(그로부터 수십 년 후, 과학자들은 '물 1킬로그램의 온도를…'로 정의된 칼로리 단위를 '물 1그램의 온도를…'로 수정했다. 그러므로 클레망이 정의했던 1칼로리는 현재의 단위로 1000칼로리 또는 1킬로칼로리에 해당한다).

프랑스 혁명이 일어나기 10년 전에 부친 라자르 카르노가 수차水車, 물레방아의 거동을 수학적으로 분석한 논문 〈기계에 관한 일반론An Essay on Machines in General〉도 사디 카르노에게 지대한 영향을 미쳤다.

이 논문에서 라자르는 물의 '밀어내는 힘'이 아무런 낭비 없이 바퀴의 회전력으로 100퍼센트 변환되는 이상적인 수차를 다루었다.[9] 이런 기계에서는 유속流速이 서서히 느려지면서 물의 에너지가 바퀴의 회전력으로 변환된다. 라자르는 산업현장에 투입된 수차들이 이상적인 성능에 한참 못 미친다는 사실을 잘 알고 있었다. 그러나 개선책에 대해서는 별다른 언급을 하지 않고 수력水力의 수학적 분석에 집중했기 때문에 수차 제작자들의 관심을 끌지 못했다. 라자르의 논문에 영향을 받아 수차의 성능 개선에 관심을 가진 사람은 바로 그의 아들, 사디 카르노였다.

1821년에 카르노는 추방된 아버지와 동생을 만나기 위해 몇 주 동안 마그데부르크를 방문했는데, 이제 와서 돌이켜보면 참으로 시기적절한 여행이었다. 아마도 두 부자는 3년 전에 영국에서 온 공학자가 설치한 마그데부르크 최초의 증기기관을 견학하면서[10] 영국이 이 분야의 선도국임을 다시 한번 실감했을 것이다(당시 유럽 대륙에서 가동되던 대부분의 증기기관은 영국 공학자들이 만든 것이었다). 사디 카르노는 파리로 돌아온 후 곧바로 연구에 착수하여 1824년에 《불의 동력과 이를 이용한 기계에 관한 소고Reflections on the Motive Power of Fire and on Machines Fitted to Develop That Power》라는 책을 집필했다. 여기서 말하는 '동력Motive Power'이란 탄광용 펌프나 배의 엔진처럼 불을 지펴서(또는 증기기관의 화덕에서) 생성된 '유용한 일의 양amount of useful work'을 의미한다.

카르노의 글은 현대식 논문과 다소 거리가 있다. 그는 "다른 분야에 종사하는 사람들(과학자가 아닌 사람들)도 이해할 수 있어야 한다"는 원칙하에, 전문용어가 전혀 없는 간단명료한 문장으로 설명을 이어나갔다. 기존의 학술논문과 또 한 가지 다른 점은 본론으로 들어가기 전에 독자들에게 과학의 중요성을 유난히 강조했다는 점이다. 카르노는 특히 동물의 근력이나 바람 또는 물을 이용한 기계들이 증기기관으로 대체되고 있음을 지적하면서, "문명사회에 위대한 혁명의 바람이 불고 있다"고 주장했다. 또한 그는 기술문명의 이상향을 그리며 "증기기관을 이용한 교통수단이 널리 보급되면 국경이라는 개념이 희미해지고, 결국은 전 세계가 하나로 통합될 것"이라고 예견했다. 지금은 증기기관보다 훨씬 뛰어난 엔진이 다양하게 개발되었지만, 원동기가 세계를 하나로 통일한다는 그의 예견은 현실로 다가오는 중이다. 카르노의 책에는 이런 내용도 있다. "지금 영국의 증기기관을 모두 없앤다면… 모든 번영이 멈추고 막강한 국력도 사라질 것이다."

이 책의 서문은 다음과 같은 글로 마무리된다. "오늘날 증기기관이 산업현장에서 수많은 작업을 수행하고 있음에도 불구하고… 이론은 아직 초보 단계에 머물러 있다. 증기기관의 효율은 조금씩 높아지고 있지만, 이것은 연구의 산물이 아니라 우연히 찾아온 행운에 가깝다."

카르노에게 증기기관은 학문적 탐구 대상이 아니었다. 그의 목적은 증기기관의 효율을 높여서 자국의 생산비용을 절감하고 영국을 앞지르는 것이었다. 그는 자신에게 끊임없이 되물었다. "증기기관에서 최대한의 동력을 얻어내려면 무엇을 어떻게 개선해야 하는가?"

카르노는 증기기관의 '듀티'라는 개념을 한 단계 위로 발전시켰다. 특정한 일을 수행하기 위해 소요되는 '석탄의 양' 대신 '흐르는 열의 양'에 초점을 맞춘 것이다. 예를 들면 다음과 같다. 화로에서 100칼로리의 열이 방출된다면 1킬로그램짜리 짐을 얼마나 높이 들어 올릴 수 있는가(참고로 1킬로그램짜리 물건을 1미터 들어 올리는 데 필요한 동력을 1MP라고 한다)?

이 질문의 답을 구하기 위해 카르노는 제임스 와트의 설계도대로

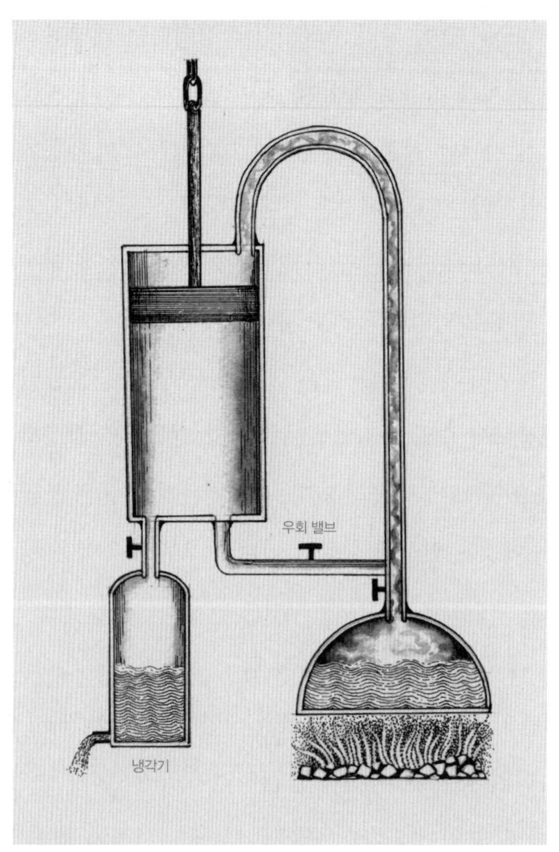

제임스 와트가 발명한 증기기관의 개요도

제작된 19세기 초의 증기기관을 도마 위에 올려놓고 두 가지 특성을 집중적으로 파고들었다.[11]

첫 번째 특성은 뜨거운 증기가 대기압보다 훨씬 강한 압력을 행사한다는 것이었다. 카르노는 이 힘을 활용하기 위해 보일러에서 팽창된 증기가 피스톤을 밀어내는 증기기관을 고안했다(그림에서는 증기가 피스톤을 아래쪽으로 밀어낸다).

두 번째 특성은 증기기관이 계속 작동하려면 피스톤이 일을 한 후 처음 위치(그림에서는 실린더 위쪽)로 되돌아가야 한다는 것이었다. 이를 위해서는 피스톤을 누르던 증기를 냉각시켜서(즉 물방울로 맺히게 만들어서) 더 이상 피스톤을 누르지 않도록 만든 후, 아래로 내리누르는 동력의 일부를 활용하여 피스톤을 위로 끌어올려야 한다.

제임스 와트는 물을 분사하는 냉각기condenser를 이용하여 이 문제를 해결했다. 피스톤이 증기압에 밀려 실린더 바닥 근처까지 내려오면 우회 밸브bypass valve와 냉각기로 통하는 밸브가 열리면서 피스톤 위쪽에 있던 수증기가 냉각기로 유입되어 물로 응결되고, 피스톤에는 더 이상 하향 압력이 작용하지 않는다.

카르노는 그의 책에서 열기관의 세부 구조를 일일이 나열하지 않고 열의 흐름에 중점을 두었다. 그는 칼로릭 이론에 입각하여 "석탄이 타면서 방출된 '파괴되지 않는' 칼로릭이 증기에 유입되면 온도와 압력이 높아지고, 그 결과 피스톤을 아래쪽으로 밀어낸다"고 주장했다. 그 후 냉각기를 거치면 칼로릭을 잃은 증기는 온도가 내려가면서 액화되고, 증기압이 떨어지면서 피스톤이 원래 위치로 돌아온다.

카르노는 "뜨거운 화로에서 차가운 냉각기로 흐르는 불변의 칼로릭에 의해 동력이 창출된다"고 결론지은 후, 이 과정을 물의 흐름에 비유했다. 아래로 흐르는 물은 수차를 돌린 후에도 양이 줄지 않는 것처럼, 차가운 곳으로 흐르는 열은 증기기관을 구동시킨 후에도 양이 변하지 않는다고 생각한 것이다.

물론 칼로릭 이론은 훗날 틀린 것으로 판명되었지만, 다행히도 카르노를 올바른 방향으로 인도했다. 물이 아무리 많아도 아래로 흐르지 않으면 수차를 돌릴 수 없듯이, 열이 아무리 많이 발생해도 '차가운 곳으로' 흐르지 않으면 동력을 발휘하지 못한다. 증기기관도 마찬가지다. 거대한 증기기관이 초대형 화로에서 다량의 열을 생산한다고 해도, 증기를 냉각하여 응결시키지 않으면 피스톤이 원래 위치로 돌아갈 수 없으므로 아무런 일도 할 수 없다. 카르노의 글은 다음과 같이 이어진다.

"열을 생산하는 것만으로는 추진력을 발휘할 수 없다. 증기기관에는 냉기도 반드시 필요하다. 차가운 곳이 없으면 열은 아무짝에도 쓸모없다."

이것이 바로 열역학 역사의 첫발을 내디딘 유명한 문장이다.

그다음으로, 카르노는 당시 공학자들을 괴롭혔던 질문에 나름대로 답을 제시했다. 열에서 동력을 창출하는 게 목적이라면, 왜 하필 증기를 사용해야 하는가? 물뿐만 아니라 어떤 물질도 열을 가하여 기화시키면 부피가 팽창하면서 압력을 행사할 수 있다. 피스톤을 밀어내는 기체가 굳이 수증기일 필요는 없다. 혹시 공기나 알코올 증기를 이용하면 동일한 양의 석탄으로 (수)증기기관보다 많은 일을 할 수 있지 않을까?

카르노는 이 질문의 답을 찾기 위해 실제 기계장치의 세세한 부분을 무시하고, 아버지에게 배운 가상의 기계를 떠올렸다.

그의 논리는 가장 이상적인 증기기관에서 출발한다. 이것은 뜨거운 곳에서 차가운 곳으로 흐르는 열의 양이 주어졌을 때 최대한의 동력을 발휘할 수 있는 장치이다. 다시 말해서, 주어진 열로 물건을 가장 높이 들어 올릴 수 있는 증기기관이라는 뜻이다(문제를 간단히 하기 위해 열원을 화로라 하고, 열의 최종 도착지인 차가운 곳을 싱크sink라고 하자).

그다음에 카르노는 동일한 과정을 반대 방향으로 수행하는 가상의 기계를 제안했다. 이 기계에 동력을 투입하면 열이 차가운 곳에서 뜨거운 곳으로 이동한다. 이런 기계를 열펌프heat pump라고 하는데, 요즘 우리가 쓰는 냉장고와 같은 원리이다. 여기서도 카르노는 세세한 부분을 모두 생략하고 열의 흐름에 집중했다. 뜨거운 곳에서 차가운 곳으로 흐르는 열을 이용하여 무거운 물체를 들어 올릴 수 있다면, 그 반대로 작동하는 기계도 만들 수 있다고 생각한 것이다. 떨어지는 물체에서 동력을 얻어 기계에 주입하면 열이 차가운 싱크에서 뜨거운 화로로 흐르도록 만들 수 있다. 증기기관과 열펌프의 관계는 수차와 양수기揚水機, 물을 퍼 올리는 기계의 관계와 같다. 수차는 아래로 흐르는 물을 이용하여 동력을 생산하는 장치이고, 양수기는 외부에서 주입된 동력을 이용하여 물을 높은 곳으로 길어 올리는 장치이다.

카르노가 상상했던 이상적인 기계가 화로에서 100칼로리의 열을 생산하여 50킬로그램짜리 화물을 바닥에서 10미터까지 들어 올린 후, 열을 싱크로 방출했다고 하자. 그리고 50킬로그램짜리 화물을 10미터 높이에서 떨어뜨려 싱크로부터 100칼로리의 열을 취하여 화로로 보냈다고 하자.

이 두 개의 기계를 하나로 결합하면 어떻게 될까? 이상적인 '전진형' 기관이 생산한 동력을 투입하면 이상적인 '후진형' 기관이 작동할 것이다. 처음에는 열이 화로에서 싱크로 이동하면서 화물을 '들어 올리고', 이 화물이 중력에 의해 떨어지면 싱크의 열을 화로로 '들어 올린다.'

이 과정은 무한히 반복될 수 있다.[12] 화로에서 발생한 100칼로리의 열이 싱크로 유입되면서 50킬로그램짜리 화물을 10미터 높이까지 들어 올리고, 여기에 연결된 후진형 기관이 화물을 다시 아래로 떨어뜨리면서 싱크로부터 100칼로리의 열을 취하여 화로에 채워 넣으면 다시 전진형 기관이 작동하여 화물을 들어 올리고…. 이런 식으로 끝없이 작동한다.

여기서 중요한 것은 화로가 열을 잃지 않고 화물을 영원히 오르내릴 수 있다는 점이다.[13] 그러나 (이 점이 제일 중요하다) 이런 장치로는 유용한 동력을 생산할 수 없다. 전진형 기관에서 만들어진 동력의 100퍼센트가 후진형 기관을 작동하는 데 사용되기 때문이다. 짐을 들어 올렸다가 다시 내리는 것 외에 아무런 일도 할 수 없으니, 실용적인 기계장치와는 거리가 멀다.

바로 이 지점에서 카르노의 천재성이 빛을 발하기 시작한다. 그는 공기나 알코올 증기를 이용하면서 (수)증기기관보다 성능이 좋은 또 하나의 열기관을 떠올렸다. 이 기계는 이전과 동일한 화로와 싱크 사이로 100칼로리의 열이 이동할 때, 50킬로그램짜리 화물을 10미터가 아닌 12미터까지 들어 올릴 수 있다.[14]

이전과 마찬가지로, 카르노는 수증기를 쓰지 않으면서 이상적인 기관보다 더욱 이상적인 '초이상적super-ideal' 전진형 기관과 이상적인

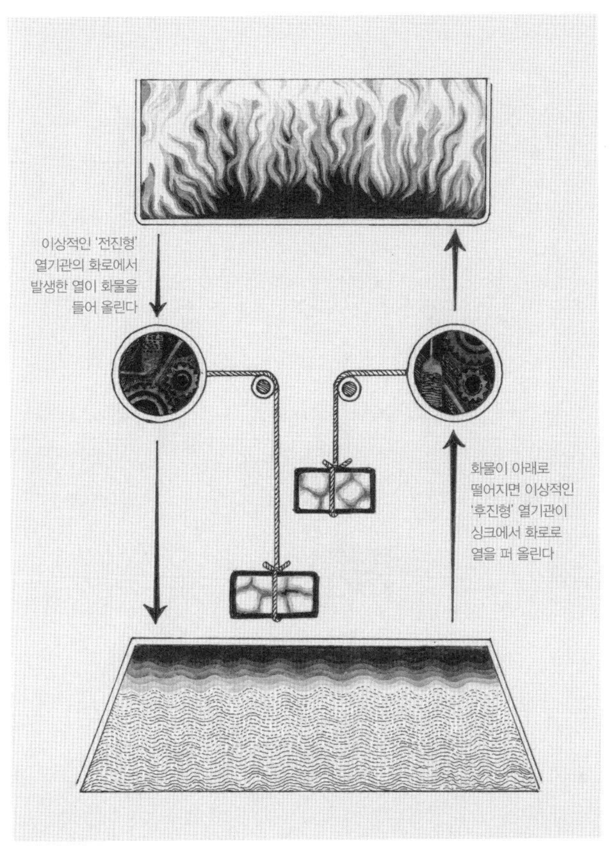

이상적인 '전진형' 열기관으로 이상적인 '후진형' 열기관을 작동시키는 개요도

후진형 기관을 연결해보았다. 처음에 이상적인 후진형 기관으로부터 100칼로리의 열이 초이상적 전진형 기관의 화로에 유입되면 화물은 12미터까지 올라가므로, 이 화물이 다시 떨어지면 후진형 기관을 가동하면서 다른 일을 할 수 있다(예를 들어 물을 길어 올릴 수 있다). 후진형 기관이 100칼로리의 열을 화로로 보내려면 화물이 1미터만 떨어지면

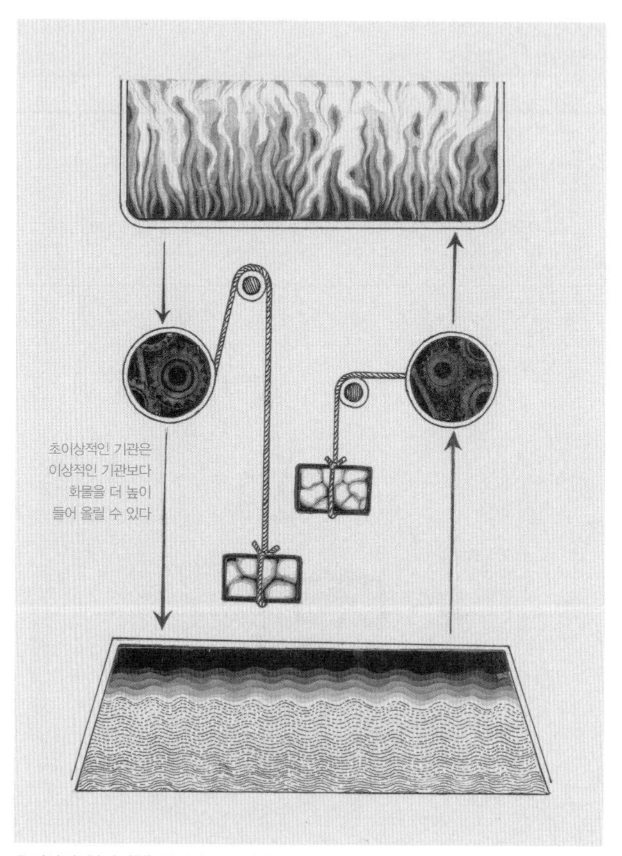

초이상적인 '전진형' 열기관으로 이상적인 '후진형' 열기관을 작동시키는 개요도

된다. 그러나 초이상적 기관은 100칼로리의 열을 공급받아 화물을 12미터까지 올릴 수 있으므로, 여분의 2미터를 낙하하는 동안 다른 일을 할 수 있는 것이다.

이 '여분의 낙하거리'는 물을 길어 올리는 데 사용할 수도 있다. 그것도 한 번이 아니라 주기가 반복될 때마다 여분의 동력이 생산된다.

이런 기계를 만들 수 있다면 연료를 투입하지 않아도 유용한 일을 영원히 할 수 있다.

그러나 카르노는 이런 기계장치를 결코 만들 수 없다는 사실을 잘 알고 있었다. 연료를 투입하지 않아도 영원히 작동하는 기계, 즉 영구기관perpetual motion machine은 오래전부터 과학자들 사이에 '불가능한 도전'으로 인식되어왔다. 지난 수백 년 동안 수많은 사람들이 가축이나 물 또는 바람의 도움을 받지 않고 유용한 일을 영원히 할 수 있는 장치를 만들기 위해 온갖 아이디어를 떠올렸지만 아무도 성공하지 못했다. 오죽하면 1775년에 파리의 왕립과학원에서 "영구기관과 관련된 제안을 더 이상 접수하지 않겠다"고 선언했을까. 사디의 부친 라자르도 수차의 효율을 분석한 논문에서 유용한 일의 상한선을 계산할 때 영구기관이 불가능하다는 원리를 사용했다. 그리고 사디 카르노는 바로 이 원리가 증기기관의 효율에 중요한 영향을 미친다는 사실을 알아냈다. 여기서 잠시 그의 글을 읽어보자.

> 영구기관을 만들려는 모든 시도가 헛고생이라는 사실을 왜 아직도 깨닫지 못하는가? 영원히 계속되는 운동은 단 한 번도 구현된 적이 없다. 운동체의 내부에 어떤 변형을 가하지 않는 한, 영구운동은 절대로 일어나지 않는다.

영구운동이 불가능하다는 것은 카르노에게 "내가 가정한 이상적인 증기기관보다 더 많은 동력을 생산하는 증기기관은 절대로 만들 수 없다"는 것을 의미했다. 다시 한번 그의 설명을 들어보자.

> 그런 기계는 지금 통용되는 역학법칙과 정상적인 물리법칙에 정면으로 위배된다. 아이디어가 부족해서가 아니라, 원리적으로 불가능하다는 뜻이다. *그러므로 수증기를 이용한 기관에서 얻을 수 있는 최대 동력은 물 대신 다른 물질을 사용한 기관에서 얻을 수 있는 최대 동력과 같다.*

카르노는 최종 결론을 이탤릭체로 강조해놓았다. "수증기를 이용한 기관의 효율이 가장 높은 것이 아니라, 무엇을 원료로 삼아 어떤 원리로 작동시키건 간에 모든 이상적인 엔진은 동일한 효율을 발휘한다." 이상적인 (수)증기기관은 이상적인 공기기관과 외형이 다를 수도 있지만 동일한 화로와 싱크 사이에서 작동하는 한, 화물을 들어 올릴 수 있는 최대 높이는 똑같다. 연료 자체가 동력을 제공하는 것이 아니기 때문에 연료의 종류와는 무관하다. 동력의 원천은 바로 '열의 흐름'이다.[15]

카르노는 이상적인 형태의 증기기관을 분석하여 당대의 어떤 공학자도 알아내지 못한 '현실적 증기기관에 관한 진실'을 성공적으로 규명했다. 그 무렵 대부분의 공학자들은 연료의 종류에 따라 엔진 효율이 달라진다고 생각했다.

카르노의 논리를 이해하기 위해 수차(물레방아)를 예로 들어보자. 수차가 생산할 수 있는 동력의 최대 한계는 물이 떨어지는 높이로부터 결정된다. 수차의 성능을 제아무리 교묘하게 개선한다 해도 이 한계를 넘을 수는 없다. 최대치보다 큰 동력을 얻으려면 물을 더 높은 곳에서 떨어뜨려야 한다. 이와 마찬가지로, 열량이 주어졌을 때 열기관이 생산할 수 있는 동력은 (세부 구조가 어떻게 생겼건) 화로와 싱크의 온도 차이에 의해 결정된다. 동력을 높이려면 온도 차이를 더 크게 벌리는 수밖에 없다. 역으로, 화로와 싱크의 온도 차이를 줄이면 엔진의 출력이 감소한다.

또한 카르노는 주어진 온도 차에서 열의 흐름으로부터 최대 동력을 얻어내는 방법을 알아냈다. 일반적으로 엔진에서 열이 발생하면 수증기 같은 기체가 피스톤을 밀어내면서 유용한 작업을 수행하는데, 카르노가 상상했던 이상적인 엔진에서는 열이 딴 곳으로 새지 않고 기체를 팽창시키는 데 100퍼센트 사용된다(자세한 내용은 책의 말미에 수록된 〈부록 I〉을 읽어보기 바란다).

카르노는 이런 논리에 입각하여 당시 사용되던 증기기관의 효율이 비참할 정도로 낮다는 사실을 확인했다. 수증기가 팽창하여 피스톤에 압력을 가할 때 최고 온도는 160℃가 조금 넘었고,[16] 수증기가 응결될 때 최저온도는 약 40℃였다. 즉 그 시대의 증기기관은 약 120℃의 온도 차이에서 동력을 뽑아내고 있었다. 그러나 석탄을 태우는 화로의 온도는 1000℃가 넘었으니, 900℃에 가까운 온도 차가 낭비된 셈이다.

이 상황을 수차에 비유하면, 물이 10미터 높이에서 떨어지고 있는데 수차를 바닥이 아닌 9미터 높이에 설치한 것과 같다. 물리학을 잘 모르는 사람도 이런 수차가 지극히 비효율적이라는 데 이의를 달지 않을 것이다. 당시 대부분의 증기기관은 이런 식으로 열을 낭비하고 있었다.

이 막대한 낭비를 어떻게 줄일 수 있을까? 카르노는 한 가지 방법으로 수증기 대신 공기를 사용할 것을 권했다. 공기에는 산소가 포함되어 있어서 연소가 가능할 뿐만 아니라, 증기기관의 내부에서 태울 수 있으므로 외부에 거대한 보일러를 설치할 필요도 없다. 그래서 카르노는 "수증기 대신 공기를 사용하면 엔진의 효율을 크게 높일 수 있을 것"이라고 예견했다.

좋은 점은 이뿐만이 아니다. 공기는 물보다 비열比熱, specific heat이 낮다. 즉 같은 양의 공기와 증기에 같은 양의 열을 공급했을 때 수증기보다 공기의 온도가 더 많이 올라간다. 그러므로 흐르는 열의 양이 같을 때 대기기관(수증기 대신 공기를 사용한 기관)은 증기기관보다 더 큰 온도 차이에서 가동될 수 있으며, 이는 곧 공기가 수증기보다 효율이 높다는 것을 의미한다. 그래서 카르노는 "열을 이용한 동력기관에 공기를 사용하면… 의심의 여지 없이 효율이 크게 개선될 것"이라고 결론지었고, 그의 주장은 19세기 말에 가솔린이나 디젤 연료를 연소시켜 실린더의 온도를 1000℃ 이상 올리는 내연기관이 등장하면서 사실로 확인되었다. 1893년에 루돌프 디젤Rudolf Diesel은 카르노의 아이디어에서 영감을 얻어 내연기관 제작에 관한 책을 출간했다.[17]

카르노는 풍부한 상상력과 치밀한 논리 그리고 명백한 증거들을 하나로 결합하여 과학사에 빛나는 명저를 완성했다. 그의 유산은 내연기관과 제트엔진, 발전소의 초대형 터빈, 그리고 인간을 달에 데려다 준 로켓엔진에 이르기까지, 현대 문명의 곳곳에 남아 우리의 삶을 지배해왔다. 이 모든 엔진들은 "동력을 생산하려면 열이 뜨거운 곳에서 차가운 곳으로 흘러야 한다"는 카르노의 발견에서 비롯된 것이다. 또한 카르노의 이론은 우주의 비밀을 밝히는 우주론에서도 핵심적 역할을 하고 있다.

카르노의 책《불의 동력에 관한 소고》는 1824년에 출간되었다(당시 그는 스물여덟 살이었다). 모교인 에콜폴리테크닉의 학술지에 발표했다면 자신의 이론을 널리 알릴 수 있었을 텐데, 카르노는 기관의 도움을 받지 않고 굳이 자기 돈을 들여가며 자가 출판을 택했다. 과학 이론과 함께 수록된 사회적·정치적 내용이 부담으로 작용한 것일까? 아무튼 그는 자가 출판에 459.99프랑을 썼는데,[18] 정상적인 월급의 절반밖에 받지 못하는 군인에게는 꽤 부담스러운 액수였을 것이다.

이 책은 600부가 인쇄되어 1824년 6월 12일부터 한 권당 3프랑에 판매되었는데, 총 판매량에 대해서는 아무런 기록도 남아 있지 않다. 그리고 같은 달 말경에 개최된 파리 과학아카데미의 정기 모임에서 카르노가 쓴 책의 요약본이 배포되었으나, 저명한 과학자들 중 그의 이론을 인용하거나 공개석상에서 언급한 사람은 단 한 명도 없다(카르노가 그 모임에 참석했다는 증거도 없다).

사디 카르노는 1828년에 군을 떠나 민간인이 되었고, 이렇다 할 직업을 가진 적도 없다. 그의 지인에게 "공학과 관련된 사업을 할 예정"이라고 쓴 편지만 남아 있을 뿐이다.

몇 가지 정황으로 미루어볼 때《불의 동력에 관한 소고》를 출간한 후 카르노는 자신의 이론에 회의를 품었던 것 같다. 카르노가 쓴 논문은 거의 남아 있지 않지만, 그가 남긴 23쪽짜리 노트를 보면 그의 심정을 어느 정도 헤아릴 수 있다. 사디의 동생 이폴리트 카르노(Hippolyte Carnot, 프랑스 제2공화국에서 교육부 장관을 지냈다_옮긴이)가 소장해온 이 노트에는 '수학, 물리학 및 기타 분야Notes on Mathematics, Physics, and Other Subjects'라는 소제목이 붙어 있는데, 그 내용을 보면 카르노는 《불의 동력에 관한 소고》의 핵심 가정인 칼로릭 이론에 대해 심각한 회의를 품었던 것 같다.

그는 이 노트에 열이 피스톤을 밀어내면서 일을 하는 과정을 서술하다가 "열량은 일정한 값을 유지할 수 없다"고 적어놓았다. 지금의 관점에서 보면 천재적 영감이 돋보이는 부분이지만, 아마도 카르노는 이것 때문에 '냉기가 없으면 열은 무용지물'이라는 자신의 이론에 의구심을 품었을 것이다. 게다가 열이 뜨거운 곳에서 차가운 곳으로 흐르면서 동력을 생산하는 칼로릭 유동체caloric fluid가 아니라면 그가 세웠던 모든 가정이 위태로워진다. 그는 이 노트의 한구석에 "열이 동력을 생산할 때 차가운 곳이 필요한 이유를 설명하기 어렵다"고 적어놓았다. 열이 동력을 생산하려면 뜨거운 곳에서 차가운 곳으로 흘러야 한다는 가정과 칼로릭 유동체의 관계는 이 책의 다음 주제이기도 하다.

그러나 안타깝게도 우리의 이야기에서 카르노는 더 이상 등장하지 않는다. 그는 1832년에 알 수 없는 이유로 파리 외곽의 이브리Ivry에 있는 정신병원에 입원했다가 당시 파리를 휩쓸었던 콜레라에 감염되어, 자신이 과학사에 얼마나 중요한 업적을 남겼는지 전혀 모르는 채

쓸쓸히 세상을 떠났다. 그 병원의 환자 기록부에는 다음과 같이 적혀 있다. "1832년 8월 3일. 사디 라자르 카르노, 전직 군인이자 공학자, 자신의 정신상태가 정상이 아님을 인정함. 정신병은 치료되었으나 1832년 8월 21일에 콜레라로 사망함."

그는 서른여섯 살이라는 젊은 나이에 그렇게 세상을 떠났다.

Einstein's Fridge

03

창조주의 포고령

나에게는 동력선도 마차도 없고 인쇄기도 없다.
나의 목적은 단 하나, 올바른 원리를 발견하는 것뿐이다.[1]

제임스 줄

1842년 5월 24일, 20대 나이의 두 형제가 잉글랜드의 레이크 디스트릭트(Lake District, 잉글랜드 북서부의 호수가 많은 지역_옮긴이)에서 가장 큰 호수인 윈더미어호Lake Windermere에 배를 띄우고 호수 한가운데를 향해 나아가고 있었다.[2] 형이 노를 젓는 동안 동생은 구부정한 자세로 앉아 권총에 화약을 채웠다. 이들의 목적은 총을 쐈을 때 주변 언덕에서 반사되는 메아리를 연구하는 것이었는데, 동생인 제임스 줄은 가능한 한 큰 소리를 내기 위해 적정량의 세 배에 가까운 화약을 약실에 우겨 넣었다. 결과는 어땠을까?

큰 소리를 내는 데에는 성공했지만, 반동이 너무 강해서 그 비싼 총이 총알 반대편으로 날아가버렸다. 이것은 제임스 줄이 젊은 시절에 저질렀던 수많은 사고들 중 하나에 불과하다. 평생을 과학 실험에 매달렸던 그는 안전에 별로 신경을 쓰지 않아서 수시로 사고를 내곤 했다. 한번은 총을 어설프게 다루다가 눈썹을 모두 태워 먹었고, 자신과 친구의 몸에 전선을 연결하고 전기충격을 가하기도 했다. 심지어 하녀의 몸에 전선을 연결하고 "각 단계마다 느낌을 말해달라"며 전압을 서서히 높인 적도 있는데, 결국 그녀는 충격을 견디다 못해 기절하고 말았다.

제임스 프레스콧 줄James Prescott Joule은 1818년에 영국 랭커셔주의 샐퍼드에서 양조업자 벤자민 줄Benjamin Joule의 다섯 자녀 중 둘째 아들로 태어났다. 그가 태어나기 40년 전에 영국의 발명가 리처드 아크라이트(Richard Arkwright, 방적기계 발명가이자 면방직 공업의 창시자_옮긴이)가 맨체스터 인근에 증기기관으로 가동되는 면화공장을 설립했는데, 수십 년 사이에 사업 규모가 엄청나게 커지면서 한적한 시골 마을이었던 맨체스터는 '방적의 도시Cottonpolis'라는 애칭을 얻을 정도로 눈부시게 성장했고, 인구는 거의 두 배로 늘어나 14만 명에 육박했다.[3] 전국에서 노동자들이 모여들었으니, 방적공장 다음으로 잘나가는 사업은 단연 주류업이었을 것이다. 벤자민 줄은 목마른 노동자들에게 맥주를 판매하여 막대한 부를 쌓았고, 제임스 줄이 태어날 무렵에는 스윈튼의 부촌에 자리한 대저택에서 여섯 명의 하인을 거느리며 살고 있었다.

줄은 (그의 설명에 의하면) 나약한 아이였다. 어릴 적부터 척추에 문제가 있어서 스무 살이 될 때까지 정기적으로 치료를 받았는데, 결국 완치에 실패하여 약간 굽은 등으로 여생을 살았다. 수줍음이 많았던 줄은 형을 유난히 잘 따라서 한시도 떨어져 있기 싫어했다고 한다. 그래서 그의 부모는 형제를 학교에 보내지 않고 집에서 교육시켰는데, 열여섯 살 때부터 당대 최고의 화학자 존 돌턴John Dalton에게 개인교습을 받았으니 결코 평범한 가정교육은 아니었다.

제임스 줄은 10대 때부터 부친의 양조업을 돕기 시작하여 거의 20년 동안 사업가의 삶을 살았다(초기에는 매일 아침 9시에 출근하여 오후 6시까지 일했다). 공장에서 가동되던 증기기관(액체를 퍼 올려서 통에 주입하고, 섞고, 정확한 온도로 가열하는 기계들)은 줄의 과학적 호기심을 한껏 자극하여 훗날 그의 연구 방향을 결정하게 된다. 당시 줄은 모르고 있었지만, 그가 가게 될 길은 사디 카르노의 이론과 정면으로 충돌하는 길이었다.

증기기관에 몰두했던 카르노에게 가장 중요한 문제는 주어진 열을 이용하여 최대한의 동력을 창출하는 것이었다. 그러나 줄은 여기서 한 걸음 더 나아가 열보다 효율이 높은 동력원이 어딘가에 존재할 것이라고 생각했다. 사실 이것은 과학적 호기심이라기보다 양조장을 운영하는 데 들어가는 엄청난 석탄 비용을 줄이기 위한 고육지책이었다. 그 무렵에 발명된 전기모터(배터리로 작동함)를 사용하면 석탄보다 저렴한 비용으로 공장을 돌릴 수 있을 것 같았다.

전기모터는 1830년대 초반에 발명되어 불과 몇 년 만에 유럽 전역을 '행복한 전기 세상Electrical Euphoria'으로 바꿔놓았다.[4] 런던에는 '런던전기협회London Electrical Society'와 같은 전기 관련 모임이 우후죽순처럼 생겨났고, 러시아 황제와 미국 정부는 전기모터로 배와 기차를 구동할 수 있는지 확인하기 위해 과학자들에게 거금의 연구비를 지원했다. 맨체스터에서는 《전기연보The Annals of Electricity》라는 잡지가 창간되었는데, 편집자가 줄의 가족과 친분이 있는 사람이어서 줄의 초기 연구 결과를 여러 차례 실어주었다.

1840년에 줄은 집 안에 마련한 실험실에서 배터리와 전자석, 모터 등을 만들어 성능을 테스트하던 중,[5] 전선에 전류가 흐르면 따뜻해진다는 사실을 알게 되었다. 전기는 유용한 일을 할 뿐만 아니라 열을 생산하고 있었던 것이다(지금부터는 카르노가 말했던 '동력motive power, 주어진 무게를 특정 높이만큼 들어 올리는 데 필요한 노동량'을 물리학 표준 용어에 따라 '일work'로 표기하기로 한다).

전기에서 열을 감지한 줄은 '열은 생성되지도 파괴되지도 않는다'는 칼로릭 이론에 무언가 심각한 오류가 있음을 직감했다. 그가 볼 때 전기는 전선을 타고 흐르면서 분명히 열을 만들어내고 있었다.

줄은 특유의 끈기를 십분 발휘하여 칼로릭 이론의 진위 여부와 상관없이 열량과 전류 그리고 전선의 저항 사이에 수학적 관계가 있음을 알아냈다. 이 결과를 더 많은 사람들에게 알리고 싶었던 그는 실험 결과를 논문으로 정리하여 영국 최고의 과학학술지 《왕립학회회보The Transactions of the Royal Society》에 제출했다.[6] 이 논문에는 요즘 고등학교 물리 교과서에 수록된 방정식을 비롯하여 일상적인 가전제품(토스터 등)에 적용되는 전기 원리가 상세히 서술되어 있었지만, 그 가치를 알아보지 못한 학술지 편집자는 다음과 같은 답장을 보내왔다. "귀하의 논문은 본 학술지에 게재하기에 적절치 않은 것으로 판명되었습니다. 내용을 짧게 요약해서 우리보다 지명도가 낮은 자매 학술지에 제출해보시기 바랍니다." 자신의 발견을 과학계에 알리려는 줄의 시도는 이 일을 시작으로 여러 차례 장벽에 부딪히게 된다.

1840~1841년 동안 줄은 전기 관련 기술을 꾸준히 연마하면서 전기모터와 증기기관의 효율을 비교하는 작업에 몰두했다. 이 무렵에 사용되던 배터리는 산성용액에 아연을 담근 형태였는데, 아연이 산에 용해되면 용액 속으로 전류가 흐르면서 외부에 일을 할 수 있는 동력이 생산된다. 줄은 실험을 통해 아연 1파운드(약 0.4킬로그램)가 용해되면 33만 1400파운드(약 150톤)짜리 화물을 1피트(약 30미터) 높이로 들어 올릴 수 있다는 결론에 도달했다. 이 정도면 석탄보다 효율적일까? 전혀 아니다. 아연보다 훨씬 저렴한 석탄 1파운드를 태우면 150만 파운드(약 680톤)짜리 화물을 1피트 들어 올릴 수 있다.

양조장의 증기기관을 전기 배터리로 교체하는 것은 결코 좋은 생각이 아니었다. 그는 연구 노트에 "전자기적 동력원은 경제적 가치가 현저하게 떨어진다"고 적어놓았다. 그러나 여기서 중요한 것은 서로 다른 동력원의 효율을 수치로 비교할 수 있게 되었다는 점이다.

그다음으로 줄의 관심을 끈 것은 일을 전기로 바꾸는 발전기dynamo였다. 자전거 바퀴에 장착된 소형 발전기에는 철심을 전선으로 돌돌 말아놓은 전자석電磁石, electromagnet이 들어 있다. 페달을 밟으면 바퀴가 자석을 회전시켜서 코일에 전류가 유도되어 전조등이 켜진다. 줄은 배터리와 마찬가지로 발전기가 작동될 때에도 전선이 따뜻해진다는 사실을 확인했다. 그동안 칼로릭 이론에 의구심을 품고 있었는데, 드디어 그 진위 여부를 실험으로 확인할 수 있게 된 것이다.

줄은 열을 생산하는 전류의 능력을 다음 두 가지 방법으로 설명했다.

1. 과학계에 널리 퍼진 믿음대로 열이 칼로릭 입자의 흐름이라면, 발전기는 내부의 어딘가에서 칼로릭을 퍼 올려야 한다. 그렇지 않고서는 전선이 뜨거워지는 현상을 설명할 길이 없기 때문이다. 이것이 사실이라면 칼로릭이 외부로 흘러나가면서 발전기 내부의 코일은 차가워질 것이다.
2. 그렇지 않다면, 전류는 전선을 따라 흐르면서 열로 변환된다.

줄은 어떤 설명이 옳은지 확인하기 위해, 1842년 말~1843년 초 사이에 수동식 발전기를 목적에 맞게 개량하여 일련의 실험을 수행했다.[7] 그는 전류가 흐르는 코일을 유리관 속에 집어넣고, 코일에서 발생하는 열을 감지하기 위해 물을 채워 넣었다. 칼로릭이 정말로 존재한다면 발전기가 가동되었을 때 전류가 흐르면서 칼로릭이 코일 밖으로 흘러나오고, 그 결과 코일을 에워싸고 있는 물은 차가워져야 한다.

그러나 실험 결과는 정반대로 나타났다. 코일이 차가워지지 않고 오히려 뜨거워진 것이다. 게다가 발전기의 손잡이를 열심히 돌려서 전류를 많이 생산할수록 코일을 에워싼 물은 더욱 뜨거워졌다. 발전기가 칼로릭을 한 곳에서 다른 곳으로 옮기는 것이 아니라, 발전기에서 생성된 전류 자체가 열을 만들어내는 것 같았다.

이 가설을 확인하기 위해 배터리와 발전기를 하나로 연결해보니, 발전기를 켜기도 전에 배터리에서 흘러나온 전류 때문에 발전기의 전선이 따뜻해졌다. 물론 이것은 예상했던 결과였다. 줄은 오래전부터 배터리에서 흘러나온 전류가 전선을 데운다고 생각해왔다. 여기서 중요한 것은 발전기가 배터리에 연결된 상태에서 발전기의 수동 손잡이를 돌렸을 때 나타나는 현상이다.

줄이 손잡이를 한 방향(예를 들어 시계 방향)으로 돌렸더니, 발전기에서 생성된 전류가 배터리에서 흘러나온 전류에 더해져서 코일이 담겨 있는 물의 온도가 (발전기 손잡이를 돌리지 않았을 때보다) 더 높이 올라갔다.[8] 그리고 손잡이를 반대 방향(반시계 방향)으로 돌렸더니, 발전기에서 생성된 전류가 배터리 전류와 반대 방향으로 흘러서 물의 온도가 이전보다 적게 올라갔다. 발전기에서 생성된 전류가 열을 만들어내기는커녕 배터리 전류가 생성한 열을 상쇄시키고 있었던 것이다.

줄은 이 결과가 무엇을 의미하는지 잘 알고 있었다. 그는 실험 노트에 확신에 찬 어조로 "따라서 발전기는 열을 생성하거나 파괴하는 역학적 기능을 갖고 있다"라고 적어놓았다.

줄이 설계한 실험장비는 두 단계를 거쳐 작동하는 것 같았다. (1) 발전기의 손잡이를 돌리면서 한 일이 전류를 생성하고, (2) 전류가 흐르면 열이 발생한다. 이는 곧 일work이 열의 궁극적 원천이며, 둘 사이를 전류가 매개한다는 것을 의미했다.

줄의 다음 과제는 이 과정을 수치로 정량화하는 것이었다. 일이 열로 바뀔 수 있다면, 특정한 양의 열을 발생시키기 위해 얼마나 많은 일을 투입해야 하는가? 줄은 일과 열이 달러와 파운드처럼 서로 호환 가능한 양이라고 생각했다. 둘 다 똑같은 화폐인데 단위가 다를 뿐이다. 그러므로 환율을 알면 일을 열로, 또는 열을 일로 환산할 수 있다. 그는 이 환율을 '열의 일당량Mechanical Equivalent of Heat'이라 이름 짓고 구체적인 값을 찾기 시작했다.

줄은 떨어지는 물체와 발전기 사이를 도르래로 연결한 장치를 떠올렸다. 물체가 높은 곳에서 떨어지면 발전기를 회전시키고 여기서 만들어진 전류가 열을 생성하면, 모든 장치가 담겨 있는 물의 온도가 올라가는 식이다. 줄은 이 장치를 이용하여 무게를 알고 있는 물체의 낙하거리와 이 과정에서 생성된 열을 비교할 수 있었다. 다시 말해서 열의 역학적 가치, 즉 열의 일당량을 측정할 수 있게 된 것이다.

줄은 물 1파운드의 온도를 1°F 올리는 데 필요한 열의 양을 '열의 기본 단위'로, 1파운드짜리 물체가 1피트 떨어지면서 하는 일을 '일의 기본 단위'로 정하고, 똑같은 실험을 몇 주에 걸쳐 여러 번 반복했다. 아이디어는 별로 복잡할 게 없지만, 일과 열의 환율을 측정하는 것은 결코 만만한 작업이 아니었다. 전류 때문에 생긴 물의 온도 변화량이 기껏해야 3°F를 넘지 않아서 온도계로 정확한 값을 읽기가 어려웠고, 실험장치가 실내 온도의 영향을 받지 않도록 절연시키기 위해 온갖 방법을 동원해야 했다.

몇 주일 후, 드디어 줄은 스스로 만족할 만한 결과를 얻어냈다. 그의 짐작대로 일과 열은 일정한 호환관계로 연결되어 있었다. 그러나 정확한 값을 결정하기가 어려웠기 때문에(열의 기본 단위당 대략 750~1000

피트-파운드였다), 줄은 실험에서 얻은 데이터의 평균을 취했다.

"물 1파운드의 온도를 1°F 올리는 데 필요한 열은 838파운드짜리 물체를 수직 방향으로 1피트 들어 올리는 데 필요한 역학적 일과 같으며, 이들은 서로 호환 가능하다."

실험을 혼자 수행했음에도 불구하고 자신감이 넘친다. 이런 태도는 줄이 어린 시절에 받은 교육과 확고한 신념에 기초하고 있다. 보수적인 정치관에 독실한 기독교인이었던 그는 자신의 연구가 '거룩한 과업'이라고 믿었다.[9] 신성한 존재가 우주를 창조할 때 '수시로 움직이고 변할 수 있는' 비물질적인 무언가를 고정된 양만큼 부여했고, 전기와 일 그리고 열은 그 무언가의 다른 측면이라고 생각한 것이다. 이들은 서로 호환 가능하지만 총량은 변하지 않는다. 줄은 논문의 끝부분에 다음과 같이 적어놓았다. "자연의 위대한 대리인grand agent은 창조주의 포고령에 따라 절대로 사라지지 않는다. 역학적 힘이 발휘되는 곳에서는 언제나 그와 동일한 양의 열이 발생한다."[10]

줄이 말한 '자연의 위대한 대리인'이란 바로 에너지를 의미한다. 그의 글은 종교적 색채가 다분하지만, 거기에는 오늘날 과학의 기본 원리로 통하는 에너지 보존 법칙(또는 열역학 제1법칙)이 함축되어 있다.

1843년 여름에 줄은 자신이 얻은 결과를 홍보하기 위해 영국과학진흥회British Association for the Advancement of Science, BAAS의 정기학회가 열리는 코크(Cork, 아일랜드 남서부의 도시_옮긴이)로 여행을 떠났다. BAAS는 왕립학회에 만연한 엘리트주의와 보수적 세계관에 염증을 느낀 영국 과학자들이 1833년에 설립한 학술단체로서, 1차 정기학회가 열렸을 때 '과학자scientist'라는 단어의 의미를 놓고 치열한 논쟁을 벌인 끝에 '물질계에 대한 지식을 갖춘 연구자'라는 뜻으로 합의를 보았다.[11] BAAS 측에서는 줄의 연구를 높이 평가하여 열의 일당량을 주제로 강연을 하도록 허락했으나 (훗날 줄의 증언에 의하면) 그다지 많은 관심을 끌지 못했다.[12] 왜 그랬을까?

아마도 칼로릭 이론의 문제점이 BAAS 회원이 아닌 외부인에 의해 발견되었다는 점이 별로 달갑지 않았기 때문일 것이다(게다가 회원들 대부분은 칼로릭 이론을 여전히 신뢰하고 있었다). 줄에게 사람을 휘어잡는 카리스마가 부족한 것도 문제였다.[13] 생전 처음 보는 양조업자가 지극히 평범한 옷차림으로 강단에 서서 잔뜩 긴장한 표정과 어눌하면서 다소 품위가 떨어지는 말투로 생소한 주장을 펼쳤으니, 자존심이 하늘을 찌르는 학자들을 설득하기란 애초부터 무리였을 것이다. 과학 역사상 가장 중요한 개념 중 하나를 증거와 함께 제시할 때에도 줄의 태도는 매우 소극적이었다. 그다음 해에 줄은 영국왕립학회에 논문을 제출했다가 또다시 퇴짜를 맞았다.

학자들에게 이런 대접을 받으면서도 줄은 일과 열의 호환 가능성을 끝까지 밀어붙이기로 결심하고, 이전보다 조금 더 단순하면서 개념적으로 명백한 두 번째 실험에 착수했다. 이것이 바로 오늘날 전 세계의 모든 과학 교과서에 실려 있는 '줄의 실험'이다. 일과 열이 호환관계에 있다는 것은 전기를 매개체로 한 실험에서 이미 확인되었으므로, 그다음 단계는 전기적 요소를 제거하고 순수하게 역학적인 환경에서 일과 열의 호환성을 입증하는 것이었다. 완전히 다른 환경에서 실험을 했는데 일과 열 사이의 호환관계가 이전 실험과 동일한 값으로 나온다면, 줄의 이론은 더욱 강한 설득력을 갖게 된다. 그는 이런저런 방법을 모색하던 중 '두 물체가 마찰을 일으키면 열이 발생한다'는 단순한 사실을 떠올렸다.

줄은 보리와 호프를 통에 넣고 휘젓는 교반기를 실험 목적에 맞게 작은 크기로 만들었다. 역시 양조장 집안의 자손다운 발상이다. 그는 높이 1피트(약 30센티미터), 직경 8인치(약 20센티미터)짜리 금속제 원통을 만들어서 내부를 물로 채우고, 그 안에 외차(paddle wheel, 물레방아 같은 바퀴에 날개를 달아 물을 밀어내거나 섞는 장치_옮긴이)를 설치했다. 외차가 돌아가면 날개가 물을 저으면서 온도가 올라간다. 그렇다면 외차는 무엇으로 돌릴 것인가?

이 원리는 발전기 실험과 비슷하다. 외차의 회전축에 줄을 묶어서 도르래에 연결하고, 줄 끝에 무거운 물체를 달아놓으면 된다. 물체가 자체 중력에 의해 아래로 떨어지면 도르래를 통해 연결된 줄이 외차를 돌리면서 물의 온도가 올라간다. 이때 물체가 떨어지면서 한 일(이 값은 물체의 처음 위치 에너지와 나중 위치 에너지의 차이와 같다_옮긴이)과 물의 온도 변화를 비교하면 일과 열의 호환관계, 즉 열의 일당량을 알 수 있다.

문제는 물의 온도를 정확하게 측정하는 것이었다. 줄은 얇은 유리관에 수은을 채워 넣은 온도계를 사용했는데, 실험 초기에는 관측된 온도 변화가 1°F를 넘지 않아서 정확한 값을 읽어내기가 어려웠다.

다행히도 줄은 1840년대 중반에 맨체스터의 렌즈 및 안경 제작자인 존 벤자민 댄서John Benjamin Dancer를 만나게 된다. 그는 현미경 사진술의 선구자로서 1제곱밀리미터의 작은 인화지에 사진을 인쇄할 수 있었으며, 이 사진을 보는 현미경을 개발하여 대중에게 공개했다. 현미경 사진은 과학자를 위한 발명품이 아니었지만(십계명이 새겨진 석판이나 세인트 폴 대성당과 같은 구경거리를 찍은 사진이 대부분이었다), 줄은 그것이 자신에게 꼭 필요한 물건임을 한눈에 알아보고 당장 댄서를 찾아가 "수은주의 작은 변화를 현미경으로 읽을 수 있는 온도계를 만들어 달라"고 부탁했다.

얼마 후 댄서는 0.1°F 단위까지 읽을 수 있는 온도계를 완성했다. 줄은 이 장치를 외차에 설치하여 열의 일당량은 831피트-파운드라는 값을 얻었는데(831파운드짜리 물체가 1피트 떨어지는 동안 물의 온도가 1°F 올라간다는 뜻_옮긴이), 이것은 발전기를 이용한 실험에서 얻은 값과 거의 비슷한 수치였다. 그 후 실험장치를 부분적으로 개량하여 얻은 값은 781.5 피트-파운드였고, 물 대신 향유고래의 기름을 사용한 실험에서도 이와 비슷한 781.8피트-파운드가 얻어졌다.

실험 조건과 재료를 바꿔도 열의 일당량은 항상 800피트-파운드보다 조금 작은 값으로 나타났다. 자신감을 얻은 줄은 1847년 4월 28일에 맨체스터 교회에서 일반 대중을 상대로 강연회를 개최하여 실험 결과를 설명한 후 "에너지가 보존되는 것은 창조주가 세운 신성한 계획의 일부"라고 주장했다. 이날 강연했던 내용은 지역 일간지《맨체스터 커리어Manchester Courier》에 자세히 소개되었고, 줄은 강의 노트를 복사하여 가까운 친구들에게 보냈다. 그러나 과학계는 여전히 관심이 없었다.

그해 여름에 줄은 옥스퍼드에서 개최된 BAAS의 연례회의에 외부 강연자로 초대되었다. 예전에도 푸대접을 받은 경험이 있어서 큰 기대는 하지 않았는데, 설상가상으로 강연 당일 날 일정이 꼬이는 바람에 화학자가 아닌 물리학자들 앞에서 강연을 하게 되었다.[14] 게다가 주최 측은 줄에게 "다들 바쁜 사람이니 되도록 짧게 끝내달라"며 줄의 심기를 불편하게 만들었다.

사실 그날 학회 일정이 변경된 것은 줄에 대한 반감 때문이 아니라 우연히 일어난 사고였다. 어쨌거나 줄은 10년에 걸친 노력의 결과를 학자들 앞에서 발표했고, 강연이 끝날 무렵 청중석에 앉아 있던 한 젊은 청년이 자리에서 벌떡 일어나 "새롭고 흥미로운 이론"이라며 질문을 퍼붓기 시작했다.[15] 그는 글래스고 출신의 물리학자 윌리엄 톰슨 William Thomson으로, 스물셋이라는 젊은 나이에 영국 최고의 과학자로 인정받는 실력자였다. 훗날 톰슨은 그날의 강연을 회상하며 이렇게 말했다. "처음에는 줄이 틀렸다고 지적하기 위해 일어났습니다. 그런데 설명을 계속 듣다 보니 그가 위대한 진실을 발견했을 뿐만 아니라, 물리학이 앞으로 나아갈 길을 제시하고 있음을 깨달았습니다."[16]

톰슨은 줄의 '위대한 발견'에 경탄했지만, 그와 동시에 심각한 딜레마에 빠졌다. 지난 2년 동안 '불변의 칼로릭이 화로에서 싱크로 흐르면서 일을 창출한다'는 사디 카르노의 우아한 분석에 흠뻑 빠져 있었는데, 맨체스터에서 온 얌전한 신사가 "칼로릭은 아예 존재하지 않는다"고 주장하고 있으니 누구의 말을 믿어야 할지 갈피를 잡기가 어려웠다. 이럴 때 줄이 제시한 증거를 무시해버리면 만사가 편해진다. 어차피 그의 주장은 특수한 온도계를 동원해야 간신히 측정될 정도로 작은 온도 차에 기초한 것이 아니던가.

그러나 탁월한 직관의 소유자였던 윌리엄 톰슨은 카르노의 이론과 줄의 실험이 양립할 수 없음에도 둘 다 수용하고 싶었다. 혹시 둘 다 옳은 것은 아닐까? 만일 그렇다면, 둘 사이의 모순을 어떻게 해결해야 할까?

그로부터 수십 년 후, 켈빈 경이라는 작위 명으로 더 널리 알려진 윌리엄 톰슨은 줄의 동상 제막식에 참석하여 옥스퍼드 학회에서 줄을 처음 만났던 이야기를 사람들에게 들려주었다.[17] 톰슨은 옥스퍼드 학회가 끝난 후 몇 주 동안 휴가 여행을 떠났다가 샤모니(Chamonix, 몽블랑 산의 서쪽에 있는 산악 휴양지_옮긴이)에서 우연히 줄을 다시 만났다.

당시 신혼여행 중이었던 줄은 신부를 마차에 남겨둔 채 혼자 빠져나와서 폭포수의 온도를 측정하고 있었는데, 그의 목적은 폭포 꼭대기의 수온이 낙하지점의 수온보다 낮다는 가설을 증명하는 것이었다(물론 그는 한 손에 온도계를 들고 있었다). 그로부터 2주일이 지난 후에도 줄은 여전히 현장을 돌아다녔고, 보다 못한 톰슨은 살랑슈 폭포Cascades de Sallanches에서 줄과 함께 수온을 측정했다고 한다. 사실 이 일화는 과학을 향한 줄의 열정을 강조하기 위해 톰슨이 지어낸 이야기일 수도 있다. 그가 휴가 여행에서 돌아온 직후 부친에게 쓴 편지에는 폭포나 온도 측정에 관한 이야기가 전혀 없기 때문이다. 그러나 톰슨은 말년에 줄과의 인연을 회고하면서 "내 인생을 통틀어 가장 소중한 추억 중 하나"라고 했다.

04

뜨거운 곳에서 차가운 곳으로

카이노라구요? 그게 누구예요?

파리의 한 서점 주인이 윌리엄 톰슨에게

옥스퍼드 학회가 개최되기 2년 전, 그러니까 제임스 줄이 맨체스터의 자가 실험실에서 온도계와 한창 씨름을 벌이던 1845년의 어느 날, 윌리엄 톰슨은 파리의 서점가를 돌아다니며 사디 카르노의 명저 《불의 동력에 관한 소고》를 찾고 있었다. 그는 프랑스 과학저널에서 이 책의 요약본을 읽고, 드디어 열을 제대로 이해할 수 있는 돌파구를 찾았다고 생각했다. 그러나 스코틀랜드 억양이 잔뜩 섞인 프랑스어로 자신이 찾는 책을 설명하기란 결코 쉬운 일이 아니었다. 카르노의 'r' 발음을 강조해가며 열변을 토하면, 서점 주인들은 사디의 동생 이폴리트 카르노가 쓴 사회학 관련 서적을 보여주곤 했다.[1]

당시 톰슨은 어린 시절부터 받아온 과학영재 교육을 마무리하기 위해 파리에서 마지막 단계를 밟고 있었다.[2] 그는 1824년에 벨파스트에서 태어나 여덟 살 때 부친이 글래스고대학교의 수학과 교수로 임용되면서 가족과 함께 글래스고로 이주했다. 어릴 때부터 과학에 탁월한 재능을 보인 톰슨은 열다섯 살 때 지구가 구형球形인 이유를 분석하여 글래스고대학교에서 수여하는 최고상을 받았고, 1년 후에는 프랑스의 천재 조제프 푸리에Joseph Fourier가 쓴 《열 분석 이론Analytical Theory of Heat》을 읽고 자신의 수학 실력을 발휘할 기회를 잡게 된다.

놀랍게도 푸리에는 열을 주제로 책을 쓰면서도 열의 정체에 대해서는 아무런 언급도 하지 않았다. 그의 목적은 열의 거동(특히 흐름)을 수학적으로 서술하는 것이었다. 예를 들어 한쪽 끝은 뜨겁고 반대쪽 끝은 차가운 금속막대를 생각해보자. 우리의 경험에 의하면 뜨거운 곳에서 차가운 곳으로 열이 이동하다가, 시간이 충분히 흐르면 모든 곳에서 온도가 균일해진다. 푸리에는 이 과정에서 나타나는 열의 흐름을 수학적으로 표현했는데, 접근 방식이 너무 낯설고 파격적이어서 학자들의 환영을 받지 못했다. 그러나 톰슨은 겨우 열여섯 살 나이에 푸리에의 이론을 옹호하는 논문을 작성하여 《케임브리지 수학회보Cambridge Mathematics Journal》에 실었다.[3]

톰슨의 재능을 자랑스럽게 여긴 아버지는 아직 10대인 아들을 케임브리지대학교 수학과에 입학시켰다. 케임브리지대학교는 지난 20년 동안 젊은 교수들이 앞장서서 유럽의 최신 학문을 적극적으로 수용하여 '영국 최고의 수학 교육기관'이라는 과거의 명성을 거의 회복한 상태였다. 톰슨이 보기에도 교수진은 역시 최고 수준이었고, 학생들도 모두 똑똑했다. 톰슨의 논문을 미리 읽은 고학년 학생들은 그 뛰어난 논문의 저자가 10대 소년이라는 사실을 알고 매우 놀랐다고 한다.

한편, 톰슨의 아버지는 톰슨이 훗날 글래스고대학교의 자연철학과 교수가 되도록 계획을 세워놓았으나('자연철학자natural philosopher'라는 용어는 19세기 말에 '물리학자physicist'로 바뀌었다), 한 가지 문제는 글래스고대학교에서 케임브리지대학교 수학과 졸업장밖에 없는 젊은 청년을 채용할 가능성이 매우 낮다는 것이었다. 게다가 당시 케임브리지대학교 수학과는 자연현상을 입증하는 실질적 지식보다 추상적 사고력을 중요하게 여겼는데, 현장 교육의 본산인 글래스고대학교의 교수가 되려면 이론보다 실무에 강해야 했다. 그래서 톰슨의 아버지는 톰슨이 실험과학의 선진국인 프랑스로 건너가서 그곳의 저명한 과학자들에게 배우기를 원했다. 책상 앞에 앉아 펜만 끼적이는 고결한 과학자보다는 현장에서 손에 기름을 묻혀가며 실무를 익힌 과학자가 더 낫다고 생각한 것이다.

아버지의 권유에 따라 파리로 온 톰슨은 정부의 지원하에 열의 역학적 특성을 연구하는 저명한 물리학자 빅토르 르뇨Victor Regnault의 실험 조수가 되었다(르뇨는 카르노와 마찬가지로 프랑스 혁명 정부가 추진했던 공교육 강화 정책의 수혜자였다. 여덟 살에 고아가 된 그는 가난에 허덕이다가 에콜폴리테크닉을 졸업한 후 프랑스 최고의 과학자가 되었다). 그때까지만 해도 톰슨은 실험에 별 재주가 없었지만, 르뇨 옆에서 시험관을 잡고 있거나 펌프를 작동하는 것만으로도 매우 새롭고 유용한 경험이었다. 그는 온도 변화에 따른 물과 증기의 거동을 직접 관찰하면서 열에 대한 이론적 지식을 실전용 지식으로 업그레이드했고, 실험에서 인내와 정확성이 얼마나 중요한지를 절실하게 깨달았다. 그러나 뭐니 뭐니 해도 가장 중요한 것은 그곳이 영국이 아닌 프랑스, 그것도 파리였다는 점이다. "젊은 시절 나의 집이자 모교였던" 파리에서 톰슨은 열에 관한 사디 카르노의 아이디어를 접하게 된다.[4]

톰슨은 1845년에 영국으로 돌아왔다. 그 무렵 글래스고대학교 자연철학과 교수 중 한 사람(톰슨의 전임자)이 투병 중이어서, 톰슨은 케임브리지대학교의 학부생들을 가르치며 부임 날짜를 기다렸다. 그는 두 살 많은 형 제임스 톰슨James Thomson과 수시로 의견을 나누곤 했는데, 형도 글래스고대학교 재학 시절에 매우 뛰어난 학생이었지만 천재 동생의 그늘에 가려 별다른 주목을 받지 못했다(그는 대학을 졸업한 후 잉글랜드와 스코틀랜드의 몇몇 기업체에서 견습생으로 일했다).

평소 공학에 관심이 많았던 제임스는 한번 말문을 열면 멈출 줄을 몰랐다.[5] 수학과 실험물리학에 능한 윌리엄은 산업현장에서 증기기관을 직접 다뤄본 제임스와 함께 '못 말리는 과학콤비'로 통했다.[6] 날카로우면서 빠른 사고력을 가진 윌리엄과 한번 주장을 펼치면 절대로 굽히지 않는 제임스가 과학이나 공학에 대하여 토론하는 모습은 참으로 가관이었다고 한다. "두 형제의 토론은 한 편의 코미디를 방불케 한다. 둘 다 상대방의 말을 듣지 않고 자기주장만 펼치는데, 신기하게도 대화가 계속 이어진다."[7]

톰슨 형제는 열기관에 대한 카르노의 분석이 옳다고 믿었다. 윌리엄은 추상적인 논리에 매력을 느꼈고, 증기선 엔진을 직접 다뤄본 제임스는 석탄이 아무리 저렴하더라도 엔진의 효율이 높아야 한다고 생각했다. 배에 석탄을 많이 실으면 화물 적재량과 항해 거리가 줄어들기 때문이다. 또한 제임스는 엔진의 냉각장치를 바닷물보다 따뜻한 곳에서 작동시키는 것이 비효율적임을 직관적으로 간파하고 있었다(증기가 냉각장치를 통해 물로 변하는 과정에서는 피스톤에 압력이 가해지지 않는다). 아무런 일도 하지 않는데 냉각기에 열이 남아 있다는 것은 그만큼 열이 낭비되고 있다는 뜻이다. 제임스는 "바다와 같은 온도에서 증기를 응축(냉각)시킬 수 있다면, 같은 양의 석탄으로 더 멀리 갈 수 있다"고 주장했다. 이것은 카르노의 분석과 일맥상통하는 결과로서, 동생을 설득하기에 부족함이 없었다.[8]

1846년 9월, 글래스고대학교 자연철학과 교수가 사망하면서 윌리엄 톰슨이 스물두 살의 젊은 나이로 그 자리를 물려받았다. 그곳에서 톰슨은 영국 최초로 학부생이 직접 참여하는 물리학 실험실을 개설하여 학계의 주목을 끌었지만, 최고의 과학자라는 명성에도 불구하고 가끔 엉뚱한 행동을 해서 주변 사람들을 어리둥절하게 만들었다고 한다.

당시 글래스고는 선박 제조를 기반으로 한 신흥 산업도시로 빠르게 성장하는 중이었기에, 갓 부임한 톰슨은 열과 증기에 대한 연구를 최우선 과제로 삼았다(실제로 톰슨이 가르치는 학생들 중 상당수가 조선소나 기계 공장주의 자손이었다). 그 후로 10년 동안 글래스고의 조선업은 클라이드강river Clyde에서 거의 열흘에 한 번씩 진수식(進水式, 새로 완성된 배를 물에 처음 띄우는 의식_옮긴이)이 열릴 정도로 호황을 누렸다.[9]

그중에서 가장 유명한 배는 1609톤급의 '시티 오브 글래스고S.S. City of Glasgow'였는데, 선체가 철로 되어 있고 외차 대신 물속에서 돌아가는 프로펠러를 채용하여 400명이 넘는 승객을 태우고 3주 만에 대서양을 건널 수 있었다.[10] 19세기 중반에 미국의 인구가 폭발적으로 증가한 것은 이런 대형 선박이 대량으로 생산되었기 때문이다.

글래스고에는 조선업 외에도 면화사업부터 화학, 제철에 이르는 다양한 관련 산업이 번성하고 있었다. 아일랜드와 스코틀랜드의 고원 지대에 살던 사람들이 일자리를 찾아 이주해오면서, 1800년에 7만 7000명이었던 글래스고의 인구는 1850년에 30만 명으로 증가했다.[11] 형제와 함께 글래스고에 정착했던 한 이주민이 1851년에 쓴 일기에는 다음과 같이 적혀 있다. "매일 아침 6시가 되면 클라이드 계곡 아래쪽에서 들려오는 거대한 증기해머 소리와 함께 잠에서 깨어났다. 글래스고의 하루는 수천 개의 해머가 수천 개의 모루를 두드리는 소리로 시작되었다."[12]

톰슨은 사디 카르노가 도시의 아침을 알리는 소리의 근원을 설명해준다고 생각했다. 평생 받아온 교육, 형과 나눴던 토론, 그리고 오랜 세월 쌓아온 직관은 한결같이 카르노 이론의 타당성을 입증하고 있었다. 그러나 1847년에 옥스퍼드 학회에서 제임스 줄을 만난 후로 톰슨의 머리가 복잡해졌다. 줄은 열과 일이 서로 호환 가능한 양이라고 굳게 믿었지만, 이것은 '열은 창조되지도 파괴되지도 않는다'는 카르노의 가정에 위배된다.

1848년 가을에 윌리엄 톰슨은 카르노가 쓴 책의 복사본을 입수했다. 줄을 만난 후로 약간 의구심이 들긴 했지만, 그와 같은 명제가 과학자들 사이에서 더 이상 간과되어서는 안 된다고 생각한 톰슨은 카르노의 이론을 널리 알리기 위해 〈르뇨의 증기실험 데이터에 기초한 카르노의 열동력 이론An Account of Carnot's Theory of Motive Power of Heat with Numerical Results Deduced from Regnault's Experiments on Steam〉이라는 제목의 논문을 쓰기 시작했다.[13] 제목이 너무 길고 핵심 단어가 분명치 않아서 출간 초기에는 별 관심을 끌지 못했지만, 이 논문은 톰슨이 과학계에 남긴 가장 중요한 업적 중 하나이며 '열역학'이라는 단어가 처음 등장한 논문이기도 하다.

제목보다 더욱 눈길을 끄는 것은 톰슨이 채용한 논리 전개 방식이다. 그는 카르노의 책에 대한 이론 및 실험적 증거를 제시하는 데 논문의 상당 부분을 할애했지만, 곳곳에 줄의 실험 결과를 각주 형태로 삽입하여 두 사람의 관점을 대비시켰다. 카르노와 줄 사이에서 오락가락하는 톰슨의 마음이 그대로 반영된 듯하다. 그는 최종 결론을 내리지 못했지만, 카르노와 줄의 주장을 하나의 논문에 실음으로써 읽는 사람을 문제의 중심으로 끌어들이려 했던 것 같다.

톰슨은 이 논문을 1849년에 출판했다. 그런데 몇 달 후에 카르노가 옳다는 것을 입증하는 유력한 증거가 발견되어 다시 한번 톰슨을 심란하게 만들었다.

증거를 제시한 주인공은 다름 아닌 윌리엄 톰슨의 형, 제임스 톰슨이었다.[14] 그는 카르노의 아이디어를 검증하는 기발한 아이디어를 개발했는데, 내용은 다음과 같다. 카르노는 엔진이 동력을 생산하려면 온도가 내려가야 한다고 가정했다. 혹시 이 가정을 만족하지 않는 경우가 있지 않을까? 이런 사례가 하나라도 존재한다면 카르노의 주장은 당장 폐기되어야 한다. 그러나 이런 사례가 카르노의 이론을 반증하지 않고 오히려 신뢰도를 높여준다면 더욱 놀라운 사건이 될 것이다.

어떤 물질이건 팽창하기만 하면 원리적으로 일을 할 수 있다. 그런데 물이 낮은 온도에서 얼면 부피가 늘어난다. 그렇다면 '물이 얼음으로 변하는 과정'을 이용한 엔진을 만들 수도 있지 않을까? 제임스는 피스톤의 아랫부분이 물로 채워진 엔진을 떠올렸다. 실린더의 온도를 낮추다가 0℃에 도달하면 물이 얼음으로 변하면서 부피가 커지고, 피스톤이 위로 밀려 올라가면서 외부에 일을 할 수 있다. 여기서 중요한 사실은 피스톤이 '0℃라는 특정한 온도에서만' 위로 밀린다는 것이다. 그렇다면 외부에 일을 한 후에도 온도가 내려가지 않는 엔진을 만들 수 있다는 말인가? 과연 이것이 카르노의 이론을 한 방에 날려버릴 반증 사례일까?

아니다. 물이 얼어서 피스톤을 밀어내면 피스톤도 얼음을 반대쪽으로 밀어내기 때문이다. 이것이 바로 뉴턴의 운동법칙 중 하나인 작용-반작용 법칙이다. A가 B에게 힘작용, action을 행사하면, B는 A에게 크기가 같고 방향이 반대인 힘반작용, reaction을 되돌려준다. 당신이 실린더 안에 들어가서 손으로 피스톤을 밀고 있다고 상상해보라. 그러면 당신의 손에는 '밀려나지 않으려는' 피스톤의 저항력이 느껴질 것이다. 제임스 톰슨이 떠올린 얼음엔진의 경우에도 물이 얼어붙으면 피스톤이 얼음에 가하는 압력이 높아진다.

톰슨 형제가 활동하던 무렵에는 물의 빙점과 압력 사이의 관계가 명확하게 알려지지 않은 상태였다. 당시 과학자들은 "지표면 근처에서는 지구 대기의 자체 무게가 수면을 누르고 있으며(과학자들은 이 압력의 세기를 '1기압'으로 표기한다), 이런 환경에서 물은 '0℃에서 빙결된다'는 사실을 알고 있었지만, 압력이 높아지면 빙점이 어떻게 변하는지는 모르고 있었다. 만일 1기압보다 높은 압력에서 물의 빙점이 0℃보다 낮아진다면, 카르노의 이론은 위기에서 벗어난다. 물이 얼음으로 변하여 피스톤을 밀어내면서 일을 할 때, 피스톤의 압력 때문에 온도가 이미 빙점(0℃보다 낮은 온도)까지 내려갔기 때문이다.

그렇다면 압력이 높아질 때 물의 빙점은 얼마나 낮아지는가? 제임스 톰슨은 몇 가지 계산을 통해 "카르노의 이론이 성립하려면 압력이 1기압 증가할 때마다 빙점이 0.0075℃씩 내려가야 한다"는 결론에 도달했다. 그의 계산이 옳다면 2기압에서 물은 −0.0075℃에서 얼고, 3기압에서는 −0.0150℃에서 얼어야 한다.

윌리엄 톰슨은 형의 계산 결과를 접하고 "드디어 카르노 이론의 진위 여부를 실험실에서 확인할 수 있게 되었다"며 매우 기뻐했다. 압력에 따른 빙점의 변화가 형의 계산과 일치한다면 카르노의 이론은 옳은 것으로 판명될 것이다.

그러나 당시의 온도계로는 이렇게 미세한 온도 차이를 측정할 수 없었기에,[15] 윌리엄 톰슨은 제자인 로버트 맨셀Robert Mansell에게 100분의 1℃(0.01℃)까지 측정 가능한 온도계를 만들어달라고 부탁했다. 글래스고대학교에 입학하기 전에 실용공학을 공부하고 유리가공에도 능했던 맨셀은 수많은 시행착오를 겪은 끝에 드디어 초정밀 온도계를 완성했고, 톰슨은 물을 채운 유리 실린더에 피스톤과 온도계를 연결하여 압력에 따른 빙점의 변화를 측정했다.

실험은 성공적이었다. 맨셀의 온도계는 훌륭하게 작동했고, 제임스의 계산은 측정값과 거의 정확하게 일치했으며, 카르노의 이론도 옳은 것으로 판명되었다. 제임스 톰슨의 이론에 의하면 8.1기압에서 물의 빙점은 −0.061℃, 16.8기압에서는 0.126℃였는데, 윌리엄 톰슨의 실험에서는 각각 0.059℃, 0.129℃가 얻어졌으니, 그가 사용했던 관측장비의 성능을 감안할 때 이 정도면 만족할 만한 수치였다.

윌리엄 톰슨은 자신의 실험 결과가 카르노의 이론을 강력하게 뒷받침한다고 믿었다. 그러나 열의 일당량을 측정했던 제임스 줄은 톰슨이 너무 쉽게 결론을 내렸다며 회의적 반응을 보였다. 단 두 개의 데이터만으로 결론을 내렸으니 그럴 만도 했다. 톰슨이 이토록 빠르게 결론을 내린 이유는 카르노의 이론이 옳다고 마음속으로 굳게 믿는 상태에서 실험을 수행했기 때문일 것이다.

톰슨 형제는 모르고 있었지만, 이들의 가설과 실험은 '빙하가 움직이는 이유'도 설명했다. 빙하의 바닥에는 엄청난 압력이 가해지기 때문에 0℃ 아래에서도 물이 얼지 않는다. 이렇게 형성된 물이 육지와 얼음 사이의 마찰을 줄여서 빙하가 흘러내렸던 것이다. 증기기관에 대한 카르노의 이론이 지질학적 의문까지 해결한 셈이다.

얼음 실험은 카르노의 이론을 입증하는 증거일 뿐 줄의 이론에 대한 반증은 아니다. 즉 칼로릭 이론을 부정했던 줄의 주장은 여전히 유

효하다. 톰슨은 줄의 실험을 분석하던 중 또 다른 의문을 품게 되었는데, 그 내용은 다음과 같다.[16]

뜨거운 곳에서 차가운 곳으로 흐르는 열은 일을 할 수 있지만, 항상 그런 것은 아니다. 한쪽 끝은 빨갛게 달궈지고 반대쪽 끝은 차가운 쇠막대를 예로 들어보자. 시간이 흐르면 열이 뜨거운 곳에서 차가운 곳으로 이동하다가 결국 모든 부위의 온도가 균일해진다. 열이라는 것이 파괴되지 않는 칼로릭 유동체의 흐름이라면, 양 끝의 온도가 다른 쇠막대는 경사진 수로 위에 놓인 물통과 비슷하다. 물통을 기울이면 열이 뜨거운 곳에서 차가운 곳으로 흐르듯 물도 높은 곳에서 낮은 곳으로 흐른다. 이 수로의 중간에 외차가 설치되어 있다면 물이 도달하는 순간부터 돌기 시작할 것이다.

즉 물의 운동 중 일부가 외차의 운동으로 변환되고, 이로 인해 유속은 상류보다 느려진다. 물이 수로 끝에 도달하면 부딪히는 소리가 날 텐데, 외차를 제거하면 소리가 커진다. 외차에 전달되던 동력이 그대로 살아서 수로의 끝에 도달했기 때문이다. 톰슨이 의문을 품은 것은 바로 이 대목이다. 칼로릭이 쇠막대의 뜨거운 곳에서 차가운 곳으로 흐를 때에는 아무런 방해도 받지 않기 때문에 아무런 소리도 나지 않는다. 그런데 칼로릭이 도중에 일을 한다면 어떤 변화가 일어날 것인가? 톰슨에게는 마땅한 답이 없었다.

줄은 칼로릭 이론의 모든 결함에도 불구하고, "열은 뜨거운 화로에서 차가운 싱크로 흐를 때만 일을 할 수 있다"는 카르노의 주장을 부정하지 않았다. 그는 1850년 3월에 톰슨에게 다음과 같은 편지를 보냈다. "내가 얻은 결과와 카르노의 이론 사이에는 어떤 형태로든 연결고리가 존재할 것입니다. 당신은 뛰어난 과학자이니 머지않아 발견하게 되겠지요. 솔직히 말하자면, 이런 생각을 할 때마다 마음이 몹시 심란해집니다."

카르노와 줄은 퍼즐의 두 조각이었다. 그러나 톰슨을 비롯한 수많은 과학자들이 최선의 노력을 기울였음에도 불구하고, 퍼즐 조각은 한동안 제자리를 찾지 못했다. 결국 이 문제는 새로 태어난 신흥 국가의 과학자들 손으로 넘어가게 된다.

05

물리학의 최대 현안

증기기관에서 역동적으로 움직이는 실린더를 보면 신도 놀랄 것이다.[1]

베를린의 생리학자 에밀 뒤부아 레몽

독일의 수도 베를린과 남서쪽의 포츠담 사이를 흐르는 하펠강Havel river에는 호수와 운하, 수로 등 다양한 물길들이 복잡하게 연결되어 있다.[2] 하펠 강변에는 공원과 정원, 궁전들이 늘어서 있는데, 19세기 초까지만 해도 이 지역은 프로이센(현재 독일의 북동부)을 다스리던 귀족 호엔촐레른가Hohenzollern family의 영토였다. 그중에서도 분수와 온실 그리고 넓은 화단이 영국풍으로 아름답게 조성되어 있는 글리니케 공원Glienicke Park이 가장 돋보인다. 헬무트 폰 몰트케(Helmuth von Moltke, 독일의 통일전쟁을 이끌었던 장군_옮긴이)는 우연히 이곳을 방문했다가 "독일 최고의 경관"이라며 탄성을 자아냈다.[3]

그때 몰트케가 거닐었던 길을 따라가면 100년 전에 그가 보았던 풍경을 거의 그대로 볼 수 있다. 그러나 인도교는 무너진 채로 방치되어 있고, 그 아래로 하펠강이 힘차게 흘러간다. 여기서 수백 미터를 더 갔을 무렵, 몰트케의 귀에는 이상한 소리가 들려왔을 것이다. (지금은 사라지고 없지만) 그것은 영국 공학자가 설계한 프로이센 최초의 증기기관이 가동되는 소리였다. 폰 몰트케는 당시의 소감을 다음과 같이 기록했다.

> 하루 종일 하펠강에서 모래 높이까지 증기기관으로 길어 올린 물 덕분에 아름답고 푸른 초원이 조성되었다. 증기기관이 없다면 잡초만 무성했을 것이다. 폭포에서 떨어진 사나운 급류가 반쯤 유실된 다리 아래로 흐르다가, 전혀 자연스럽지 않은 길을 따라 50피트 아래로 곤두박질친다.

다시 말해서, 하펠 강변의 아름다운 풍경은 자연산이 아니라 인공적으로 조성되었다는 뜻이다.

영국에서 증기기관은 상업적 이득과 직결되었고 프랑스에서는 사회적 진보의 상징이었지만, 프로이센의 증기기관은 (적어도 소수의 엘리트들에게는) 자연환경을 개선하는 수단이었다. 프로이센의 과학자들에게 증기기관은 단순한 기계가 아니라, 인간과 자연을 더욱 가깝게 만들어주는 친환경적 연결고리였다. 그런데 증기기관이 자연의 가치를 높일 수 있다면, 자연 자체를 설명할 수도 있지 않을까? 글리니케 공원의 증기기관을 목격한 또 한 사람의 젊은 청년 헤르만 헬름홀츠Hermann Helmholtz는 이 가능성을 간파한 최초의 과학자였다.

헬름홀츠는 1821년에 포츠담의 중산층 가정에서 실무 교육보다 학문을 강조하는 프로이센 중등학교 교사의 아들로 태어났다.[4] 그는 어린 시절에 몸이 유별나게 허약하여 대부분의 시간을 침대에 누워 있거나 방에 갇힌 채 지냈다고 한다. 그러나 성인이 되어 건강을 회복한 후에는 아버지로부터 다양한 문학과 시詩를 배우면서 가끔씩 포츠담 공원으로 산책을 나갔다. 어릴 때부터 수학과 과학을 좋아했던 헬름홀츠는 물리학 관련 서적을 닥치는 대로 읽었고, 못쓰게 된 안경을 개조하여 현미경을 만들기도 했다. 열일곱 살이 되던 1838년에는 베를린에 있는 프리드리히 빌헬름 연구소Friedrich Wilhelm Institute 의학부에 장학금을 받고 입학하여 군의관 교육을 받았다. 1838년은 포츠담과 베를린을 잇는 열차 노선이 개통된 해이기도 하다. 그 덕분에 헬름홀츠는 집 근처의 공원에서 자연 친화적인 증기기관을 목격했고, 기차를 타고 통학하면서 기계문명의 실용적 측면도 체험할 수 있었다.

1830년대 말과 1840년대 초에 유럽에서 독일어를 사용하는 지역은 여러 개의 왕국과 공국, 교구敎區, 그리고 소규모 독립국들로 나뉘어져 있어서 영국이나 프랑스보다 경제 규모가 작았고 증기 기술도 낙후되어 있었다.[5] 1840년에 이 지역에서 가동되던 증기기관의 총출력은 약 2만 마력으로,[6] 영국의 35만 마력과 프랑스의 3만 4000마력에 한참 모자란 상태였다.

그러나 1840년대가 시작되면서 지난 수십 년 동안 추진해온 개혁이 조금씩 결실을 거두기 시작했다. 1807년에 농노제도를 폐지한 프로이센은[7] 모든 농민들이 자신이 원하는 곳에 정착하여 농사를 지을 수 있게 되면서 지역 간 인구 이동이 크게 증가했고, 1834년에는 독일의 여러 국가들이 관세동맹을 맺어 자유무역이 활발하게 이루어졌다.[8] 북쪽의 함부르크에서 남쪽 알프스까지 여행하려면 10개국을 지나쳐야 하는데, 동맹이 결성되기 전에는 국경을 건널 때마다 '득달같이 달려드는 공무원과 세금징수원들'[9]에게 거금의 통행세를 지불해야 했지만, 제도가 개선된 후에는 직물, 광업, 철강업이 빠르게 성장하기 시작했다. 1840~1860년에 고정형 증기기관의 총출력은 거의 10배로 늘어났고,[10] 철도 네트워크의 총 길이는 1만 6000킬로미터까지 확장되었다.[11]

독일의 교육 체계도 크게 바뀌었다.[12] 프로이센 정부는 19세기 전반에 교육 관련 예산을 다섯 배로 늘리고 교육 목표를 대대적으로 수정하여[13] 대학교를 '지식을 떠 먹여주는 곳'에서 '새로운 지식을 스스로 배우고 개척하는 곳'으로 바꿔놓았다. 학식만으로 과분한 대접을 받아온 교수들도 창의적 사고력으로 자신만의 연구를 수행하지 않으면 곧바로 퇴출되는 분위기였다.

헬름홀츠는 이런 분위기에서 성장했다. 그는 젊고 야심 찬 의학자, 물리학자, 화학자들과 오랜 세월 친분을 유지하면서 지적 네트워크의 장점을 십분 활용했는데, 주된 목적은 무생물을 바라보는 관점으로 생명을 연구하는 것이었다.[14] 이들은 무생물의 세계를 지배하는 수학과 물리학 그리고 화학 법칙이 살아 있는 생명체에도 똑같이 적용된다고 생각했다. 요즘 관점에서 보면 특별할 것이 없지만, 무생물로 생물을 만드는 것이 불가능하다고 믿었던 대부분의 19세기 과학자들은 헬름홀츠를 비롯한 젊은 과학자들의 접근 방식을 별로 달가워하지 않았다.

당시 유럽의 과학계는 "살아 있는 생명체는 음식과 물, 공기에서 얻는 물질 외에 생명에 반드시 필요한 요소를 갖고 있다"는 생기론生氣論, vitalism[15]을 신봉하고 있었다. 생명체가 살아 있는 한 그 안에서 진행되는 물리적·화학적 과정이 '생명력'에 의해 제어된다고 믿은 것이다. 생명체가 죽으면 생명력이 사라지면서 무생물이 된다. 그러나 헬름홀츠와 그의 친구들은 "반생기론을 수용해야 생물학을 물리·화학과 동일한 기반에서 연구할 수 있다"고 주장했다.

헬름홀츠는 1843년에 의과대학을 졸업하고 고향 포츠담에 주둔 중인 레드 후사르Red Hussars 연대의 외과 보조의로 취직했다. 매일 새벽 5시에 울리는 기상나팔 소리와 함께 하루 일과가 시작되는 고된 생활이었지만, 그 와중에도 월급을 털어 조그만 실험실을 짓고 생기론의 허점을 입증하는 일련의 실험을 수행해나갔다. 그중에서도 특히 그의 관심을 끈 것은 동물의 체온에 관한 연구였다.

왜 하필 체온일까? 여기에는 그럴 만한 이유가 있다. 온혈동물이 체온을 유지하는 방식이 느리게 진행되는 연소과정(석탄이 천천히 타는 과정)과 원리적으로 동일하다는 것을 입증하면, 완고한 생기론자들에게 한 방 제대로 먹일 수 있기 때문이다.

이 가설을 최초로 떠올린 사람은 프랑스의 위대한 화학자 앙투안 라부아지에였다. 그는 1780년대에 사람의 폐를 '음식을 태우는 벽난로'에 비유하여 과학자들을 놀라게 했다. "호흡은 매우 느리게 진행되는 연소과정이며, 본질적으로 석탄이 타는 현상과 동일하다"는 것이 그의 지론이었다.[16] 다시 말해서, 음식이란 동물의 몸 안에서 산소와 함께 타는 연료이며, 이로부터 열과 이산화탄소가 부산물로 생성된다는 것이다.

그러나 다음 해에 과학자들은 체내에서 진행되는 연소과정이 석탄의 연소과정보다 훨씬 복잡하다는 사실을 깨달았다. 음식은 석탄과 달리 탄소 이외의 다양한 성분으로 이루어져 있기 때문이다. 예를 들어 설탕과 탄수화물은 수소와 산소 그리고 탄소가 복잡하게 결합된 유기 화합물이므로, 탄소 외에 수소의 연소과정도 열 생산에 기여할 수 있다. 실제로 수소가 산소와 결합하면 열과 함께 물 H_2O 이 생성된다. 대부분의 동물이 이산화탄소 CO_2 와 물(소변)을 배출한다는 것이 그 증거이다.

1820년대에 벨기에의 과학자 세자르 몽슈에트 디프레츠César-Mansuète Despretz와 프랑스의 피에르 루이 뒬롱Pierre Louis Dulong은 이 점을 염두에 두고, '호흡은 서서히 진행되는 연소과정'이라는 라부아지에의 주장을 확인하기 위해 각자 독립적으로 다양한 실험을 실행했다.[17] 이들은 토끼, 기니피그, 비둘기, 닭, 올빼미, 까치, 고양이, 개 등을 구리상자에 넣고 상자 전체를 물속에 담근 후, 주어진 시간 동안 각 동물이 흡입한 산소의 양을 측정했다. 그리고 '탄소와 결합하여 이산화탄소를 만들어낸 산소의 양'과 '수소와 결합하여 물을 만들어낸 산소의 양'의 비율을 계산하고 상자 내부의 온도 증가량을 측정했다.

여기까지는 동물의 생명 활동과 관련된 양이다. 이제 실험에서 얻은 데이터를 무생물의 연소과정과 비교하면 된다. 탄소와 수소를 얼마만큼 태워야(즉 산소와 결합시켜야) 각 동물이 배출한 것과 같은 양의 이산화탄소와 물이 생성될 것인가? 디프레츠와 뒬롱은 실험을 통해 이 값을 알아낸 후, 마지막으로 (무생물) 연소과정에서 방출되는 열을 측정했다.

디프레츠와 뒬롱의 실험에서는 탄소와 수소가 단순히 산소와 결합하면서 방출되는 열이 같은 조건하에서 동물이 방출하는 열보다 10퍼센트 정도 작은 것으로 판명되었다.

이것은 "생물에게는 물질계의 법칙을 따르지 않는 별도의 열원이 존재한다"는 생기론에 부합되는 결과이다. 헬름홀츠는 포츠담의 군부대에서 복무할 때 주변 과학자들과 이 문제를 놓고 열띤 토론을 벌이다가 디프레츠와 뒬롱의 결과에 회의를 품고 자신이 직접 실험을 수행하기로 결심했다.

헬름홀츠는 디프레츠와 뒬롱의 실험을 세 가지 방법으로 공략했다. 첫 번째는 그들의 실험이 잘못된 가정에서 출발했음을 증명하는 것인데, 대략적인 내용은 다음과 같다. 대부분의 음식에 들어 있는 탄수화물 분자는 탄소와 수소 외에 산소도 포함하고 있기 때문에(예를 들어 포도당의 분자식은 $C_6H_{12}O_6$이다_옮긴이) 탄소와 수소가 탈 때보다 많은 열을 방출한다.[18] 즉 동물이 호흡할 때에는 탄소와 수소가 공기 중의 산소와 결합할 뿐만 아니라, 음식 속에 함유되어 있는 산소와도 결합을 시도하기 때문에 동물의 몸에서 방출되는 열의 양이 단순 산화과정에서 방출되는 열보다 많았던 것이다.

두 번째 방법은 헬름홀츠의 의학지식을 활용하는 것이었다. 다른 과학자들과 달리 정규 의학 교육을 받았던 그는 개구리의 다리 근육을 세심하게 관찰한 끝에, 근육의 움직임이 생명력에 기인한 것이 아니라 정상적인 화학적 과정을 거쳐 나타난 결과임을 알아냈다. 그의 실험은 다음과 같은 방식으로 진행된다.

우선 개구리의 다리를 물과 알코올에 담그고, 다리에서 흘러나오는 분비물의 양을 측정한다. 그다음 물이나 알코올에 담그지 않은 다른 개구리의 다리에 전기 충격을 가해서 근육에 경련을 일으킨 후, 이 다리를 물과 알코올에 담가서 분비물의 양을 측정한다. 헬름홀츠가 두 경우의 분비물 양을 비교해보니, 경련을 일으킨 다리를 물에 담그면 분비물의 양이 (전기 자극을 주지 않은 다리에 비해) 감소하고, 알코올에 담그면 분비물의 양이 증가하는 것으로 나타났다. 이는 곧 근육의 움직임이 물에 녹는 물질(수용성 물질)을 알코올에 녹는 물질로 바꾼다는 것을 의미한다. 이 실험의 결론은 명확했다. 근육을 움직이는 원동력은 일련의 화학반응을 통해 생성된 화학 에너지이며, 이 과정은 원리적으로 연소와 동일하다.

헬름홀츠가 동원한 세 번째 방법은 증기기관과 관련되어 있다.

그는 사디 카르노가 증기기관의 효율에 관한 논문을 쓸 때 사용했던 가정, 즉 '영구기관은 절대 만들 수 없다'는 가정을 자신의 실험에 똑같이 적용했다. 생기론자들의 주장대로 동물이 탄소를 태워서(즉 탄소와 산소를 결합해서) 얻을 수 있는 것보다 더 많은 열을 생산한다면, 동물의 신체 내부에는 물리법칙의 지배를 받지 않는 별도의 열원이 존재해야 한다. 즉 동물은 음식이나 연료를 섭취하지 않아도 약간의 열을 생산할 수 있다는 뜻이다.

이것이 사실이라면 무無에서 유有를 만들어내는 동물의 능력을 이용하여 물건을 들어 올리거나, 분수를 가동하거나, 기차를 끄는 등 다양한 일을 할 수 있다. 다시 말해서, 동물의 '생명력'에서 생산된 열을 이용하면 영구기관이 가능하다는 이야기다. 그러나 영구기관이 불가능하다는 것은 물리학의 기본 원리이므로, 제아무리 생명체라 해도 연료(음식)를 공급받지 않으면 일을 할 수 없다. 그러므로 동물의 몸에서 발생하는 열은 음식물과 산소가 결합해서 생긴 것이며, 그 외의 열원은 존재하지 않는다. 카르노가 영구기관이 불가능하다는 원리로부터 '증기기관은 열이 흘러야 일을 할 수 있다'는 사실을 증명한 데 반해, 헬름홀츠는 동일한 원리로부터 '동물의 몸에서 방출되는 모든 열은 무생물을 지배하는 법칙에 따라 일어난 화학반응의 산물'이라는 것을 증명했다.

생기론에 대한 헬름홀츠의 반론을 가장 크게 반긴 사람은 동료 의사들이었다. 여기에 용기를 얻은 그는 생기론에 대한 반론을 과학계에 널리 알리기 위해 1847년 초부터 논문을 쓰기 시작했는데, 논지의 핵심은 '영구기관은 불가능하다'는 것이었지만 문제에 접근하는 방식이 이전과 크게 달라졌다. "입력入力이 없으면 일을 할 수 없다"는 말은 "유용한 것을 얻으려면 무언가를 투자해야 한다"거나 "세상에 공짜는 없다"는 등 언뜻 듣기에 부정적인 인상을 풍긴다. 그러나 헬름홀츠는 그의 논문에서 "영구기관이 불가능하다는 것은 부정적인 의미의 금지령이 아니라 가장 근본적인 단계에서 우주의 섭리를 말해주는 귀중한 지침이며, 이 원리를 적용하면 중력, 운동, 열, 전기, 자기현상 등을 하나의 통일된 관점에서 서술할 수 있다"고 주장했다. 훗날 그는 "영구운동이 불가능하다면 자연에 존재하는 힘들 사이에는 어떤 관계가 성립해야 하는가? 이 질문으로부터 모든 해답이 얻어졌다"고 회고했다.[19]

1847년 7월, 헬름홀츠는 프로이센의 의학자, 화학자, 물리학자, 공학자들로 구성된 베를린 물리학회의 정기 모임에 참석하여 얼마 전에 탈고한 논문을 발표했다. 〈힘Kraft의 보존에 관하여〉라는 제목으로 공개된 이 논문은 이론물리학계를 뒤흔들 정도의 명저는 아니었지만, 자신감으로 가득 찬 스물여섯 살 청년의 야망이 곳곳에 배어 있었다.

헬름홀츠의 논문이 유명해진 이유는 다른 과학자들이 생각한 적 없는 새로운 아이디어를 제시했기 때문이 아니라, "영구기관이 불가능하다는 원리로부터 모든 자연현상을 설명할 수 있다"는 가능성을 제시했기 때문이다. 이 원리의 진정한 의미는 무엇일까? 일상적인 언어로 표현하면 "이 세상에 공짜는 없다"는 뜻이며, 헬름홀츠의 방식으로 표현하면 "우주에 존재하는 '힘Kraft'의 총량은 보존된다"는 뜻이다. 열이나 전기 또는 물체의 운동 등 모든 형태의 'Kraft'는 서로 다른 형태로 변환될 수 있으며, 새로 창조되거나 파괴되지 않고 항상 일정한 총량을 유지한다. 제임스 줄과 독일 뷔르템베르크Württemberg의 의사 율리우스 로베르트 마이어Julius Robert Mayer도 이와 비슷한 결론에 도달했다. 그러나 헬름홀츠의 논문은 'Kraft 보존'이라는 원리하에 모든 과학의 통합을 시도했다는 점에서 특별한 의미를 갖는다.

가장 어려운 문제는 'kraft'라는 단어의 의미를 정의하는 것이었다. 영어로 직역하면 'force'라는 뜻인데, 현실 세계에서 힘이 보존되는 경우는 거의 없다. 사실 헬름홀츠가 말한 Kraft는 '에너지'에 가깝지만, 당시의 개념으로는 에너지를 정의하는 것도 결코 만만한 과제가 아니었다. 현대인들도 휘발유와 음식, 가스, 전기 등에 에너지가 들어있다는 사실은 알고 있지만, 이들이 '에너지'라는 용어로 통합되는 이유를 직관적으로 이해하는 사람은 별로 없다. 헬름홀츠의 업적이 높이 평가되는 이유는 '영구운동은 불가능하다'는 원리를 이용하여 에너지의 개념을 명확하게 정의했기 때문이다. 그 내용을 이해하기 위해, 헬름홀츠에게 영감을 불어넣었던 사고실험(thought experiment, 현실 세계에서 실행이 불가능하거나 지나치게 복잡하여 생각만으로 진행하는 실험_옮긴이)을 따라가 보자.

여기 45도 각도로 기울어진 길이 1미터짜리 마찰 없는 경사로의 꼭대기에 질량이 1킬로그램인 정육면체형 금속이 놓여 있다.[20] 이 금속은 밧줄을 통해 발전기와 연결되어 있어서 경사로를 미끄러져 내려오면 발전기가 회전하면서 전류를 생산하고, 이 전류가 모터를 구동하여 바닥까지 내려온 금속을 다시 경사로의 꼭대기로 들어 올린다. 골드버그 장치(Goldberg machine, 극도로 복잡한 과정을 거쳐 지극히 단순한 결과를 얻도록 고안된 도구_옮긴이)를 방불케 하는 이 장치는 지구의 중력에 함유된 에너지(이것을 위치 에너지라고 한다_옮긴이)를 금속의 하향 운동(경사로를 따라 미끄러짐)으로 바꾼 후, 금속의 움직임에 의한 에너지(이것을 운동 에너지라 한다_옮긴이)를 전기 에너지로 바꿔서 바닥에 도달한 금속을 중력의 반대 방향으로 들어 올려 경사로의 꼭대기에 되돌려놓는다.

헬름홀츠가 펼친 논리의 요점은 다음과 같다. 앞서 언급한 변환 과정이 아무런 낭비 없이 완벽하게 진행된다면, 육면체 금속은 정확하게 처음 출발했던 높이로 되돌아온다. 이것이 우리가 할 수 있는 최선이다. 이 세상 어떤 방법을 동원해도 추가 에너지를 공급하지 않는 한, 금속물체를 출발점보다 높은 곳으로 들어 올릴 수는 없다.

헬름홀츠는 이런 식의 분석을 통해 완전히 다른 것처럼 보이는 현상들(중력, 물체의 운동, 전기 등)을 성공적으로 연결시켰다. 즉 모든 유형의 에너지는 자연에 내재된 법칙에 의해 다른 형태의 에너지로 변환되며, 어떤 경우에도 '최상의 환율'을 초과할 수 없다.

또한 헬름홀츠는 1847년 논문에서 오늘날 '위치 에너지'로 알려진 양을 긴장력tensional force이라는 명칭으로 처음 도입했다. 굳이 긴장이라는 단어를 사용한 이유는 에너지가 어딘가에 저장되었다가 나중에 발휘되기 때문이다. 앞에서 언급한 사고실험의 경우, 경사로의 꼭대기에 놓인 금속물체는 중력적 위치 에너지를 저장하고 있다가 경사로를 미끄러져 내려오면서 방출한다. 이렇게 방출된 에너지가 발전기를 돌리면 배터리가 충전된다. 즉 중력적 위치 에너지가 전기적 위치 에너지로 변환된다. 이 에너지가 다시 방출되면 모터를 돌려서 바닥으로 떨어진 금속물체를 경사로의 꼭대기로 들어 올릴 수 있다. 전기적 위치 에너지가 중력적 위치 에너지로 되돌아온 셈이다.

물론 이 과정에서 에너지가 전혀 낭비되지 않는다는 가정하에 그렇다. 헬름홀츠의 논문에는 다음과 같이 적혀 있다. "음식에는 화학적 위치 에너지가 저장되어 있어서, 동물이 음식을 소화하면 특정 양의 화학 에너지가 긴장력으로 변환되며… 역학적 힘을 발휘하고 열을 방출한다." 헬름홀츠는 이 모든 단계를 역으로 추적한 끝에, 음식에 함유된 화학 에너지의 궁극적 출처는 태양이라고 결론지었다.

헬름홀츠의 논문은 다음과 같이 계속된다.

> 각 에너지 사이의 관계, 즉 '환율'은 아직 알 수 없지만, 언젠가는 반드시 밝혀질 것이다. 이것은 앞으로 물리학이 실험과 관측을 통해 규명해야 할 중요한 과제 중 하나이다. 다양한 에너지들 사이의 호환관계는 이론과 실험뿐만 아니라 일상생활에서도 매우 중요한 개념이므로, 물리학자들은 이 문제에 관심을 갖고 빠른 시일 안에 해결되도록 노력해주기 바란다.[21]

헬름홀츠의 논문은 물리학사에 길이 빛날 명저임이 분명하지만, 당시에는 별다른 주목을 받지 못했다. 프로이센 최고 학술지 《물리학 연보The Annals of Physics》의 편집자들은 논리의 대부분이 추측과 가설로 이루어져 있고 실험적 증거가 부족하다는 이유로 '게재 불가' 판정을 내렸다. 사디 카르노와 제임스 줄이 그랬던 것처럼, 헬름홀츠도 주류 과학자들을 설득하지 못한 것이다. 결국 그는 베를린 물리학회에 있는 친구의 도움을 받아 자신의 논문을 60쪽짜리 소책자로 출판하는 것으로 만족해야 했다.

사실 헬름홀츠의 논문에는 몇 가지 문제점이 있었다. 가장 큰 문제는 열의 거동을 에너지 보존에 맞추기 위해 무리수를 뒀다는 점이다. 윌리엄 톰슨이 그랬던 것처럼, 헬름홀츠는 기계적 일과 전기적 에너지가 열로 바뀔 수 있음을 보여준 제임스 줄의 실험에서 영감을 얻어 "열은 다른 형태의 에너지로 바뀔 수 있다"고 주장했다. 그러나 헬름홀츠는 (역시 톰슨이 그랬던 것처럼) "불변량인 열이 뜨거운 곳에서 차가운 곳으로 흐르면서 일을 한다"는 카르노의 증기기관 이론에 완전히 매료되어 있었다. 그렇다면 열도 에너지로 변환될 수 있어야 하는데, 현실은 그렇지 않았다. 다양한 형태의 에너지는 쉽게 열로 변환되지만, 열이 다른 무엇으로 변하는 현상은 관측된 적이 없기 때문이다. 이 문제에 관하여 헬름홀츠는 다음과 같이 적어놓았다.

> 열이 일로 변환되면 열 자체는 사라질 것이다. 이것은 힘(에너지)이 보존되기 위해 반드시 필요한 가정이다. 문제는 여기에 관심을 갖는 사람이 없다는 것이다.[22]

헬름홀츠는 옳은 주장을 펼쳤음에도 불구하고 당대의 과학자들을 끝내 설득하지 못했다. 제임스 줄은 '특정한 양의 열을 생성하기 위해 투입되어야 할 일의 양'을 측정하는 데에는 성공했지만, 열이 일을 하면서 사라지는 사례를 실험으로 확인하기란 거의 불가능에 가까웠다. 1850년대의 기술로는 증기기관의 화로에서 발생하여 싱크로 사라지는 열을 정확하게 측정할 방법이 없었기 때문이다. 그리하여 열의 진정한 특성과 거동 방식은 여전히 미지로 남게 되었다.

06

열의 흐름과 시간의 끝

마그누스 교수는 학문적 업적 외에도 젊은 학생과 연구원들을 물심양면으로 도우면서 과학의 미래에 지대한 영향을 미쳤다.[1]

1879년, 아일랜드계 영국 물리학자 존 틴들이
《네이처》에 기고한 구스타프 마그누스의 사망 기사 중에서

학생들은 구스타프 마그누스Gustav Magnus를 마음속 깊이 존경했다.

프로이센의 전통적 교수들과 달리, 그의 강의는 '영어를 연상시키는' 짧은 문장으로 진행되었다.[2] 부유한 상인의 아들이었던 그는 아버지에게 물려받은 유산으로 고가의 실험장비를 구입하여 강의에 활용하는 등 강의의 질을 높이기 위해 부단히 노력했다.

마그누스는 19세기 전반 독일어권 국가의 교육 방식에 지대한 영향을 미친 사람이다. '세미나'라는 교육 방식이 대학가에 퍼진 것도 이 무렵의 일이었다. 교수 한 사람이 여러 명의 학생들 앞에서 일방적으로 지식을 전달하는 기존의 강의와 달리, 세미나는 소규모의 학생들이

지도교수와 자유롭게 토론을 주고받으면서 지식을 터득하는 방식이다. 마그누스는 이 교육법을 대학가에 정착시키기 위해 베를린의 미테 지구Mitte District에 있는 자신의 집에 매주 열 명 내외의 우수학생을 초대하여 세미나를 진행했다. 참석자들은 주어진 과학 주제에 대한 자신의 의견을 피력하고 상대방의 반박을 방어하면서 실력을 키워나갔고, 마그누스는 결코 교수라는 지위를 내세우지 않고 학생들과 동등한 입장에서 토론에 참여했다.

헬름홀츠의 논문이 발표되고 몇 달이 지난 어느 날, 마그누스는 에너지 보존을 세미나 주제로 채택하고[3] 프로이센의 쾨슬린Köslin, 지금은 폴란드에 속해 있음에서 온 스물여섯 살의 루돌프 클라우지우스Rudolf Clausius를 새로운 토론자로 초대했다. 루터교 목사의 여섯 번째 아들로 태어난 클라우지우스는 베를린대학교에 오기 전에 자신의 부친이 운영하는 대학교에서 하늘의 색을 연구하여 박사학위를 받았다.[4] 그의 학위논문은 결국 틀린 것으로 판명되었지만, 실험에 의존하지 않고 추상적 사고와 수학적 논리로 풀어나간 전개 방식에 감명을 받은 심사위원들은 논문의 오류에도 불구하고 합격점을 주었다. 마그누스의 지도를 받은 학생들은 1850~1860년대에 독일을 대표하는 과학자로 성장했는데, 그중에서도 클라우지우스는 발군의 실력을 발휘하여 훗날 '이론물리학의 아버지'라는 칭호를 얻게 된다.[5]

그날 세미나에서 클라우지우스가 한 말은 기록에 남아 있지 않지만, 그는 헬름홀츠와 카르노, 톰슨, 그리고 줄의 연구 결과를 주도면밀하게 분석하여 해묵은 난제를 해결했다. 열이 에너지로 변한다는 가설과 열이 일을 하려면 뜨거운 곳에서 차가운 곳으로 흘러야 한다는 카르노의 이론을 조화롭게 연결시킨 것이다.

클리우지우스의 해결책은 '두 개의 관점이 모두 옳다'는 새로운 가정에서 출발한다. 열은 창조되거나 파괴될 수 있으며, 뜨거운 곳에서 차가운 곳으로 흘러야 일을 할 수 있다. 이 내용을 골자로 한 그의 논문은 1850년도《물리학 연보》에 게재되었다.[6]

클라우지우스의 논리는 다음과 같이 진행된다.[7]

사디 카르노는 열기관을 수차에 비유했다. 수차는 내리막길을 따라 흐르는 물을 이용하여 에너지를 생산하고, 열기관은 화로에서 싱크로 흐르는 칼로릭을 이용하여 에너지를 생산한다. 같은 양의 물질이 두 장치로 들어갔다가 밖으로 유출되는데, 수차에서 물이 유실되지 않는 것처럼 열기관에서도 열은 사라지지 않는다.

클라우지우스는 이런 식의 비교를 더 이상 시도하지 않았다. 물은 수차를 가동시키지만, 물 자체가 일로 변환되는 것은 아니다. 수차를 움직이게 하는 궁극적 원천은 물이 아니라 중력이다. 높은 곳에 있는 물은 위치 에너지를 갖고 있기 때문에 낮은 곳으로 떨어지면서 일을 할 수 있다. 클라우지우스는 이 사실을 헬름홀츠의 논문을 통해 알게 되었다.

그러나 엔진의 경우는 사정이 다르다. 클라우지우스는 일이 열로 바뀔 수 있다는 줄의 실험에서 한 걸음 더 나아가 '엔진에서는 열의 일부가 일로 바뀐다'는 과감한 가정을 세웠다. 그리고 사디 카르노의 이론에 약간의 수정을 가하면 두 이론이 상충되지 않는다는 것을 증명했는데, 구체적인 내용은 다음과 같다.

"엔진으로 유입된 모든 열은 결국 밖으로 흘러나온다"는 카르노의 주장은 사실과 다르다. 그러나 열의 일부는 밖으로 흘러나오고, 유출된 열은 아무런 일도 하지 못한 채 낭비된다. 자동차의 배기구가 뜨거운 것이 바로 그 증거이다. 엔진 효율이 제아무리 높다고 해도 열의 일부는 어떻게든 방출되게 마련이다.

왜 그럴까? 그 이유는 다소 미묘한 곳에 숨어 있다. 한 개의 실린더와 피스톤으로 이루어진 초간단 엔진을 상상해보자. 내연기관은 가솔린이나 디젤 연료를 태워서 실린더 안에 열을 발생시키는 장치이다. 클라우지우스가 떠올린 가상의 엔진에서 열은 (구체적으로 지정하지 않은) 외부에서 유입되며, 마찰에 의해 손실되거나 낭비되는 양은 없다. 이런 엔진은 현실 세계에 존재하지 않지만, 일의 원리를 밝히는 데 중요한 실마리를 제공한다.

열이 실린더 내부로 유입되면 기체가 팽창하면서 피스톤을 밀어내고, 이 과정에서 에너지 보존 법칙에 의거하여 열이 일로 변환된다. 실린더가 무한히 길면 팽창이 영원히 계속되면서 원리적으로 모든 열이 일로 변하겠지만, 이런 실린더는 현실적으로 무용지물이다.

엔진이 계속 작동하려면 팽창을 통해 생산된 일 중 일부는 피스톤을 원위치로 되돌리는 데 사용되어야 한다. 이때 실린더 내부의 기체를 차갑게 만들면 압축이 쉬워져서 피스톤을 원위치시키는 데 투입되는 일의 양을 줄일 수 있다.

그러나 피스톤이 원위치로 되돌아오면 실린더 내부의 기체가 압

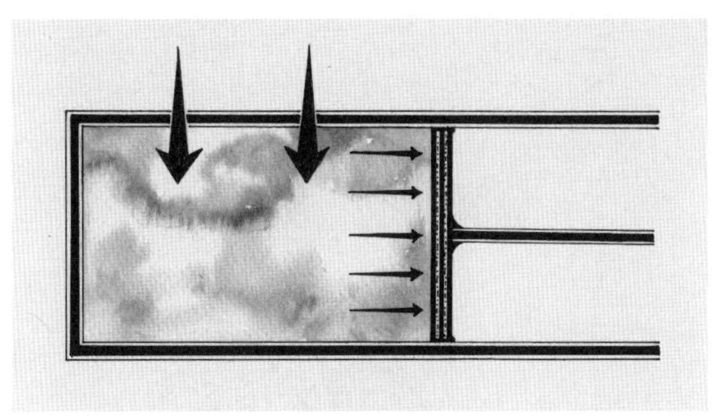

내연기관에 열이 유입되면 실린더 내부의 공기가 팽창하면서 피스톤을 밀어낸다

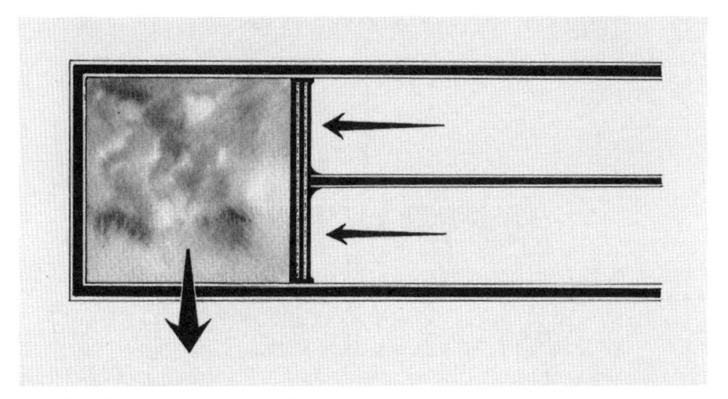

피스톤이 원위치로 되돌아오면서 열이 제거된다

축되어 온도가 올라가면서 피스톤의 움직임을 방해한다. 공기가 들어 있는 풍선을 압축하면 온도가 올라가는 것과 같은 이치다.

그러므로 압축 단계에서 열은 실린더 밖으로 빠져나가 싱크로 흘러 들어가야 한다. 그렇지 않으면 팽창 단계에서 생성된 모든 일이 남김없이 사용되어 엔진은 무용지물이 된다(피스톤이 원위치로 되돌아오지 않으면 더 이상 일을 할 수 없다_옮긴이). 자동차 엔진의 경우, 피스톤이

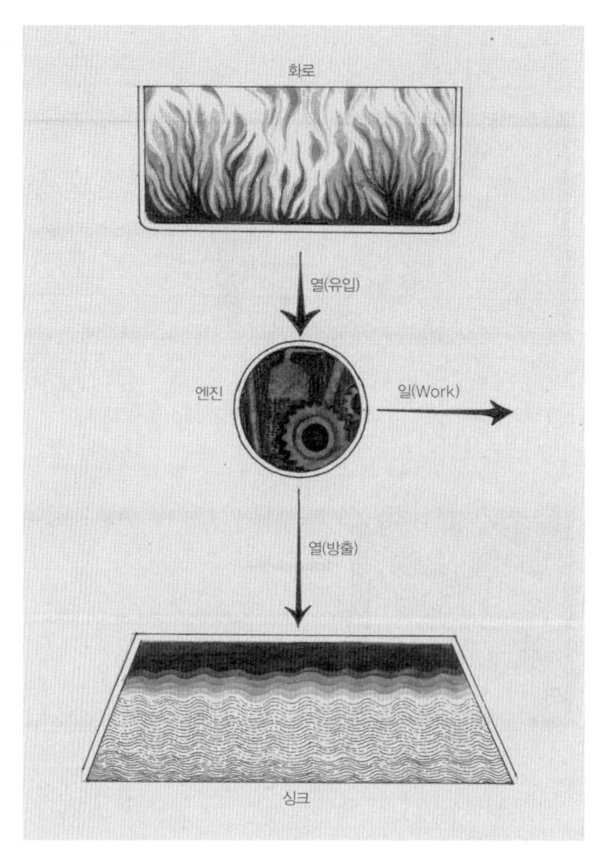

클라우지우스가 제안한 이상적인 엔진

왕복운동을 빠르게 반복하면서 1초에 몇 번씩 열을 실린더 밖으로 방출하고 있다.

클라우지우스는 이 원리들을 하나로 묶어서 가장 이상적인 엔진을 제안했는데, 간단히 설명하면 다음과 같다.

처음에 화로에서 엔진으로 유입된 열은 에너지 보존 법칙에 의해 모두 (외부의) 일로 변환되고, 엔진이 계속 가동되려면 일의 일부가 엔진으로 되돌려져야 한다. 이 과정(피스톤을 원위치로 되돌리는 과정)에서 에너지 보존 법칙에 의해 필연적으로 열이 발생하는데, 이 열은 더 이상 유용한 일을 하지 못하고 폐기된다.

그러므로 화로를 더욱 뜨겁게 달굴수록 엔진의 효율이 높아진다. 온도가 높으면 실린더를 밀어내는 힘이 강해져서 더 많은 일을 할 수 있기 때문이다. 또는 싱크의 온도를 더 차갑게 만들어도 된다. 그러면 기체를 압축하기가 쉬워서 피스톤을 원위치로 되돌리는 데 들어가는 일이 작아진다.

이와 반대로 화로와 싱크의 온도 차가 작으면 엔진의 효율이 떨어진다. 극단적 사례로 화로와 싱크의 온도가 같으면, 기체가 팽창하면서 하는 일과 피스톤을 되돌리는 데 들어가는 일이 같아져서 아무런 일도 할 수 없게 된다(애써 만들어낸 일이 피스톤을 되돌리는 데—압축 과정—에 모두 소모되기 때문이다_옮긴이).

이것은 카르노가 증기기관과 수차를 비교하여 얻은 결론과 거의 동일하다. 즉 이상적인 열기관이 수행할 수 있는 일의 양은 화로와 싱크의 온도 차이에 의해 결정된다(〈부록 II〉 참조).

그런데 이것이 과연 항상 성립하는 결론일까? 열을 일로 바꾸는 과정에서 다른 재질이나 역학적으로 다른 구조를 사용하면 결과가 달라지지 않을까? 동일한 화로와 싱크를 사용하는 두 개의 엔진—공기엔진과 증기엔진(증기기관)—을 예로 들어보자. 공기엔진이 팽창 과정에서 증기엔진보다 더 많은 일을 하거나, 압축 과정에 소모되는 일이 더 작지 않을까?

이 질문의 답은 클라우지우스가 발견한 새로운 법칙에서 찾을 수 있다.

클라우지우스는 카르노의 이론에서 영감을 얻어 새로운 사고실험을 고안했다. 이 실험은 외부에서 투입된 일을 이용하여 차가운 곳(싱크)에서 뜨거운 곳(화로)으로 열을 퍼 나르는 이상적인 역기관逆機關, reverse engine에서 출발한다. 내부의 열을 부엌이나 거실로 퍼내는 현대식 냉장고와 비슷하다.[8] 여기서 우리가 명심해야 할 것은 에너지 보존 법칙이다. 냉장고에 해준 일(투입된 전력)은 열로 바뀐다. 증기기관에서 열이 일로 바뀌는 것과 정반대다. 냉장고의 뒷면이 따뜻한 이유는 내부에서 추출된 열과 펌프에서 발생한 열이 뒤쪽으로 방출되기 때문이다.

클라우지우스는 동일한 화로와 싱크가 설치된 이상적인 엔진과 냉장고를 상상했다. 그리고 이들을 하나로 엮어서 이상적인 엔진이 이상적인 냉장고를 가동한다고 가정해보았다.

예를 들어 이상적인 엔진이 화로에서 100칼로리의 열을 취하여 그중 절반(50칼로리)을 일에 투입하고 나머지 절반을 싱크에 버린다고 하자.[9] 이상적인 냉장고는 50칼로리의 열에 해당하는 일을 하고 싱크에서 50칼로리의 열을 취하여 총 100칼로리의 열을 화로로 보낸다.

이 기계는 영원히 작동할 것이다. 화로를 떠난 열이 고스란히 보충되고, 싱크로 배출된 열은 고스란히 엔진으로 되돌려진다. 그러나 이 과정에서 다른 일은 하나도 할 수 없다.

그다음, 클라우지우스는 이상적인 엔진보다 효율이 더 높은 엔진

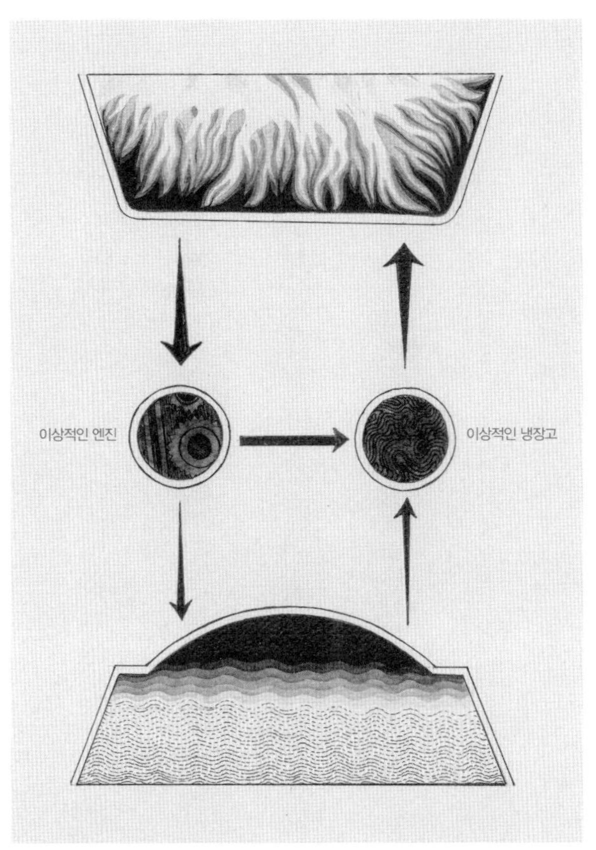

클라우지우스가 상상한 이상적인 엔진이 이상적인 냉장고를 가동하는 기계

(이것을 '초고성능 엔진'이라 하자)을 떠올렸다. 이 엔진이 열을 이용하여 하는 일과 폐기되는 열의 비율은 이전처럼 50 대 50이 아니라 50 대 30이다. 즉 화로에서 80칼로리의 열을 취하여 50칼로리는 일을 하는 데 사용하고 30칼로리는 싱크에 버린다.

다음 단계는 초고성능 엔진으로 이상적인 냉장고를 가동하는 경

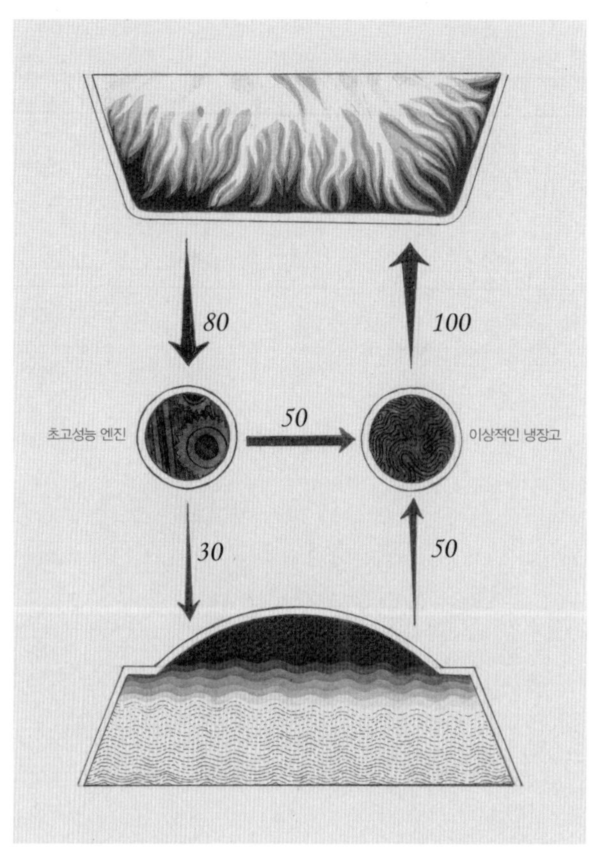

초고성능 엔진으로 가동되는 이상적인 냉장고

우이다.

80칼로리의 열이 화로에서 초고성능 엔진으로 흐르면, 그중 50칼로리가 일로 변환되고 30칼로리는 싱크로 버려진다. 그러면 이상적인 냉장고는 초고성능 냉장고가 해준 일 덕분에 싱크에서 50칼로리의 열을 흡수하여 총 100칼로리의 열을 화로로 보낸다.

바로 여기가 핵심이다. 모든 단계에서 에너지 보존 법칙은 잘 지켜졌는데(열과 일의 합이 일정하게 유지되었다), 결과적으로 열이 많아졌다. 처음에 화로에서는 80칼로리의 열을 초고성능 엔진에 공급했지만, 이상적인 역기관(냉장고)에서 돌아온 열은 100칼로리이다. 즉 20칼로리가 증가한 것이다.

반면에 싱크는 초고성능 엔진으로부터 30칼로리를 공급받고 이상적인 냉장고에게 50칼로리를 빼앗겼으므로 20칼로리가 줄어들었다. 외부에서 아무런 일도 투입하지 않았는데, 20칼로리의 열이 차가운 곳(싱크)에서 뜨거운 곳(화로)으로 이동한 셈이다. 이런 기계를 만들 수 있다면 아무런 동력 없이 냉장고를 영원히 가동할 수 있다.

물론 이런 냉장고는 존재하지 않는다. 열은 차가운 곳에서 뜨거운 곳으로 '자발적으로' 흐르지 않는다. 이런 흐름을 유도하려면 외부에서 어떤 형태로든 일을 투입해야 한다. 열이 자발적으로 흐르는 방향은 뜨거운 곳에서 차가운 곳으로 가는 쪽이다. 그런데 초고성능 엔진은 이 원리에 위배되기 때문에 원리적으로 존재할 수 없다.

클라우지우스는 이렇게 카르노의 타당성을 입증했다. "주어진 열에서 추출할 수 있는 일의 최댓값은 화로와 싱크의 온도 차이에 의해 결정된다"던 카르노의 주장은 결국 옳은 것으로 판명되었다. 이것은 엔진의 재질이나 구조에 상관없이 항상 성립하는 사실이다.

카르노의 가설은 에너지 보존 법칙과 "열은 차가운 곳에서 뜨거운 곳으로 자발적으로 흐르지 않는다"는 원리하에서도 여전히 성립한다.

클라우지우스의 논문에서 가장 중요한 결론은 열의 거동을 좌우하는 두 개의 법칙이다. 이것은 오늘날 '열역학 제1, 제2 법칙'으로 알려져 있는데, 내용은 다음과 같다.

제1법칙: 열과 일은 줄이 발견한 바와 같이 고정된 비율로 교환 가능하지만, 열과 일의 총량은 변하지 않는다(이것은 열과 일에 적용된 에너지 보존 법칙이다).

제2법칙: 열은 차가운 곳에서 뜨거운 곳으로 자발적으로 흐르지 않는다.

열역학은 이 두 개의 법칙과 함께 탄생했다.

클라우지우스의 논문은 발표와 동시에 커다란 반향을 불러일으켰다. 그는 논문을 출판한 직후 베를린에 있는 왕립포병공과대학Royal Artillery and Engineering school의 물리학과 교수로 채용되었고, 몇 주 후에는 논문의 영문 번역판이 출간되었다. 1850년 여름에 글래스고에서 클라우지우스의 논문을 접한 윌리엄 톰슨은 심기가 매우 복잡했다.[10] 클라우지우스가 "과학자들이 카르노와 줄의 이론에 관심을 갖게 된 데에는 톰슨의 역할이 매우 컸다"고 인정해준 것은 고마운 일이었으나, 자신이 2년 동안 사투를 벌이다가 결국 포기한 문제를 엉뚱한 사람이 해결했으니 결코 기쁘지만은 않았을 것이다. 그로부터 몇 달 후, 톰슨은 자신만의 방법으로 제2법칙을 증명하여 학술지에 발표했다.

클라우지우스와 톰슨은 한 번도 만난 적이 없지만 긴 시간 동안 학술지를 통해 열의 특성에 대한 통찰을 주고받으면서 열역학의 기초를 다졌으니, 사실상 공동 연구를 한 것이나 다름없다. 이들이 없었다면 열역학은 증기기관을 초월하여 과학의 기초로 자리 잡지 못했을 것이다.

그중에서도 가장 극적인 논문은 1852년 4월에 《에든버러 왕립학회 회보Proceedings of the Royal Society of Edinburgh》에 게재된 톰슨의 논문이다.[11] 제임스 줄이 그랬던 것처럼 톰슨도 열의 거동에서 창조주의 손길을 느꼈다. 줄은 열역학 제1법칙인 에너지 보존이 "자연의 위대한 중개인이 개입한 증거"라고 했고, 톰슨은 제2법칙에서 우주를 운영하는 신의 원대한 계획을 엿보았다.

여기서 잠시 톰슨이 활동하던 시대의 사회적 상황을 돌아보자.

그 무렵 글래스고는 한창 성장하는 산업도시이자 궁핍의 도시이기도 했다. 아일랜드의 감자농사에 극심한 흉년이 들어 수십만 명이 무작정 이주해오는 바람에 글래스고의 외곽 지역은 하루가 다르게 굶주림과 유행병이 만연한 좌절의 도시로 변해갔다.[12] 톰슨의 남동생은 1847년 초에 발진티푸스에 걸려 톰슨이 의학을 연구하던 병원에 입원했다가 몇 주 후에 사망했고, 2년 후에는 콜레라가 이 지역을 강타하면서 톰슨의 부친도 세상을 떠났다. 이 시기에 글래스고에서만 거의 4000명이 콜레라로 사망했다고 한다.[13] 두 명의 가족을 잃은 톰슨은 새로운 삶을 위해 사브리나 스미스Sabrina Smith라는 여인에게 청혼했다가 일언지하에 거절당했다.

극도의 상실감과 좌절 속에서 1852년 그의 논문 〈역학적 에너지 소실에 관한 자연의 보편적 경향On a Universal Tendency in Nature to the Dissipation of

Mechanical Energy〉이 탄생한 것을 보면, 과학자의 창조력과 세속적 감정 사이에는 별 관계가 없는 것 같기도 하다. 아무튼 이 논문은 증기기관을 한참 뛰어넘어 열과 에너지를 기반으로 새로운 물리학 분야를 개척한 기념비적 논문으로 평가된다.

톰슨은 4년 전(1848년)에 쓴 카르노 관련 논문에서 한쪽 끝은 뜨겁고 다른 한쪽은 차가운 쇠막대를 언급한 적이 있다. 이 경우에 열은 막대의 온도가 균일해질 때까지 뜨거운 곳에서 차가운 곳으로 흐른다. 여기서 톰슨은 한 가지 의문을 떠올렸다. '이와 똑같은 열의 흐름이 쇠막대가 아닌 엔진에서 발생한다면 어떻게 될까?'

1852년에 톰슨은 드디어 답을 알아냈다. 초기상태에 주어진 쇠막대의 온도 차이는 일로 변하지 않고 '낭비된dissipated' 열로 사라진다. 이런 열로는 일을 할 수 없다. 에너지 보존 법칙에 의하면 열은 파괴되지 않지만, 쇠막대의 한쪽 끝에 집중되지 않고 분포 상태가 달라지면 일을 할 수 있는 잠재력을 상실한다.

그러므로 균일한 온도 분포를 향해 나아가는 쇠막대는 효율이 0인 열기관으로 간주할 수 있다. 이상적인 엔진은 열의 일부를 일로 바꾸고 나머지를 버리지만, 쇠막대에서는 모든 열이 그냥 버려진다. 그리고 두 경우 모두 한번 버려진 열은 절대로 일을 할 수 없다.

자연이 진공을 싫어하는 것처럼, 열은 불균등하게 분포되는 것을 싫어한다. 열은 소진되는 경향이 있으며, 언제나 온도 차이를 없애는 쪽으로 이동한다. 이 과정에서 유용한 일을 이끌어낼 수도 있지만, 톰슨은 그것이 증기기관처럼 반복되지 않는 일시적인 일에 불과하다고 주장했다. 이렇게 생산된 일은 결국 열로 사라질 운명이라는 것이다. 자동차 바퀴와 노면 사이의 마찰이나 배의 선체와 물 사이의 마찰에 의해 발생하는 열도 마찬가지다. 이런 열은 유용한 일로 변환될 수 없을 뿐만 아니라 열이 생성된 과정을 거꾸로 되돌릴 수도 없다. 일은 무용한 열로 변환될 수 있지만, 무용한 열을 일로 바꿀 수는 없다. 이것은 모든 경우에 적용되는 범우주적 법칙이다.

톰슨은 1852년 논문에서 19세기 물리학자들에게 생소한 개념인 '비가역성非可逆性, irreversibility'을 유난히 강조했다. 뉴턴의 물리학에는 이런 개념이 등장하지 않는다. 그가 발견한 물리법칙은 시간에 대하여 가역적可逆的이기 때문이다. 예를 들어 당신이 건물의 특정 높이에서 무게가 알려진 공을 창문 밖으로 떨어뜨렸는데, 지상에 있던 내가 처음부터 공의 움직임을 관측했다면, 뉴턴의 법칙을 적용하여 공이 지면에 도달할 때의 속도를 계산할 수 있다(공기저항을 무시하면 떨어진 높이만 알면 된다_옮긴이). 이제 내가 땅에 떨어진 공을 주워서 지면 도달 속도와 똑같은 속도로 위를 향해 던지면, 공은 정확하게 내 손으로 돌아온다(만일 누군가가 당신과 나를 제외하고 '떨어지는 공'과 '위로 던져진 공'만 동영상으로 찍은 후 후자의 동영상을 거꾸로 재생한다면, 두 동영상의 차이를 발견할 수 없다. 뉴턴의 운동법칙이 가역적이라는 것은 이런 의미이다. 즉 운동법칙은 시간이 거꾸로 흘러도 여전히 성립한다_옮긴이). 그러나 마차 바퀴와 노면 사이의 마찰은 사정이 전혀 다르다. 이 경우에는 바퀴의 운동 에너지 중 일부가 열(마찰열)로 바뀌는데, 톰슨은 이 열을 회수하여 바퀴에게 되돌려주는 것이 원리적으로 불가능하다고 주장했다.

우리 주변에서 일어나는 사건들은 대체로 비가역적이다. 그런데 톰슨은 열의 거동에서 이와 같은 비가역성을 발견한 것이다. 우주의 모든 사건이 한쪽 방향으로만 진행되는 데에는 그럴 만한 이유가 있다. 모든 사건은 에너지가 분산되는 방향으로 진행되며, 이것이 시간이 과거에서 미래로만 흐르는 이유이기도 하다. 톰슨은 시간의 화살 time's arrow이 일방통행인 이유를 알아냈다. 시간은 에너지가 '덜 분산된' 과거에서 에너지가 '많이 분산된' 미래를 향해 비가역적으로 흐른다. 그리고 에너지가 더 이상 분산될 수 없을 정도로 '완전히 분산되면' 시간도 더 이상 흐르지 않는다.

톰슨은 뜨겁게 달궈졌다가 서서히 식어가는 쇠막대에서 우주의 섭리를 발견했다. 우주의 모든 변화는 특정 지역에 집중된 열이 끊임없이 분산되면서 나타나는 현상이었다. 그는 논문에 다음과 같이 적어놓았다. "태양에서 한번 방출된 열은 절대로 되돌릴 수 없다. 그리고 태양이 열을 방출할 수 있는 기간은 한정되어 있다… 그러므로 때가 되면 지구는 죽은 행성이 될 것이다. 이 세상 그 어떤 물리계도 지금과 같은 상태를 영원히 유지할 수 없다."[14]

톰슨은 종교적 신념과 경험 그리고 과학을 하나로 묶는 데 성공했다. 그는 생애 마지막 논문에서 종교적인 내용을 걷어냈지만, 미래에 대해서는 여전히 부정적이었다. "과거에 지구는 생명체가 살 만한 곳이 아니었다. 미래에도 지구는 생명체가 살 수 없는 행성으로 변할 것이다. 이것은 우주의 법칙이므로 어떤 방법을 동원해도 피할 수 없다."

모든 열이 분산되면 모든 움직임이 멈추면서 우주도 종말을 맞이

한다. 과학자들은 이것을 우주의 '열사熱死, heat death'라고 불렀다. 톰슨과 동시대에 살았던 과학자들은 별로 특별할 것도 없는 '식어가는 쇠막대'에서 우주의 최후를 예견한 톰슨의 대담한 논리에 경탄을 자아냈다. 헤르만 헬름홀츠는 1854년에 발표한 논문에 다음과 같이 적어놓았다.

> 톰슨은 수학적으로 잘 알려지지 않은 분야에서 열과 부피 그리고 물체의 압력만으로 우주의 궁극적 죽음을 예견했다. 그의 탁월한 사고력은 만인의 칭찬을 받아 마땅하다.[15]

Einstein's Fridge

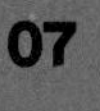

07

엔트로피

이 세상의 엔트로피는 항상 최대치에 도달하려는 경향이 있다.[1]

루돌프 클라우지우스

윌리엄 톰슨은 우주의 종말을 예측한 것 외에 또 다른 업적을 남겼다. 온도의 단위 중 하나인 '절대온도absolute temperature'가 바로 그것이다. 아마도 대부분의 현대인들은 열역학과 관련된 업적보다 후자를 더 많이 기억할 것이다. 그의 이름이 절대온도의 단위로 통용되고 있기 때문이다.

대부분의 사람들은 온도를 측정할 때 수은 온도계를 사용한다. 수은은 온도가 높을수록 부피가 커지기 때문에 가느다란 유리관 속에 채워 넣은 수은주의 높이를 읽으면 온도를 알 수 있다. 그러나 여기에는 함정이 숨어 있다. 다음과 같은 사례를 생각해보자.

냉장고에 수은 온도계를 넣고 잠시 후에 확인해보니, 눈금이 1℃

를 가리켰다. 이 온도계를 꺼내서 식탁 위에 방치해두었더니 잠시 후 4℃로 올라갔다(난방을 하지 않는 추운 부엌이었다).

이 값은 온도가 1℃ 올라갈 때마다 수은의 부피가 0.018퍼센트씩 증가한다는 사실에 기초한 것이다[2](부피 증가율은 매우 작지만, 온도계의 유리관을 아주 가늘게 만들면 작은 변화를 눈으로 구별할 수 있다).

그런데 이렇게 측정한 온도는 얼마나 믿을 만할까? 수은 대신 다른 물질을 사용해도 똑같은 온도 변화가 관측될까? 예를 들어 가느다란 유리관에 물을 채워 넣은 '물온도계'로 위와 같은 실험을 하면 어떤 결과가 얻어질 것인가?

위와 동일한 장소에서 물온도계를 냉장고에 넣었다가 꺼내면 물기둥은 위로 올라가지 않고 오히려 내려간다(물은 0~4℃ 사이에서 온도가 높을수록 부피가 줄어들다가, 4℃ 이후부터 온도가 높을수록 부피가 커진다_옮긴이). 냉장고와 부엌의 온도 차는 이전과 같은데, 온도계의 변화가 달라졌다. 수은은 냉장고 내부보다 부엌이 따뜻하다고 주장하는데, 물은 정반대다. 둘 중 어떤 물질을 믿어야 할까?[3]

톰슨은 물질이 가열되거나 냉각될 때 팽창하거나 줄어드는 성질에 의존하지 않고 온도를 측정하는 방법을 생각해보았다. 다시 말해서, 온도의 '절대적 단위'를 정하고 싶었던 것이다. 톰슨은 카르노의 증기기관을 이상적인 온도계로 간주했는데, 그의 논리를 따라가려면 약간의 정신노동이 필요하다.

광장 한복판에 높은 탑이 서 있는 중세 시대의 한적한 마을을 떠올려보자. 어느 날, 마을의 원로들이 모여서 회의를 하다가 탑에 일정

수차를 이용한 높이 측정

한 (수직) 간격으로 창문을 내기로 결정했다. 그런데 이 마을에는 높이를 측정할 만한 도구가 없었기 때문에 수차를 이용하여 창문을 낼 높이를 정하기로 했다. 다행히 마을에는 휴대 가능한 수차가 있었고, 수차가 하는 일을 퍼프PUFF라는 단위로 측정하는 장비도 있었다.[4]

마을의 공학자들은 탑의 꼭대기에 커다란 물탱크를 올려놓고 바로 그 아래에 수차를 설치하여, 물통에서 물이 떨어지면 수차가 돌아가도록 만들었다. 일꾼들은 수차가 설치된 지점을 조금씩 아래로 내리다가 수차가 1퍼프의 일을 하는 지점에 표시를 해놓고, 탑의 꼭대기에서부터 이 지점까지의 거리를 '1도'로 부르기로 했다. 수차를 더 내려서 2퍼프만큼 일을 할 수 있는 높이에 도달하면, 꼭대기로부터 측정한 거리는 2도가 된다. 그 아래도 마찬가지다. 수차가 할 수 있는 일이 1퍼프씩 증가할 때마다 꼭대기와의 거리는 1도씩 증가한다. 그리하여 마을 사람들은 간격이 일정하다는 확신하에, 꼭대기에서부터 5도 간격으로 창문을 설치할 수 있었다.

여기서 수차를 이상적인 증기기관으로, 수차의 높이를 온도로 대치한 것이 바로 톰슨이 생각했던 온도의 정의이다.

일단은 화로와 싱크의 온도가 똑같은 증기기관에서 시작해보자. 이런 엔진은 열이 흐르지 않으므로 아무런 일도 할 수 없다. 이제 싱크의 온도를 내려서 엔진이 1퍼프의 일을 할 수 있게 되었을 때, 싱크의 온도는 화로보다 1도만큼 낮다. 온도를 더 내려서 엔진이 2퍼프의 일을 할 수 있게 되면 싱크와 화로의 온도 차는 2도이고, 3퍼프의 일을 할 수 있으면 온도 차는 3도로 벌어지고… 기타 등등이다.

이런 식으로 설계된 엔진은 온도계로 사용할 수 있다.[5]

예를 들어 냉장고의 온도를 측정할 때에는 냉장고를 싱크로 사용하여 일의 양을 측정하면 된다. 이 값이 100퍼프이면 냉장고의 온도는 화로보다 100도 낮다. 이렇게 측정된 온도는 물질의 열적 특성(수은의 팽창계수 등)과 무관한 절대적 값이다.

그렇다면 이런 온도계는 얼마나 실용적일까? 점수로 매기면 0점에 가깝다. 이상적인 엔진을 만들 수도 없거니와, 온도를 잴 때마다 엔진을 가동한다는 것은 말도 안 되는 발상이다.

그러나 여기에는 놀라운 진보가 숨어 있다. 엔진의 화로에서 생성된 열의 일부는 외부에 일을 하고, 일부는 싱크로 버려진다. 싱크의 온도가 낮을수록 많은 일을 할 수 있다. 그러므로 싱크의 온도를 계속 내리다 보면 모든 열이 일로 변환되는 시점이 찾아올 것이다.

여기서 싱크의 온도를 더 낮출 수는 없다. 모든 열이 일로 변환되는 것보다 더 좋은 엔진은 만들 수 없기 때문이다. 이런 엔진이 존재한다면 무無에서 일을 창출할 수 있다는 뜻인데, 이것은 범우주적 칙령인 에너지 보존 법칙에 위배된다. 그러므로 화로에서 생성된 모든 열이 일로 변환될 때 싱크의 온도는 '더 이상 내려갈 수 없는 최저 온도'에 도달한다.

우리의 우주에는 몇 가지 한계가 있다. '어떤 물체도 빛보다 빠를 수 없다'는 특수 상대성 이론의 금지령이 그중 하나이다. 톰슨은 온도에서도 더 이상 내려갈 수 없는 한계를 발견했다.

이것이 바로 '절대0도(0K)'이다. 절대온도의 개념은 오랜 세월 동안 과학자들을 괴롭혀온 문제, 즉 '기체의 부피와 온도의 상관관계'에 관한 문제까지 말끔하게 해결해주었다. 풍선에 공기를 팽팽하게 불어넣고 일정한 기압하에서 온도를 낮추면 공기의 부피가 줄어들면서 풍선이 쭈글쭈글해지는데, 이 현상은 온도가 낮을수록 빠르게 진행된다. 100℃에서 50℃로 내렸을 때보다 50℃에서 0℃로 내렸을 때 풍선이 더 많이 수축된다는 뜻이다.

19세기의 과학자들이 내릴 수 있는 온도의 한계는 대략 -130℃ 근처였기에, 여기서 더 내려가면 어떤 일이 일어날지 아무도 알 수 없었다. 개중에는 저온에서 액화되는 기체도 있고, 산소나 질소처럼 기체 상태를 유지한 채 계속 수축되는 기체도 있다. 기체의 부피와 온도의 관계를 그래프로 그린 후, 아직 도달하지 못한 저온 영역까지 같은 패턴으로 그래프를 확장하면 -273℃에서 기체의 부피가 0으로 사라진다(부피가 없으므로 기체의 압력도 사라진다).

이것은 '엔진이 열을 전혀 낭비하지 않은 온도가 존재한다'는 톰슨의 생각과 일치했다.

이상적인 엔진의 실린더에 주입된 기체의 온도가 -273℃면 아무런 압력도 행사하지 않으므로, 별도의 일을 해주지 않아도 피스톤을 원위치로 되돌릴 수 있다.

톰슨은 여기에 착안하여 저온의 한계인 절대0도를 -273℃로 설정하고, 1도의 눈금 간격을 기존의 섭씨온도와 동일하게 매겼다.

그로부터 한 세기가 지난 1954년, 파리 인근의 세브르에서 개최된 제10회 국제도량형총회General Conference of Weights and Measures에서 과학자들은 절대온도의 단위에 톰슨의 이름을 붙이기로 했다. 다만 톰슨이 생전에 작위를 받아 켈빈 경으로 알려져 있었기에, 절대온도의 단위는 켈빈Kelvin, K으로 결정되었다. 가장 최근에 실행된 관측에 의하면 0K는 -273.15℃이며, 해발 0미터에서 얼음이 녹는점은 273.15K, 물이 끓는점은 373.15K이다.

톰슨 덕분에 과학자들은 물체의 온도를 질량처럼 근본적 특성으로 간주할 수 있게 되었다. 계란 프라이건, 금이건, 또는 공기이건, 모든 물체의 무게가 구성 성분에 상관없이 킬로그램으로 표현되는 것처럼, 모든 온도는 재질에 상관없이 절대온도로 표현된다. 질량이 그렇듯이 온도의 거동과 영향도 물체의 구성 성분에 신경 쓰지 않고 수학 방정식으로 다룰 수 있게 된 것이다. 심지어 요즘 과학자들은 내부 구조를 전혀 모르는 블랙홀의 온도까지 연구하고 있다.

1850년대에 클라우지우스는 베를린과 취리히에 머물면서 열의 분산 원리를 꾸준히 추적하던 끝에, 물리학에서 에너지에 견줄 정도로 중요한 개념인 '엔트로피entropy'를 떠올렸다.[6] 흐르는 열 속에 감춰진 은밀한 비밀이 드디어 모습을 드러낸 것이다.

여러 개의 방이 있는 커다란 저택을 상상해보자. 일부 방은 난방기가 설치되어 있어서 따뜻하고, 나머지 방들은 아주 춥다. 방 사이의 벽들은 단열이 완벽하게 되어 있고 문도 모두 닫혀 있다. 이제 난방기를 끄고 방 사이의 문들을 모두 열면 따뜻한 방의 열기가 차가운 방으로 유입되고, 어느 정도 시간이 지나면 모든 방의 온도가 같아진다.

엔트로피란 열이 스스로 재분배되는 성질을 수학적 양으로 표현한 것이다.[7] 클라우지우스는 위의 사례에서 열이 퍼져나간 정도를 나타내는 척도가 바로 엔트로피라고 선언했다. 초기에는 대부분의 열이 몇 개의 방에 집중되어 있었다. 즉 열은 아직 '퍼지지 않은' 상태이며, 각 방의 온도는 천차만별이다. 클라우지우스는 이런 상태의 엔트로피를 작은 값으로 정의했다.

이제 난방기를 끄고 문을 열면 열이 차가운 방으로 퍼져나가면서 온도가 균일해지기 시작하고, 클라우지우스의 정의에 따르면 저택의 엔트로피가 커진다. 각 방들 사이의 온도 차이가 작고 열의 분포가 균일할수록 엔트로피는 증가한다.

열의 흐름에 따라 엔트로피가 변하는 방식을 이해하기 위해, 두 개의 방만 있는 작은 집을 생각해보자. 방 하나는 따뜻하고 다른 방은 춥다.

엔트로피는 열이 퍼진 정도를 나타내는 양이므로, 각 방은 나름대로 자신만의 엔트로피를 갖고 있다. 이것을 '따뜻한 방의 엔트로피HE'와 '차가운 방의 엔트로피CE'라고 하자.

그러면 집 전체의 엔트로피는 HE+CE이다.

이제 두 방 사이의 문을 열면 열이 이동하면서 따뜻했던 방은 온도가 내려가고 차갑던 방은 온도가 올라간다. 따뜻한 방에서 열이 빠져나가면 HE가 감소하고, 차가운 방에 열이 유입되면 CE가 증가한다.

클라우지우스는 엔트로피의 변화를 다음과 같이 정의했다. 뜨거운 방에서 열이 빠져나갈 때 엔트로피의 감소량은 추운 방으로 같은 양의 열이 유입될 때 엔트로피의 증가량보다 작다.[8]

그러므로 두 개의 방만 있는 집의 경우, CE의 증가량은 HE의 감소량보다 크다. 이는 곧 집 전체의 엔트로피가 증가했음을 의미한다.

클라우지우스는 엔트로피를 이런 식으로 정의함으로써, 열이 항상 (인위적으로 막지 않는 한) 뜨거운 곳에서 차가운 곳으로 흐른다는 법칙을 수학적으로 표현하는 데 성공했다. 외부와 차단된 고립계의 엔트로피는 항상 증가한다.

수학 표기법을 사용하면 $\Delta S \geq 0$으로 쓸 수 있다. 생긴 모양은 아주 단순하지만, 모든 과학을 통틀어 가장 중요한 방정식이다. 여기서 Δdelta는 그리스 알파벳의 네 번째 문자로서 '변화량'을 의미하고, ≥는 '크거나 같다'는 뜻이다. S는 엔트로피를 나타내는 기호인데, 클라우지우스가 사디 카르노에게 경의를 표하는 뜻으로 사디Sadi의 첫 글자인 'S'를 골랐다는 소문도 있다(매력적인 이야기지만 헛소문일 가능성이 높다).

언뜻 생각하면 이상한 점도 있다. 뜨거운 곳에서 흘러나온 열이 도중에 조금도 새지 않고 차가운 곳으로 고스란히 흘러 들어갔는데, 엔트로피의 증감은 왜 다르게 나타나는 것일까?

간단한 예를 들어보자. 마을 한 귀퉁이에 조용한 도서관이 있고, 그 옆에는 취객들로 시끌벅적한 술집이 있다. 그런데 함께 술을 마시던 다섯 명이 사소한 일로 논쟁을 벌이다가 누구의 주장이 맞는지 확인하자며 도서관으로 향했다. 이제 술집에는 떠드는 사람이 다섯 명 줄어들었으니 이전보다 조금 조용해지겠지만, 워낙 시끄러운 곳이어서 차이가 별로 나지 않는다. 하지만 도서관은 사정이 다르다. 절간처럼 조용했던 곳에 취객 다섯 명이 큰 소리로 떠들면서 들어오면 누구나 그 차이를 느낄 수 있다. 즉 이들 때문에 도서관이 시끄러워진 정도는 이들 덕분에 술집이 조용해진 정도보다 훨씬 크다.

이와 마찬가지로, 따뜻한 방에서 열이 흘러나갈 때 엔트로피의 감소량은 차가운 방에 열이 유입되었을 때 엔트로피의 증가량보다 작다.

지금까지 말한 내용을 요약하면 다음과 같다. 물리계의 엔트로피는 항상 증가하며, 엔트로피가 증가한다는 것은 열이 더욱 넓게 퍼진다는 뜻이다.

클라우지우스는 방정식을 통해 엔트로피의 거동을 설명했지만, 엔트로피가 증가하는 속도에 대해서는 별다른 언급을 하지 않았다.

단열된 방에서 문을 닫아놓으면 엔트로피의 변화 속도를 크게 늦출 수 있다. 이런 식으로 생각하면 증기기관을 '낮은 엔트로피를 활용하는 기계'로 간주할 수 있다.

여러 개의 방이 있는 집에서 '열려 있는 문들'을 증기기관으로 대치시켜보자. 따뜻한 방에서 흘러나온 열은 증기기관을 거쳐 차가운 방으로 이동한다. 각 엔진들은 약간의 열을 취하여 일을 하고(물을 길어 올린다고 생각하면 된다), 나머지 열은 그냥 버려진다. 이런 식으로 시간이 어느 정도 흐르면 모든 방들은 온도가 같아지고, 모든 엔진이 작동을 멈추면서 집 전체의 엔트로피는 최대치에 도달하며, 집 안에 존재하는 열은 아무런 일도 할 수 없게 된다.

그러므로 엔트로피가 증가한다는 것은 열의 이용 가치가 감소한다는 뜻이기도 하다.

이 모든 것이 이상적인 경우에만 적용되는 가설처럼 들릴 수도 있다. 그러나 여러 개의 방으로 이루어진 저택의 비유는 열이 퍼져나가는 물리계를 이해하는 데 많은 도움이 된다. 사실 이 저택은 현실 세계의 거동을 보여주는 축소 모형이다. 우리는 화석연료와 원자로, 햇빛, 지열, 바람 등을 이용하여 한곳에 집중된 열을 끊임없이 방출하면서[9]

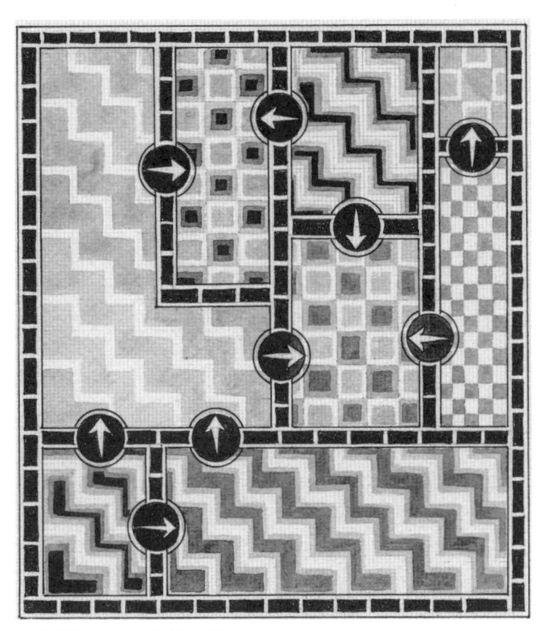

저(低)엔트로피를 이용한 엔진

냉·난방을 하고, 공장을 가동하고, 온갖 교통수단을 운용하고 있다.

모든 생명 활동도 이 원리에 따라 진행된다. 식물은 태양 에너지를 분산시키고, 동물은 음식에 담긴 칼로리를 분산시키면서 생명을 이어가고 있다.

$\Delta S \geqq 0$은 만물을 지배하는 방정식이다.

1865년, 클라우지우스는 15년 전에 자신이 주장했던 열역학의 두 법칙으로 되돌아와서 힘Kraft이라는 단어를 에너지energy로 바꾸고, 자신이 명명한 엔트로피를 추가하여[10] 다음과 같이 수정, 발표했다.[11]

1. 우주의 총에너지는 변하지 않는다.

2. 우주의 엔트로피는 최대치를 향하여 증가하려는 경향이 있다.

(여기서 말하는 우주란 외부와 고립된 임의의 물리계를 뜻한다. 그러나 우리의 우주 바깥에는 아무것도 없으므로 '우주의 총에너지는 변하지 않고 엔트로피는 증가한다'는 것은 분명한 사실이다. 두 번째 법칙을 좀 더 직관적으로 풀어쓰면 다음과 같다. "외부로부터 고립된 물리계의 엔트로피는 항상 증가하려는 경향이 있다.")

더욱 정교하게 수정된 두 개의 법칙은 인간의 지성과 상상력이 낳은 위대한 유산이며, 이보다 200년 전에 출판된 아이작 뉴턴의 《프린키피아Principia》와 함께 과학의 이정표를 세운 최고의 걸작으로 손색이 없다.

클라우지우스가 이 원리를 발표한 1865년 이후로, 열역학은 첨단 물리학뿐만 아니라 원자와 세포부터 블랙홀에 이르기까지, 우주 만물의 거동을 이해하는 데 중요한 실마리를 제공해왔다.

그러나 올바른 과학 원리도 그것을 수용하는 사람이 잘못 이해하면 얼마든지 오용될 수 있다. 열역학이 과학의 중앙 무대에 화려하게 등장했을 때, 일부 과학자들은 그것을 다른 분야의 최신 이론을 반박하는 무기로 사용했다. 19세기 영국의 지성을 대표하는 두 거인, 윌리엄 톰슨과 찰스 다윈Charles Darwin이 바로 그 논쟁의 주인공이다.

찰스 다윈은 비글호(HMS Beagle, HMS는 영국 군함 앞에 붙이는 표현으로 Her/His Majesty's Ship이란 뜻이다_옮긴이)를 타고 5년 동안 항해한 후, 1837년에 자신의 연구 노트에 "하나의 종種은 다른 종으로 변할 수 있다"는 충격적인 글을 낙서처럼 휘갈겨놓았다.[12] 그는 남아메리카 연안을 항해하던 중 갈라파고스섬에 서식하는 종을 면밀히 분석한 끝에 이들이 "환경에 적응하고 생존 경쟁에서 살아남기 위해 오랜 세월에 걸쳐 다른 종으로 변해왔다"는 결론에 도달했다. 그러나 자신의 생각이 얼마나 파격적인지 익히 알고 있었던 그는 20년이 넘는 세월 동안 입을 다문 채 다른 동물학자의 논문을 읽고, 가축의 번식과 수명을 연구하고, 따개비와 딱정벌레, 되새(finch, 몸집이 작고 부리가 짧은 새_옮긴이)의 다양한 외형을 꼼꼼하게 기록했다.

그러나 다윈의 가설이 설득력을 얻으려면 지구의 역사는 헤아릴 수 없을 정도로 오래되어야 했다. 다윈은 영국을 대표하는 스코틀랜드의 지질학자 찰스 라이엘Charles Lyell이 집필한 《지질학의 원리Principles of Geology》의 제1권 〈비글Beagle〉을 읽고 라이엘의 의견을 적극적으로 지지했다.

이 책에서 라이엘은 지표면의 지형이 날씨와 조류 그리고 바람과 물에 의한 침식 등 다양한 자연현상에 의해 서서히 형성되었다는 '동일과정설uniformitarianism'을 소개한 후, "이 과정이 엄청나게 느리게 진행되어 지금과 같은 지형이 형성되었으므로 지구의 나이는 수억 년에 달할 것"이라고 주장했다.[13] 이 가설은 "지구의 역사는 그리 오래되지 않았으며, 현재의 지형은 멀지 않은 과거에 갑자기 발생한 범지구적 사건(초대형 지진, 화산 분출, 홍수 등)에 의해 형성되었다"라고 주장하는 천변지이설catastrophism과 정면으로 상치된다. 이 무렵 대부분의 영국 작가들은 노아의 홍수와 같은 성경 속의 사건과 일치한다는 이유로 천변지이설을 선호하는 분위기였다.

다윈은 자연선택에 의한 진화가 엄청나게 오래 걸린다는 사실을 잘 알고 있었으므로, 그가 라이엘의 동일과정설을 지지한 것은 너무도 당연한 일이었다. 1859년에 출간된 《종의 기원On The Origin of Species》에서 다윈은 "지구의 나이가 젊다면 나의 이론이 틀렸음을 인정하겠다. 지구가 서서히 변해왔다는 동일과정설을 믿지 않는 독자들은 지금 책을 덮어도 좋다"고 선언했다. 그는 이 책을 쓰면서 천변지이설을 믿는 신학자와 지질학자들이 자신의 이론에서 어떻게든 허점을 찾아 반박해올 것이라고 짐작했지만, 열역학의 수학 방정식이 남은 인생(23년) 동안 자신을 줄기차게 괴롭힐 것이라는 생각은 꿈에도 하지 못했다.

윌리엄 톰슨은 대학교 학부생 시절부터 지질학에 관심이 많아서, 지질학의 미스터리를 물리학으로 해결하는 멋진 상황을 떠올리곤 했다. 당시에는 학문 사이의 구별이 지금처럼 뚜렷하지 않았기 때문에, 톰슨은 실험실에서 발견된 물리학의 원리가 지구를 포함한 전 우주에 골고루 적용된다고 믿었다. 1850년대에 그는 동일과정설에서 오류를 발견하고 그에 대한 자신의 반론을 과학잡지에 실었으나, 읽은 사람은 극소수에 불과했다.[14] 그 후 다윈의 《종의 기원》이 출판된 직후인 1860년 말에 톰슨은 다리가 골절되는 사고를 당하여 한동안 침대에 누워 있었는데, 이 기간 동안 자신의 생각을 정리하여 "동일과정설이 틀렸다면 다윈의 진화론도 폐기되어야 한다"고 결론짓고, 영국의 동식물학자를 비난하는 글을 《맥밀란지Macmillan's Magazine》에 실었다[15](《맥밀란지》는 지성인을 위한 문학잡지로 알프레드 테니슨Alfred Tennyson, '인 메모리엄In Memoriam'으로 유명한 영국의 시인_옮긴이과 루드야드 키플링Rudyard Kipling, 《정글북》으로 유명한 인도 태생의 영국 소설가_옮긴이도 글을 실은 적이 있다).

톰슨은 신앙이 깊은 사람이었지만, 성서를 곧이곧대로 해석하여 지구의 나이가 6000년이라고 주장하는 기독교인들을 별로 신뢰하지 않았다. 또한 그는 지구의 변화가 느리게 진행되었다는 가설이 자신이 세운 과학 원리(에너지는 생성되거나 파괴되지 않고 열은 소진되는 경향이 있다는 원리)에 부합되지 않는다면서, "물리법칙을 이용하면 지구의 나이를 알 수 있고 진화론을 검증할 수도 있다"고 주장했다.

1862년 4월에 톰슨은 지질학자들이 열역학 원리(특히 열의 소진)를 간과하고 있음을 지적하면서, "열역학적 분석에 의하면 지구의 나이는 동일과정설에서 주장하는 것만큼 오래되지 않았다"는 내용을 골자로 하는 논문을 발표했다.[16] 광산의 갱도와 터널에서 온도를 측정해보면, 지구는 깊이 파고 들어갈수록 뜨거워진다는 것을 알 수 있다. 톰슨의 친구인 스코틀랜드의 물리학자 포브스J. D. Forbes는 에든버러 근처에서 얻은 관측 데이터에 기초하여, 땅속으로 50피트(약 15미터) 내려갈 때마다 지구의 온도가 1°F(약 0.56℃)씩 올라간다고 주장했고, 여기에 설득된 톰슨은 지구가 열을 대기에 빼앗기면서 식어왔다고 생각했다.

톰슨은 포브스의 관측 데이터와 열전도 현상 그리고 바위의 융점을 우아한 수학 논리로 연결하여 지구의 생성 연대를 2000만~4억 년 전으로 추정했다. 진화를 하기에는 턱없이 짧은 시간이다. 그는 지구의 역사가 이보다 훨씬 길다 해도 과거에는 생명체가 살 수 없을 정도로 뜨거웠으며, 2000만 년 전까지만 해도 지구의 온도가 너무 높아서 모든 바위가 액체 상태로 존재했을 것이라고 했다. 진화가 진행되려면 지구의 환경이 아득한 옛날부터 지금과 비슷해야 하는데, 열역학 법칙에 의하면 이것은 도저히 불가능한 시나리오였다.

다윈은 톰슨의 주장을 접하고 큰 충격에 빠졌다. 이 무렵에 다윈이 친구들에게 보낸 편지를 보면 그가 얼마나 심란해했는지 이해가 가고도 남는다. "지구의 나이에 관한 톰슨의 주장은 한동안 나의 가장 큰 골칫거리였다." "지구가 젊다고 주장하는 톰슨 경 때문에 마음 편할 날이 없다."[17] "그럴 때마다 윌리엄 톰슨이라는 끔찍한 유령이 나타나 나를 괴롭힌다."[18]

다윈의 추종자들은 물리학자의 논리를 반박할 근거를 찾지 못하여 "생명의 진화가 우리 생각보다 빠르게 진행되었을지도 모른다"며 진화론을 옹호했지만, 이런 궁색한 논리로는 다윈을 만족시킬 수 없었다.

다윈은 평생 동안 톰슨의 논리를 단 한 번도 제대로 반박하지 못했다. 그는《종의 기원》에 다음과 같이 적어놓았다.

> 톰슨 경은 가장 진지한 최신 이론에 기초하여 진화론을 반박했으므로 나는 그의 의견을 수용할 수밖에 없다… 이 시점에서 내가 하고 싶은 말은 첫째, 진화의 속도를 아무도 알 수 없다는 것이고, 둘째는 대부분의 철학자들이 우주의 구성 물질과 지구의 내부 구조에 근거한 과학적 주장을 받아들이지 않는다는 것이다.[19]

다윈은 지구의 정확한 나이가 밝혀지기 전에 세상을 떠났지만, 톰슨은 그 역사적인 현장을 목격했다. 1890년대에 과학자들은 새로운 에너지원인 방사능을 발견했고, 원자 내부에 막대한 에너지가 숨어 있다는 사실도 알게 되었다. 별의 내부에서 진행되는 핵융합 반응을 이해할 때까지는 수십 년을 더 기다려야 했지만, 방사성 원소에서 방출되는 에너지를 측정한 결과, 태양 같은 별은 수십억 년 동안 빛을 방출할 수 있다는 놀라운 결과가 도출되었다. 게다가 새로 개발된 방사능 연대측정 기술을 지구에 적용해보니 지구의 나이도 태양과 비슷한 것으로 드러났다. 방사능 과학의 선구자인 어니스트 러더퍼드Ernest Rutherford는 1904년에 런던에서 개최된 왕립학회에 참석하여 다음과 같은 말을 남겼다. "방사성 원소는 생물학자와 지질학자들이 진화론을 정당화하기 위해 그토록 애타게 찾던 '지구의 시간'을 벌어주었다."[20]

어느덧 일흔아홉 살이 된 톰슨은 새로 밝혀진 지구의 나이를 믿지 않았으며, 3년 후 세상을 떠날 때까지 자신의 생각을 굽히지 않았다.

그렇다. 이것이 바로 과학이 진행되는 방식이다. 톰슨은 남의 말을 잘 듣는 사람이 아니었지만 고집이 유별나게 센 사람도 아니었다. 과학자들도 사람이므로 자신의 이론에 감상적인 애착을 가질 수 있고, 논리적 사고보다 문득 떠오른 직관에 끌릴 수도 있다. 물론 직관으로 진실에 도달한 사례가 없는 것은 아니지만, 잘못된 길로 들어서는 경우도 종종 있다.

톰슨은 열의 흐름에 대한 카르노의 이론이 옳다고 하늘같이 믿으면서 타당성을 입증하기 위해 긴 시간을 투자했다. 초기에는 증거가 미약했지만, 자신의 목표를 끈질기게 추구한 끝에 열역학의 기초를 세울 수 있었다. 그러나 톰슨은 똑같은 직관과 본능을 발휘하여 다윈의 진화론을 반박했고, 지구의 나이가 젊다는 것을 입증하기 위해 노력했다. 카르노에 대해서는 톰슨이 옳았지만 다윈에 대해서는 완전히 잘못 짚었다.

다른 분야의 과학자들이 톰슨의 주장을 수용했다는 것은 1860년대에 톰슨과 열역학의 위상이 그만큼 높았음을 의미한다. 열역학 법칙은 산업혁명이 낳은 위대한 유산이자 가장 포괄적인 범우주적 섭리이다. 열은 우리가 사는 세상을 미래로 인도했고, 과학자들은 열의 거동 방식을 알아냈다.

그런데도 아직 의문은 남아 있었다. 열이란 대체 무엇인가?

08

열의 운동

기체분자가 그 정도로 빠르게 움직인다면,
담배 연기는 어떻게 한자리에서 그토록 오래 머물 수 있는가?

네덜란드의 기상학자 크리스토프 바이스 발롯

루돌프 클라우지우스는 열이 자발적으로 뜨거운 곳에서 차가운 곳으로 흐른다고 했다. 이것은 열의 거동에 대한 가장 정확한 설명이다. 그러나 그는 열의 본질에 관한 한 아무런 언급도 하지 않았다.[1] 클라우지우스가 말년에 출간한 저술에서 알 수 있듯이, 그는 열의 본질에 대하여 뚜렷한 개인적 견해를 갖고 있었으나[2] 행여 틀린 것으로 판명되어 평생 쌓아온 명성에 해가 될까 봐 여러 해 동안 침묵을 지켰다.

그러나 1857년에 약간의 변화가 일어났다. 칼로릭 이론의 대안으로 등장한 운동이론kinetic theory이 과학자들의 관심을 끌기 시작한 것이다. 이 시기에 열을 연구하던 유럽의 과학자들은 운동이론에 관한 논문을 집중적으로 쏟아냈고, 클라우지우스도 여기에 자극을 받아 열에 대한 자신의 생각을 논문으로 발표했다.[3]

클라우지우스의 접근법을 이해하기 위해, 여름과 겨울의 온도 차이를 생각해보자. 클라우지우스가 베를린을 떠나 스위스연방공과대학(현 취리히공과대학)의 수리물리학부 교수로 부임했을 때를 떠올리면 더욱 실감 날 것 같다. 취리히의 7월 낮 기온은 대략 섭씨 20도이고, 12월에는 태양의 고도가 낮아져서 정오에도 0도 근처를 오락가락할 정도로 춥다. 그런데 온도가 다른 공기는 어떤 차이가 있을까? 눈으로 보기에는 여름 공기나 겨울 공기나 똑같은 것 같은데, 무엇 때문에 그토록 차이가 나는 것일까?

클라우지우스가 떠올린 아이디어의 기초는 1738년에 스위스의 대학자 다니엘 베르누이Daniel Bernoulli가 세운 것이었다.[4] 19세기에 들어서면서 칼로릭 이론의 위세에 눌려 사람들의 기억에서 잊혔지만, 베르누이의 이론이 과학계의 관심을 끌지 못한 주된 이유는 논리 자체가 시대를 지나치게 앞서갔기 때문이다.[5] 심지어 베르누이 자신도 주된 관심은 열이 아니라 피血였기 때문에, 열에 관한 이론을 그저 그런 부산물로 취급했다.

베르누이는 학문이 왕실의 오락거리 취급을 받던 시대에 태어나 스물다섯 살에 러시아의 여제 예카테리나 1세의 지시로 상트페테르부르크대학교의 수학과 교수가 되었다.[6] 그곳에서 의학을 공부하던 중 혈액의 흐름에 관심을 갖게 된 그는(베르누이는 수학, 물리학, 식물학, 해부학에 능통했을 뿐만 아니라 스위스로 돌아온 후에는 이 모든 분야의 교수직을 동시에 역임했다_옮긴이) 환자의 팔뚝에 가느다란 유리관의 한쪽 끝을 꽂으면 피가 관을 타고 몇 인치까지 솟아오른다는 사실을 알게 되었고, 그 높이를 이용하여 환자의 혈압을 측정하는 도구를 개발했다(이 도구는 1890년대까지 표준 혈압 측정기로 사용되었다).

의사, 수학자, 물리학자를 겸할 정도로 다재다능했던 베르누이는 여기서 멈추지 않고 일련의 후속 실험을 실행했다. 환자의 팔뚝에 작은 구멍을 뚫고 소형 물펌프와 연결된 가느다란 관을 구멍에 꽂아보니 혈압이 변할 때마다 물기둥의 높이가 달라졌다. 그런데 이 실험에서 베르누이가 가장 놀랐던 부분은 관 속을 흐르는 물의 속도가 빠를수록 물기둥의 높이가 낮아진다는 것이었다. 가느다란 관 속에서 물이 빠르게 흐를수록 압력이 낮아지는 것 같았다. 실험 결과에 흥미를 느낀 베르누이는 이 현상을 이론적으로 설명하기 위해 수학으로 눈을 돌렸다.

처음에 그는 대포나 당구공 같은 고체의 운동, 즉 역학mechanics을 집중적으로 파고들었다. 이 분야는 1680년대에 아이작 뉴턴이 확립해 놓았는데, 반세기가 지난 1730년대에 베르누이에게는 더없이 유용한 도구였다.

베르누이는 역학 원리를 물이나 피와 같은 유체에 적용하여 자신이 얻은 실험 결과를 이론적으로 유도하는 데 성공했다.[7] 훗날 '베르누이의 원리Bernoulli's principle'로 알려진 이 이론은 액체뿐만 아니라 기체에도 똑같이 적용된다. 비행기 날개를 유심히 보면 날개의 윗면은 볼록한 곡선인데 밑면은 거의 평평하다. 날개를 이런 모양으로 만들면 아래쪽으로 흐르는 공기가 위쪽으로 흐르는 공기보다 속도가 느려서 아래로 향하는 압력보다 위로 향하는 압력이 커진다. 두 압력의 차이에 해당하는 힘이 날개를 위로 떠받치기 때문에(이 힘을 '양력揚力, lift'이라 한다) 비행기가 추락하지 않는 것이다.

1738년에 베르누이는 유체에 관한 뉴턴 역학을 정리하여 《유체역학Hydrodynamica》이라는 책을 출간했다. 이 책의 10장 〈탄성유체, 특히 공기의 특성과 운동On the Properties of Elastic Fluids, Especially Air〉에서는 온도 변화에 따른 기체의 운동을 집중적으로 다루었는데, 이것도 뉴턴 역학의 범주를 벗어나지 않는다.

베르누이는 제일 먼저 기체에 압력을 가했을 때 나타나는 현상을 분석했다. 예를 들어 풍선을 손으로 누르면 내부의 공기도 바깥쪽으로 압력을 가하기 때문에, 모양을 변형시키려면 어느 정도 힘을 줘야 한다. 즉 공기는 압력을 행사한다. 이 현상을 설명하기 위해 베르누이는 기체가 아주 빠르게 움직이는 작은 입자들로 이루어져 있으며,[8] 너무 작아서 눈에 보이지 않지만 일상적인 당구공처럼 역학법칙을 따른다고 가정했다. 그의 가정이 옳다면 풍선을 누를 때 손에 압력이 느껴지는 이유는 수많은 작은 입자들이 풍선의 내벽과 끊임없이 충돌하고 있기 때문이다. 입자 하나가 풍선의 내벽을 때릴 때마다 미세한 힘으로 벽을 바깥쪽으로 밀어내고 있다. 입자 하나가 발휘하는 힘은 극히 미미하지만, 여러 개가 동시에 내벽을 때리면 손에 느껴질 정도로 강해진다. 이것이 바로 공기의 압력이다.

베르누이는 공기입자가 당구공과 마찬가지로 뉴턴의 역학법칙을 따른다는 가정하에 온도가 일정할 때 공기의 압력과 부피 사이의 관계를 수학적으로 유도하는 데 성공했다. 예를 들어 풍선의 부피가 절반으로 줄어들면 내부 공기의 압력은 두 배로 커지고, 부피가 3분의 1로 줄어들면 압력은 세 배로 커지고, 부피가 4분의 1로 줄어들면 압력은 4배로 커지고… 기타 등등이다. 이것은 실험을 통해 입증된 사실이다.

온도가 변하면 어떻게 될까? 베르누이는 기체에 열을 가하면 부피가 커진다는 사실을 알고 있었다. 풍선에 열을 가하면 고무벽을 바깥으로 밀어내는 압력이 강해지면서 크기가 커지고, 풍선을 차가운 냉장고에 넣으면 바깥으로 밀어내는 압력이 약해지면서 크기가 작아지거나 쪼그라든다.

베르누이의 논리는 다음과 같다. 기체에 열을 가하면 압력이 높아진다. 그런데 압력이라는 것이 공기입자의 운동으로부터 나타난 결과라면, 기체에 열을 가할 때마다 입자의 속도가 빨라진다고 해석할 수 있다. 다시 말해서, 뜨거운 공기가 뜨겁게 느껴지는 이유는 구성입자들이 그만큼 빠른 속도로 움직이고 있기 때문이다.

이것은 과학의 역사를 바꿀 만한 대발견이었다. 빠른 입자가 우리의 피부를 때리면 '뜨거움'을 느끼고, 느린 입자가 피부를 때리면 '차가움'을 느낀다. 그러므로 온도란 기체입자의 속도를 가늠하는 척도이다. 입자의 속도가 빠를수록 온도가 높아진다. 여름과 겨울의 기온이 다른 것은 결국 공기입자들의 '속도의 차이'에 기인한 현상이었다. 베르누

이는 "더운 날은 추운 날보다 공기입자들이 더 난폭하게 움직인다"고 했다.[9]

그러나 베르누이와 동시대에 살았던 과학자들은 '기체의 운동이론'의 진가를 알아보지 못했다. 진가는커녕 관심을 갖는 사람이 아예 없었다. 공기가 입자의 집합이라는 가설 자체가 낯설기도 했지만, 아마도 가장 큰 이유는 (증기기관이 발명되기 전이어서) 기체와 열의 거동에 관심을 가질 이유가 딱히 없었기 때문일 것이다. 베르누이의 보석 같은 이론이 당대에 인정받지 못한 것은 제아무리 뛰어난 과학 이론도 문화적으로나 사회적으로 또는 경제적 효용 가치가 없으면 쉽게 사장될 수 있음을 보여주는 대표적 사례였다. 베르누이의 《유체역학》이 100년쯤 후에 출간되었다면 그런 푸대접을 받지 않았을 것이다.

베르누이의 운동이론은 일부 과학자들 사이에서 간신히 명맥을 유지해오다가, 1800년대 중반에 증기기관의 중요성이 부각되고 칼로릭 이론의 문제점이 드러나면서 조금씩 관심을 끌기 시작했다. 처음에는 운동이론의 몇 가지 버전이 맨체스터와 베를린의 학술지에 간간이 소개되다가 1845년에 영국 봄베이의 한 교사가 운동이론에 관한 논문을 왕립학회 학술지에 제출했다. 그러나 학술지의 심사위원은 "말도 안 되는 내용"이라며 게재를 일언지하에 거절했다.[10]

그러나 1857년에 루돌프 클라우지우스가 운동이론을 지지하는 논문 〈우리가 열이라고 부르는 것의 특성과 운동The Nature and Motion We Call Heat〉을 발표한 후로 분위기가 달라지기 시작했다.

운동이론은 클라우지우스의 접근법에 잘 들어맞았다. 이론가이자 뛰어난 수학자였던 그는 물리학의 진보가 실험뿐만 아니라 그것을 바라보는 마음에 의해 좌우된다고 믿었다.[11] 그는 운동이론을 통해 눈에 보이지 않는 작은 규모의 물리계를 볼 수 있었고, 모든 기체의 거동 방식을 폭넓게 예견할 수 있었다.

클라우지우스의 논문은 내용뿐만 아니라 스타일도 매우 독특했다.[12] 분량은 27쪽밖에 안 되는데, 그나마 처음 3분의 2는 수학이 전혀 등장하지 않는다. 방정식과 대수학으로 수학적 논리를 펼치기 전에 일상적인 언어로 독자들을 설득하려 했던 것이다.

제일 먼저 클라우지우스는 기체의 온도가 구성입자의 속도에 의해 좌우된다는 베르누이의 가설을 소개한 후 "그러나 기체입자는 당구공처럼 단순한 구형이 아니며, 여러 개가 하나로 뭉쳐서 복잡한 구조로 변할 수 있다"는 단서를 달아놓았다. 예를 들어 두 개의 기체입자는 아령 같은 모양으로 결합하여 길이방향으로 진동할 수도 있다. 이런 기체입자들을 역학적으로 분석하려면 아령이 통째로 움직이면서 나타나는 에너지와 아령의 진동 에너지를 구별해야 한다. 그래서 클라우지우스는 기체의 온도와 그 안에 포함된 총 열에너지를 별개의 개념으로 다루었다. 기체의 열에너지는 진동과 회전, 직선운동 등 입자의 모든 운동을 더한 결과이며, 그중에서 직선운동을 하는 입자들만이 온도에 기여한다. 클라우지우스는 직선운동을 '병진운동translatory motion'이라 불렀다.

이것은 열과 관련하여 일상생활 속에서 흔히 나타나는 현상을 설명해준다. 동일한 양의 열을 주입해도 물질마다 온도 변화가 다르게 나타나는 것은 물질의 구성 성분이 다르기 때문이다. 예를 들어 석탄 1킬로그램을 태워서 발생한 열을 두 개의 상자에 똑같이 주입했다고 가정해보자. 한 상자에는 헬륨기체가 들어 있고, 다른 상자에는 같은 양의 산소기체가 들어 있다. 잠시 후에 온도를 측정해보면 헬륨의 온도 상승 폭이 산소보다 크다는 것을 알 수 있다.

클라우지우스의 가설은 결국 사실로 판명되었다. 기체분자가 취할 수 있는 운동의 유형은 분자의 세부 구조에 의해 결정된다. 헬륨분자는 비교적 단순한 구형이고 산소분자는 위에서 말한 아령 모양이다.

헬륨기체가 가득 들어 있는 상자에 열을 가하면 모든 에너지가 분자의 직선운동에 투입되는 반면, 산소기체가 들어 있는 상자에 열을 가하면 에너지의 일부가 분자를 진동시키는 데 사용되기 때문에 직선운동에 투입되는 에너지가 줄어든다. 그러므로 같은 양의 열을 투입했을 때 헬륨분자의 속도가 산소분자보다 빨라서 온도가 더 많이 올라가는 것이다.

클라우지우스는 기체의 입자론에 기초한 베르누이의 이론을 액체와 고체까지 확장 적용하여 "모든 물질은 끊임없이 움직이는 여러 개(수조 개)의 입자로 이루어져 있다"고 주장했다. 고체의 구성입자들은 고정된 위치에서 진동하고, 액체의 구성입자들은 결합과 분리를 같은 비율로 반복하면서 유체流體, fluid form를 형성한다. 그리고 기체분자들은 독립적으로 자유롭게, 어떤 방향으로도 이동할 수 있다.

클라우지우스의 이론은 액체가 증발하는 이유도 설명해준다. 맑은 날 물이 담긴 그릇을 상온에서 한동안 방치해두면 물의 양이 줄어든다. 다들 알다시피 물의 일부가 증발했기 때문이다. 이런 현상은 왜 일어나는 것일까? 증발은 액체의 표면에서 일어나는 사건과 관련되어 있다. 액체분자들은 결합과 분리를 끊임없이 반복하고 있는데, 액체의 중심부에 있는 분자들은 주변의 어떤 분자와도 결합할 수 있지만 수면에 놓인 분자는 오직 아래쪽에 있는 분자하고만 결합할 수 있다(자신의 위에 있는 분자는 액체가 아닌 공기분자이기 때문이다). 그러므로 수면에서 분리된 입자(원자)가 위쪽으로 이동하면 더 이상 액체에 속하지 못하고 대기 중으로 날아가게 된다. 이런 사건이 한동안 반복되면 물의 양이 현저하게 줄어드는데, 이 모든 과정을 두 글자로 줄인 것이 바로 '증발'이다.

클라우지우스는 기체입자의 운동과 온도의 관계를 이용하여 산소와 질소 등 지구 대기를 구성하는 분자의 평균속도를 계산했다. 그의 계산에 의하면 0℃에서 산소분자의 평균속도는 초속 461미터(시속 1660킬로미터)인데, 21세기의 최신 장비로 측정한 값과 1퍼센트 오차 이내로 일치한다.

클라우지우스는 미처 알지 못했지만, 그의 이론을 적용하면 대기 중에 산소와 질소가 유난히 많은 이유도 설명할 수 있다. 일반적으로 지표면에서 물체를 위로 던지면 다시 아래로 떨어진다. 지구의 중력이 물체를 아래로 잡아당기고 있기 때문이다. 그러나 지구의 중력은 유한하기 때문에, 물체의 속도가 어느 한계를 넘으면 중력을 극복하고 우주 공간으로 날아간다. 뉴턴의 운동법칙과 중력법칙을 이용하여 계산해보면 지구를 벗어나기 위해 최소한으로 필요한 속도는 약 초속 11킬로미터인데, 이 값을 지구의 '탈출속도escape velocity'라 한다.

대기 중에 포함된 산소분자의 평균속도는 위에서 말한 대로 초속 0.46킬로미터에 불과하여 지구를 탈출하지 못하고 지표면 근처에 묶여 있다.[13] 그러나 질량이 작은 천체는 탈출속도가 기체분자의 평균속도와 비슷하거나 더 작기 때문에, 대기가 희박하거나 아예 존재하지 않는다(달에 대기가 없는 것도 이런 이유 때문이다_옮긴이). 현대의 천문학자들은 새로운 외계행성이 발견될 때마다 탈출속도를 계산하여 생명체의 존재 가능성을 확인하고 있다.

클라우지우스의 1857년 논문은 과학이 우리를 보이지 않는 세계로 인도하여 일상적인 현상의 근본적 원인(시원한 바람이 부는 이유, 대기 중에 산소가 존재하는 이유 등)을 설명해준 대표적 사례였다. 그러나 아이러니하게도 운동이론은 클라우지우스가 펼쳤던 논리와 거의 비슷한 논리에 의해 궁지에 몰리게 된다. 1858년에 네덜란드의 기상학자 크리스토프 바이스 발롯Christoph Buys Ballot은 일상적인 관찰 결과를 증거로 제시하면서 기체분자가 고속으로 움직인다는 클라우지우스의 주장에 반론을 제기했다.[14]

바이스 발롯의 논리는 간단하다. 기체분자가 1초에 수백 미터씩 움직인다면 우리가 경험한 것보다 훨씬 빠르게 섞여야 한다는 것이다. 예를 들어 지독한 냄새로 유명한 염소Cl기체를 병에 가득 채우고 사람들이 모여 있는 커다란 홀의 한구석에서 마개를 열면 반대쪽 끝에 있는 사람도 100분의 1초 안에 냄새를 맡을 수 있어야 한다. 그러나 실제로 실험을 해보면 냄새가 반대쪽 끝에 도달할 때까지 몇 분은 족히 걸린다. 바이스 발롯은 명백한 증거를 제시하면서 클라우지우스의 이론을 조목조목 반박했다. "기체분자가 그 정도로 빠르게 움직인다면, 담배 연기는 어떻게 한자리에서 그토록 오래 머물 수 있는가?" 여유 만만한 표정으로 "어때? 내가 이겼지?"라며 담배 연기를 내뿜는 그의 모습이 눈에 보이는 듯하다.

클라우지우스는 합리적 비판을 수용할 줄 아는 사람이었다. 그는 운동이론에 관한 두 번째 논문에서 바이스 발롯의 '담배 연기 반론'을 멋지게 방어했다.[15] 기체분자는 아주 작긴 하지만 분명히 '크기'가 있기 때문에 놀이공원의 범퍼카처럼 주변 분자들과 끊임없이 충돌하고 있다. 하나의 분자는 아주 빠른 속도로 움직이지만, 얼마 가지 못하고 다른 분자와 부딪혀서 경로가 수시로 바뀌기 때문에 앞으로 나아가는 속도는 별로 빠르지 않다. 다시 말해서, 기체분자는 직선운동을 하지 않고 이리저리 되튀면서 지그재그형 궤적을 그리기 때문에 빠른 속도에도 불구하고 방을 가로지르는 데 꽤 긴 시간이 소요되는 것이다.

클라우지우스의 기체운동이론은 지금도 고등학교 교과서에 실려 있다. 우리는 학창 시절부터 이런 교육을 받았기 때문에, 19세기 중반의 세계적 물리학자들이 클라우지우스의 이론을 믿지 않았다고 하면 선뜻 이해가 가지 않을 것이다. 가장 큰 문제는 원자와 분자의 개념이었다. 모든 물질이 '원자atom'라는 최소 단위로 이루어져 있다는 원자론은 19세기 말~20세기 초에 와서야 학계에 수용되었으므로, 기체의 입자설은 19세기 중반의 과학자들에게 매우 생소한 이론이었을 것이다. 클라우지우스는 기체가 빠르게 움직이는 분자로 이루어져 있다고 주장하면서도, 분자의 구체적인 크기에 대해서는 아무런 언급을 하지 않았다. 게다가 당시의 기술로는 그가 예측한 기체분자의 평균속도를 측정할 방법이 없었다. 그리하여 기체의 운동이론은 '검증되지 않은 가설'로 남게 된다.

그러나 다행히도 클라우지우스의 논문은 영어로 번역되어 영국의 과학자들에게 소개되었고, 두 번째 논문의 번역본 중 하나가 1859년 2월에 스코틀랜드 북동부 애버딘에 있는 매리셜컬리지Marischal College의 한 물리학과 교수에게 배달되었다.[16] 이제 곧 알게 되겠지만, 논문의 역사적 가치를 좌우하는 요인은 저자만이 아니다. "그 논문을 누가 읽었는가?"도 저자 못지않게 중요하다.

09

—

확률의 법칙

이 세계를 설명하는 진정한 논리는 확률밖에 없다.

제임스 클러크 맥스웰

스코틀랜드 북동부, 북해 연안에 에버딘Aberdeen이라는 작은 도시가 있다. 2월이 되면 이 지역 바닷물의 평균 수온은 섭씨 6도까지 내려가고, 해수면 바로 위의 공기는 0도에 가까워진다. 영국 주변의 바닷물은 대체로 차가운 편인데, 멕시코 만류의 영향을 받지 않는 북해는 특히 더 차갑다. 게다가 애버딘시는 북위 57도에 자리 잡고 있어서 겨울이 되면 한낮에도 태양의 고도가 10도를 넘지 않고, 밤이 낮보다 두 배나 길다.

1857년 2월, 루돌프 클라우지우스가 뜨거운 것과 차가운 것의 차이를 물리적으로 설명하기 위해 고군분투하고 있을 무렵, 애버딘 매리셜컬리지의 물리학과 교수로 갓 부임한 제임스 클러크 맥스웰James Clerk

Maxwell은[1] 도시의 남쪽 해안을 따라 나 있는 검은 절벽 위를 거닐다가 '계절의 두 번째 잠수'를 즐기기 위해 겉옷을 벗고 얼음장 같은 바닷물에 뛰어들었다. 그것은 철봉체조를 한 후 몸을 풀기 위한 후속 운동이었다.[2]

애버딘의 매리셜컬리지는 전통적인 명문대학으로, 이곳을 처음 방문한 사람은 거대한 화강암 건물에 압도되곤 한다. 제임스 클러크 맥스웰은 이 학교에서 가장 젊은 교수였다. 당시 스코틀랜드에서 대학 교수가 되려면 법무장관과 내무장관의 승인을 받아야 했는데, 수학과 물리학에서 발군의 실력을 보인 맥스웰은 스물다섯 살이란 젊은 나이에 별 어려움 없이 교수로 임명될 수 있었다.

18세기 스코틀랜드 계몽주의자의 부유한 후손 집안에서 1831년에 태어난 맥스웰은 불과 열네 살 때 데카르트식 타원을 주제로 한 과학 논문을 발표하여 주변 사람들을 놀라게 했다.[3] 이 논문은 에든버러의 왕립학회에 접수되어 주요 토론 주제로 채택되었으나, 정작 저자인 맥스웰은 미성년자라는 이유로 토론회에 참석할 수 없었다. 어린 나이임에도 멕스웰은 그것이 얼마나 중대한 사건인지 잘 알고 있었을 것이다.

그는 여덟 살 때 복강암으로 어머니를 잃은 후 아버지의 사유지였던 글렌레어Glenlair에서 개인교습을 받으며 외로운 소년 시절을 보냈다. 그의 오랜 친구인 루이스 캠벨Lewis Campbell은 맥스웰의 전기에 다음과 같이 적어놓았다. "맥스웰은 심한 근시였고, 매사에 진지하고 선한 소년이었지만 사회성은 크게 떨어졌다. 일상적인 대화에서 그가 하는 말은 항상 수수께끼처럼 모호했으며, 질문에 금방 답하는 경우가 거의 없었다. 테이블에 함께 앉아 있을 때도 그의 정신은 항상 다른 곳에 가 있었고, 렌즈에 굴절된 빛을 관찰할 때에만 정신이 돌아오는 것 같았다."[4]

맥스웰이 에든버러대학교와 케임브리지대학교에서 공부를 마친 후 애버딘 매리셜컬리지의 교수로 부임했을 때, 동료 교수들은 추상적 사고력(수학)과 현실적 감각(실험)이 절묘하게 조화를 이룬 그의 독특한 정신세계에 적응하지 못하여 한동안 애를 먹었다고 한다. 맥스웰은 집에서도 위상기하학에 대한 책을 집필하고, 틈날 때마다 색원판(원판에 구획을 분리하여 각기 다른 색을 칠해놓은 도구로 맥스웰은 이 도구를 항상 몸에 지니고 다니면서 색의 특성을 연구했다_옮긴이)을 돌리면서 붉은색 빛과 초록색 빛 그리고 푸른색 빛이 혼합되면 흰색이 되는 원리를 연구했다.

애버딘에 오기 전만 해도 맥스웰은 열에 대해 별 관심이 없었다. 그가 열에 관심을 갖게 된 것은 연구가 아니라 강의 때문이었다. 당시 매리셜컬리지 자연철학부의 교과 과정에 열에 대한 강좌가 포함되어 있었는데, 맥스웰은 강의 시간에 실행할 수 있는 일련의 실험(다양한 물질의 융점과 비등점을 측정하는 실험)을 고안하여 학생들로부터 좋은 반응을 얻었다.

맥스웰은 애버딘에 온 직후부터 총장의 딸에게 연민의 정을 품고 있었다. 매리셜컬리지의 총장이자 스코틀랜드 장로교 목사였던 대니얼 듀어Daniel Dewar는 젊고 똑똑한 맥스웰에게 깊은 인상을 받아 여러 차례 집에 초대해서 식사를 같이하고, 스코틀랜드 남동부 해안으로 가족 소풍을 갈 때에도 함께 데려가곤 했다. 그 덕분에 맥스웰은 듀어의 딸 캐서린 메리Katherine Mary와 가까워졌는데, 그녀는 맥스웰보다 여섯 살이 많은 서른두 살의 과년한 처녀였다. 이 시기에 맥스웰이 캐서린에게 보낸 편지를 보면, 두 사람의 관계는 사랑보다 종교적 믿음에 의존했던 것 같다(연애 시절 둘 사이에 오고 간 편지에는 성경구절에 대한 해석으로 가득 차 있다). 어쨌거나 두 사람은 1858년 2월에 약혼했고, 맥스웰은 숙모에게 이 사실을 전했다. "우리는 서로에게 매우 필요한 존재이며, 이 세상 어느 누구보다 서로를 잘 이해한답니다."[5]

'서로에게 필요한 존재'라는 구절이 왠지 꺼림칙하다. 부부가 된 후에도 애정보다 의무를 이행하는 데 집착한 것을 보면, 왠지 결혼 전부터 자신의 앞날을 예측했던 것 같다. 맥스웰의 첫사랑은 사촌 여동생 리지 케이Lizzie Cay였지만, 친척 간의 결혼이 부담스러워 포기했다는 소문도 있다.[6]

안타깝게도 맥스웰의 가족과 친구들은 캐서린을 가족으로 받아들이지 않았다. 그 무렵 맥스웰의 사촌 형제인 제미마 블랙번Jemima Blackburn이 친구에게 보낸 편지에는 다음과 같이 적혀 있다. "그녀(캐서린)는 예쁘지도 건강하지도 않고, 친절한 구석도 없지만, 맥스웰한테 푹 빠져 있어. 듣자 하니 그녀의 여동생이 맥스웰을 만나서 언니의 사랑을 대신 고백했다고 하더군. 마음 약한 그 녀석은 고마운 마음에 결혼을 승낙했고 말이지. 그 후로 캐서린은 수치심이 들었는지 마음을 다잡지 못하고 흔들렸지만, 맥스웰은 모든 것을 참아내며 그녀를 진심으로 대했어. 캐서린은 질투심도 유별나게 강해서 맥스웰을 친구들로부터 떼어놓으려고 했대."[7]

맥스웰이 케임브리지로 이주한 후에도 사람들은 "캐서린은 맥스웰이 사람들과 잘 어울리는 것을 못마땅하게 생각한다"고 수군거렸다. 한 소문에 의하면 연회장에서 캐서린이 맥스웰에게 이렇게 말했다고 한다. "제임스, 당신이 즐거워하는 걸 보니 집에 갈 시간이 된 것 같네요."[8]

맥스웰의 결혼생활에 대해서는 기록이 별로 남아 있지 않다. 1929년에 글렌레어에 있는 맥스웰 가문의 전통 가옥에 화재가 발생하여 편지와 일기를 비롯한 대부분의 기록이 사라졌기 때문이다. 다만 1858년에 맥스웰이 케서린에게 청혼한 직후 그녀를 위해 쓴 시는 아직도 남아 있다.

나와 함께 가주오
상쾌한 봄날의 길을
이 넓고 황량한 세상에서
나의 위안이 되어주오[9]

맥스웰과 캐서린은 여러 해 동안 서로 병구완을 해주면서 과학 연구도 함께 했던 것으로 전해진다. 실제로 캐서린은 열과학의 발전에 중요한 기여를 했다.

1859년 2월의 어느 날, 맥스웰은 열의 운동이론에 관한 클라우지우스의 논문을 읽고 고개를 좌우로 흔들었다. 어딘가 분명히 오류가 있는 것 같은데, 수학적으로 면밀히 분석하면 잘못된 부분을 찾을 수 있을 것이라고 생각했다.

그날부터 맥스웰은 '확률과 통계'라는 이름으로 알려진 확률의 법칙을 파고들기 시작했다.

19세기 중반만 해도 확률은 과학자들에게 그다지 달가운 개념이 아니었다. 당시 물리학자들은 절대적으로 완벽한 진리를 발견하는 것이 자신의 소명이라고 굳게 믿었기에 "이러이러한 사건이 일어날 수도 있다"는 모호한 법칙보다 "이러저러한 사건이 반드시 일어난다"는 식의 결정론적 법칙을 선호했다. 대표적인 예가 뉴턴의 운동법칙과 중력이론이다. 두 이론은 포탄부터 행성에 이르기까지 모든 물체의 위치와 속도를 정확하게 알려준다. 그러나 맥스웰은 기체의 운동이론을 검증하려면 물리학의 정설로 자리 잡은 뉴턴의 법칙과 별로 과학적이지 않은 수학적 확률을 결합해야 한다고 생각했다.

맥스웰의 영감을 자극한 것은 물리학이 아닌 천문학이었다.[10] 당시 천문학자들은 천체의 운동에 우연이나 확률이 개입될 여지가 없다고 믿었지만, 불완전한 관측 때문에 진실 규명이 어렵다는 것도 인정하고 있었다. 특정 기간 동안 행성의 위치를 주기적으로 측정한 후 데이터를 하나로 연결하여 얻은 궤적은 실제 궤적과 일치하지 않았다.

관측에 최선을 기울였음에도 항상 약간의 오차가 발생했기 때문이다.

그러나 단기간에 관측장비의 정밀도를 높이는 것은 결코 쉬운 일이 아니었으므로, 부정확한 관측 데이터를 최대한으로 활용하여 정확한 궤적을 알아내야 했다. 19세기 초의 천문학자들은 주사위 게임의 확률 계산법을 이용하여 이 문제를 해결했다. 맥스웰은 열여덟 살 때 천왕성을 발견한 윌리엄 허셜William Herschel의 아들 존 허셜John Herschel의 논문에 큰 감명을 받아[11] 친구에게 이런 편지를 쓴 적이 있다. "이 세계를 설명하는 진정한 논리는 확률밖에 없는 것 같아. 주로 도박에 응용되는 이 세속적 분야는 '실용적인 사람을 위한 유일한 수학'이기도 하지."[12]

확률의 개념을 설명할 때에는 뭐니 뭐니 해도 도박을 예로 드는 것이 최선이다. 가장 간단한 동전 던지기 게임을 예로 들어보자. 동전이 땅에 떨어지기 전에 어떤 면이 위를 향할지 맞추면 당신이 이기는 게임이다. 누군가가 동전에 이상한 장난을 치지 않았다면 당신이 이길 확률은 50퍼센트다. 이런 게임을 연달아 100번 한다면 어떻게 될까? 동전을 던질 때마다 어떤 결과가 나올지 예측하느라 머리에 쥐가 나겠지만, 100번 다 앞면이 나오거나 모두 뒷면이 나올 확률이 지극히 낮다는 것은 직관적으로 알 수 있다. 반면에 앞면과 뒷면이 50번씩 나올 확률은 매우 높은데, 대략적인 값은 다음과 같다.

동전을 100번 던졌을 때 앞면과 뒷면이 50번씩 나올 확률은 12분의 1(8.3퍼센트)이다.

100번 모두 앞면(또는 뒷면)이 나올 확률은 약 100만×1조×1조분의 1이다.

앞면과 뒷면이 50번씩 나올 확률이 당연히 가장 크고, 출현 횟수가 50 대 50에서 벗어날수록 확률이 급격하게 감소한다.

'동전 100번 던지기' 프로젝트를 여러 번 실행하여 매 회 앞면(또는 뒷면)이 나온 횟수를 기록한 후, 그 빈도수를 그래프로 그리면 종bell 모양의 매끈한 곡선이 얻어진다(그래서 수학자들은 이런 그래프를 '종형곡선bell curve'이라 부른다). 곡선의 정점은 가로축의 중앙에서 나타나는데, 가장 높은 확률(50 대 50)이 여기에 대응된다. 그리고 앞면과 뒷면의 출현 횟수가 가장 높은 확률(50 대 50)에서 벗어날수록 빠르게 감소하다가, 그래프의 왼쪽 끝(동전을 100번 던져서 앞면이 한 번도 안 나온 경우)과 오른쪽 끝(100번 모두 앞면이 나온 경우)으로 가면 거의 0에 가까워진다(이 그래프의 세로축은 '동전 100번 던지기'에서 특정 결과가 나온 빈도수를 나타낼 수도 있고, 확률을 나타낼 수도 있다. 빈도수를 총 시행횟수로 나누면 확률이 된다_옮긴이).

곡선의 정점은 '동전 100번 던지기'를 여러 번 실행했을 때 앞면이 나온 횟수의 평균값(50회)에 해당한다. 이런 곡선의 중요한 특징 중 하나는 평균을 특정 값만큼 초과할 확률과 같은 값만큼 모자랄 확률이 같다는 것이다. 즉 동전을 100번 던졌을 때 앞면이 55번 나올 확률은 45번 나올 확률과 같다. 또한 실행 결과가 종형곡선으로 나타나려면 특정 시간에 동전을 던지는 행위가 이전 시행의 영향을 받지 않고, 향후 시행에 영향을 주지 말아야 한다. 다시 말해서, 모든 시행이 독립적이어야 한다는 뜻이다.

종형곡선은 이 모든 조건을 만족하기 때문에, 관측 데이터를 그래프로 그리면 대부분이 종 모양으로 나타난다. 예를 들어 성인 남자(또는 여자)로 이루어진 집단의 키나 혈압을 측정하여 빈도수를 그래프로 그리면 거의 예외 없이 종형곡선이 된다. 또는 사격에 능숙한 사람이 과녁을 향해 100발을 쏘았을 때, 과녁의 중심과 탄착점 사이의 거리도 종형곡선을 이룬다[13](명사수일수록 종의 폭이 좁아지고, 곡선의 최고점, 즉 총알이 가장 많이 도달한 지점이 과녁의 중심에 가까워진다). 이 과정은 거꾸로 진행될 수도 있다. 즉 탄착점의 빈도수가 종형곡선을 이루면, (동심원이 그려져 있지 않은 백지 과녁의 경우) 정점의 위치로부터 과녁의 중심이 어디인지 알아낼 수 있다. 천문학자들이 부정확한 관측 데이터로부터 별의 정확한 위치를 알아낸 비결이 바로 이것이다.

1850년대 말에 맥스웰은 매리셜컬리지의 연구실에서 클라우지우스의 이론에 종형곡선의 원리를 적용했다. 그것은 통계역학statistical mechanics이라는 새로운 분야가 탄생하는 역사적 순간이었다. 맥스웰의 이론은 기체의 온도가 기체분자의 평균속도에 비례한다는 클라우지우스의 이론에 약간의 수정을 가했다.[14] 그 핵심은 "많은 기체입자들이 평균에 가까운 속도로 움직이고 있지만, 개중에는 평균에서 많이 벗어난 입자도 있으며, 이들도 기체의 거동에 적지 않은 영향을 미친다"는 것이다.

그런데 평균속도에서 벗어난 입자를 어떻게 이론에 포함시킬 수 있을까? 1세제곱센티미터의 작은 공간에는 무려 1000만×1조 개의 기체입자가 돌아다니고 있으므로, 이들을 일일이 고려하는 것은 현실적으로 불가능하다. 그래서 맥스웰은 여기에 확률법칙을 도입했다. 모든 입자의 속도를 일일이 따지지 않고, 주어진 부피 안에서 특정 속도 범위를 벗어나지 않는 입자의 비율에 관심을 가진 것이다. 그는 주어진 온도에서 기체입자들이 '가장 선호하는 속도'가 존재한다고 생각했다. 그러나 개중에는 이 속도보다 빠르거나 느린 입자도 있다. 특정 속도로 움직이는 입자를 발견할 확률은 이 속도가 '입자들이 가장 선호하는 속도(가장 확률이 높은 속도)'에서 멀어질수록 작아진다. 동전 던지기에서 앞뒷면의 출현 횟수가 가장 높은 확률(50 대 50)에서 멀어질수록 작아지는 것과 같은 현상이다.[15]

맥스웰의 논리를 이해하기 위해, 공기의 78퍼센트를 차지하는 질소분자를 예로 들어보자. 이들은 지금도 끊임없이 당신의 몸을 때리고 있다. 맥스웰의 분석에 의하면 당신의 몸을 때리는 질소분자들 중 '가장 확률이 높은 속도'는 약 초속 420미터이다. 시속으로 환산하면 약 1500킬로미터에 해당한다. 그러나 속도가 이 값에 가까운 질소분자 100개가 당신의 몸을 때리는 동안, 시속 750킬로미터의 느린 속도로 당신의 몸을 때리는 질소분자도 거의 50개나 된다. 시속 2250킬로미터로 당신을 때리는 입자의 수도 이와 비슷하다(1500과 750의 차이는 2250과 1500의 차이와 같다_옮긴이). 지구에서 가장 낮았던 기온은 남극대륙의 보스토크 기지(Vostok Station, 러시아의 남극기지_옮긴이)에서 관측된 영하 90도인데, 이 온도에서 가장 흔한(즉 확률이 높은) 기체분자의 속도는 시속 약 1180킬로미터이다. 그러나 100개의 분자가 이 속도로 움직일 때 90개는 1400킬로미터로, 80개는 800킬로미터로 움직인다.

이보다 몇 년 전에 윌리엄 톰슨은 열이 할 수 있는 일의 척도로서 거시적 규모의 온도를 정의했고('탑에 일정한 간격으로 창문 내기' 참조), 맥스웰은 기체분자의 운동을 기준으로 미시적 규모에서 온도를 정의했다.

기체의 거동을 통계적으로 분석한 맥스웰의 논문은 1860년에 《기체의 역학이론Illustrations of the Dynamical Theory of Gases》이란 책으로 출판되었다. 물론 당시에는 하나의 가설에 불과했지만, 논문의 후반부에 펼친 그의 치밀한 논리는 현대 물리학의 도약을 예고하는 신호탄이었다. 맥스웰은 통계적 분석을 통해 실제 기체의 거동 방식을 예측했고, 그의 예측은 과거의 추론과 달리 실험으로 확인할 수 있었다. 게다가 맥스웰의 이론은 운동이론을 전제로 깔고 있었기에, 말 많고 탈도 많았던 운동이론을 드디어 검증할 수 있게 되었다.

맥스웰이 예측한 것은 기체의 열이 아니라 점성viscosity이었다. 보통 점성이라고 하면 꿀처럼 끈적거리는 액체를 떠올릴 것이다. 기체에서 점성을 느끼는 사람은 없다. 그러나 기체는 정도가 약할 뿐 분명히 점성을 가지고 있다. 손바닥을 펴서 허공을 천천히 저으면 공기의 점성에 의한 마찰력이 손의 움직임을 (미약하게나마) 방해한다.

이 현상을 운동이론으로 설명하기 위해, 지면과 평행한 방향으로 누워서 수평 방향으로 서서히 이동하는 금속판을 생각해보자. 금속판과 지면 사이에 있는 수조 개의 공기입자들(아주 작은 당구공으로 간주하면 된다)은 원래 일정한 속도로 움직이고 있는데, 이들 중 이동하는 금속판에 닿은 입자들은 금속판을 따라 끌려간다. 반면에 금속판과 멀리 떨어진 입자들은 금속판의 영향을 덜 받기 때문에 금속판과 함께 움직이려는 경향이 약하지만, 지면에 의해 속도가 줄어들고 지면에 닿은 입자는 정지 상태가 된다.

그러나 기체의 운동이론에 의하면 공기입자는 금속판이 이동하는 방향뿐만 아니라 모든 방향으로 무작위로 움직인다. 그러므로 금속판 근처에서 빠르게 움직이는 입자들 중에는 아래로 움직이는 입자도 있다. 이들이 아래쪽에서 느리게 움직이는 입자와 충돌하면 느린 입자의 속도가 빨라진다. 그리고 지면 근처에서 느리게 움직이던 입자들 중 일부가 위로 이동하여 빠른 입자와 충돌하면 빠른 입자의 속도가 느려진다.

이 충돌 효과가 누적되어 나타난 것이 바로 '이동 중인 금속판에 작용하는 공기의 저항력'이다.

맥스웰이 기체의 운동이론을 수학적으로 분석하여 알아낸 저항력의 원인은 우리의 직관과 사뭇 다르다. 그의 이론에 의하면 저항력은 기체의 압력과 무관하다.[16] 압력을 줄이면 금속판과 지면 사이에 존재하는 공기입자의 수가 줄어들지만, 공기의 점성이 줄어들지는 않는다.

그 이유는 입자의 수가 줄어들면서 나타나는 두 개의 효과가 서로 상쇄되기 때문이다. 일단 입자의 수가 줄어들면 위아래 방향의 충돌 횟수가 감소하여 금속판에 가해지는 저항력이 약해진다. 그러나 입자의 수가 줄어들면 각 입자들은 충돌할 상대가 많지 않아서 한 번 충돌할 때까지 먼 거리를 이동해야 하므로 영향권이 넓어진다. 즉 자신으로부터 먼 거리에 있는 입자의 속도를 늦출 수 있다. 그리고 지면 근처의 느린 입자는 충돌 대상의 속도를 늦추는 능력이 더욱 커지면서 첫 번째 효과를 상쇄시킨다. 즉 공기입자의 개수가 줄어들어도(압력이 감소해도) 금속판에 미치는 저항력은 달라지지 않는다.

이와 반대로 공기의 압력이 높으면 단위부피당 입자의 수는 많아지지만, 충돌할 때까지 이동하는 거리가 짧아져서 금속판의 속도를 늦추는 능력이 약해진다(단 공기의 온도가 일정하다는 가정, 다시 말해 공기입자의 속도가 변하지 않는다는 가정하에 그렇다).

기체의 운동이론이 옳다면 공기의 점성은 압력과 무관해야 한다. 만일 실험 결과가 이와 다르게 나온다면, 열과 온도에 관한 운동이론은 틀린 것으로 판명된다. 그래서 맥스웰은 곧바로 기체의 점성과 압력의 관계에 대한 과거의 문헌을 찾아보았는데, 정확한 자료는 없었지만 자신의 예측에서 벗어난 결과도 없는 것 같았다. 그는 작성 중인 논문에 수학 방정식을 몇 개 제시한 후, 그 밑에 "자료를 검색해보니 이와 관련된 실험이 딱 하나 있었는데, 그것만으로는 결론을 내릴 수 없다"고 적어놓았다.[17]

맥스웰의 걱정대로 운동이론은 과연 틀린 이론일까? 여기저기 흩어져 있는 데이터를 긁어모아도 결론을 내리기가 어려웠다. 그 무렵에 맥스웰이 지인들에게 보낸 편지를 보면, 운동이론에 많은 애착을 갖고 있었음이 분명하다. "나는 그 이론이 아주 마음에 든다네. 실험에 발목을 잡히는 건 어느 정도 감수해야겠지."[18]

맥스웰은 압력 변화에 따른 기체의 점성을 직접 측정하는 것만이 유일한 해결책이라고 결론지었다. 그러나 실험에 착수하기 전에 의외의 사건이 그의 발목을 잡게 된다.

논문을 발표하고 몇 달이 지난 후, 맥스웰은 갑자기 실업자 신세가 되었다. 애버딘에는 대학교가 두 개 있었는데(매리셜컬리지와 킹스컬리지), 1860년에 시의원들이 비용 절감을 위해 두 학교를 합병하기로 결정한 것이다. 새로 출범한 대학교(현 애버딘대학교)에는 자연철학과 교수 자리가 하나만 할당되었는데, 맥스웰의 경쟁 상대는 킹스컬리지의 교수였던 데이비드 톰슨David Thomson이었다. 180센티미터가 훌쩍 넘는 건장한 체격의 톰슨은 맥스웰보다 나이가 많을뿐더러 합병 계획을 실행한 주역 중 한 사람이었기에, 모든 면에서 밀리는 맥스웰이 학교를 떠나는 수밖에 없었다.[19]

불운은 여기서 끝나지 않았다. 맥스웰은 1860년에 가문의 연고지인 스코틀랜드 남서부의 글렌레어를 방문했다가 때마침 그 지역을 휩쓴 천연두에 걸려 몇 달 동안 몸을 가누지 못했다. 당시 천연두 환자 열 명 중 세 명이 사망했는데, 다행히도 맥스웰은 살아남았다. 훗날 그는 친구들에게 "아내가 매일같이 밤을 새우며 간호해준 덕분에 목숨을 건질 수 있었다"고 말했다. 몇 년 후 캐서린이 병에 걸렸을 때에는 맥스웰이 모든 일을 전폐하고 그녀를 돌봐주었다.

일련의 불행한 사건이 지나간 후, 맥스웰은 1829년에 설립된 런던 킹스컬리지의 응용과학부 교수로 채용되어 1860년 10월에 런던 켄싱턴의 하이드파크 근처에 있는 연립주택으로 이사했다.

이곳에서 맥스웰은 기체연구에 다시 착수했다.[20] 캐서린은 남편이

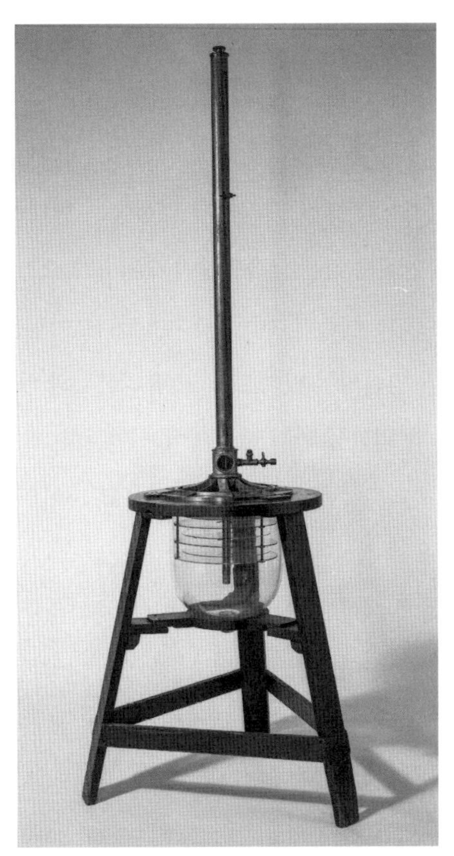

맥스웰이 고안한 기체 점성 측정 장치

매달리는 연구의 수학적 측면에는 별 관심이 없었지만, 실험에는 각별한 관심을 보이며 1860년대 초에 몇 가지 실험 기술을 개발하여 주변 사람들을 놀라게 했다. 부부는 열의 운동이론을 입증하기 위해 집 다락방에 임시 실험실을 꾸며놓고, 기체의 점성과 압력의 관계를 측정하는 실험장치를 직접 만들었다.

이 장치는 언뜻 보기에 숲속 오두막집 난로를 연상케 할 정도로 단순하게 생겼지만, 곳곳에 독창적이고 기발한 아이디어가 숨어 있다. 기본적으로는 유리그릇 위에 가늘고 속이 빈 1.2미터짜리 놋쇠 파이프를 연결하여 의자처럼 생긴 지지대에 얹혀놓은 형태이다(169쪽 그림 참조). 유리그릇 안에는 얇은 금속원판이 수평 방향으로 설치되어 있으며(세 개는 이동이 가능하고, 네 개는 고정되어 있다), 이들은 줄을 통해 파이프의 꼭대기와 연결되어 있다. 그리고 유리그릇의 바닥에 설치된 자석은 이동 가능한 원판을 앞뒤로 움직이게 만든다. 실험의 첫 단계는 놋쇠 파이프와 유리그릇에 공기를 가득 채우고 파이프에 부착된 장치로 공기의 압력을 측정하는 것이다.

이제 정교하게 세팅된 레버를 이용하여 자석을 움직이면 금속원판이 자유롭게 진동한다. 맥스웰 부부는 기압을 다양한 값으로 바꿔가면서 원판의 진동 패턴을 측정했다. 그의 수학적 분석이 옳다면 금속원판은 압력과 무관하게 항상 동일한 패턴으로 진동해야 한다.

맥스웰 부부는 원판의 진동 패턴을 분석하기 위해 기발한 장치를 고안했다. 원판이 매달린 줄에 작은 거울을 달아놓고, 그 위에 빛을 쪼인 것이다. 원판이 앞뒤로 진동하면 거울도 같은 방향으로 진동하고, 여기서 반사된 빛은 2미터 거리의 벽에 붙여놓은 그래프용지 위에 특정한 패턴을 그리게 된다. 금속원판이 조금만 움직여도 벽에 도달한 빛은 꽤 긴 거리를 이동하기 때문에 진동 패턴을 매우 정확하게 측정할 수 있다.

맥스웰 부부는 켄싱턴의 다락방에서 몇 달 동안 실험에 몰두했다.

장치는 기발했지만, 원하는 결과를 얻기란 결코 쉬운 일이 아니었다. 원판의 미세한 진동과 기압을 측정하는 것은 물론이고, 파이프와 유리 그릇 안에 들어 있는 기체의 온도를 일정하게 유지하기 위해 더운 여름에 매일 몇 시간 동안 불을 지펴야 했다.

지성이면 감천이라고 했던가, 맥스웰 부부의 노력은 황금보다 값진 결실을 거두었다. 수은주의 높이가 1.3센티미터에서 45센티미터에 이르는 다양한 기압하에서 금속원판의 진동 패턴이 동일하게 나타난 것이다. 맥스웰의 예측대로 공기의 점성은 압력에 아무런 영향도 받지 않았다.

오직 기체의 운동이론만으로 예측되는 현상을 실험으로 확인함으로써, 맥스웰은 열의 본질을 알아냈을 뿐만 아니라 뜨겁거나 차가운 느낌이 생기는 근본적 이유를 인류에게 설명해주었다. 열의 운동이론은 미시 세계에서 일어나는 일을 시각화해준다. 우리 주변의 모든 물질은 끊임없이 움직이는 작은 입자로 이루어져 있으며, 이들의 운동 상태에 따라 뜨겁거나 차가운 느낌이 들었던 것이다.

오늘날 맥스웰은 전자기학을 확립한 물리학자로 알려져 있지만, 1860년대에 활동했던 과학자들 중에는 그의 운동이론을 모르는 사람이 거의 없었다. 한번은 왕립협회의 공개 강연장에서 강의가 끝나고 사람들이 한꺼번에 몰려나오면서 일대 혼잡을 이루었는데, 강연에 참석했던 마이클 패러데이Michael Faraday가 군중 속에 섞여 있는 맥스웰을 향해 이렇게 소리쳤다고 한다. "이봐, 제임스. 왜 거기 갇혀 있나? 운동이론의 대가라면 그 정도는 쉽게 빠져나올 수 있어야지!"(이리저리 밀

치는 사람들을 기체입자에 비유한 것이다.)[21]

그러나 맥스웰의 업적에도 불구하고 운동이론은 열이 자발적으로 뜨거운 곳에서 차가운 곳으로 흐르는 이유를 설명하지 못했다. 결론부터 말하자면 그 이유는 바로 우주 만물에 적용되는 열역학 제2법칙 때문인데, 자세한 내용은 19세기 후반에 와서야 밝혀지게 된다. 맥스웰의 운동이론으로는 이 법칙이 성립하는 이유를 설명할 수 없다.

사실 맥스웰의 운동이론에서 몇 걸음만 더 나가면 자연스럽게 열역학 제2법칙에 도달한다. 통계적 분석을 조금만 확장하면 되는 일이었는데, 맥스웰은 기체의 운동이론을 입증한 후 더 이상 관심을 갖지 않았다. 물론 물리학에 최초로 통계를 도입하고, 정교한 실험을 수행하여 운동이론의 타당성을 입증한 것만 해도 과학사에 길이 남을 업적이다(아내 캐서린도 중요한 역할을 했다). 그의 논문을 보면 열역학 제2법칙이 통계와 관련되어 있음을 직관적으로 알고 있었던 것 같다.[22] 그러나 1860년에 논문을 발표한 후, 맥스웰은 열역학에서 전자기학으로 관심을 돌려서 10여 년 동안 물질의 전기·자기적 성질을 파고든 끝에 1873년에 이 모든 현상을 수학적으로 완벽하게 설명하여 고전 전자기학의 창시자가 되었다. 맥스웰의 전자기 이론은 전기 및 자기와 관련된 모든 현상을 완벽하게 설명했을 뿐만 아니라, 오랫동안 미지로 남아 있던 빛의 성질을 규명하여 훗날 라디오와 TV, 레이더, X-선 등의 기초가 되었다. 그 유명한 아인슈타인의 특수 상대성 이론도 맥스웰의 전자기학에서 출발한 이론이다.

1871년에 맥스웰은 케임브리지대학교에서 새로 설립한 캐번디시 연구소Cavendish Laboratory의 초대 소장이 되었다. 그 후로 맥스웰은 연구보다 교육에 중점을 두고 영국 최고의 두뇌들을 훈련시켰는데, 역시 그의 노력은 헛되지 않았다. 이곳을 거친 과학자들은 거의 다섯 세대에 걸쳐 전자를 발견하고, 중성자를 발견하고, 원자를 분해하고, DNA의 구조를 밝히는 등 탁월한 실력과 열정으로 현대 과학을 이끌었다. 맥스웰은 소장으로 재직하는 동안 연구소를 설계하고 실험도구를 일일이 챙기는 등 말단 직원 못지않게 힘들고 바쁜 나날을 보냈다. 그러나 안타깝게도 어머니가 그랬던 것처럼 그도 복강암에 걸려 1879년 마흔여덟이라는 젊은 나이로 생을 마감했고, 아내 캐서린은 스코틀랜드 남서부에 있는 고향집으로 돌아가 조용히 여생을 보내다가 7년 후에 세상을 떠났다.

1860년대에 대부분의 과학자들은 기체의 운동이론을 정설로 받아들였지만, 열역학 제2법칙은 여전히 미스터리로 남아 있었다. 맥스웰 덕분에 찻잔이 뜨거운 이유는 알았다. 그런데 찻잔을 실온에 계속 방치해두면 왜 차가워지는 것일까? 열은 왜 뜨거운 곳에서 차가운 곳으로 흐르는가? 이것이 바로 열역학이 풀어야 할 다음 과제였다.

Einstein's Fridge

10

경우의 수 헤아리기

수학은 기호가 아니라 언어다.[1]

조사이어 윌러드 기브스

1866년 여름의 어느 날, 대포 소리를 방불케 하는 웅장한 스타카토와 함께 베토벤의 교향곡 3번 〈영웅Eroica〉이 비엔나(빈) 교향악단의 연주로 시작되었다.[2] 청중석에는 묵직한 수염에 안경을 쓴 스물두 살의 루트비히 볼츠만Ludwig Boltzmann이 앉아 있었다.[3] 평균보다 작은 키에 검은 곱슬머리가 특징인 그는 비엔나대학교 물리학과의 박사과정 학생이었다. 어린 시절부터 피아노에 남다른 재능을 보였던 그는 베토벤이 서양 고전음악을 완전히 다른 방향으로 이끌었다는 사실을 잘 알고 있었다. 그러나 청년 볼츠만은 자신이 향후 40년 동안 물리학에서 베토벤과 같은 역할을 하리라고는 전혀 예상하지 못했다.

이와 비슷한 시기에 다른 대륙에서는 조사이어 윌러드 기브스Josiah

Willard Gibbs라는 청년이 열역학의 미스터리를 풀기 위한 일생일대의 연구에 착수했다.[4] 1866년, 루트비히 볼츠만이 비엔나에서 박사학위 논문을 쓰는 동안 스물일곱 살의 조사이어 윌러드 기브스는 3년에 걸친 유럽 여행을 위해 증기선을 타고 대서양을 건너고 있었다. 기브스가 고향 뉴잉글랜드(New England, 미국 북동부 연안 6개 주의 통칭_옮긴이)를 떠나 타지에서 장기 체류한 것은 이때가 처음이자 마지막이었다. 그는 유럽에 머무는 동안 과학 및 수학 강연에 꾸준히 참석하면서 에너지 및 엔트로피와 관련된 지식을 착실하게 쌓아나갔다.

기브스와 볼츠만은 과학적 관심사가 비슷했지만, 그 외에는 닮은 점이 하나도 없었다. 깡마른 체격에 은둔형 수도사 같았던 기브스와는 달리 볼츠만은 통통한 체격에 사교적이고 매사 열정이 넘쳤으며, 잔뜩 흥분했다가 금세 절망에 빠지는 등 다소 변덕스러운 구석이 있었다. 볼츠만의 성격을 베토벤의 〈영웅〉 교향곡에 비유한다면, 기브스의 삶은 에릭 사티(Erik Satie, 인상주의적 성향의 19~20세기 프랑스의 작곡가_옮긴이)의 조용한 명상곡에 가깝다. 게다가 두 사람의 연구는 똑같이 열역학 법칙에서 출발했지만 추구하는 방향이 완전히 달랐다. 볼츠만은 열역학 법칙이 성립하는 이유를 이해하기 위해 안으로 파고들었고, 기브스는 법칙의 결과를 이해하기 위해 밖으로 나아갔다.

루트비히 볼츠만은 1844년 2월 20일에 비엔나에서 태어났다. 이 날은 기독교의 사순절이 시작되기 전의 마지막 화요일인 '참회의 화요일(Shrove Tuesday, 사육제의 마지막 날이자 금욕의 40일을 보내기 전에 마지막으로 포식하는 날로 기름진 화요일Mardi Gras이라고도 한다_옮긴이)'

이었다. 훗날 볼츠만은 "내가 평생 동안 행복과 절망을 수시로 오락가락한 것은 금욕생활을 앞둔 축제의 마지막 날에 태어났기 때문"이라고 반 농담 삼아 말하곤 했다.

그의 아버지는 합스부르크 정부에서 '지역 재정 위원'이라는 직함의 세무 공무원으로 일했고, 어머니는 잘츠부르크의 부유한 상인의 딸이었다.[5] 학창 시절에 최상위권 성적의 우등생이자 과학과 음악에 남다른 재능을 보였던 볼츠만은 나비와 딱정벌레를 수집하는 것이 취미였으며, 당대 최고의 작곡가인 안톤 브루크너Anton Bruckner에게 피아노를 배웠다. 볼츠만의 조수였던 슈테판 메이어Stefan Meyer는 훗날 과거를 회고하면서 "그의 손은 포동포동하고 손가락도 짧았지만 피아노는 기가 막히게 잘 쳤다"고 했다.[6]

그러나 19세기에는 집안이 아무리 부유해도 질병으로부터 자유로울 수 없었다. 볼츠만이 열다섯 살 때 아버지가 결핵으로 사망했고, 1년도 채 지나지 않아 남동생 알베르트Albert도 같은 병으로 세상을 떠났다. 남은 가족은 아버지의 연금과 어머니가 상속받은 유산으로 생활했는데, 그마저 바닥난 후에는 볼츠만이 가족의 생계를 책임져야 했다. 대학교수가 되면 자신의 재능을 살리면서 생계를 꾸릴 수 있었지만, 19세기 오스트리아에서는 그것도 쉬운 일이 아니었다.

당시 오스트리아의 산업혁명과 과학 교육은 프로이센이나 독일보다 많이 뒤처져 있었다. 만일 볼츠만이 20년 일찍 태어나 오스트리아에서 물리학자가 되었다면 가족들 입에 풀칠하기도 어려웠을 것이다. 다행히도 오스트리아의 합스부르크 정부는 1850년부터 '2~3명의 교사와 20명 이내의 학생'이라는 단서를 걸고 비엔나대학교 물리학연구소에 재정 지원을 약속했는데,[7] 주된 목적은 학문 연구가 아니라 중등학교 교사를 양성하는 것이었다. 이렇게 모집된 학생들은 다뉴브 강변의 에드베르크Erdberg에 임시로 지어놓은 가건물에 옹기종기 모여 앉아 열악한 환경에서 물리학을 배웠다.

비엔나 물리학연구소는 시설과 자원이 턱없이 부족했지만, 교사와 학생들의 강한 동지애와 물리학을 향한 열정으로 버텨나갔다. 몇 년 후에는 볼츠만도 이곳에서 물리학을 배웠는데, 훗날 그는 "비엔나 연구소에 다니던 때가 내 인생을 통틀어 가장 행복했던 시기"라고 했다.[8]

이 소규모 과학집단의 수장은 볼츠만보다 스물세 살이 많은 요제프 로슈미트Josef Loschmidt였다.[9] 그는 아버지를 잃은 청년 볼츠만의 든든한 버팀목이자 과학, 예술, 시, 음악 등 다양한 분야에서 볼츠만과 교류할 수 있는 유일한 사람이었다. 1866년에 비엔나 교향악단이 연주하는 〈영웅〉 교향곡을 감상하던 날에도 볼츠만의 옆 좌석에는 로슈미트가 앉아 있었다. 두 사람은 과학과 예술의 경계를 넘어 호머Homer의 작품 세계와 시스티나 성당의 아름다움을 물리적 관점에서 분석하거나, 오페라 극장 입구에 줄을 서서 기다리며 유황 결정의 특성을 논하곤 했다. 물론 이들의 토론에는 다량의 맥주와 와인 그리고 안주가 동반되었다(볼츠만의 아내는 그를 "내 사랑 뚱땡이"라고 불렀다[10]).

루돌프 클라우지우스와 제임스 클러크 맥스웰의 논문을 높이 평가했던 로슈미트는 기체의 운동이론을 이용하여 공기입자 한 개의 지름을 100만분의 1밀리미터로 예측했는데, 이것은 현재 알려진 산소분자 또는 질소분자 직경의 세 배쯤 된다.[11] 과학 역사상 최초로 제시된 공기분자의 크기치고는 꽤 정확한 값이다. 또한 로슈미트는 맥스웰의 논문에 깊이 심취한 볼츠만에게 기체의 운동이론을 전수해주었다. 볼츠만의 예술적 영웅이 베토벤이었다면, 과학의 영웅은 맥스웰이었다. 그는 맥스웰의 논문을 다음과 같이 평가했다.

> 뒤로 갈수록 방정식이 복잡해지다가 갑자기 "N=5라 하자"고 외쳤다. 음악에서 파괴적인 저음이 갑자기 조용해지는 것처럼 유령 같은 V가 사라지고, 도저히 극복할 수 없을 것처럼 보였던 문제가 마법 지팡이를 휘두른 듯 일시에 해결되었다.[12]

물리학에 확률법칙을 도입한 맥스웰의 이론을 완성하는 것은 볼츠만의 최대 관심사이자 피할 수 없는 운명이었다. 에이하브 선장이 자신의 인생을 걸고 흰 고래를 추적했던 것처럼, 볼츠만은 통계를 이용하여 열역학 제2법칙(엔트로피 증가 법칙)을 설명하는 것을 인생의 목표로 삼았다.

그러나 비엔나대학교에서 박사학위를 받은 후 볼츠만에게 가장 필요한 것은 돈이었다. 처음에는 물리학과장 요제프 스테판Josef Stefan의 조수로 취직했는데, 그 월급으로는 가족을 부양하기에 턱없이 부족했다. 다행히도 볼츠만의 능력을 높이 평가했던 스테판은 적극적으로 추천서를 써주었고, 덕분에 볼츠만은 오스트리아 제2도시 그라츠에 있는 그라츠대학교의 수리물리학부 교수로 취직하여 1869년 9월에 가족을 데리고 이주했다(그라츠시는 비엔나에서 남동쪽으로 약 200킬로미터 거리에 있다).

1585년에 설립된 그라츠대학교는 중세 시대부터 독일, 이탈리아, 슬라브계의 젊은이들이 모여들어 학문을 연마해온 전통의 명문이었다. 그러나 물리학과는 1850년에 와서야 개설되었기 때문에 여러 가지 면에서 부족한 점이 많았다. 성직자들이 기거하던 건물을 개조한 실험실은 허름하기 짝이 없었고, 강의실은 비엔나대학교의 가건물보다도 좁았다. 게다가 실험실에 난방이 들어오지 않아서 볼츠만은 실험을 할 때마다 학과장 토플러Toepler 교수에게 털 코트를 빌려 입어야 했다. 이토록 열악한 환경과 혹독한 추위 속에서 볼츠만은 열의 미스터리를 파헤치는 일생일대의 연구에 착수했다.

1872년, 열역학을 주제로 한 볼츠만의 첫 논문이 오스트리아의 저명 학술지에 게재되었다. 〈기체분자의 열적 평형에 관한 추가연구 Further Studies in the Thermal Equilibrium of Gas Molecules〉라는 제목으로 게재된 이 논문은 반복되는 부분이 많아서 분량이 다소 많았지만 아이디어 자체는 매우 파격적이었다.[13] 볼츠만의 주장에 의하면 열역학 제2법칙이 성립하는 것은(즉 엔트로피가 항상 증가하는 것은) 운동이론으로부터 직접 유도되는 결과이다.

볼츠만의 아이디어를 이해하기 위해, 커다란 부엌 한구석에 설치된 오븐을 상상해보자. 오븐이 뜨겁게 달궈졌을 때 전원을 끄고 문을 열면 클라우지우스와 톰슨이 말한 대로 부엌 전체의 온도가 균일해질 때까지 오븐의 뜨거운 열기가 부엌으로 퍼져나간다. 우리의 경험에 비추어봐도 이것은 틀림없는 사실이다.

그런데 문제는 현상 자체가 아니라 그런 현상이 일어나는 이유이다. 열은 대체 왜 뜨거운 곳에서 차가운 곳으로 흐르는 것일까? 이것이 바로 볼츠만이 떠올렸던 핵심 질문이다. 오븐의 전원을 끄는 순간 오븐 내부의 공기는 바깥보다 훨씬 뜨겁다. 이는 곧 (기체의 운동이론에 의해) 오븐 안에 있는 공기입자들의 평균속도가 바깥 공기입자들의 평균속도보다 훨씬 빠르다는 뜻이다. 이 상태에서 오븐의 문을 열면 어떤 일이 벌어질까? 두 세계를 차단해주던 가림막이 제거되었으니, 오븐에서 빠르게 움직이던 입자와 바깥(부엌 공간)에서 느리게 움직이던 입자들이 문 근처에서 수시로 충돌할 것이다. 볼츠만은 열역학 제2법칙의 수수께끼를 푸는 열쇠가 바로 이 충돌 과정에 숨어 있다고 생각했다.

그러나 수조 개에 달하는 입자들의 충돌을 다루는 것은 결코 만만한 과제가 아니었다. 볼츠만의 친구이자 멘토였던 요제프 로슈미트의 분석에 의하면, 공기입자 한 개의 직경은 100만분의 1밀리미터였으므로, 1세제곱센티미터 안에 무려 1000만×1조 개가 존재한다(입자들 사이의 거리를 고려한 수치이다_옮긴이). 이렇게 많은 입자들의 충돌 효과를 일일이 계산하는 것은 현실적으로 불가능하다.

볼츠만은 매우 독창적이면서 기발한 아이디어를 떠올렸다. 속도가 빠른 입자는 느린 입자보다 에너지(정확하게는 운동 에너지)가 크다. 한 입자의 운동 에너지는 '그 입자가 정지 상태에서 출발하여 지금과 같은 속도로 움직이도록 만들기 위해 투입되어야 할 에너지'에 해당한다. 또는 '그 입자에 제동을 걸어서 정지 상태로 만들기 위해 필요한 에너지'라고 생각해도 된다. 운동 에너지는 물체가 무거울수록, 그리고 속도가 빠를수록 크다(물체의 질량을 m, 속도를 v라 했을 때 운동 에너지는 $\frac{1}{2}mv^2$이다_옮긴이).

운동 에너지는 충돌을 분석할 때 매우 유용한 개념이다. 당구대 위에서 적구(멈춰 있는 공)를 향해 달려가는 수구(큐로 때린 공)를 예로 들어보자. 수구의 운동 에너지 중 일부는 바닥과의 마찰이나 적구와 부딪힐 때 나는 소리로 손실되고, 남은 에너지가 적구에게 전달되어 운동을 시작한다. 적구에게 에너지의 상당 부분을 건네준 수구는 속도가 점점 느려지다가 어딘가에서 멈춰 선다. 볼츠만은 공기입자를 이상적인 당구공으로 간주했다. 여기서 '이상적'이라는 말은 마찰이나 소리에 의해 에너지를 잃지 않는다는 뜻이다. 즉 공기입자의 에너지는 오직 충돌을 통해서만 변할 수 있다.

볼츠만은 방 안의 공기를 '운동 에너지를 수시로 주고받는 방대한 수의 입자'로 시각화한 후, 분석을 좀 더 쉽게 하기 위해 약간의 수학적 트릭을 도입했다.[14] 하나의 입자가 갖고 있는 운동 에너지를 정수 단위로 표현한 것이다. 예를 들어 공기입자 한 개의 운동 에너지는 1이나 6 또는 35라는 값을 가질 수 있지만 2.3이나 5.78은 불가능하다.

볼츠만은 이 아이디어를 도입하여 계산량을 크게 줄였을 뿐만 아니라 분자의 에너지 전달 과정을 현실적으로 서술할 수 있었으며, 분자의 거동을 의외로 쉽게 시각화할 수 있었다. 그의 논리를 이해하기 위해, 운동 에너지가 각기 다른 여러 개의 공기분자를 광장에 모여 있는 군중으로 대치해보자. 모든 사람들은 주머니에 각기 다른 개수의 동전을 갖고 있으며, 누구든지 원하는 방향으로 걸어갈 수 있다. 그러나 사람이 너무 많기 때문에 한두 걸음만 걸으면 여지없이 다른 사람과 부딪힌다. 이 비유에서 속도(또는 에너지)가 큰 분자는 동전을 많이 가진 사람, 속도가 느린 분자는 동전의 수가 적은 사람에게 대응된다. 그러므로 뜨거운 오븐의 내부는 동전을 많이 가진 사람, 즉 부자들만 사는 작은 부촌이고, 바깥은 다수의 가난한 사람들이 거주하는 곳이다.

두 그룹의 온도는 거주민들이 보유한 평균 자산에 해당한다. 물론 각 그룹에는 평균 자산보다 많이 가진 사람도 있고, 적게 가진 사람도 있다. 이것은 특정 온도의 기체에서 속도가 평균보다 느리거나 빠른 입자가 존재하는 것과 같은 상황이다. 빠른 분자가 느린 분자와 충돌하여 에너지의 일부를 잃는 것은 부자가 가난한 사람과 부딪히면서 갖고 있던 동전의 일부를 나눠주는 것과 같다. 즉 충돌이 일어날 때마다 부자는 조금씩 가난해지고, 가난한 사람은 조금씩 부자가 된다. 이 규칙을 마음속에 새기고, 지금부터 돈의 흐름을 추적해보자.

오븐의 문을 연 직후에는 부유층 집단과 빈곤층 집단의 경계에 있는 사람들끼리 부딪힐 가능성이 높으므로, 빈곤층의 경계에 있는 사람들이 제일 먼저 동전을 획득할 것이다. 입자(사람)의 수가 너무 많아서 모든 충돌을 일일이 추적할 수는 없지만, 시간의 흐름에 따른 동전 분포의 변화 추세는 대략적으로 예측할 수 있다.

두 그룹이 섞이기 시작한 후 어느 정도 시간이 흐르면 경계에서 주로 진행되던 재산 분배가 넓은 영역으로 확장된다. 경계 면에서 멀리 떨어져 있던 부자들은 처음에는 동전을 지킬 수 있었지만, 시간이 흐르면서 자기 주변의 부자들 중에도 동전을 잃은 사람이 생기기 때문에 더 이상 부자로 남기 어렵다. 이와 마찬가지로 경계 면에 있던 가난한 사람들은 제일 먼저 부자에게 동전을 얻었다가 내부의 가난한 사람들과 부딪히면서 동전을 나눠준다. 이 과정이 계속되다 보면 부자들에게 집중되어 있던 동전이 가난한 사람들에게 골고루 재분배될 것이다.

좀 더 구체적인 분석을 위해 인원수를 과감하게 줄여보자. 방 안에 12명의 사람이 있는데, 왼쪽 구획에 있는 6명은 동전을 한 개씩 갖고 있고 오른쪽 구획에 있는 6명은 무일푼이다. 여기에 또 하나의 조건을 추가하자. 충돌을 몇 번 겪었건 간에, 한 사람은 두 개 이상의 동전을 가질 수 없다. 이들이 방 안을 자유롭게 돌아다니다가 서로 부딪힐 때마다 동전을 주고받는다. 동전이 있는 사람들 또는 동전이 없는 사람들끼리 부딪히면 가볍게 인사만 하고 지나가고, 동전이 있는 사람과 없는 사람이 부딪히면 갖고 있던 동전을 상대방에게 건네준다.

이런 조건하에서 시간이 충분히 지나면 동전은 어떻게 분포될 것인가?

질문의 답을 구하려면 외관상 비슷해 보이는 경우의 수를 헤아려야 한다. 예를 들어 동전을 가진 사람 6명이 왼쪽 구획에 모여 있고 동전이 없는 사람이 오른쪽 구획에 모인 경우는 겉보기에 아무런 차이가 없다(6개의 동전은 액면가가 같아서 구별할 수 없다고 가정하자). 동전 5개가 왼쪽에 있고 1개가 오른쪽에 있는 경우는 어떨까? 오른쪽 구획에서 누가 동전을 갖고 있는가에 따라 다른 경우에 속하겠지만, 전체적인 배열은 비슷하다. 동전이 왼쪽에 4개, 오른쪽에 2개 있는 경우도 비슷한 배열에 속한다.

그렇다면 왼쪽에 있는 사람들이 동전 6개를 모두 갖는 경우는 몇 가지나 될까? 의외로 꽤 많다. 첫 번째 사람은 6개의 동전 중 아무거나 취할 수 있으므로 6가지 경우가 존재하고, 두 번째 사람은 5개 중 하나를 가질 수 있으므로 5가지 경우가 존재한다. 이런 식으로 마지막 한 사람의 경우의 수까지 모두 고려하면 모든 가능한 경우의 수는 6×5×4×3×2×1=720이다.

동전 5개는 왼쪽, 1개가 오른쪽에 있는 경우의 수는 몇 개일까? 무려 4320개나 된다(왼쪽 구획에 동전 5개가 분포되는 경우의 수는 5×4×3×2×1×6=720이고, 오른쪽 구획에 동전 1개가 배당되는 경우의 수는 6이므로, 720×6=4320이다_옮긴이).

그 외에 각 분포에 대한 경우의 수는 다음과 같다.

왼쪽에 4개, 오른쪽에 2개인 경우 = 10,800

왼쪽에 3개, 오른쪽에 3개인 경우 = 14,400(좌우 동등한 배열이 가장 많다)

왼쪽에 2개, 오른쪽에 4개인 경우 = 10,800

왼쪽에 1개, 오른쪽에 5개인 경우 = 4,320

왼쪽에 0개, 오른쪽에 6개인 경우 = 720

동전의 수는 6개에 불과하지만, 좌우가 균등하거나 거의 균등한 분포(4-2, 3-3, 2-4)는 한쪽으로 치우친 분포(6-0, 5-1, 1-5, 0-6)보다

● 동전을 가진 사람
○ 동전을 갖지 않은 사람

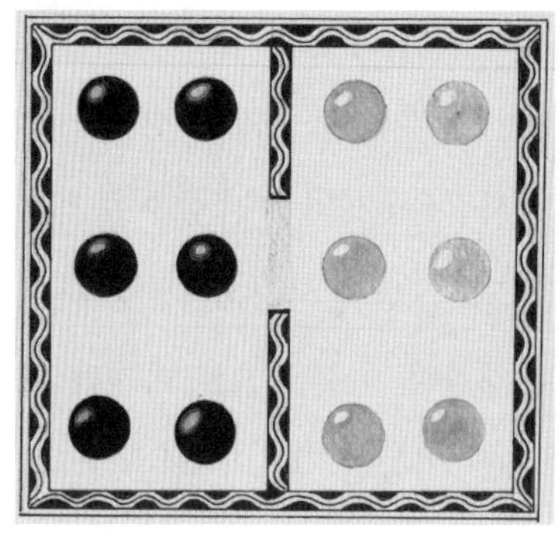

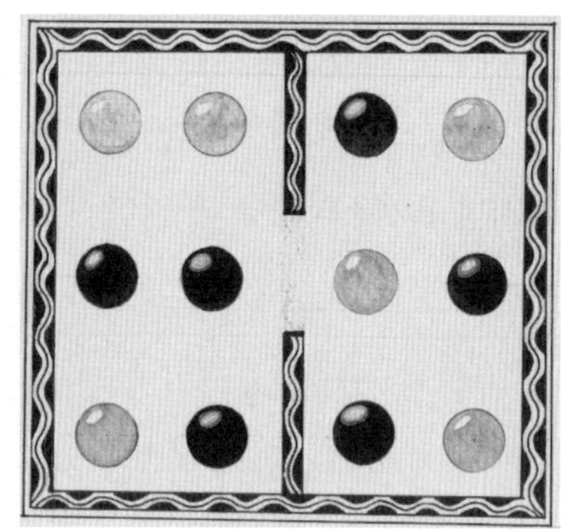

오른쪽 그림과 같은 분포가 나타나는 경우의 수는
왼쪽 그림의 분포가 나타나는 경우의 수보다 20배나 많다

경우의 수가 많다는 것을 알 수 있다. 동전 교환이 1000번 일어난 후 방을 들여다보았을 때, 동전이 왼쪽 구획과 오른쪽 구획에 똑같이 3개씩 배당되어 있을 확률은 약 31퍼센트이다. 그러나 동전 6개가 모두 왼쪽 구획에 모여 있을 확률은 1.5퍼센트밖에 되지 않는다. 모든 동전이 왼쪽 구획에 있는 상태에서 충돌이 시작되면, 시간이 흐를수록 동전 분포가 넓게 퍼지는 경향이 있다.

이런 경향은 동전의 수가 많을수록 더욱 두드러지게 나타난다. 왼쪽과 오른쪽에 100명씩 들어가 있고 처음에 동전 50개로 시작했다면, 동전이 균일하게 분포되는 경우의 수는 한쪽에 집중된 경우의 수보다 수십억 배나 많다.

동전이 넓게 퍼져 있건 한곳에 집중되었건 간에, 개개의 배열이 나타날 확률은 거의 0에 가깝다. 그러나 수조 개에 달하는 경우의 수들

● 동전을 가진 사람
○ 동전을 갖지 않은 사람

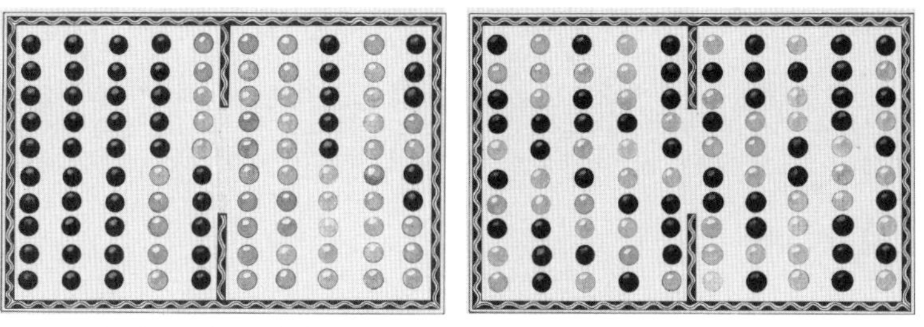

동전의 수가 많을수록 한 구획에 집중된 경우의 수(왼쪽)보다
골고루 퍼진 경우의 수(오른쪽)가 압도적으로 많아진다

중에서 동전이 넓게 퍼진 경우의 수(이 경우에 속하는 배열은 외관상 구별이 불가능하다)가 한곳에 집중된 경우의 수보다 압도적으로 많기 때문에 동전이 넓게 퍼질 확률이 높게 나타나는 것이다.

볼츠만은 이와 동일한 논리를 열이 흩어지는 과정에 적용해보았다. 달라진 것이라곤 '동전을 주고받는 사람들'이 '운동 에너지를 주고받는 분자들'로 바뀌었다는 것뿐이다.

결론부터 말하자면, 소수의 분자들이 에너지를 독점하는 경우의 수보다(이런 경우에는 입자 하나당 에너지가 크다) 여러 개의 분자들이 에너지를 골고루 나눠 갖는 경우의 수가 압도적으로 많다(이런 경우에는 입자 하나당 에너지가 작다). 확률적으로 드문 배열(예를 들어 열의 대부분이 오븐 내부의 분자들에게 집중된 경우)에서 출발한 물리계는 시간이 흐를수록 일상적인 배열(열이 골고루 퍼진 배열)에 가까워진다.

다시 말해서, 분자들 사이에 무작위 충돌이 여러 번 일어나면 '열이 골고루 퍼진 배열'에 대한 경우의 수가 '열이 한곳에 집중된 배열'에 대한 경우의 수보다 압도적으로 많기 때문에, 열이 뜨거운 곳에서 차가운 곳으로 흐르는 것이다(엄밀히 말하면 '열이 뜨거운 곳에서 차가운 곳으로 흐를 확률은 그 반대로 흐를 확률보다 압도적으로 높다'고 해야 옳다. 확률이 지극히 낮긴 하지만, 열은 차가운 곳에서 뜨거운 곳으로 흐를 수도 있다_옮긴이).

볼츠만은 이 모든 논리를 종합하여 엔트로피를 새롭게 정의했다. 그의 정의에 의하면 엔트로피란 물리계의 구성 성분들이 '겉으로 구별되지 않는 배열'을 이루는 경우의 수를 의미한다. 그러므로 엔트로피가 증가한다는 것은 주어진 물리계의 배열이 확률이 높은 쪽으로 변해간다는 뜻이다. 열역학 제2법칙이 성립하는 이유는 순서대로 배열된 카드 한 벌을 섞었을 때 순서가 뒤죽박죽되는 이유와 같다. 52장의 카드가 무질서하게 배열된 경우의 수는 질서 정연하게 배열된 경우의 수보다 압도적으로 많기 때문에, 카드를 여러 번 섞을수록 무질서한 배열로 변해간다.

'가능한 배열의 수'에 기초한 엔트로피 개념은 열이 퍼지는 현상을 넘어 자연에서 일어나는 모든 비가역적 현상(한쪽 방향으로만 진행되는 현상)에 적용될 수 있다. 예를 들어 팽팽하게 부푼 풍선의 입구를 열면 공기가 쉽게 빠져나오지만, 바람 빠진 풍선의 입구를 열어두었다고 해서 공기가 스스로 풍선 안으로 들어가는 경우는 없다. 왜 그럴까?

공기입자가 방 안 전체에 골고루 퍼진 배열의 수가 풍선 안에 밀집된 배열의 수보다 압도적으로 많기 때문이다. 홍차에 우유 몇 방울을 떨어뜨리면 자연스럽게 골고루 퍼져나가지만, 우유가 섞인 홍차를

티스푼으로 아무리 휘저어도 우유와 홍차가 분리되지는 않는다. 이 경우에도 우유입자들이 홍차에 골고루 퍼진 배열의 수가 한곳에 뭉친 배열의 수보다 훨씬 많기 때문이다. 깨진 계란을 복원할 수 없는 것도 마찬가지다. 계란을 식탁에서 떨어뜨리면 쉽게 깨지면서 사방으로 흩어지지만, 깨진 계란을 주워 모아서 떨어뜨리면 절대 원래 모양으로 되돌아오지 않는다. '멀쩡한 계란'에 대응되는 배열의 수보다 '깨져서 엉망이 된 계란'에 대응되는 배열의 수가 압도적으로 많기 때문이다.

엔트로피는 감소할 수도 있지만 감소할 확률이 지극히 낮기 때문에 시간이 흐를수록 증가한다고 봐도 무방하다. 바로 이것이 볼츠만의 이론에서 가장 놀라운 부분이다. 시간이 흐르는 방향이란 곧 엔트로피가 증가하는 방향이다. 우리가 과거와 미래를 구별할 수 있는 이유는 미래의 엔트로피가 과거보다 더 크기 때문이다. 볼츠만은 원자 단계에서 열의 거동을 설명하다가 윌리엄 톰슨이 말했던 '시간의 화살(한쪽 방향으로만 흐르는 시간의 특성)'의 수수께끼를 해결했다.

만일 당신이 동영상을 검색하다가 부엌에 골고루 퍼져 있던 열이 스스로 모여서 오븐 안으로 흘러 들어가거나 밀크티에서 우유가 저절로 분리되는 광경을 보았다면, 거꾸로 튼 동영상임을 금방 눈치챌 것이다. 시간의 화살에는 통계적으로 확률이 낮은 배열(질서 정연한 배열)에서 확률이 높은 배열(무질서한 배열)을 향해 나아가는 자연의 특성이 반영되어 있기 때문이다. 그런데 여기에는 미묘한 사실이 숨어 있다. 열이 오븐 속으로 유입되는 동영상은 가짜일 확률이 100퍼센트일까? 아니다. 그런 일이 실제로 일어날 수도 있다. 그러나 확률이 상상을 초월할 정도로 낮기 때문에 그런 영상을 보면 무언가가 부자연스럽다고 느끼는 것이다.

볼츠만이 1872년에 발표한 논문은 약간의 오류에도 불구하고 열역학 제2법칙을 분자 규모에서 설명하여 과학의 새로운 지평을 연 기념비적 논문으로 평가되고 있다. 그러나 당시에는 학계의 관심을 끌지 못했는데, 주된 이유는 오스트리아에 물리학자가 별로 많지 않아서 볼츠만의 복잡한 수학 논리에 의견을 개진한 사람이 거의 없었기 때문이다. 이 점에서는 오스트리아보다 독일이 훨씬 유리했다.

1872년에 볼츠만이 베를린을 방문했을 때, 베를린대학교 물리학과 교수 헤르만 헬름홀츠는 볼츠만의 아이디어에 남다른 관심을 보였다. 그러나 교수와 학생들이 활발하게 교류하는 오스트리아 특유의 '가족적 분위기'에 익숙했던 볼츠만은 엄밀한 계층 구조를 강조하는 프로이센의 경직된 대학문화에 부담을 느껴 헬름홀츠와 많은 대화를 나누지 못했다. 이 무렵에 그는 어머니에게 보낸 편지에 "사람들하고 친해지기가 너무 어렵다"며 푸념을 늘어놓았다.[15] 프로이센의 대학들은 오스트리아보다 명성이 높았지만, 사교적 성격의 볼츠만은 관료주의에 물든 사람들이 자신을 별로 반기지 않는다고 생각했다.[16] 그는 과거에도 그랬듯이 자신의 아이디어를 학계에 알리기 위해 고군분투했다.

1872년, 볼츠만이 논문을 발표하고 열광적 반응을 기대하던 무렵에 조사이어 윌러드 기브스는 고향 예일로 돌아와 본격적인 연구에 착수했다. 그가 택한 접근법은 물질의 구조나 분자에 연연하지 않고 열역학 법칙의 결과에 주목하는 것이었다.

기브스는 소위 말하는 '배운 집안의 자손'이었다.[17] 예일대학교의 영문학 교수이자 저명한 언어학자인 그의 부친 조사이어 윌러드(아들과 이름이 같다)는 열정적인 노예폐지론자로서, 스페인의 노예선 아미스타드호La Amistad에서 반란을 일으킨 흑인들이 재판에 회부되었을 때 그들을 변호한 사람으로 유명하다. 과학에 대한 기브스의 접근 방식에는 아버지로부터 받은 영향이 곳곳에 반영되어 있다.

아미스타드호 사건의 개요는 다음과 같다. 1839년 여름에 스페인의 노예선 아미스타드호가 흑인 노예 53명을 태우고 멘델랜드Mendeland, 지금의 시에라리온를 출발했다. 그러나 항해 도중에 노예들이 반란을 일으켜 선장을 살해하고 항해사에게 아프리카로 돌아갈 것을 요구했는데, 항해사는 기지를 발휘하여 흑인들 모르게 미국으로 배를 몰았다. 결국 아미스타드호는 롱아일랜드 해변에서 미국 해군에게 나포되었고, 선상 반란을 일으킨 흑인들은 코네티컷주 뉴런던에 억류되었다. 이제 그들의 신상을 어떻게 처리해야 할까? 모든 것은 미국 사법부의 판단에 달려 있었다. 아미스타드호에 승선한 흑인들은 스페인 정부의 재산인가? 아니면 자신을 보호하기 위해 정당하게 무력을 행사한 자유인인가?

노예제도의 폐지를 주장하는 사람들은 아미스타드호의 멘데족(Mende, 시에라리온과 라이베리아에 거주해온 원주민으로 아미스타드호에 탄 흑인들은 모두 멘데족이었다_옮긴이)을 보호하기 위해 발 벗고 나섰지만 한 가지 심각한 문제가 있었다. 멘데족 중 어느 누구도 뉴잉글랜드 사람들이 알아들을 만한 언어를 구사하지 못했던 것이다. 자초지종을 멘데족에게 직접 듣지 않고서는 그들의 권리를 보호할 방법이 없었다. 바로 이때, 해결사를 자처하고 나선 사람이 바로 윌러드 기브스였다.[18]

그는 코네티컷 교도소를 찾아가 멘데족을 면회하는 자리에서 손가락 한 개를 들어 올리고는 손짓, 몸짓을 총동원하여 그들의 언어로 '하나'를 뜻하는 단어를 알아냈다. 그다음으로 손가락 두 개, 세 개…. 이런 식으로 개수를 늘려나가자 멘데족 포로들은 윌러드 기브스의 의도를 눈치채고 1~10에 해당하는 그들의 언어를 알려주었다. 그 후 기브스는 뉴욕항으로 달려가 그곳에 정박한 배에 일일이 승선하여 자신이 배운 멘데어 숫자를 큰 소리로 외치면서 돌아다니다가, 마침내 그 말을 알아듣는 선원을 발견했다. 그는 한때 노예였다가 자유의 몸이 된 멘데족 사람이었는데, 영국 전함에서 일한 경력이 있었기에 멘데어와 영어를 모두 구사할 수 있었다. 숫자의 범우주적 특성을 이용하여 코네티컷에 억류된 사람들을 대변해줄 통역사를 찾아낸 것이다.

이렇게 시작된 재판은 수많은 논란을 낳으면서 무려 2년 동안 계속되었는데, 결국 미국 대법원은 멘데족 사람들이 불법적으로 납치되어 강제로 아미스타드호에 승선했으며, 선상 반란도 자신의 생명을 지키기 위한 정당방위였음을 인정했다. 그리하여 35명의 멘데족 생존자들은 자유의 몸이 되었고, 그들을 위해 결성된 아미스타드 후원회 회원들이 십시일반으로 모은 후원금 덕분에 무사히 아프리카로 돌아갈 수 있었다.

당시 조사이어 윌러드 기브스 주니어(아들)는 이런 아버지의 영향을 받아 수학과 언어에 탁월한 재능을 보였다. 훗날 그는 자신의 재능을 십분 발휘하여 열역학 제2법칙의 기원을 훨씬 넘어선 중요한 사실을 발견하게 된다.

기브스는 선배 물리학자들이 그랬던 것처럼, 증기력과 관련된 기술이 과학의 최고 현안으로 떠올랐던 시대에 물리학을 공부했기 때문에 자연스럽게 열역학을 연구하게 되었다. 19세기 중반에 미국의 발전상은 '철도 공사'라는 한마디로 요약된다. 말 그대로 전 국토가 철도 공사 현장이었다. 기브스가 박사학위 논문 주제를 물색하던 1863년은 남북전쟁이 최고조에 달한 시기였는데, 전쟁의 승패를 좌우하는 보급이 주로 철도를 통해 이루어졌기 때문에 '철도 전쟁'이라고 해도 과언이 아니었다. 나폴레옹 전쟁에서 영국이 증기 관련 기술을 앞세워 승리했던 것처럼, 미국의 남북전쟁에서 북군이 승리할 수 있었던 것은 남부보다 우월한 증기 기술 덕분이었다.[19] 기브스는 〈평톱니바퀴의 형태에 관한 연구On the Shape of Teeth in Spur Gearing〉라는 논문으로 박사학위를 받은 후, 철도 차량의 브레이크를 개발하여 특허를 취득했다.

그러나 기브스의 진정한 관심사는 응용과학이 아니었다. 그의 부친은 1861년에 사망했는데, 미국 중서부의 3개 철도회사 채권을 비롯하여 상당한 유산을 남겨준 덕분에 기브스와 두 누이들은 3년 동안 유럽 여행을 할 수 있었고, 기브스의 과학 지식은 이 기간 동안 장족의 발전을 이루게 된다. 그는 유럽의 어떤 대학에도 공식적으로 입학한 적이 없지만 추상수학과 정수론, 빛, 음향, 그리고 열과 관련된 물리학 강좌를 들으면서 지식의 폭을 넓혀나갔다. 특히 하이델베르크에서는 에너지 보존 법칙의 선구자인 헤르만 헬름홀츠의 강의를 듣기도 했다.

유럽 여행을 마치고 돌아온 기브스는 예일대학교 수리물리학과의 무급 교수(월급을 받지 않는 교수)로 학계에 첫발을 내디뎠다. 사실 기브스는 비슷한 연배의 다른 교수들과 비교가 안 될 정도로 부자였기 때문에 월급 같은 것은 안중에도 없었다. 풍족한 재산과 안락한 집이 확보된 상태에서 기브스는 향후 10년 동안 계속될 필생의 연구에 착수했다.

열역학의 선구자인 카르노와 줄, 톰슨, 그리고 클라우지우스는 열과 일의 관계를 이해하기 위해 노력했지만, 기브스는 훨씬 포괄적인 관점에서 출발하여 고체의 융해融解와 액체의 비등沸騰에서 각종 화학변화에 이르는 모든 현상들이 열역학 법칙을 만족한다는 사실을 입증했다.

다수의 저명한 과학자들이 그랬듯이, 기브스도 처음에는 그다지 큰 야망을 품지 않았다. 그의 목적은 최근에 발견된 법칙을 이해하기 쉽게 풀어내는 것이었다. 특히 그는 엔트로피라는 개념이 지나치게 난해하다고 생각했다. 여기서 잠시 그의 이야기를 들어보자.

> 톰슨과 클라우지우스는 엔트로피를 '임의의 매개체 안에서 열이 퍼져나간 정도를 나타내는 척도'로 정의했다. 나는 이 정의를 이해할 수 있지만, 다른 사람들은 어떨까? 엔트로피는… 확실히 무리한 개념이다. 이 분야에 투신한 초심자 중 대다수는 엔트로피라는 용어에 분명히 반감을 느낄 것이다.[20]

기브스는 1873년에 발표한 자신의 첫 번째와 두 번째 논문에서 이 문제를 언급했는데,[21] 설득력을 높이기 위해 긴 설명 대신 몇 개의 '열역학 지도'로 압축해서 보여주었다. 지리학적 지도가 지형에 대한 정보를 한눈에 보여주듯이, 기브스가 창안한 열역학 지도는 가열, 냉각, 압축, 인장 등에 따른 물질의 변화를 명시함으로써 열역학 법칙이 물질계에 적용되는 방식을 한눈에 보여주었다.

뚜껑이 있는 냄비에 물을 담아서 가스레인지에 올려놓고 온도를 측정하는 간단한 실험을 해보자. 이 실험은 해수면 높이에서 실행되고 있으며, 초기에 물의 온도는 20℃였다. 열이 냄비를 통해 물로 전달되면 온도가 꾸준히 상승한다. 그러다 어느 시점에 도달하면 물이 끓기 시작하면서 물과 증기가 공존하는 상태가 되는데, 온도는 더 이상 올라가지 않고 100℃에 머물러 있다. 열은 가스레인지를 통해 계속 공급되지만, 물이 증기로 변할 뿐 온도는 더 이상 올라가지 않는다. 그러다가 모든 물이 증기로 변하면 온도가 다시 올라가기 시작한다.

이제 실험 장소를 대기압이 해수면의 절반밖에 안 되는 페루의 라린코나다La Rinconada, 지구에서 고도가 가장 높은 도시로 해발 5100미터로 옮겨보자. 이곳에서 동일한 실험을 하면 물은 100℃보다 낮은 83℃에서 끓고, 물과 증기가 혼재하는 시간이 훨씬 길어진다. 찰스 다윈은 안데스 산맥에서 야영을 하다가 이 현상을 직접 체험한 적이 있다. 감자수프를 밤새도록 끓였는데도 먹을 만큼 익지 않아서 거의 생감자를 씹었다고 한다.[22]

뚜껑이 밀폐되어 있는 압력솥으로 동일한 실험을 하면 어떻게 될까? 이 경우에는 증기가 밖으로 새어나가지 않고 대기압의 두 배에 해

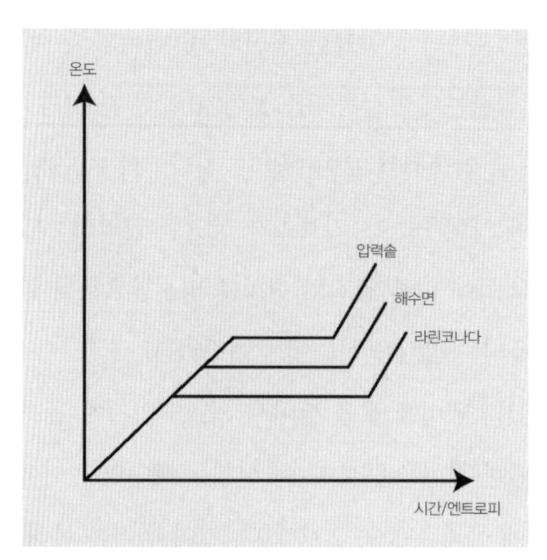

물에 열을 가했을 때 나타나는 온도 변화

당하는 압력을 물에 가하기 때문에 끓는점이 121℃로 올라가고, 물과 증기가 혼재하는 시간이 짧아진다.

지금까지 언급한 세 가지 경우를 그래프로 표현하면 바로 위와 같다(수평선은 물이 끓으면서 물과 증기가 혼재하는 구간이다).

엔트로피의 정의는 '임의의 물질을 통해 열이 퍼지는 정도'였다. 우리의 실험에서 임의의 물질이 바로 '물'이다. 그러므로 위의 그래프에서 시간의 흐름을 나타내는 가로축은 물과 증기의 엔트로피를 나타내는 축이기도 하다(오른쪽으로 갈수록 시간이 많이 경과했다는 뜻이므로, 오른쪽으로 갈수록 엔트로피가 커진다_옮긴이). 타오르는 기체에서 발생한 열은 끊임없이 물로 유입되어 그 안에서 퍼져나간다.

198쪽 상단의 그래프는 '엔트로피의 증가'가 두 가지 방법으로 나

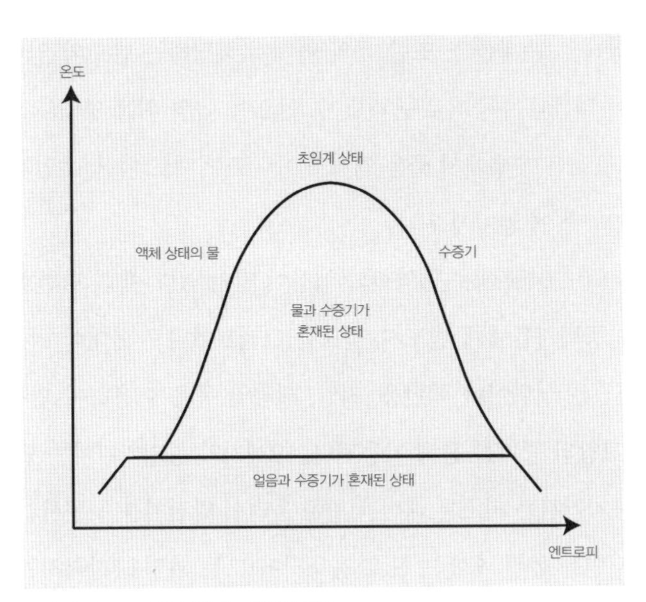

물의 위상(phase)을 보여주는 열역학 지도

타날 수 있음을 보여주고 있다. (1) 온도가 높아지면 엔트로피가 증가하고, (2) 물이 수증기로 바뀌어도 엔트로피가 증가한다. 후자의 경우, 엔트로피의 증가는 수증기의 증가로 나타난다.

이 관측을 다양한 압력에서 실행하면 첫 번째 열역학 지도가 완성된다. 199쪽 상단의 그래프에는 다양한 환경에서 물과 얼음 그리고 증기를 가열하거나 냉각시켰을 때 나타나는 반응이 요약되어 있다(엄밀히 따지면 가로축의 '엔트로피'는 '압력'이 되어야 한다_옮긴이). 불룩 튀어나온 돔 모양 곡선의 왼쪽에 해당하는 온도와 압력에서 물은 액체 상태로 존재하고, 돔의 내부에 해당하는 온도와 압력에서는 물과 수증기가 공존한다. 그리고 돔의 오른쪽에 해당하는 온도와 압력에서 물은 기체 상태로 존재한다. 또한 돔의 아래에 해당하는 온도와 압력에서는 물이 얼음과 수증기로 존재할 수 있으며, 돔의 위쪽 영역(온도와 압력이 모두 높은 영역)에서 물은 액체도 아니고 기체도 아닌 '초임계 상태 supercritical state'에 놓이게 된다.

199쪽 그래프에는 열역학의 핵심이 담겨 있다. 특히 발전소를 설계하는 공학자들에게 반드시 필요한 그래프이다.[23] 현대식 발전소의 증기엔진은 석탄이나 핵반응, 지열, 태양열 등을 이용하여 만들어낸 고온-고압의 증기를 통해 가동된다. 19세기의 증기기관과는 달리 현대식 증기기관은 피스톤 대신 터빈을 돌려서 발전기를 구동시킨다. 증기가 터빈을 돌린 후에는 물로 응축되어 모든 과정을 반복하는 식이다. 여기서 가장 중요한 것은 효율이다. 주어진 열에서 가능한 한 많은 전기를 생산해야 수지 타산을 맞출 수 있다. 엔지니어들은 사디 카르노 덕분에 '발전소의 효율을 높이려면 증기가 뜨거워야 한다'는 사실을 알게 되었다. 그러나 증기가 마냥 뜨거우면 정교한 부품들이 망가지기 때문에 적절한 선에서 타협을 봐야 한다.

바로 여기서 기브스의 열역학 지도(199쪽 그래프)가 위력을 발휘한다. 이 그래프를 이용하면 물이 증기로 변할 때 추출 가능한 에너지의 양과 증기의 압력 그리고 온도를 알 수 있다. 또한 이 그래프는 터빈을 통과한 증기가 물로 응결될 때 가장 이상적인 온도를 알려준다. 이 정보를 활용하면 효율을 극대화하면서 발전소를 안전하게 운용할 수 있다.

집 안의 조명을 켜고, TV를 보고, 전기오븐에서 닭을 구울 수 있는 것도 기브스의 열역학 지도 덕분이다. 이 모든 장치들이 그로부터 탄생했기 때문이다.

기브스의 업적은 발전소를 넘어 훨씬 넓은 영역에 적용된다. 과학자와 공학자들은 그의 지도를 보면서 상전이phase transition, 고체·액체·기체를 오가는 물질의 상태변화에 주목하게 되었다.[24] 기브스의 지도에 의하면 고정된 온도에서 물질의 상태가 변할 때 엔트로피가 급격하게 변한다. 다시 말해서, 물질은 상전이가 일어날 때 뜨거워지지 않으면서 열을 흡수할 수 있고, 차가워지지 않으면서 열을 방출할 수 있다는 뜻이다. 물이 끓을 때 온도가 100℃에서 변하지 않는 것처럼, 온도가 120℃인 증기를 식혀서 100℃에 도달하면 증기가 응결되는 동안 일정한 온도를 유지하다가, 모든 증기가 물로 변하면 비로소 온도가 떨어지기 시작한다. 기브스가 상전이라는 개념을 확립하지 않았다면, 물건을 차갑게 식히고 유지하는 장치(냉장고)도 발명되지 않았을 것이다.

고고학자들의 고증에 의하면 인류는 약 100만 년 전부터 불을 사용해왔다고 한다.[25] 차가운 물체를 뜨겁게 달구거나 얼음을 녹이는 것은 별로 어렵지 않다. 불을 지펴놓고 그 근처에 물체를 방치해두면 된다. 그러나 상온에서 물을 얼음으로 바꾸기란 결코 쉬운 일이 아니다. 온도를 인위적으로 낮추는 것은 그다지 매력적인 기술이라 할 수 없지만, 현대 문명에서 중요한 부분을 차지하고 있다.

냉장고는 인류가 만든 발명품 중 열역학에 가장 가까운 장치이자, 무조건 증가하려는 엔트로피에 정면으로 맞선 과감한 시도의 산물이다. 냉장고를 켜면 열은 차가운 내부에서 따뜻한 외부로 흐른다. 열이 자발적으로 흐르는 방향과 정반대이다. 이 장치의 목적은 엔트로피의 증가 속도가 '느려지는' 공간을 만드는 것이다. 음식을 냉장고에 보관한다고 해서 신선도가 영원히 보존될 수는 없다. 냉장고 안에서도 오래된 음식은 부패되게 마련이고, 이것이 바로 엔트로피가 증가하는 방향이다. 냉장고의 진정한 목적은 음식을 비롯한 물체를 영구 보존하는 것이 아니라, 부패되는 속도를 늦추는 것이다. 그러므로 엔트로피의 관점에서 볼 때 냉장고는 '시간을 늦추는 장치'인 셈이다.

냉장기술은 인류의 발전과 복지에 말로 표현하기 어려울 정도로 지대한 공헌을 했다. 고대인들이 불로 음식을 구워서 세균을 죽이는 방법을 개발한 이후로, 냉장고는 음식을 오랜 시간 동안 안전하게 보관함으로써 인류의 영양 상태를 크게 향상시켰다. 현대인은 냉장고 덕분에 인류 역사상 그 어느 때보다 안전하고 영양가 높은 식생활을 영위하고 있으며, 지구 반대편에서 생산된 음식을 집 근처에서 구입할 수 있을 정도로 식량의 유통망도 세계화되었다. 음식뿐만이 아니다. 질병 퇴치에 필수적인 백신의 대부분은 저온에서 보관해야 한다. 따라서 냉장고가 없었다면 수백, 수천만 명의 사람들이 첨단의술의 혜택을 받지 못했을 것이다. 많은 사람들은 산업혁명의 일등 공신으로 증기기관을 떠올리지만, 냉장고도 그 못지않게 중요한 역할을 했다.

냉동음식이 유용하다는 것은 오래전부터 알려진 사실이지만, 19세기 초까지만 해도 냉동기술이라고 해봐야 '얼음에 재기'가 고작이었다. 이 시기에는 '얼음 수확 및 배송'이 국제적 규모의 사업이었는데, '얼음의 제왕'으로 불리던 보스턴의 프레데릭 튜더Frederic Tuder는 뉴잉글랜드 연안의 얼음을 잘라서 카리브해와 유럽, 심지어는 인도까지 수출하여 산업혁명 이전에 미국 최초의 백만장자가 되었다.[26] 미국의 얼음 사업이 최고조에 달했을 때에는 이 분야 종사자가 거의 9만 명에 달했고,[27] 노르웨이는 인공호수 네트워크를 구축하여 연간 100만 톤의 얼음을 외국에 수출했다.[28]

당신이 19세기 초의 얼음 사업가였다면 당연히 이런 생각을 떠올렸을 것이다. "얼음을 인공적으로 만들 수는 없을까?"[29] 액체가 증발할 때 열을 빼앗아가는 현상을 이용하면 어떻게 될 것 같다. 우리가 땀을 흘리는 것도 이 원리를 이용한 생체 반응이다(땀이 증발하면서 열을 빼앗아가기 때문에 체온이 내려간다).

1750년대에 벤자민 프랭클린Benjamin Franklin을 비롯한 여러 과학자들은 상온에서 디에틸에테르diethyl ether 같은 세정액이 증발할 때 발휘하는 냉각 능력이 물보다 훨씬 뛰어나다는 사실을 알고 있었다. 그러나 이 효과를 상업적으로 활용할 때까지는 거의 한 세기를 더 기다려야 했다. 스코틀랜드에서 태어나 호주로 이주한 제임스 해리슨James Harrison은 1851년에 냉동장치를 발명하여 영국보다 더운 호주에서 매일 수 톤의 얼음을 인공적으로 만드는 데 성공했다. 현대식 냉장고의 직계 조상인 이 장치는 증기펌프를 이용하여 액체 상태의 에테르를 코일로 흘려보내서, 증발하는 에테르에게 열을 빼앗긴 물이 얼어붙는 식으로 작동했다.

양조업자들은 해리슨의 냉동장치 덕분에 0℃ 근처에서 발효되는 라거 스타일의 맥주를 한여름에도 생산할 수 있게 되었다. 아마도 이것이 일반 대중들이 물리학의 위력을 온몸으로 체험한 유일한 사례일 것이다. 그 후 1870년대에 들어 조사이어 윌러드 기브스가 열역학 논문을 작성하던 무렵의 어느 날, '리퍼스reefers'라는 냉동장치를 탑재한 최초의 상선이 냉동고기와 가금류(칠면조, 오리 등)를 싣고 대서양을 횡단했다. 냉장고를 이용한 장거리 식품 운송이 드디어 시작된 것이다.

증기기관 시대에 그랬던 것처럼, 냉동장치를 개발하던 사람들도 처음에는 그와 관련된 물리법칙을 신중하게 고려하지 않았다. 그러나 독일의 과학자이자 사업가인 카를 린데Carl Linde가 등장하면서 냉동기술은 커다란 변화를 맞이하게 된다.[30] 1842년에 바이에른에서 태어난 린데는 스위스연방공과대학(현 취리히공과대학)에서 공학을 공부했는데, 그를 가르친 교수 중 한 명이 열역학의 창시자 중 한 사람인 루돌프 클라우지우스였다. 그 후 린데는 뮌헨으로 이주하여 공업고등학교의 교사가 되었다(훗날 디젤엔진을 발명한 루돌프 디젤이 그의 제자였다).

린데는 타고난 재능과 열역학에 대한 지식을 총동원하여 냉동기술을 집요하게 파고들었다. 특히 그는 냉동장치의 효율을 높이기 위해 노력했는데, 1875년까지 그의 길을 안내한 것은 임의의 물체가 가열될 때나 냉각될 때의 거동 방식을 원리적 단계에서 보여주는 기브스의 열역학 지도였다.[31] 린데는 1879년에 학계를 떠나 비스바덴에 린데냉동기계사Linde Ice Machine company를 차렸다. 여기서 생산된 냉동장치는 경쟁사의 제품보다 월등한 성능을 발휘하여, 향후 10년 동안 주로 양조업자를 대상으로 독일에 1만 2000대, 미국에 750대를 판매했다. 그리고 1892년에는 더블린의 기네스사로부터 맥주의 거품을 개선하기 위해 액체이산화탄소를 공급해달라는 요청을 받은 후로 공기의 액화를 본격적으로 연구하기 시작했다. 얼마 후 린데는 꽤 큰 규모에서 영하 140도 아래까지 도달하는 냉각기술을 개발하여 순수한 산소와 질소를 생산할 수 있게 되었으며, 이 기술은 20세기 초에 전기와 함께 보급된 가정용 냉장고의 기초가 되었다.

가정용 냉장고는 위상 변화의 물리적 특성을 십분 활용한 장치이다. 여기 사용되는 냉매冷媒, coolant는 4℃ 근처에서 끓는 휘발성 물질로서, 냉장고의 뒷면을 지나가는 파이프(이것을 증발기evaporator라고 한다)를 따라 흐르다가 4℃의 일정한 온도에서 증발하여 냉장고 내부의 온도를 이와 비슷한 값으로 유지시킨다.

여기서 독자들의 머릿속에는 한 가지 질문이 떠오를 것이다. 열은 뜨거운 곳에서 차가운 곳으로 흐르는 것이 불변의 이치인데, 냉각제는 어떻게 4℃에서 흡수한 열을 20℃나 되는 부엌으로 방출하는가? 그 해답은 증기기관의 실린더와 반대 기능을 수행하는 압축기compressure에서 찾을 수 있다. 실린더는 팽창하는 기체에서 발생한 열을 일로 바꾸는 장치인데 반해, 압축기는 기체를 압축시켜서 일을 열로 바꾸는 장치이다. 이런 과정을 거쳐 냉매 증기의 온도가 실내 온도보다 충분히 높아지면 냉장고 뒷면에 있는 파이프냉각기, condenser로 유입되고, 이곳에서 증기의 열(냉장고 내부에 있던 열과 압축기에서 발생한 열)이 바깥으로 방출된다. 냉장고의 뒷면이 따뜻한 것은 바로 이런 이유 때문이다.

냉각기에서 열이 방출되면 기체 상태의 냉매가 다시 액체로 돌아가는 상전이가 일어난다. 그러나 아직은 온도가 바깥(부엌)과 거의 같기 때문에, 냉장고 내부가 계속 차갑게 유지되려면 증발기로 다시 유입되기 전에 냉매의 온도가 4℃ 근처까지 내려가야 한다. 어떻게 해야 할까? 방법은 의외로 간단하다. 팽창밸브expansion valve의 작은 노즐을 통해 냉매를 분사하면 된다. 냉매가 노즐을 통과하면 압력이 낮아지면서 냉각된 후[32] 증발기로 들어가 이전 과정을 되풀이한다.

압축기의 역할은 냉장고 내부를 차갑게 유지하면서 열역학 제2법칙에 위배되지 않도록 열의 흐름을 제어하는 것이다. 열이 냉장고 안에서 밖으로 흐르면 엔트로피가 감소하는 것처럼 보이지만, 압축기에서 방출된 열이 이 감소분을 보상하고도 남아서 결국 총엔트로피는 증가한다. 냉장고라는 작은 공간의 엔트로피를 조금 낮춘 대가로 우주 전체의 엔트로피 증가 속도가 빨라지는 것이다.

기브스는 1873년에 논문을 발표하면서도 자신의 연구가 얼마나 큰 변화를 몰고 올지 전혀 짐작하지 못했다. 평소 겸손한 성품이었던 그는 자신의 논문을 국제적 학술지에 보내지 않고, 주로 예일대학교 학자들이 즐겨 읽는《코네티컷 예술 과학 아카데미 학술보고서Transactions of the Connecticut Academy of Arts and Science》라는 잡지에 실었다. 게다가 이 논문은 유난히 길고 수식이 많아서 출판 비용이 예산을 초과하는 바람에, 다른 교수들과 지역 사업가로부터 기부금을 받아 간신히 출간되었다. 잡지의 출간위원이었던 베릴A. E. Verrill은 훗날 기브스의 논문을 회상하며 이렇게 말했다.

나를 포함한 출간위원들은 기브스의 논문을 놓고 장시간 토론을 벌였다. 우리들 중 어느 누구도 그 논문의 진정한 가치를 간파하지 못했지만, 그의 평소 실력으로 미루어볼 때 가치 없는 논문을 쓸 리가 없다는 데에는 모두 동의했다. 그래서 우리는 초과 비용을 모금하여 기브스의 논문을 출간하기로 결정했다.[33]

Einstein's Fridge

11

—

파괴적인 후광

나는 가차 없이 흐르는 시간에 부질없이 저항하는 나약한 인간일 뿐이다.[1]

루트비히 볼츠만

기브스가 논문 집필에 집중하던 무렵, 루트비히 볼츠만은 드디어 자신의 아이디어에 대해 함께 토론할 수 있는 사람을 만나게 된다. 1873년 3월에 그는 교사가 되기 위해 수련 중인 열아홉 살의 헨리에트 폰 아이겐틀러Henriette von Eigentler를 우연히 알게 되었다.[2] 긴 머리에 푸른 눈을 가진 그녀는 열 살 연상인 볼츠만과 과학적 관심사가 비슷하여 쉽게 친해질 수 있었다.

1년 전에 폰 아이겐틀러는 그라츠대학교에서 물리학 수업을 청강한 적이 있었다. 당시 오스트리아의 대학들은 여성의 입학을 허락하지 않았기 때문에 향학열이 강한 여성들은 비정상적인 방법으로 강의를 들을 수밖에 없었다. 그런데 첫 학기를 보낸 후 대학 측에서 '남학생들의 집중을 방해한다'는 이유로 여성의 청강을 금지했다. 여기에 분개한 아이겐틀러는 교육부에 탄원서를 제출했고, 그녀의 열정에 탄복한 담당교수는 예외적으로 청강을 허용했다.

볼츠만과 아이겐틀러의 관계는 주로 아이겐틀러가 주도해나갔다. 그녀가 볼츠만에게 보낸 편지의 대부분은 자신의 과학적 관심사와 경력을 소개하는 내용이었지만, 그녀의 어머니가 세상을 떠난 후로 편지의 양이 부쩍 많아진 것을 보면 어느 정도는 볼츠만에게 정신적으로 의지했던 것 같다. 그러던 어느 날, 아이겐틀러는 편지를 통해 "당신의 얼굴을 기억할 수 있게 사진 한 장을 보내달라"고 부탁했다. 이것은 누가 봐도 로맨스의 신호탄이었지만, 볼츠만은 사진 한 장만 달랑 보냈을 뿐 별다른 반응을 보이지 않았다. 평소에도 아이겐틀러가 장문의 편지를 보내면 볼츠만은 짤막하게 대답만 하는 식이었다. 이렇게 끌려가다가 1875년 9월에 드디어 볼츠만이 아이겐틀러에게 정식으로 청혼하는 편지를 보냈는데, "함께 노력하는 동료가 되어달라"고 하는 마지막 문장이 로맨틱한 분위기를 완전히 망쳐놓았다.[3]

아이겐틀러는 매사에 열정적이면서 당찬 성격의 소유자였지만 남성 위주의 19세기 문화로부터 자유로울 수 없었다. 그녀는 볼츠만과 약혼을 발표한 후로 가족의 압박에 못 이겨 과학 공부를 그만두고 집에서 요리를 배워야 했다. 1876년에는 볼츠만에게 편지를 쓰면서 "부엌데기가 된 후로 책을 읽거나 공부할 시간이 전혀 없다"며 불만을 털어놓기도 했다.[4]

그 후로 30년 동안 아이겐틀러는 볼츠만의 아내이자 학문적 동료로서 최선을 다했다. 당시 과학자들은 볼츠만의 아이디어에 혹평을 쏟아내며 노골적으로 반감을 드러냈는데, 자신의 이론을 이해하고 지지해주는 아내가 없었다면 볼츠만은 절망의 늪에 빠져 물리학을 그만두었을지도 모른다.

볼츠만의 이론에 처음으로 건설적인 비평을 가한 사람은 볼츠만의 친구이자 멘토였던 요제프 로슈미트였다. 그는 열역학 제2법칙을 부정하지 않았지만, 그로부터 유도된 결과(우주가 점점 쇠퇴하다가 결국 모든 열이 소진되어 죽음을 맞이한다는 결과)를 별로 좋아하지 않았다. 1876년에 발표한 그의 논문에는 이런 구절도 등장한다. "우주가 죽는다는 것이 사실이라면, 열역학 제2법칙은 우주의 모든 생명을 종말로 몰고 가는 파괴적 후광이다."[5]

로슈미트는 암울한 우주의 미래를 떨쳐내기 위해 볼츠만의 이론을 분석하다가 한 가지 모순점을 찾아냈다.

그의 논리를 이해하기 위해, 문이 열린 오븐에서 뜨거운 열이 넓은 방으로 퍼져나가는 상황을 다시 한번 떠올려보자. 이것은 전형적인 비가역적 과정으로 오븐과 방의 온도가 같아질 때까지 계속되며, 그 반대 과정은 절대 자발적으로 일어나지 않는다.

볼츠만은 당구공과 동일한 물리법칙을 따르는 공기분자의 충돌을 이용하여 열의 자발적 흐름을 설명했는데, 로슈미트는 바로 이 논리에서 역설적인 부분을 찾아냈다. 그가 제기한 반론의 핵심은 '개개의 분자들이 충돌할 때 적용되는 법칙은 가역적'이라는 것이다. 즉 충돌은 시간에 대하여 완전히 대칭적으로 진행된다. 그 이유를 이해하기 위해, 두 당구공의 충돌 장면을 담은 근접촬영 동영상을 상상해보자.

화면 왼쪽에서 공 A가 굴러와 멈춰 있는 공 B와 충돌한 후, A는 그 자리에 멈추고 B가 이동하면서 화면 오른쪽으로 사라진다. 이 동영상을 거꾸로 재생하면 어떻게 될까? 화면 오른쪽에서 나타난 공 B가 일정한 속도로 이동하다가 정지해 있는 공 A와 충돌한 후, B는 그 자리에 정지하고 A는 화면 왼쪽으로 사라진다. 이동 방향이 전체적으로 바뀌었을 뿐 물리법칙에 벗어난 장면은 하나도 없다. 그러므로 누군가에게 이 동영상을 보여주면 거꾸로 재생한 영상이라는 것을 전혀 눈치채지 못할 것이다.

이 원리를 오븐에 적용해보자. 매초 수조 개의 공기분자들이 정신없이 충돌하고 있는데, 환상적인 줌 기능을 갖춘 (가상의) 카메라로 분자 두 개가 충돌하는 장면을 클로즈업해서 찍었다고 하자. 이 동영상만 놓고 보면 정상적인 화면인지, 거꾸로 재생한 화면인지 분간할 수 없다. 그러나 카메라의 줌 기능을 해제하여 방 전체를 찍어서 재생하면 순방향 재생인지 또는 역방향 재생인지 금방 알 수 있다. 열이 뜨거운 오븐에서 차가운 방으로 흘러나가면 순방향이고, 방 안에 퍼진 열이 스스로 뭉쳐서 오븐 안으로 흘러 들어가면 역방향 재생이다.

그렇다면 볼츠만은 열의 분산과 같은 비가역적 과정이 "수많은 가역적 충돌의 결과"라고 주장한 셈이다. 로슈미트는 이것이 명백한 역설이라고 주장했다. 가역적인 과정들이 모여서 어떻게 비가역적인 과정이 만들어진다는 말인가? 개개의 충돌이 가역적이라는 것은 뉴턴의 운동법칙을 통해 이미 확인된 사실인데, 거시적 규모의 비가역성은 대체 어디서 온 것인가? 로슈미트의 반론에 부딪힌 볼츠만은 미시적 규모에서 분자의 충돌이 가역적 과정임을 인정했다. 그리고 자신의 논리를 정교하게 다듬어서 '엔트로피가 증가하는 것은 오직 통계를 통해서만 나타나는 현상'이라 결론짓고, 1877년에 두 편의 논문을 연달아 발표했다.[6]

둘 중 나중에 발표한 논문에서 볼츠만은 자신의 논리를 엄밀하게 증명하기 위해 난해한 수학 논리를 펼쳤다. 나중에 그는 "우아함은 재단사나 구두수선공에게 필요한 것"이라며 자신의 복잡한 전개 방식을 옹호했다고 한다.[7] 우아하고 깔끔한 수학을 선호했던 제임스 클러크 맥스웰과는 사뭇 다른 관점이다(볼츠만은 평소 맥스웰을 영웅처럼 받들었다). 이 논문의 말미에서 볼츠만은 엔트로피가 통계에 입각한 개념임을 아래의 수식으로 보여주었다.[8]

$$\Omega = \int\int\int\int\int f(x, y, z, u, v, w) \ln f(x, y, z, u, v, w)\, dx dy dz du dv dw$$

보기만 해도 어지럽다. 다행히도 볼츠만의 뒤를 이은 물리학자들이 몇 개의 기호를 도입하여 다음과 같이 간단하게 줄여주었다.

$S = k \ln W$ (S=엔트로피, k=볼츠만상수, ln=자연로그, W=외관상 구별되지 않는 미시 상태의 수_옮긴이)

오늘날 물리학의 기본 진리로 자리 잡은 이 관계식은 비엔나에 있는 볼츠만의 묘비에 선명하게 새겨져 있다. 일상적인 언어로 풀면 물리계의 엔트로피(*S*)는 '외관상 구별되지 않는 미시 상태의 수'라는 뜻이다(*k*는 스케일과 단위를 맞추기 위해 곱한 상수이고, 자연로그 ln은 지나치게 큰 *W*의 값을 줄이는 역할을 한다. 원래 볼츠만은 ln 대신 log를 사용했다_옮긴이).

한편 조사이어 윌러드 기브스는 예일대학교에서 연구를 거듭한 끝에, 열역학 법칙을 적용하면 모든 화학반응을 새로운 관점에서 이해할 수 있음을 깨달았다. 그가 남긴 최고의 업적은 생명체의 내부에서 진행되는 화학반응에 대한 이론적 기틀을 확립했다는 것이다. 기브스는 이 아이디어를 정리하여 《코네티컷 예술 과학 아카데미 학술보고서》에 제출했는데, 분량이 무려 371쪽이나 되고 수식이 너무 많아서 이전과 똑같은 문제에 직면했다.[9] 방대한 논문을 출판하기에 예산이 턱없이 부족했던 것이다. 그러나 기브스의 첫 번째 논문을 읽은 제임스 클러크 맥스웰이 열역학 지도를 설명하는 새로운 챕터를 추가하여 《열이론Theory of Heat》이라는 책으로 출간했다는 소식이 전해지자, 편집위원들은 무리를 해서라도 기브스의 두 번째 논문을 출간하기로 결정했다.

기브스의 목적은 두 개의 열역학 법칙으로 모든 화학반응을 설명하는 것이었다. 두 번째 논문의 본론은 그 내용을 재서술하는 것으로 시작한다.

제1법칙: 우주의 에너지는 일정하다.

제2법칙: 우주의 엔트로피는 증가하려는 경향이 있다.[10]

기브스는 이들을 다음과 같이 하나의 법칙으로 축약한 후(이것을 기브스의 법칙이라 한다), 모든 화학적 과정이 이 법칙에 의거하여 일어난다는 사실을 증명했다.[11]

> 엔트로피는 에너지의 흐름을 통해 증가한다(즉 에너지는 항상 엔트로피가 증가하는 쪽으로 흐른다).

우선 '화학적 과정'의 뜻부터 짚고 넘어가자. 화학적 과정이란 간단히 말해서 여러 종의 물질이 결합하여 새로운 물질을 형성하는 과정을 말한다. 예를 들어 철이 산소, 수증기와 결합하면 새로운 물질인 녹rust이 생성되고, 베이킹소다와 식초가 결합하면 이산화탄소와 물 그리고 소금이 생성된다. 손을 비누로 씻을 때 기름기가 빠지는 것은 기름과 비누가 결합하여 물에 잘 녹는 물질로 변하기 때문이다. 생명체의 내부와 음식에서도 다양한 화학반응이 일어난다. 기브스의 법칙을 적용하면 이 모든 반응이 일어나는 이유를 설명할 수 있다.

석탄이 난로에서 탈 때 일어나는 화학반응을 생각해보자. 석탄의 주성분인 탄소가 공기 중의 산소와 결합하여 이산화탄소가 생성되고, 이 과정에서 다량의 열이 방출된다(석탄에 함유된 불순물도 산소와 반응하여 다른 물질을 만들어내지만 우리의 목적상 무시해도 상관없다). 그런데

이 반대 과정은 왜 일어나지 않는가? 우리는 왜 이산화탄소가 자발적으로 분해되어 석탄과 물이 되는 과정을 볼 수 없는가? 석탄이 타면서 발생한 열을 이산화탄소에게 되돌려주면 석탄과 산소로 되돌아갈 것 같은데, 현실 세계에서는 왜 이런 반응이 일어나지 않는가?

그 답은 기브스의 법칙, 즉 '에너지는 항상 엔트로피가 증가하는 쪽으로 흐른다'는 법칙에서 찾을 수 있다. 석탄이 타는 과정을 다시 한 번 생각해보자.

우리의 논리는 고체 상태의 탄소(석탄)와 기체 상태의 산소에서 출발한다. 엔트로피의 관점에서 직관적으로 생각하면 에너지는 기체보다 고체에 더 밀집되어 있을 것 같다(사실이 그렇다).

석탄이 타고 나면 기체 상태의 이산화탄소만 남는다. 고체에 집중되어 있던 에너지가 넓게 퍼진 것이다. 저엔트로피 고체와 고엔트로피 기체가 만나 고엔트로피 기체로 변했고, 이 과정에서 총엔트로피가 증가했다.

여기서 중요한 것은 탄소와 산소가 결합할 때 방출된 열이 주변 공기로 유입되어 온도가 상승한다는 점이다. 이 열은 공기를 타고 넓게 퍼지면서 엔트로피를 증가시킨다.

탄소가 불에 타면 자연적으로 이산화탄소가 생성되지만 이산화탄소가 자발적으로 탄소와 산소로 분해되지 않는 이유는, 이 산화 과정(불에 타는 과정)에서 엔트로피가 이중으로 증가하기 때문이다. 즉 (1) 이산화탄소가 생성될 때 엔트로피가 증가하고, (2) 열이 난로 주변으로 퍼져나가면서 엔트로피가 증가한다. 이것은 우주의 엔트로피를 증가시키는 매우 효율적인 방법이다.

석탄이 타는 과정은 7장에서 엔트로피를 논할 때 언급했던 '따뜻한 방과 차가운 방' 사례와 비슷하다. 단 이번에는 좀 더 유사한 비유를 위해 두 방을 연결하는 문에 스프링이 달려 있다고 가정하자. 문이 닫혀 있으면 아무런 일도 일어나지 않는다. 이것은 석탄을 난로에 넣지 않으면 아무 일도 일어나지 않는 것과 같다. 그런데 어느 순간에 손이 나타나 문을 열면 열이 따뜻한 방에서 차가운 방으로 흐르기 시작하고, 손이 사라져도 문은 열린 상태로 남게 된다. 두 방 사이를 흐르는 열의 일부는 문의 열린 상태를 유지하는 데 필요한 역학적 일로 변환된다. 여기서 손의 역할은 석탄에 불을 붙이는 불씨의 역할과 같다. 이처럼 최초의 반응을 유도하는 데 필요한 에너지를 활성화 에너지activation energy라고 한다. 일단 석탄에 불이 붙기만 하면 다량의 열이 발생하여 동일한 반응이 연쇄적으로 일어나게 된다.

이산화탄소가 탄소와 산소로 되돌아가지 않는 이유는 열이 차가운 방에서 따뜻한 방으로 흐르지 않는 이유와 같다. 이런 것은 열역학 제1법칙(에너지는 생성되거나 파괴되지 않는다는 법칙)에 위배되지 않지만, 우주의 엔트로피가 감소하기 때문에 열역학 제2법칙에 위배된다. 엔트로피를 증가시키는 모든 반응을 '자발적 반응spontaneous reaction'이라 하며, 이런 반응은 활성화 에너지가 투입되기만 하면 재료가 고갈될 때까지 계속된다.

자발적 반응의 또 다른 사례로는 수소와 산소가 결합하여 수증기가 되는 과정을 들 수 있다(임의의 물질이 산소와 결합하는 것을 흔히 '연소'라고 하므로 이 경우도 '수소의 연소 과정'이라 할 수 있다). 에너지가 골고루 퍼져 있으면서 엔트로피가 꽤 높은 두 종류의 기체가 결합하여 하나의 기체가 만들어진다. 두 종류의 기체가 하나의 기체로 변했으므로 엔트로피는 감소한다. 그러나 수소가 탈 때 발생한 열이 주변 공간으로 퍼져나가면서 엔트로피가 큰 폭으로 증가한다. 이 증가량이 두 기체가 하나로 통합될 때의 엔트로피 감소량보다 훨씬 크기 때문에 결국 계의 총엔트로피는 증가하게 된다. 따라서 이산화탄소와 마찬가지로 물은 수소와 산소로 자발적으로 분해되지 않는다. 분해 과정에서는 엔트로피가 감소하기 때문이다.

기브스의 법칙에 의하면 우주의 총엔트로피는 항상 증가하지만, 국지적으로는 감소할 수도 있다. 한 지역의 엔트로피가 감소해도, 그 주변의 엔트로피가 크게 증가하여 총합이 증가하기만 하면 된다.

다시 말해서, 이산화탄소와 물은 분해될 수 있지만(이것이 바로 식물이 하는 일이다) 자발적으로 분해되지는 않는다. 그러므로 우주는 각 지역들이 '에너지'라는 정교한 화폐를 통해 엔트로피를 수시로 교환하는 거대한 시장이라 할 수 있다. 이 사실을 말해주는 것이 바로 기브스의 방정식이다.

각각 두 개의 방이 있는 두 채의 집을 생각해보자. 첫 번째 집은 방을 연결하는 문이 엔진으로 교체되어 있어서 열이 순방향으로 흐르고, 두 번째 집은 문 대신 냉장고가 달려 있어서 열이 역방향으로 흐른다. 첫 번째 집에서는 열이 뜨거운 곳에서 차가운 곳으로 흐르므로 엔진이 일을 할 수 있는데, 바로 이 일을 이용하여 두 번째 집의 냉장고를 가

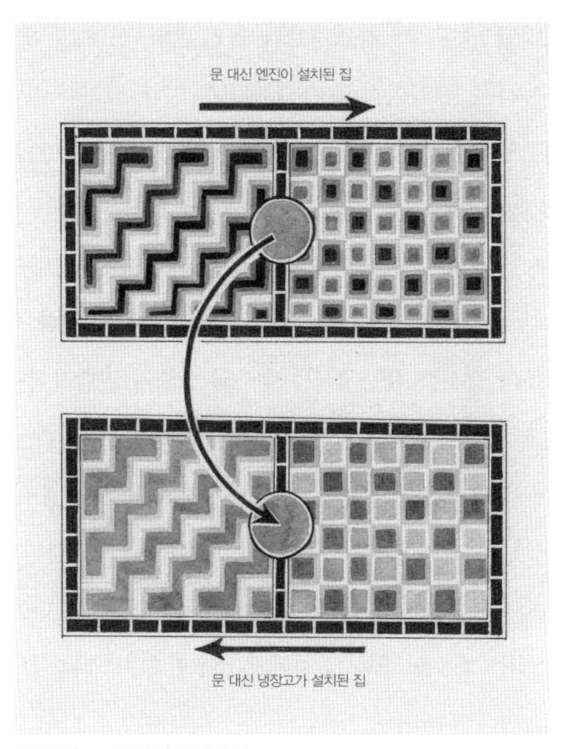

열역학적으로 '연결된' 두 채의 집

동시킨다고 하자.

시장 논리로 말하자면 첫 번째 집은 '일'이라는 화폐를 이용하여 '두 번째 집의 엔트로피 감소'를 구입한 셈이다. 이런 경우 두 집은 '연결되어 있다coupled'고 말한다.

화학반응도 이와 동일한 방식으로 연결될 수 있다.

수소가 산소와 결합하면 다량의 열이 발생하여 넓게 퍼지면서 엔트로피가 증가하고, 이 증가량은 두 기체가 하나의 기체(수증기)로 바뀌면서 나타난 엔트로피 감소량보다 훨씬 많다. 이 초과 에너지는 자동차를 구동하는 등 역학적 일로 변환될 수 있다. 그러나 첫 번째 집에서 자발적으로 흐르는 열이 두 번째 집의 열을 거꾸로 흐르게 하는 것처럼, 초과 에너지는 다른 화학반응이 부자연스러운 방향(역방향)으로 진행되도록 만들 수도 있다. 이것을 기브스의 자유 에너지Gibbs free energy라 하며, 화학반응은 바로 이 자유 에너지를 통해 연결된다.[12]

예를 들어 적절한 환경에서는 수소와 산소가 결합하여 생성된 자유 에너지로 이산화탄소를 탄소와 산소로 분해할 수 있다. 전자의 반응에서는 우주의 엔트로피가 증가하고, 후자의 경우는 엔트로피가 감소한다. 이 모든 과정에서 총엔트로피가 증가한다면, 하나의 물질을 태우면서 발생한 에너지는 다른 물질을 환원시킬 수 있다(일반적으로 산소와 결합하는 반응을 '산화', 산화된 물질이 원래대로 되돌아가는 과정을 '환원'이라고 한다_옮긴이).

지구에 생명체가 존재하는 것도 하나의 화학반응을 다른 화학반응과 연결하는 기브스의 자유 에너지(초과 에너지) 덕분이다. 대표적 사례가 물과 이산화탄소를 이용하여 식물에 필요한 영양분과 산소를 생산하는 광합성인데, 구체적인 과정은 다음과 같다.[13]

1단계: 태양빛에서 자유 에너지를 얻는다.

태양빛에는 다량의 자유 에너지가 포함되어 있다. 식물의 잎에 있는 엽록소 분자는 이 에너지를 이용하여 물을 산소와 수소로 분해하는

데, 여기서 만들어진 산소는 대기로 방출되고 수소는 잎에 남아 산소(또는 화학적으로 이와 유사한 원소)와 결합하면서 또 다른 자유 에너지의 원천이 된다.

1단계는 태양빛이 있어야 진행되기 때문에 명반응明反應, light reaction이라고도 한다.

2단계: 분리된 수소에 들어 있는 자유 에너지를 이용하여 탄소를 환원시킨다.

2단계에서 식물은 분리된 수소에 들어 있는 자유 에너지를 일시에 다 소비하지 않고 다른 화학물질에 나눠서 저장한다. 놀라운 것은 이 화학물질들이 기브스의 자유 에너지를 효율적으로 저장하기 위해 오랜 세월에 걸쳐 진화해왔다는 것이다. 대표적 사례인 아데노신 3인산adenosine triphosphate, ATP 분자는 에너지가 들어올 때마다 압축되는 초소형 스프링과 비슷한데, 필요할 때마다 특별한 화학물질이 스프링을 조금씩 느슨하게 풀어서 에너지를 방출한다.

식물은 기브스의 자유 에너지를 이용하여 이산화탄소를 분해한다. 정교하게 계획된 일련의 화학반응을 통해 방출된 ATP 분자의 자유 에너지가 대기 중에서 취한 이산화탄소를 탄소와 산소로 분해하고, 이들을 다시 조합하여 생명의 에너지원인 탄수화물을 만들어낸다. 이 과정을 '탄소고정carbon fixation'이라 하는데, 주된 목적은 (1) 섬유소cellulose와 같은 식물의 구성 성분을 생산하고 (2) ATP에 저장된 에너지를 절약하는 것이다(탄수화물을 만드는 과정에서는 ATP에 저장된 에너지를 모두 사용하지 않는다). 남은 에너지는 탄수화물 분자 속에 저장되는데, 이것도 에너지를 저장하는 스프링과 비슷하다. 즉 탄수화물은 일종의 '에너지 저장고'로써 식물의 성장과 생존에 필요한 화학반응을 일으키는 데 사용된다.

분리된 수소의 자유 에너지를 이용하여 탄소를 고정시키는 것이 광합성의 두 번째 단계인데, 이 과정은 태양빛의 도움 없이 진행되기 때문에 암반응暗反應, dark reaction이라고도 한다.

동물이 살 수 있는 것은 바로 이 암반응 덕분이다. 기브스의 자유 에너지 관점에서 볼 때, 동물은 '거꾸로 작동하는 식물'이라 할 수 있다. 우리가 식물(또는 식물을 먹은 동물)을 먹는다는 것은 식물이 살아 있을 때 만들어놓은 탄수화물을 먹는다는 뜻이다(그 안에 기브스의 자유 에너지가 저장되어 있다). 동물은 광합성의 암반응을 정확하게 반대로 수행하면서 탄수화물에 저장된 기브스의 자유 에너지를 이용하여 자신의 ATP 분자를 만들어내고 있다. 스스로 움직일 수 있으니 동물이고, 식물이 저장해놓은 자유 에너지를 꺼내 쓰고 있으니 거꾸로 작동하는 식물이다. 마지막 단계에서는 식물이 대기의 이산화탄소에서 고정시킨 탄소(탄소가 포함된 유기 화합물)를 다시 산소와 결합시켜서 이산화탄소를 배출한다. 이 과정을 두 글자로 줄인 것이 '호흡'이다.

지금까지 언급된 내용을 정리해보자. 식물은 태양빛과 기브스의 자유 에너지를 이용하여 물과 이산화탄소를 탄수화물로 바꾸고(여기에는 태양의 자유 에너지가 포함되어 있다) 산소를 배출한다. 그러면 동물은 탄수화물에 저장된 자유 에너지를 섭취하여 생명 활동을 유지하고, 그 안에 들어 있는 탄소와 대기 중의 산소를 다시 결합하여 이산화탄소와 물을 배출한다. 동물과 식물의 내부에서 진행되는 모든 화학적 과정은 '기브스의 자유 에너지의 이동'이라는 하나의 개념으로 설명되는데, 여기에는 아름다운 대칭이 존재하고 있다. 식물은 2870킬로줄kJ의 태양 에너지를 취하여 180그램의 포도당glucose, 탄수화물의 전형적인 형태을 만들어내고, 동물은 180그램의 포도당을 취하여 정확하게 2870킬로줄에 해당하는 자유 에너지를 호흡으로 배출한다.

이것이 바로 그 유명한 '생명의 순환'이다. 동물이 내뿜는 이산화탄소는 식물에게 흡수되어 음식과 산소가 되고, 식물(또는 식물을 먹은 동물)을 먹은 동물은 다시 이산화탄소를 내뿜고…. 이런 식으로 반복된다. 이 순환이 계속되려면 기브스의 자유 에너지가 반드시 필요한데, 각 단계에서 소량의 자유 에너지가 열의 형태로 소실되고 있다. 다시 말해서, 각 단계를 거칠 때마다 우주의 엔트로피가 증가한다는 뜻이다. 장엄하고 경이로운 생명의 순환이 태양빛과 하수구 사이에서 진행되고 있다.[14] 결국 생명이란 우주의 엔트로피를 효율적으로 증가시키는 방편인 셈이다.

기브스는 생물학에 별 관심이 없었지만, 그의 논문이 발표되고 거의 50년이 지난 후에 식물의 광합성과 동물의 세포 호흡에 담긴 신비가 밝혀졌다. 기브스의 기념비적 논문과 그 뒤를 이은 후속 연구 덕분에 생화학자들은 생명 활동의 원동력이 '자유 에너지'라는 사실을 알게 되었으며, 이 지식을 토대로 엄청나게 복잡한 세포화학의 원리를 규명할 수 있었다.

기브스의 아이디어는 "생물에게는 물질계의 법칙을 따르지 않는 별도의 열원이 존재한다"고 주장하는 생기론자들에게 결코 좋은 소식이 아니었다. 과거에도 헤르만 헬름홀츠를 비롯한 여러 물리학자들이 생기론자들을 불편하게 만든 적이 있었지만, 기브스의 이론은 불편한 정도를 넘어서 생기론에 내려진 사형 선고나 다름없었다. 자유 에너지는 모든 생명체의 세포에서 진행되는 화학적 과정이 물리법칙을 따른다는 것을 확실하게 보여주었다. 생명체는 초자연적 존재의 도움이 없어도 풍부하게 쏟아지는 태양빛을 흡수하기만 하면 얼마든지 생명을 유지할 수 있었다.

기브스의 역사적 논문은 1878년에 출판된 후 과학계에 서서히 자리 잡기 시작했다. 이 논문이 논쟁에서 비교적 자유로울 수 있었던 것은 물질의 구조나 분자와 관련하여 아무런 가설도 내세우지 않았기 때문이다. 그러나 안타깝게도 볼츠만은 평탄한 길을 갈 수 없었다. 평소에도 심성이 여렸던 그는 19세기 말에 일련의 과학적 논쟁에 휘말리면서 극심한 스트레스에 시달렸다.[15] 기브스가 의도한 것은 아니지만, 여기에는 기브스의 이론도 중요한 원인으로 작용했다.

논쟁의 기원은 독일어권 국가에 널리 퍼진 현상주의적 철학사조 phenomenalism로 거슬러 올라간다. 현상주의적 자연관을 가장 강하게 지지했던 사람은 비엔나대학교의 사학과 교수이자 철학과 교수인 에른스트 마흐Ernst Mach였다.

젊은 시절에 뛰어난 실험물리학자였던 마흐는 물체가 음속을 돌파할 때 생성되는 충격파를 최초로 촬영한 사람이다. 과학자들은 그의 공로를 인정하여 음속을 기준으로 한 속도 단위에 그의 이름을 붙여주었다(예를 들어 '마흐 2'는 음속의 두 배에 해당하는 속도이다_옮긴이). 마흐는 1890년대부터 '직접 느낄 수 있는 것만이 유일한 현실'이라는 현상주의에 관심을 갖기 시작하여 이 분야의 선두 주자가 되었다.[16] 현상주의자들이 옳다면 간접적인 증거에 물리적 현실을 결부시킨 이론은 설득력이 크게 떨어진다. 특히 마흐는 원자와 분자가 존재한다는 가정에서 출발한 볼츠만의 이론에 강한 거부감을 나타냈다. 원자와 분자가 직접 관측되지 않는 한, 확률적 관점에서 엔트로피의 변화를 서술한 볼츠만의 이론은 현상주의자들에게 더 없이 좋은 먹잇감이었다. 볼츠만이 구축한 통계역학 자체가 존폐의 위기에 놓인 것이다.

이 무렵에 독일어권 국가의 많은 과학자들은 현상주의적 관점을 적극적으로 수용했는데, 청년 알베르트 아인슈타인도 그중 한 사람이었다. 훗날 그는 과거를 회상하면서 "나는 '시계와 자가 없으면 시간과 공간은 의미를 상실한다'는 마흐의 주장에서 영감을 얻어 상대성 이론을 구축할 수 있었다"고 고백했다. 그러나 아인슈타인과 달리 볼츠만은 원자-분자와 관련된 논쟁에 휘말릴 때마다 현상주의자들에게 뭇매를 맞으면서 고통스러운 나날을 보내야 했다.[17]

열역학에 현상주의를 적용한다는 것은 측정 가능한 물리량(열의 흐름과 압력, 부피, 온도 등)만으로 논리를 전개한다는 뜻이다. 이런 관점을 '에너지 근본주의energeticism'라 부르기도 한다. 현상주의자들은 "원자와 분자에 기초한 이론이 수학적으로 매력적인 것은 사실이지만 현실을 서술한다고 볼 수 없다"면서 조사이어 윌러드 기브스의 이론으로 눈길을 돌렸다.[18]

볼츠만과 달리 기브스는 기체가 원자와 분자로 이루어져 있다는 가정을 내세우지 않고 학계에 널리 수용된 두 개의 법칙만을 이용하여 엄밀하고 포괄적인 열역학 체계를 구축했으므로, 에너지 근본주의자들의 환영을 받은 것은 당연한 일이었다. 기브스의 이론에 깊은 감명을 받은 독일의 젊은 화학자 빌헬름 오스트발트Wilhelm Ostwald는 그의 논문을 독일어로 번역하여 유럽의 과학자들에게 소개했는데, 과학계 전체를 위해서는 물론 좋은 일이었지만 볼츠만에게는 이것도 악재로 작용했다. 그렇지 않아도 기세등등한 에너지 근본주의자들에게 "열역학은 원자와 분자를 가정하지 않아도 얼마든지 홀로 설 수 있다"는 자신감을 심어주었기 때문이다.

뮌헨대학교의 젊은 강사 막스 플랑크Max Planck도 볼츠만의 이론을 신뢰하지 않았다.[19] 그는 1858년에 독일 발트해 연안의 킬Kiel에서 태어나 열역학 제2법칙을 주제로 스무 살의 젊은 나이에 박사학위를 받고 모교에서 수학과 물리학을 가르치고 있었다. 마흐와 오스트발트가 그랬듯이, 플랑크도 원자와 분자에 기초한 볼츠만의 통계이론이 열역학 법칙에 부합되지 않는다고 생각해오다가 1882년에 출간한 저서 《기화, 용융 그리고 승화Vaporization, Melting and Sublimation》에서 다음과 같이 주장했다. "열의 거동을 서술하는 열역학 제2법칙은 유한한 크기의 원자와 양립할 수 없다… 원자 가설은 나름대로 성공을 거두었지만, 지금까지 수집된 증거들로 미루어볼 때 언젠가는 반드시 폐기되어야 할 이론이다."[20]

볼츠만과 에너지 근본주의자들은 다양한 학술지와 학술회의장에서 격렬한 논쟁을 벌였다. 학술회의에 참석했던 사람들의 증언에 의하면 볼츠만과 오스트발트는 청중들이 듣다 지쳐서 자리를 뜬 후에도 논쟁을 계속했고, 둘 중 어느 누구도 상대방의 주장을 받아들이지 않았다고 한다. 한번은 비엔나에서 개최된 제국과학아카데미Imperial Academy of Science 학술회의에서 볼츠만이 강연을 하던 중에 마흐가 자리에서 벌떡 일어나 큰 소리로 "나는 원자론을 믿지 않습니다!"라고 외쳤다고 한다.[21]

훗날 볼츠만은 그날을 회상하며 "오스트발트의 확신에 찬 외침이 한동안 뇌리를 떠나지 않았다"고 했다.[22] 거의 20년 동안 자신의 경력을 걸고 원자론의 결과를 연구해왔는데, 말년이 되어 주변을 둘러보니 신세대 과학자들이 자신으로부터 멀어져가고 있었다. 그가 1890년대에 학술지 편집자에게 보낸 편지에는 "나는 머지않아 독일 과학계에서 아무도 상대해주지 않는 외톨이가 될 것"이라고 적혀 있다.[23]

더욱 실망스러운 것은 젊은 과학자들의 반감이 수학적 논리나 물리적 증거 때문이 아니라 모호한 철학 때문이었다는 점이다. 볼츠만은 이탈리아의 철학자 프란츠 브렌타노Franz Brentano에게 보낸 편지에 "철학에 끌리는 것과 두통으로 인한 구토증은 구별되어야 하지 않겠습니까?"라며 과학자들의 지적 유희에 불만을 토로하기도 했다.[24]

학문적 고립과 함께 볼츠만의 건강도 무너지기 시작했다. 심한 근시였던 그는 말년에 실험을 할 수 없을 정도로 시력이 나빠지면서 의욕을 크게 상실했고, 1889년에 맹장염으로 장남을 잃은 후로는 극도의 자책감에 빠져 모든 연구를 중단하다시피 했다. 설상가상으로 국내외 정치적 상황도 볼츠만에게 불리하게 돌아가고 있었다. 뒤늦게 민족주의에 눈뜬 오스트리아 학생들은 친독일파와 반대파로 나뉘어 연일 논쟁을 벌였고, 분위기가 고조되면 폭동으로 변하기도 했다. 훗날 볼츠만은 이 시기를 회상하며 "꼬리가 왼쪽으로 말린 돼지와 오른쪽으로 말린 돼지들이 서로 자기 꼬리가 정상이라며 치고받는 형국"이라고 했다.

나중에는 현상주의나 에너지 근본주의와 무관한 학자들까지 볼츠만의 이론에서 결점을 들추기 시작했다. 1896년에 에른스트 제르멜로Ernst Zermelo라는 수학자가 반론을 제기했을 때 볼츠만은 다음과 같은 반응을 보였다. "제르멜로의 논문을 읽어보니 나의 이론을 잘못 이해한 것 같다. 그러나 이런 논문이 출판되었다는 것은 나의 이론이 독일에서 어느 정도 관심을 끌고 있다는 뜻이므로 나에게는 기쁜 일이 아닐 수 없다."[25]

그토록 신랄한 비평에 시달리면서도 볼츠만의 창의적 사고력은 끝까지 빛을 발휘했다. 그는 제르멜로의 반론을 방어하면서 다양한 아이디어를 새롭게 제시했는데, 그중에는 우주가 과거 어느 순간에 갑자기 탄생했다는 가설도 포함되어 있다. 그렇다. 훗날 '빅뱅big bang'으로 불리게 될 우주 탄생론을 최초로 떠올린 사람은 그 누구도 아닌 볼츠만이었다.

12

볼츠만 두뇌

어젯밤 잠을 설친 후 극도의 절망감에 빠졌소… 모든 것을 용서하기 바라오![1]

루트비히 볼츠만

1854년에 윌리엄 톰슨은 열이 이동하는 쇠막대를 분석하다가 "우주는 언젠가 죽는다"는 결론에 도달했다. 그로부터 40년 후, 루트비히 볼츠만은 자신의 이론을 방어하던 와중에 "엔트로피에 대한 통계적 서술이 옳다면, 관측 가능한 우주는 과거 언젠가 한순간에 태어났어야 한다"고 주장했다.[2] 천문학자들보다 수십 년 앞서서 빅뱅을 도입한 것이다. 물론 볼츠만의 우주 창조설은 지금의 버전과 많이 달랐지만, 엔트로피에 기초한 그의 논리는 현대 우주론에 지대한 영향을 미쳤다.

우주가 과거 어느 순간에 탄생했다는 것은 볼츠만이 로슈미트와 제르멜로의 반론을 방어하던 중 떠올린 개념이다. 그는 열역학 제2법칙에 대한 통계적 서술이 옳다면 우주 탄생 가설을 수용할 수밖에 없다고 했다. 그의 주장에 의하면, 우주의 엔트로피가 증가하는 것은 우주가 확률이 낮은 배열에서 확률이 높은 배열로 변했기 때문에 나타난 결과이다. 볼츠만의 설명이 옳다면 우주는 통계적으로 확률이 매우 낮은 상태, 즉 엔트로피가 극도로 작은 상태에서 시작되었어야 한다.[3]

그 이유를 이해하기 위해, 검은 구슬과 흰 구슬이 여러 개 들어 있는 항아리를 생각해보자. 두 종류의 구슬이 무작위로 섞인 상태에서 항아리를 흔들면 각 구슬의 위치는 달라지겠지만, 하나의 '섞인 상태'에서 또 하나의 '섞인 상태'로 이동하는 것에 불과하기 때문에 눈으로는 구별이 안 된다. 이 광경을 동영상으로 찍어서 당신에게 보여주면 순방향 재생인지 역방향 재생인지 구별할 수 없을 것이다.

항아리 속의 구슬을 '시간이 흐르는 방향 탐지용'으로 사용하고 싶다면, 구슬이 질서 정연하게 정돈된 상태에서 시작해야 한다(예를 들어 검은 구슬과 흰 구슬을 번갈아가며 층층이 쌓으면 된다). 이 항아리를 흔드는 동영상을 틀면 어느 쪽이 순방향 재생인지 금방 알 수 있다. 검은 구슬과 흰 구슬이 점점 많이 섞이는 쪽이 순방향이다. 이 원리를 우주에 적용하면 과거의 우주는 현재의 우주보다 '확률이 낮은 상태'에 있어야 하며, 과거로 멀리 갈수록 확률은 점점 더 작아져야 한다. 그렇다면 과거의 우주는 어떻게 확률이 낮은 저엔트로피 상태에 놓일 수 있었을까?

볼츠만은 이 질문에 답하기 위해 '창조의 순간'을 떠올렸다. 물론 창조주나 신은 필요 없다. 그저 자연현상과 우연의 법칙만 있으면 된다.

볼츠만은 우주가 영원히 변치 않는 평형상태에 있다고 가정했다.

예를 들어 아무런 특징이 없는 거대한 기체구름을 생각해보자. 이곳에서는 기체입자들이 무작위로 충돌하는 것 외에 아무 일도 일어나지 않는다. 이런 우주는 사실상 죽은 우주나 다름없다. 그러나 장구한 세월이 지나면 우주의 작은 부분이 평형에서 벗어나 운 좋게 저엔트로피 상태로 바뀔 수도 있다(물론 이렇게 될 확률은 거의 0에 가깝지만, 영겁에 가까운 시간이 흐르다 보면 확률이 제아무리 작은 사건도 언젠가는 일어나게 마련이다. 여기서 중요한 것은 엔트로피가 자발적으로 감소할 확률이 지극히 작긴 하지만 0은 아니라는 점이다_옮긴이). 그러면 이 지역에서 별과 은하가 형성되고, 따분했던 우주에 모종의 질서가 생긴다. 이것은 검은 구슬과 흰 구슬이 무작위로 섞여 있는 항아리를 오랜 세월 동안 흔들었을 때, 한 번쯤은 질서 정연한 배열이 구현되는 것과 같은 이치다. 그러나 여기서 계속 흔들면 질서는 금방 사라지고 뒤죽박죽 섞인 상태로 되돌아간다.

볼츠만은 우주에서 우리가 속한 지역이 바로 그런 경우라고 주장했다. 아주 오래전에 우연히 일어난 요동으로 저엔트로피 상태가 되었고, 그 후로 엔트로피가 서서히 증가하면서 나머지 우주와 함께 평형상태로 되돌아가고 있다는 것이다. 그러나 생명체는 저엔트로피 상태에서만 존재할 수 있기 때문에, 모든 생명체에게는 '한쪽 방향으로 흐르는 시간'밖에 보이지 않는다. 볼츠만은 이것을 다음과 같이 서술했다.

> 우주의 특정 시간대에 존재하는 생명체는 시간이 흐르는 방향을 '가능성이 낮은 상태에서 높은 상태로 가는 방향'으로 정의할 수 있다(전자는 '과

거'이고 후자는 '미래'에 해당한다). 따라서 그 생명체는 초기우주가 '거의 가능성이 없는 상태(확률이 지극히 낮은 상태)'에서 출발하여 현재에 도달했다고 생각할 것이다. 물론 이것이 가장 자연스러운 결론이다.[4]

우주의 대부분은 죽은 상태지만 확인할 길은 없다. 그런 곳에서는 생명체가 존재할 수 없기 때문이다. 이런 식의 논리를 '인류원리anthropic principle'라 한다.[5] 즉 인간이 살고 있는 우주는 생명체의 존재를 허용하는 물리법칙에 따라 운영되고 있다. 언뜻 듣기에는 무슨 말장난 같지만, 현대의 물리학자와 우주론학자들은 우주의 다양한 변수들이 생명체의 생존에 알맞게 세팅되어 있는 이유를 인류원리로 설명하고 있다.

예를 들어 중력의 세기와 원자핵의 질량, 빛의 속도 등 다양한 물리상수의 값이 지금과 조금이라도 달랐다면, 우주는 자체 중력에 의해 붕괴되거나 별들이 탄생 후 몇 초 만에 다 타버려서 우주의 기원을 탐구할 생명체가 애초부터 존재하지 않았을 것이다. 하나밖에 없는 우주가 그토록 운이 좋았단 말인가? 이것이 마음에 걸린다면 '다중우주multiverse'의 개념을 도입할 수도 있다. 즉 우주는 하나가 아니라 여러 개이며(무한히 많을 수도 있다), 우리의 우주를 제외한 다른 우주들은 우리처럼 운이 좋지 않아서 생명체가 존재할 수 없다고 생각하면 마음이 조금 편안해진다. 다른 우주가 존재한다 해도 어차피 우리는 그런 곳에서 살 수 없으므로, 우리가 인지할 수 있는 것이라곤 모든 물리상수가 생명체에게 유리한 쪽으로 세팅된 우주뿐이다. 물론 볼츠만은 이런 식으로 논리를 전개하지 않았지만, 인류원리의 기본 개념은 그의 머리에서 나온 것이다.

그렇다면 "확률이 지극히 낮은 요동에 의해 저엔트로피 영역이 형성되었고, 이로부터 생명체가 살 수 있는 우주가 만들어졌다"는 볼츠만의 창조설은 얼마나 믿을 만한가? 대부분의 현대 우주론학자들은 이 정도의 설명으로 만족하지 않는다. 그러나 볼츠만은 단순히 질문을 제기함으로써 현대 이론물리학에 핵심 주제를 던져주었다. 그 내용을 이해하기 위해, 볼츠만이 제시했던 '무작위 요동설'의 결점을 찾아보자.

우리의 우주는 매우 복잡하면서 정교한 구조를 갖고 있다. 모든 물리상수가 알맞은 값으로 세팅되어 있어서, 생명체뿐만 아니라 별과 은하처럼 매우 규칙적인 천체들이 존재할 수 있다. 이는 곧 현재 우주의 엔트로피가 매우 낮은 상태임을 의미한다. 그렇다면 우주가 처음 탄생하던 무렵에는 엔트로피가 극단적으로 낮은 '초고도의 질서 정연한 상태'였을 것이다. 다시 말해서, 지금과 같은 우주가 존재할 확률은 거의 0에 가깝다. 여기까지는 볼츠만의 주장과 크게 다르지 않다. 확률은 상상을 초월할 정도로 낮지만, 상상을 한층 더 초월할 정도로 장구한 시간이 흐르면 언젠가 한 번은 일어날 수 있는 사건이다.

그러나 우주를 탄생시킨 일등 공신이 무작위 요동이었다면, 지금의 우주보다 확률이 높은 우주를 탄생시킬 무작위 요동도 얼마든지 일어날 수 있다. 그 대표적 사례가 '우리의 태양계만 존재하고 나머지는 죽어 있는 우주'이다. 우리가 이런 우주에 살고 있다면 태양계 바깥에는 아무것도 없고 생명은 오직 태양계에만 존재하겠지만, 어쨌거나 '우리'는 존재할 수 있다. 이런 단순한 우주가 만들어질 확률은 지금처럼 태양계 바깥에 다른 태양계와 은하가 무수히 존재하는 복잡다단한 우주가 만들어질 확률보다 압도적으로 높다.

여기서 한 단계 더 나아가 보자. 생명체가 살 수 있는 행성 한 개만 낳는 무작위 요동이 일어날 확률은 태양계 전체를 낳는 무작위 요동이 일어날 확률보다 훨씬 높다. 내친김에 한 걸음 더 나아가서, 지금 내가 앉아 있는 방 하나만 낳는 무작위 요동이 일어날 확률은 행성 한 개만 낳는 무작위 요동이 일어날 확률보다 높다.

이런 식으로 계속 범위를 좁혀나가면 "단 한 개의 두뇌만 낳는 요동이 일어날 확률은 위에 열거한 어떤 확률보다 높다"라는 결론에 도달하게 된다.

그러므로 우리의 우주가 저엔트로피 상태에서 시작되었다는 볼츠만의 설명은 존재하는 모든 것이 '우주를 상상하는 하나의 두뇌'라는 유아론적 결론으로 귀결된다. 과학자들은 이 가상의 두뇌를 '볼츠만 두뇌Boltzmann brain'라고 부른다.[6] 우주가 그토록 낮은 엔트로피 상태에서 시작된 이유는 아직도 미지로 남아 있지만, 대부분의 과학자들은 이와 같은 설명을 별로 좋아하지 않는다. 미국의 위대한 물리학자 리처드 파인만Richard Feynman은 그의 유명한 강의에서 다음과 같이 말했다(이 강의는《파인만의 물리학 강의Lectures on Physics I, II, III》라는 책으로 출간되었다).

> 그 이유는 확실치 않지만 과거 한때 우주는 엔트로피가 극도로 낮은 상태였고, 그 후로 엔트로피는 계속 증가해왔다. 그러므로 엔트로피가 증가하는 방향이 곧 미래로 가는 방향이다. 자연현상의 모든 비가역성은 여

기서 기인한 것이며, 우주 만물은 필연적으로 성장과 쇠퇴의 과정을 겪는다… 우주의 탄생 과정이 과학적으로 규명되지 않는 한, 우주가 한쪽 방향으로만 진행되는 이유는 여전히 수수께끼로 남아 있을 것이다.[7]

파인만이 이런 말을 한 지 50년이 지났고, 볼츠만이 저엔트로피 초기우주를 제안한 후로는 거의 한 세기가 흘렀지만, 아직도 답은 오리무중이다. 한 가지 다행스러운 점은 이 분야에 투신한 과학자가 꽤 많다는 것이다.

20세기로 넘어갈 무렵에도 볼츠만은 자신이 과학의 영웅으로 기억되리라는 것을 전혀 예상하지 못했다. 오랜 세월 동안 반대론자들의 비난에 시달려온 그는 극도의 피해의식에 사로잡혀 정상적인 인간관계를 유지하기 어려웠고, 천식과 비만은 그의 건강을 서서히 무너뜨렸다. 볼츠만의 아들 아르투에Arthur가 지인에게 쓴 편지에는 "아버지는 항상 땀을 흘리면서 누군가를 비난한다"고 적혀 있다.[8] 게다가 에른스트 마흐와 그의 추종자들이 쏟아내는 독설은 볼츠만의 자존심을 사정없이 짓밟으며 정신을 피폐하게 만들었다. 그가 1898년에 제자 펠릭스 클라인Felix Klein에게 보낸 편지에는 이런 구절도 있다. "자네의 편지를 받자마자 신경증이 또다시 도졌다네."[9]

이 시대 사람들은 불안장애나 우울증을 '신경증'이라고 불렀다. 병세가 악화되자 볼츠만은 라이프치히 근교의 요양원에 입원하여 정신과 치료를 받았지만 별 도움이 되지 않았다. 1900년에 아내 헨리에트에게 쓴 편지에는 "어젯밤 잠을 설친 후 극도의 절망감에 빠졌소… 모든 것을 용서하기 바라오!"라고 적혀 있다.

기브스는 볼츠만이 처한 상황을 전혀 알지 못했고, 자신의 이론이 오스트리아에서 환영받는다는 사실도 모르는 채 원자가설에 관심을 갖기 시작했다. 그는 1902년에 출간한 책《열역학적 논리에 기초한 통계역학의 기본 원리Elementary Principles in Statistical Mechanics Developed with Special Reference to Rational Foundations of Thermodynamics》에서 볼츠만과 비슷한 논리를 펼쳤는데, "물질의 구성 성분과 관련하여 검증되지 않은 가설을 기초 삼아 논리를 전개하는 것은 매우 위험한 시도이다"라고 적어놓은 것을 보면 원자가설을 완전히 믿지는 않은 것 같다.[10]

기브스는 1903년 4월에 급성 장폐색에 걸려 갑자기 세상을 떠났다. 볼츠만과 달리 차분하고 냉정한 삶을 살았던 그는 마지막 순간에도 집에 혼자 있었다고 한다.

그로부터 2년이 지난 1905년 여름에 볼츠만은 캘리포니아에 있는 버클리대학교와 스탠퍼드대학교의 초청을 받아 생애 마지막으로 행복한 시간을 보냈다. 그는 이 미국 여행을 '엘도라도(Eldorado, 황금이 넘쳐난다고 알려진 전설 속의 고대도시_옮긴이)를 향한 독일 교수의 여행'이라고 표현할 정도로 좋아했다.[11] 당시 미국은 모든 것이 참신하고 에너지 넘치는 신흥 강대국이었으므로 볼츠만의 마음을 빼앗을 만도 했지만, 그보다는 자신을 비난하는 사람들로부터 멀리 떨어져 있다는 사실에 더 큰 위안을 얻었을 것이다. 그는 "뉴욕항에 들어설 때마다 황홀경에 빠져든다"고도 했다.

뉴욕에서 기차를 타고 4일 만에 버클리에 도착한 볼츠만은 철도재

벌 릴랜드 스탠퍼드(Leland Stanford, 스탠퍼드대학교의 설립자_옮긴이)와 피비 허스트Phoebe Herst(광산재벌의 아내이자 버클리대학교의 최대 후원자로 그녀의 아들 윌리엄 랜돌프 허스트William Randolph Herst는 헐리우드 최고의 영화로 꼽히는 〈시민 케인Citizen Kane〉의 실제 모델이었다)가 엄청난 돈을 교육기관에 기부했다는 사실을 알고 깊은 감명을 받았다고 한다.

볼츠만은 미국에 체류하는 동안 딱 두 번에 걸쳐 불만을 토로했다. 첫 번째 불만은 피비 허스트의 호화로운 농장에서 먹은 오트밀이었는데, 간신히 한 접시를 비운 후 "거위 먹이를 연상케 하는 희한한 귀리 반죽이었다. 그런데 비엔나의 거위는 줘도 안 먹을 것 같다"고 했다. 두 번째 불만은 날씨였다. 볼츠만은 주변 사람들에게 "날씨는 덥고 건조한데 술을 마음껏 못 마셔서 소화 불량에 걸렸다"고 호소했다.

여행에서 돌아온 후 잠시 활기를 되찾은 볼츠만은 일기장에 다음과 같이 적어놓았다. "캘리포니아는 아름답고, 샤스타(Mount Shasta, 캘리포니아주 북부에 있는 산_옮긴이)는 웅장하고, 옐로스톤 공원은 환상적이었다. 그러나 이번 여행에서 가장 행복했던 순간은 집으로 돌아올 때였다."

그러나 몇 달이 지난 후 볼츠만의 우울증이 재발했고, 에너지 근본주의자들의 비난이 난무하는 비엔나에서는 위안을 찾을 수 없었다. 비엔나대학교의 학생이었던 리제 마이트너Lisa Meitner, 1930년대에 핵분열을 발견하여 핵물리학에 지대한 공헌을 한 여성 물리학자는 훗날 볼츠만을 회상하면서 "열정적이고 재미있는 강사였지만 자신에게 쏟아지는 비난을 방어하느라 정상적인 삶을 누리지 못했다"고 했다. 그녀는 50년 전에 들었던 볼츠만의 강의를 다음과 같이 평가했다.

> 그분의 강의는 정말로 흥미롭고 자극적이었습니다… 한번 입을 열면 거침이 없었지요… 반대론자들의 혹평과 비난에 시달렸던 이야기를 아무런 거리낌 없이 우리에게 들려주곤 했는데, 원자의 존재에 확신이 없었다면 절대 그럴 수 없었을 겁니다.[12]

1906년 9월에 볼츠만은 아내와 딸을 데리고 이탈리아 북동부 연안에 있는 두이노Duino로 여행을 떠났다. 어느 날 아내와 딸이 볼츠만을 숙소에 남겨두고 해변가로 산책을 나갔는데, 얼마 후 딸이 혼자 돌아와 보니 볼츠만이 목을 맨 채 천장에 매달려 있었다.[13] 시대를 앞선 아이디어로 통계역학을 구축했던 위대한 물리학자는 아무런 인정도 받지 못한 채 그렇게 세상을 떠났다.

13

양자

나는 물리학에 대해 갖고 있던 이전의 신념을 포기할 준비가 되어 있다.

막스 플랑크

근 20년 동안 볼츠만을 맹렬히 비난해왔던 막스 플랑크가 1900년에 심경의 변화를 암시하는 논문을 발표했다.[1] 놀랍게도 그는 볼츠만의 통계적 접근법이 열역학보다 훨씬 포괄적이고 심오한 의미를 담고 있다고 말하는 것 같았다.

플랑크의 생각에 극적인 변화를 불러온 주인공은 그 무렵 신기술의 상징인 전구light bulb였다. 전구 속의 필라멘트에 전류가 흐르면 뜨거워지면서 빛을 방출한다. 그래서 과학자들은 빛과 열의 관계를 연구할 때 주로 전구를 이용했다.

열은 전도傳導, conduction, 대류對流, convection, 복사輻射, radiation라는 세 가지 방법으로 이동한다. 이 모든 현상은 부엌에서 쉽게 관찰할 수 있다.

전도는 전기 전열기가 냄비에 열을 전달하는 방식이다. 전열판이 뜨겁게 달궈지면 접촉 상태에 있는 냄비에 열이 전달된다. 이 과정을 운동이론으로 설명하면 다음과 같다. 전열판의 온도가 올라가면 구성 분자들의 진동 속도가 빨라지고, 이 진동이 접촉 상태에 있는 냄비에 곧바로 전달되어 냄비분자의 진동 속도도 빨라진다. 이런 식으로 어느 정도 시간이 흐르면 냄비를 구성하는 모든 분자의 진동 속도가 빨라지고, 그 결과는 냄비의 온도가 상승하는 것으로 나타난다.

열이 대류를 통해 전달되는 곳은 오븐이다. 오븐의 스위치를 켜면 내벽에 설치된 가열장치가 뜨거워지면서 그 근처에 있는 공기분자의 속도가 빨라지고, 이들이 오븐의 중심 쪽에 있는 분자와 충돌하면서 오븐 내부의 온도가 전체적으로 올라가게 된다.

마지막으로 복사는 빛과 밀접하게 관련되어 있다. 석쇠를 불 위에 올려놓으면 온도가 올라가면서 붉은색으로 변한다. 사실은 붉은색으로 변할 뿐만 아니라 적외선도 방출되고 있다. 이 빛이 소시지 같은 다른 물체에 닿으면 구성분자가 진동하면서 온도가 올라간다.

과학자들이 열의 복사 현상을 이해할 수 있었던 것은 1860년대에 제임스 클러크 맥스웰이 전자기 현상을 설명하기 위해 유도한 일련의 방정식 덕분이었다(이 이론 체계를 전자기학electromagnetism이라 한다).[2]

맥스웰의 논리를 이해하기 위해, 기다란 줄의 한쪽 끝을 손으로 잡고 있다고 가정해보자. 반대쪽 끝은 수 킬로미터 떨어진 곳에 단단히 묶여 있다. 이 상태에서 줄을 위아래로 흔들면 물결 모양의 파동이 줄을 타고 반대쪽 끝을 향해 나아간다.

우리에게는 너무나도 친숙한 현상이지만, 그 이유를 깊이 생각해본 사람은 별로 많지 않을 것이다. 작은 구슬을 이어서 만든 줄을 생각해보자. 개개의 구슬은 이웃한 구슬과 짧은 고무줄로 연결되어 있다. 이 상태에서 첫 번째 구슬이 움직이면 약간의 시간 차를 두고 두 번째 구슬이 같은 방향으로 움직이고 세 번째, 네 번째…가 순차적으로 그 뒤를 잇는다. 그러므로 첫 번째 구슬을 위아래로 흔들면 다음 구슬들이 순차적으로 상하운동을 따라 하면서 파도가 줄을 타고 이동하는 듯한 광경이 연출되는 것이다.

그렇다면 이 파동의 이동 속도는 얼마나 될까? 방금 든 사례에서는 구슬의 무게와 구슬을 연결한 고무줄의 장력에 따라 다르다. 구슬이 무거우면 움직이는 데 힘이 들기 때문에 속도가 느려지고, 고무줄의 장력이 세면 운동이 빠르게 전달되어 파동의 속도가 빨라진다. 또한 무겁고 느슨한 밧줄의 끝을 잡고 흔들면 파동의 속도가 느리고, 가볍고 팽팽한 기타 줄의 파동 속도는 무려 시속 1000킬로미터(초속 280미터)에 달한다.

맥스웰은 텅 빈 공간이 이와 비슷한 '팽팽한 끈'으로 가득 차 있다고 생각했다.[3] 이 끈들은 우리 주변의 물질을 구성하는 입자로부터 나온 것이다. 원자의 구성 성분 중 하나인 전자electron, 음전하를 띤 소립자가 대표적 사례이다. 텅 빈 공간(진공)에 아무런 미동도 없이 가만히 있는 전자 한 개를 상상해보자. 여기서 나온 줄은 모든 방향으로 뻗어나간다. 전기력선electric field lines으로 알려진 이 줄은 눈에 보이지도 않고 형태도 없지만, 그 안에 다른 하전입자(양전하를 띤 양성자 등)를 갖다 놓으면 고무줄로 연결된 구슬이 서로 당기는 것처럼 상대방을 잡아당긴다.

이제 전자가 가만히 있지 않고 위아래로 진동한다고 가정해보자. 그러면 파동이 밧줄을 따라 이동하는 것처럼, 전자에서 형성된 파동이 전기력선의 방향을 따라 퍼져나간다.

이 파동의 속도는 얼마나 될까? 고맙게도 맥스웰이 그 값을 알아냈다. 이것은 맥스웰이 현대 과학에 기여한 가장 중요한 업적 중 하나이다.

전자에서 뻗어 나온 전기력선 중 하나를 확대해보자. 그리고 여기에 길이방향을 따라 작은 나침반이 배열되어 있다고 가정하자.[4] 파동이 전기력선을 따라가면서 위아래로 진동하면 나침반의 바늘은 좌우로 진동한다. 물리학에 관심이 있는 독자들은 전류가 흐르는 전선 주변에 자기장magnetic field이 형성된다는 사실을 알고 있을 것이다. 맥스웰은 전기력선을 따라 이동하는 파동이 자기장 파동을 만들어낸다는 사실을 알아냈다. 다시 말해서, 전기장 파동이 자기장 파동을 수반한다는 것이다. 그리고 이들이 진동하는 방향은 항상 직각을 이룬다. 예를 들어 당신이 서 있는 곳을 기준으로 전기장이 위아래로 진동하면서 왼쪽에서 오른쪽으로 지나간다면, 여기 수반된 자기장은 앞뒤 방향으로 진동하면서 왼쪽에서 오른쪽으로 지나간다(전기장과 자기장은 진행 방향이 같다). 여기서 중요한 점은 이런 자기장 파동이 형성되려면 일을 해줘야 한다는 것이다. 밧줄로 파동을 만들 때 한쪽 끝을 잡고 흔들어야 하는 것과 같은 이치다.

맥스웰의 논리는 다분히 직관적이고 감각적이지만, 엄청난 이점을 갖고 있다. 고무줄로 연결된 구슬의 경우, 각 구슬의 무게와 고무줄의 장력을 알면 파동의 속도를 계산할 수 있다. 맥스웰은 이 아이디어에 착안하여 전기력선의 파동이 전달되는 속도를 계산했다. 고무줄의 장력은 두 개의 하전입자(전기전하를 띤 입자)가 서로 잡아당기는 힘에 해당하고, 구슬의 무게는 전선에 전류가 흐를 때 그 주변에 생성된 자기장의 세기에 해당한다.

맥스웰이 이 값을 측정하여 '전자기파electromagnetic wave'의 속도를 계산했더니, 초속 30만 킬로미터라는 값이 얻어졌다. 그렇다. 이 값은 빛의 속도와 정확하게 일치한다! 우연의 일치일까? 그렇다고 보기에는 전자기파의 속도와 빛의 속도가 너무나 정확하게 똑같지 않은가!

그리하여 맥스웰은 전자기파가 곧 빛이라고 결론지었다. 진동하는 하전입자는 전자기파를 방출한다(일반적으로 가속운동을 하는 하전입자는 전자기파를 방출한다_옮긴이). 지구로 햇빛이 쏟아지는 이유는 태양 내부의 전자들이 진동하고 있기 때문이다. 이들은 자신으로부터 뻗어나온 전기력선을 따라 파동을 방출하고 있다. 이것이 우리 눈에 도달하면 망막에 있는 하전입자를 진동시켜서 시각 정보를 전달한다(이 과정을 두 글자로 줄인 것이 바로 '시각'이다).

맥스웰은 빛의 색상이 전자기파의 진동수(1초 동안 진동하는 횟수)에 의해 결정된다는 것도 증명했다. 진동수가 크면 푸른색을 띠고, 진동수가 작으면 붉은색을 띤다. 붉은빛에 해당하는 전자기파는 1초당 약 450조 회 진동하고, 초록빛의 진동수는 초당 약 550조 회, 푸른빛은 초당 약 650조 회이다.

맥스웰은 1870년대에 가시광선(눈에 보이는 전자기파)뿐만 아니라 눈에 보이지 않는 전자기파의 존재까지 예견했다. 예를 들어 진동수가 수십에서 300만 회인 전자기파는 라디오파(전파)이고, 진동수가 300만에서 3000억 사이면 마이크로파microwave이다. 또한 마이크로파와 가시광선 사이의 전자기파는 적외선infrared이고, 푸른색 가시광선보다 진동수가 큰 전자기파는 자외선ultraviolet이며, 이보다 진동수가 큰 전자기파로는 X-선과 감마선gamma ray, 진동수=초당 10억×1000억 회 이상이 있다. 라디오파에서 감마선에 이르는 영역을 통틀어 '전자기 스펙트럼electromagnetic spectrum'이라 한다.

맥스웰 덕분에 과학자들은 전구의 필라멘트가 빛을 발하는 원리를 알게 되었다. 필라멘트에 전류가 흘러서 뜨거워지면, 그 안에 있는 전자들이 진동하면서 전자기파를 방출한다. 사실 모든 물체는 약간의 전자기파를 방출하고 있다. 전자를 포함한 원자들은 온도가 아무리 낮아도 끊임없이 움직이기 때문이다. 예를 들어 체온이 36도인 사람의 몸에서는 간단한 장비로 감지 가능한 적외선이 방출되고 있다. 살모사, 비단뱀, 보아뱀 등은 이 적외선을 감지하는 기능을 발달시켜서 먹이를 찾고, 날씨가 더울 때에는 시원한 곳을 찾아간다.

19세기가 끝나가던 무렵, 물리학자들에게 주어진 중요한 과제 중 하나는 물체에서 방출된 전자기파의 진동수와 온도의 관계를 규명하는 것이었다.

도자기 굽는 가마를 예로 들어보자.[5] 다른 물체와 마찬가지로 가마에 불을 지피면 내벽에 있는 전자들이 격렬하게 진동한다. 가마 내벽의 색은 온도와 쉽게 관련지을 수 있기 때문에 온도와 진동수 사이의 관계를 분석하기에 안성맞춤이다. 내벽이 짙은 붉은색을 띠면 꽤 뜨겁다는 뜻이고, 온도가 더 올라가면 주황색을 거쳐 황백색으로 변한다. 우리는 '백열 상태white hot'의 물체가 '적열 상태red hot'의 물체보다 뜨겁다는 것을 직관적으로 알고 있다.

가마에 불을 지피지 않으면 눈에 보이지 않는 적외선이 방출된다. 즉 손을 대면 미지근하지만 빛을 발하지는 않는다. 가마에 불을 붙여서 온도가 올라가면 적외선과 함께 붉은빛이 방출되고, 온도가 더 올라가면 초록빛을 띠다가 섭씨 1000도에 도달하면 소량의 푸른빛도 방출되기 시작한다. 그러나 이 온도에서는 붉은빛과 초록빛, 푸른빛이 동시에 방출되기 때문에, 섞인 정도에 따라 주황색이나 노란색 또는 황백색으로 보인다.

전형적인 가마는 불을 아무리 열심히 지펴도 가장 많이 방출되는 전자기파는 적외선이다. 그 외에 소량의 에너지가 가시광선으로 나타날 뿐 적외선이나 그 이상의 빛은 방출되지 않는다. 그리고 온도가 얼마이건 간에 도기용 가마에서는 진동수가 작은 마이크로파와 라디오파가 미세하게 방출되고 있다.

고온에서 방출되는 전자기파는 태양빛에서 확인할 수 있다. 태양은 섭씨 5000도짜리 초대형 가마와 비슷한데, 이 온도에서도 약간의 적외선이 방출되지만 주로 방출되는 전자기파는 가시광선 중에서도 진동수가 큰 빛이다. 인간을 비롯한 동물의 눈이 적색, 녹색, 청색에 민감한 이유가 바로 이 때문이다. 태양에서 방출된 빛(전자기파)의 대부분은 이 영역에 해당하는 진동수를 갖고 있다. 물론 자외선과 적외선도 포함되어 있지만 강도가 약하기 때문에 이런 빛에 민감해봐야 생존에 별 도움이 되지 않는다(흔히 '빛'이라고 하면 눈에 보이는 가시광선을 떠올리지만, 빛과 전자기파는 동의어이므로 자외선과 적외선도 빛의 범주에 속한다. 그러나 일부 책에서는 '빛=가시광선', '전자기파=빛을 포함한 모든 진동수의 복사파'의 의미로 사용하기도 한다. 이 책에서는 '빛=전자기파'로 간주할 것이다_옮긴이).

온도가 섭씨 1만 2000도에 달하는 초거성 리겔(Rigel, 오리온자리의 1등성_옮긴이)의 경우는 어떨까? 이 별에서 방출되는 빛의 절반 이상은 자외선이다. 그러나 이렇게 뜨거운데도 X-선 방출량은 극히 미미하다.

그렇다면 가마와 같은 물체에서 방출되는 전자기파의 진동수는 온도와 어떤 관계에 있을까? 이 질문의 답을 제공한 것이 바로 볼츠만의 통계이론이다. 그리고 답이 알려진 후로 물리학계는 일대 혁명을 맞이하게 된다.

혁명의 단초를 제공한 막스 플랑크는 원래 혁명과는 거리가 먼 사람이었다. 그는 에너지가 항상 보존된다는 열역학 제1법칙처럼 절대적인 진리를 선호했기에[6] 볼츠만의 확률이론에 강한 거부감을 느끼고 있었다.[7] "엔트로피는 확률에 입각한 개념이므로 엔트로피가 항상 증가한다는 주장은 신빙성이 떨어진다"는 것이 그의 지론이었다.

플랑크는 복사열의 거동을 이해하면 열역학 제2법칙을 새로운 관점에서 이해할 수 있을 것이라고 생각했다. 열의 대류와 전도는 구성 입자의 무작위 운동과 충돌을 도입하여 쉽게 설명되지만, 전자기파 에너지의 연속적 파동으로 판명된 복사열은 무언가 다른 점이 있었다. 혹시 우연의 법칙으로 복사열의 거동을 설명할 수 있지 않을까? 플랑크는 이 가능성을 염두에 두고 복사 에너지의 특성을 파고들기 시작했다.

가마와 같은 장치에서 열이 내벽의 전자를 진동시킬 때 전자기파는 어떤 방식으로 발생하는가? 플랑크는 물체에서 방출된 전자기파의 진동수와 온도 사이의 관계를 분석하면서 19세기의 마지막 몇 년을 보냈다.

그 무렵, 독일에서는 복사와 관련하여 새로운 사실이 밝혀졌다. 전기조명과 가스등 중 어느 쪽이 더 효율적일까? 둘 다 열을 이용하여 빛을 발하는 장치지만 유지비가 같지는 않을 것이다. 1900년에 베를린의 관리들은 이 문제를 놓고 고민하다가 정부 기금으로 운영되는 왕립물리기술연구소Imperial Physical Technical Institute에 자문을 구했다. 이 연구소는 베르너 폰 지멘스Werner von Siemens라는 사업가가 기증한 건물에 자리 잡고 있었는데, 1900년에 이곳의 과학자들이 공동방열기空洞放熱器, cavity radiator라는 장치를 발명했다.

공동방열기는 직경 2.5센티미터, 길이 40센티미터짜리 속이 빈 원통형 구조물로서 기본 기능은 가마와 비슷하다. 즉 이 장치를 이용하면 다양한 온도에서 방출된 다양한 전자기파의 강도를 정확하게 측정할 수 있다.

왕립물리기술연구소에서 공동방열기를 다루는 과학자 중에 플랑크의 친구인 하인리히 루벤스Heinrich Rubens라는 사람이 있었다.[8] 그는 1900년 10월 7일에 플랑크의 집을 방문하여 좋은 소식과 나쁜 소식을 들려주었다.

좋은 소식은 플랑크의 수학이 가시광선과 자외선 영역에서 잘 들어맞는다는 것이었다. 공동방열기의 온도가 높을 때 방출된 고진동수 복사의 강도는 플랑크가 유도한 복사공식과 거의 정확하게 일치했다. 그러나 파장이 긴(진동수가 작은) 경우에는 실험실에서 관측된 복사의 강도가 온도에 상관없이 플랑크의 공식보다 항상 크게 나타났다. 나쁜 소식이란 바로 이것이었다.

루벤스는 다른 소식도 들려주었다. 영국의 물리학자 레일리 경Lord Rayleigh이 낮은 진동수에서 실험 결과와 잘 일치하는 이론을 발표했다는 것이다.[9] 레일리는 스스로 자문했다. 공동방열기와 같은 장치에서는 어떤 크기의 파동이 존재할 수 있는가? 그는 "공동방열기에는 장파장 복사(진동수가 작은 복사)가 들어갈 자리보다 단파장 복사(진동수가 큰 복사)가 들어갈 자리가 더 많다"고 결론지었다.

팽팽하게 당겨진 기타 줄을 예로 들어보자. 줄의 한가운데를 퉁기면 그 줄이 낼 수 있는 가장 낮은 음(기본음)이 생성된다. 그러나 줄의 한쪽 끝에 가까운 부분을 퉁기면 기본음과 높은 배음倍音, harmonics이 동시에 생성되어 조금 다른 소리가 난다. 이런 현상이 생기는 이유는 하나의 줄이 동시에 여러 개의 '모드mode'로 진동할 수 있기 때문이다. 가장 낮은 진동 모드에서는 줄의 가운데 부분이 위아래로 진동하고(255쪽 제일 아래 그림 참조), 그다음 모드에서는 줄이 S자 모양으로 진동하며,

기타 줄을 퉁겼을 때 나타나는 정상파의 사례들

그다음 모드에서는 이중 S자 모양으로 진동하고… 기타 등등이다. 이런 식으로 진동하는 파동을 정상파(定常波, standing wave, 영어에서 알 수 있듯이 '정상적인 파동'이라는 뜻이 아니라 '특정 방향으로 진행하지 않고 한 자리에서 진동하는 파동'이라는 뜻이다_옮긴이)라 한다.

공동방열기 안에서는 전자기파도 정상파와 비슷한 방식으로 거동한다. 원통의 양 끝이 기타 줄을 고정시킨 양 끝과 비슷한 역할을 하여 특정한 파장을 갖는 전자기파만이 존재할 수 있다는 것이다. 그러나 레일리 경의 논리에 의하면 공동방열기는 파장이 긴 전자기파보다 파장이 짧은 전자기파를 선호한다.

왜 그런가? 공동방열기의 길이에 들어맞는 파동의 개수가 '파장이 짧을수록 많기 때문'이다. 예를 들어 방열기의 길이가 60센티미터인 경우, 가장 긴 파장(중심부가 진동하는 기본 진동 모드)은 120센티미터이고, 두 번째로 긴 파장(피크가 두 개인 경우)은 60센티미터이며, 세 번째는 40센티미터, 네 번째는 30센티미터이다. 즉 파장이 30~120센티미터인 파동 중에서 '길이가 60센티미터인 공동방열기'에 존재할 수 있는 파동은 단 4개뿐이다. 그러나 파장이 0.5~1.5센티미터인 파동 중에서는 무려 79개가 60센티미터짜리 공동방열기에 존재할 수 있다[10] (60센티미터인 공동방열기의 길이가 '파장의 절반의 정수 배'라는 조건을 만족하는 파장이 0.5~1.5센티미터 사이에 모두 몇 개가 있는지 계산하면 된다. 그런데 옮긴이의 계산에 의하면 79개가 아니라 161개이다_옮긴이).

레일리는 이 논리에 입각하여 공동방열기에서 방출되는 장파장 복사가 단파장 복사보다 작다고 결론지었다. 물론 여기에는 빛이 파동이라는 가정이 깔려 있으며, 수학적으로 계산된 결과는 낮은 진동수(긴 파장) 영역에서 관측 결과와 잘 들어맞았다.

그러나 높은 진동수 영역에서 레일리의 계산은 관측 결과와 큰 차이를 보였다. 그의 이론에 의하면 '파장이 짧은 쪽'으로는 공동방열기에 맞는 파장에 제한이 없기 때문에 낮은 온도에서도 자외선과 X-선이 대량으로 방출되어야 하는데, 실제로는 그렇지 않았다(온도가 아주 높은 경우에도 자외선과 X-선은 극소량만 방출된다).

이 결과를 어떻게 해석해야 할까? 간단히 말해서, 플랑크의 복사

공식이 진동수가 낮은 영역에서는 부정확하고 진동수가 높은 영역에서는 잘 들어맞는다는 뜻이다. 반면에 레일리의 복사공식은 진동수가 높은 영역에서는 부정확하지만 높은 영역에서는 잘 들어맞는다. 훗날 플랑크는 이 시절을 회상하면서 "나는 절망적인 마음으로… 과거에 갖고 있었던 물리학에 대한 확신을 모두 포기할 수밖에 없었다"고 했다.[11]

그 후로 5년 동안 플랑크는 열역학에서 통계적 요소를 제거하기 위해 안간힘을 쓰다가, 결국은 원래의 의도와 정반대로 통계이론을 확장하는 쪽으로 관심을 돌리게 되었다.

과거에 루트비히 볼츠만은 원자와 분자의 충돌을 통계적으로 분석하여 열이 퍼져나가는 과정을 설명했다. 그런데 통계적 접근법을 극도로 싫어했던 플랑크가 방열기 내벽에서 진동하는 전자에 볼츠만의 통계를 적용한 것이다. 그리하여 1900년, 플랑크는 낮은 진동수와 높은 진동수에서 관측 결과와 모두 일치하는 새로운 복사공식을 유도하여 논문으로 발표했다. 이 논문에서 그는 "복사의 전자기 이론을 확률적으로 분석했다. 확률은 열역학 제2법칙에서 핵심적 역할을 하는데, 그 중요성을 처음으로 간파한 사람은 루트비히 볼츠만이었다"고 털어놓았다.[12] 볼츠만이 틀렸음을 입증하기 위해 시작했던 5년짜리 프로젝트가, 본인의 의도와 다르게 '볼츠만이 옳았다'는 결론으로 귀결된 것이다.

통계를 이용한 것 외에도, 플랑크는 물리적 세계에 대하여 이상한 가정을 내세웠다. 공동방열기의 내부를 '소리의 높이가 다른 종鐘들이 저음부터 고음까지 줄지어 매달려 있는 동굴'에 비유해보자(이런 유형의 장치를 공동공진기cavity resonator라고 한다). 만일 이곳에 강력한 지진이 덮친다면 모든 종들이 거의 같은 크기(음량)로 진동할 것이다.

실제 공동공진기에서는 진동하는 전자가 종의 역할을 한다. 전자는 라디오파에서 X-선에 이르는 다양한 진동수의 전자기파를 방출할 수 있다. 공동 공진기의 온도가 올라가면 열에너지가 진동자에 전달되어, 지진을 만난 동굴 속의 종처럼 일제히 진동하기 시작한다(이미 진동하고 있었다면 진폭이 더욱 커진다). 그러나 종과 전자 사이에는 중요한 차이가 있다. 플랑크는 자신의 계산과 관측 결과를 맞추기 위해 고주파 진동자를 진동시키는 데 필요한 에너지가 저주파 진동자의 경우보다 크다고 가정했다(진동수와 주파수는 동의어이다. 단진자와 같이 '흔들리는 물체'의 시간당 왕복 횟수를 진동수로, '파동의 시간당 진동 횟수'를 주파수로 구별하여 쓰는 경우도 있지만, 영어로는 둘 다 frequency이다_옮긴이). 종에 비유하면 고음을 내는 종을 흔들기가 저음을 내는 종을 흔드는 것보다 힘들다는 뜻이다. 이런 종들이 매달려 있는 동굴에 약한 지진이 덮치면 고음은 저음과 중간 음에 파묻혀 거의 들리지 않을 것이다.

플랑크는 이런 논리에 입각하여 고주파 복사를 방출하는 진동자가 진동하려면 많은 에너지가 필요하고, 저주파 진동자는 적은 에너지로도 진동할 수 있다고 주장했다. 가장 간단한 예로, 진동자가 두 개인 경우를 생각해보자. 첫 번째 진동자는 1초당 300조 회 진동하면서 적외선을 방출하고, 두 번째 진동자는 1초당 600조 회 진동하면서 푸른 빛을 방출한다. 그러므로 두 번째 진동자가 빛을 방출하려면 첫 번째 진동자보다 두 배에 해당하는 에너지가 투입되어야 한다. 그리고 이 논리로부터 유도되는 또 하나의 결과는 진동자에서 방출된 빛이 유한한(무한정 작지 않은) 크기의 덩어리 단위로 존재한다는 것이다. 따라서 푸른빛의 최소 단위 덩어리는 적외선의 최소 단위보다 두 배 많은 에너지를 함유하고 있다.

플랑크는 이 아이디어에 볼츠만식 통계를 적용하여 공동공진기나 가마 또는 별 등에서 방출되는 전자기파의 분포를 설명했다. 그의 논리를 이해하기 위해, 다음과 같은 사고실험을 실행해보자.

원더랜드의 이상한 과자가게에서 다양한 색상의 캔디를 팔고 있다. 파란색 캔디는 5달러, 초록색 캔디는 3달러, 빨간색 캔디는 1달러다(색상에 대응되는 진동수가 클수록, 즉 파장이 짧을수록 값이 비싸다_옮긴이). 그 외에 사이즈는 크지만 눈에 보이지 않는 캔디(적외선 캔디)는 인기 상품이 아니어서 개당 20센트에 팔고 있다. 가게에는 알록달록한 캔디들이 빼곡하게 진열되어 있는데, 20센트짜리는 개수가 별로 많지 않다. 많이 팔아봐야 이윤이 별로 남지 않기 때문에 주인이 많이 들여놓지 않은 것이다.

이 가게를 찾는 손님들은 1인당 평균 2달러를 소비한다. 물론 개중에는 3달러를 쓰는 사람도 있고, 드물지만 통 크게 5달러를 쓰는 사람도 있다. 한 달 동안 가게를 운영한 후 월말 결산을 해보니 빨간색 캔디가 푸른색과 초록색 그리고 보이지 않는 캔디보다 많이 팔린 것으로 나타났다. 그러나 한 번에 3~5달러를 쓰는 부자 고객들은 초록색과 파란색 캔디 구매량이 상대적으로 많았다. 여기서 중요한 것은 '고

객의 재산'과 '많이 구입하는 색상' 사이의 관계가 일정하지 않고 통계적으로 나타난다는 것이다.

공동방열기에서 방출되는 열에너지와 빛(전자기파)의 관계도 통계적이다. 이 통계적 분석을 적용하면 초고온의 리겔과 태양에서 방출되는 전자기 복사의 차이도 설명할 수 있다. 과자가게를 찾는 손님에 비유하면 리겔은 지구보다 돈이 많아서 자외선 캔디를 살 수 있고, 태양은 주로 가시광선 캔디를 구매하는 가난한 별이다.

플랑크는 1900년에 이 내용을 주제로 논문을 발표하여 그 유명한 양자물리학quantum physics의 서막을 열었다.[13] 양자quantum라는 단어가 붙은 이유는 얼마 후 플랑크가 '물체에 흡수되거나 방출되는 에너지 덩어리'를 양자라고 불렀기 때문이다.

그러나 플랑크는 양자를 '진동하는 전자가 전자기 에너지를 방출하는 방식'을 설명하기 위해 도입한 임시 변통용 수단쯤으로 간주했다. 관측 결과를 설명하기 위해 이상한 개념을 도입하긴 했지만, 그는 빛이 불연속의 덩어리가 아니라 어떤 진동수도 가질 수 있는 연속적인 파동이라고 굳게 믿었다. 그리하여 20세기 초의 과학자들은 양자의 개념이 이미 출현했음에도 불구하고, 불연속적인 양자가 모든 만물의 근본적 특성이라는 사실이 밝혀질 때까지 20년을 더 기다려야 했다.

돌이켜보건대, 전 세계 물리학계는 플랑크의 1900년 논문으로 인해 돌아올 수 없는 다리를 건넌 셈이었다. 플랑크 자신이 양자를 아무리 싫어했다 해도, 복사열의 분포가 양자의 개념으로 설명된다는 것은 결코 무시할 수 없는 현실이었다. 요즘 물리학자들은 플랑크 이전의 물리학을 고전 물리학으로, 플랑크 이후의 물리학을 현대 물리학으로 부르고 있으니, 그 영향이 얼마나 컸는지 짐작이 갈 것이다. 그러나 이 세기적 혁명에서 볼츠만의 역할은 서운할 정도로 과소평가되고 있다. 그 이유 중 하나는 많은 사람들이 그를 고전 시대 물리학자들과 하나로 엮어서 판단하기 때문이다.

훗날 플랑크는 노벨상 수상 연설을 하는 자리에서 다음과 같이 말했다(그는 1900년에 에너지 양자를 발견한 공로로 1920년에 노벨 물리학상을 받았다). "그동안 수많은 실망과 좌절을 겪었지만, 학자들 사이에서 무시되어온 볼츠만과 나의 이론으로부터 새로운 사실이 밝혀졌다는 것은 참으로 만족할 만한 일이다."[14]

Einstein's Fridge

14

설탕과 꽃가루

볼츠만은 최고의 물리학자이자 만능 해결사였습니다.
저는 그의 이론에 전적으로 동의합니다.[1]

알베르트 아인슈타인

루트비히 볼츠만이 스스로 목숨을 끊기 1년 전인 1905년, 그의 아이디어를 완벽하게 입증하여 과학의 주 무대에 올려놓은 논문이 발표되었다. 원자론을 믿지 않았던 과학자들도 이 논문을 접한 후로는 원자의 존재를 인정할 수밖에 없었으며, 원자의 거동을 통계적으로 분석하면 열역학 제2법칙이 성립하는 이유까지 설명할 수 있다는 사실도 알게 되었다. 만일 이 논문이 2~3년 일찍 발표되었다면 현상론자들의 지독한 비난에 시달리면서 심신이 지칠 대로 지친 볼츠만을 구원해 주었을지도 모른다. 그러나 안타깝게도 볼츠만은 가뭄 끝의 단비 같은 논문이 발표되었다는 사실도 모르는 채 극단적인 선택을 하고 말았다.

문제의 논문을 쓴 사람은 20대 중반의 젊은 물리학자로서, 1898년에 《기체 이론 강의Lectures on Gas Theory》라는 책을 통해 볼츠만의 이론을 접하고 깊은 감명을 받아 같은 학교 학생인 약혼녀에게 다음과 같은 편지를 보냈다. "볼츠만은 최고의 물리학자이자 만능 해결사였습니다. 저는 그의 이론에 전적으로 동의합니다… 문제는 특정한 조건하에서 원자가 거동하는 방식인데, 볼츠만은 이 부분을 정확하게 짚은 것 같습니다."[2]

그 젊은이의 이름은 알베르트 아인슈타인이었다.

세간에는 아인슈타인이 박사과정을 졸업한 후 한동안 경제적·학문적으로 슬럼프에 빠졌다가 스물여섯 살이 되던 해부터 갑자기 두각을 나타낸 것으로 알려져 있다.[3] 그는 1905년에 스위스 베른에 있는 특허청의 말단 직원으로 일하면서 과학사를 바꾼 세기적 논문을 무려 네 편이나 연달아 발표했다. 그래서 과학자들은 1905년을 '기적의 해'라고 부른다.[4] 모든 과학 분야를 통틀어 가장 유명한 방정식인 $E=mc^2$를 유도한 것도 이 해의 일이다. 그러나 기적처럼 탄생한 네 편의 논문 중 한 편은 다른 세 편의 논문(특수 상대성 이론 두 편과 광전효과)에 비해 유명세가 다소 떨어지는 편이다. 볼츠만의 이론에서 영감을 얻어 작성한 이 논문은 오스트리아의 물리학자들이 원자론을 받아들이는 데 결정적 역할을 했다.

아인슈타인도 볼츠만에게 쏟아지는 비난을 접한 적이 있지만, 학계의 여론에 쉽게 흔들리는 사람은 아니었다. 그는 한때 클라우지우스가 교편을 잡았던 취리히공과대학의 물리학과 박사과정을 1900년에 졸업하고 같은 대학의 강사가 되기를 원했으나, 마지막 해에 치른 시험 성적이 좋지 않아서 뜻을 이루지 못했다(이 무렵에 그는 같은 과 선배인 밀레바 마리치Mileva Maric와 연애 중이었다). 취리히공과대학의 교수들은 제임스 클러크 맥스웰과 루트비히 볼츠만의 이론이 지나치게 사색적인 가설이라며 노골적으로 불쾌감을 드러냈는데, 대학원생이었던 아인슈타인은 그것이 '시대를 지나치게 앞서간 이론일 뿐'이라고 생각했다.

밀레바 마리치와 가정을 꾸리고 싶었던 아인슈타인은 유럽 전역에 있는 교수들에게 이력서를 보냈지만 답장을 보낸 사람은 극히 일부에 불과했고, 그나마 받은 답장에도 "곤란하다no"라고 적혀 있었다. 냉혹한 현실의 장벽에 부딪힌 아인슈타인은 마리치에게 보낸 편지에 "이제 곧 북해에서 이탈리아 남부에 이르는 모든 지역의 교수들에게 편지를 보내는 영광을 누리게 될 것"이라며 자조 섞인 농담을 늘어놓았다.[5]

박사과정을 마친 후 아인슈타인은 생계를 유지하기 위해 가정교사와 학교 임시 교사직을 전전하다가 마르셀 그로스만Marcel Grossmann이라는 친구의 권유로 베른에 있는 스위스 특허청의 '3급 기술 보조원'으로 취직했다. 특허청장과 개인적 친분이 있는 그로스만의 부친이 추천서를 써주지 않았다면 이조차 불가능했을 것이다. 일이라고 해봐야 접수된 특허신청서 중 상사들이 볼 필요가 없는 무의미한 신청서를 걸러내는 것이었지만, 안정된 수입이 보장된 것만 해도 아인슈타인에게는 커다란 위안이었다. 그는 마리치에게 보낸 편지에 "특허신청서의

대부분은 쓰레기입니다. 그중에서 의미 있는 내용이 발견된다면 정말 기쁠 것입니다"라고 적어놓았다.[6]

그러던 중 마리치가 임신하여 1902년에 딸을 낳았는데, 아인슈타인과 마리치가 가족과 친구들에게 출산에 관한 이야기를 거의 하지 않아서 아이의 행방은 지금도 미스터리로 남아 있다. 보수적인 오스트리아 사회에서 혼전 출산은 부모의 경력에 치명적이었기에 입을 다물 수밖에 없었을 것이다. 남편 없이 혼자서 딸을 출산한 마리치는 1903년 1월에 베른으로 이주하여 아인슈타인과 함께 살기 시작했고, 얼마 후 두 사람은 정식으로 결혼식을 올렸다.

특허청에서 하는 일은 2~3시간이면 하루치 업무를 끝낼 수 있을 정도로 단순했기 때문에[7] 아인슈타인은 물리학 논문을 읽는 데 많은 시간을 투자할 수 있었다. 1904년에는 아내 마리치가 아들 한스 알베르트Hans Albert를 출산하여 지출이 많아졌지만, 안정된 직장 덕분에 아인슈타인은 자신이 원하는 연구에 몰두하면서 오랜만에 행복한 나날을 보냈다.

1903~1904년 사이에 아인슈타인은 자신이 연구해온 분야에서 중요한 업적을 남기게 될 것을 예감했다. 이 무렵에 탈고한 그의 첫 번째 논문은 독일어권 국가에서 최고의 권위를 자랑하는《물리학 연보》에 게재되었는데, 이를 포함하여 초기에 발표한 논문에는 볼츠만이 평생에 걸쳐 개발한 통계적 아이디어를 일반화하는 등 열역학에 대한 그의 열정이 분명하게 드러나 있다.[8] 이로써 아인슈타인은 열역학의 최고 권위자가 되었으며, '기적의 해'에 발표할 논문의 토대를 마련했다.

기적의 해의 신호탄을 날린 첫 번째 논문 〈빛의 생성과 변화에 대한 경험적 관점에 대하여On a Heuristic Point of View Concerning the Production and Transformation of Light〉에서 아인슈타인은 스스로 '혁명적 발상'이라고 칭했을 정도로 대담한 가설을 제안했다.[9] 1921년에 그에게 노벨상을 안겨준 것은 상대성 이론이 아니라 바로 이 논문이었다.

어떤 의미에서 보면 이 논문은 막스 플랑크의 양자가설이 옳았음을 재확인하는 논문이었다. 앞서 말한 대로 1900년에 플랑크는 뜨거운 물체에서 방출되는 복사 에너지에 볼츠만의 통계적 분석법을 적용하여 진동수에 따른 복사파의 강도 분포를 거의 완벽하게 재현했다. 그런데 이 과정에서 편의를 위해 도입했던 '양자' 개념이 아인슈타인의 논문을 통해 다시 한번 입증된 것이다. 플랑크는 뜨거운 물체가 빛을 방출하거나 흡수할 때 구성분자들이 작은 덩어리 단위로 에너지를 흡수·방출한다고 결론지었지만, 전자기파(빛)는 어디까지나 연속적인 파동이라고 굳게 믿고 있었다.

플랑크는 양자의 개념을 도입한 것이 "절망 속에서 고른 최후의 수단"이라고 했다. 그러나 아인슈타인은 양자를 적극적으로 수용하여 빛이 불연속의 알갱이 단위로 존재한다고 주장했다. 이 사실을 증명할 만한 실험 데이터는 없었지만, "빛에너지가 공간에 불연속적으로 분포되어 있다"고 생각하면 모든 면에서 유용했기 때문이다.[10] 아인슈타인은 엔트로피에 대한 볼츠만의 통계적 정의를 플랑크보다 적극적으로 수용하여 위와 같은 결론에 도달했다. 물리계의 엔트로피가 상태확률(계가 특정 상태에 놓일 확률)의 함수라는 볼츠만의 주장을 수용하면 빛

의 다양한 특성을 설명할 수 있다.[11]

아인슈타인의 논리는 기체의 엔트로피에 대한 볼츠만의 통계적 서술을 제시하는 것으로 시작된다. 볼츠만은 기체가 분자라는 작은 알갱이로 이루어져 있다는 가정하에 엔트로피가 오직 확률에 의해 증가한다는 것을 증명했다. 그리고 아인슈타인은 이 이론을 빛에 그대로 적용하여 "빛이 작은 알갱이로 이루어져 있다고 가정하면, 빛의 엔트로피가 변하는 방식도 설명할 수 있다"고 주장했다. 당신의 방을 가득 채우고 있는 공기가 작은 입자들로 이루어진 것처럼, 방을 비추는 빛도 작은 알갱이로 이루어져 있다는 것이다. 아인슈타인은 볼츠만의 통계적 분석법을 적용하여 빛의 입자적 특성을 확립한 후, 이로부터 아직 설명되지 않은 빛의 광학적 거동을 설명하는 것으로 논문을 마무리했다.[12]

이 논문에서 아인슈타인이 대표적 사례로 제시한 것이 바로 '광전효과photoelectric effect, 특정 물체에 빛(전자기파)을 쪼였을 때 전류가 흐르는 현상'이다. 광전효과 자체는 이미 알려진 현상이었지만, 당시 물리학자들은 물체에 쪼인 빛의 진동수와 생성된 전류의 양 사이의 관계를 명쾌하게 설명하지 못하고 있었다. 대부분의 경우 붉은빛을 아무리 강하게 쪼여도 전류가 생성되지 않는데, 푸른빛은 조금만 쪼여도 전류가 흐른다. 그리고 자외선은 아주 희미하게 쪼여도 푸른빛을 쪼였을 때보다 많은 전류가 생성된다. 아인슈타인은 그 원인을 다음과 같이 설명했다.

빛은 에너지 알갱이로 이루어져 있다. 그러나 각 알갱이에 함유된 에너지의 양은 빛의 진동수에 따라 다르다. 즉 붉은빛(진동수가 낮은 빛) 알갱이의 에너지는 푸른빛(진동수가 높은 빛) 알갱이의 에너지보다 작고, 푸른빛 알갱이의 에너지는 자외선 알갱이의 에너지보다 작다. 그러므로 물체에 붉은빛을 쪼이는 것은 깃털로 때리는 것과 같아서, 아무리 강하게 쪼여도 전류가 생성되지 않는다(진동수가 일정한 빛을 강하게 쪼인다는 것은 에너지가 동일한 알갱이를 여러 개 뿌린다는 뜻이다_옮긴이). 얼굴에 여러 개의 깃털이 우수수 떨어져도 쉽게 털어낼 수 있는 것과 같은 이치다. 그러나 자외선을 쪼이는 것은 깃털 대신 총알을 쏘는 것과 같아서, 단 한 개의 총알만 맞아도 깃털 수백 개를 맞은 것보다 큰 상처를 입는다. 그래서 적외선을 강하게 쪼여도 전류가 생성되지 않다가, 자외선 입자를 단 몇 개만 쪼이면 물체에 전류가 흐르는 것이다.

아인슈타인의 1905년 논문은 양자물리학의 기초를 확립한 기념비적 논문으로 평가된다. 그러나 양자물리학이 과학계에 수용될 때까지는 거의 20년을 더 기다려야 했다. 과학자들은 1920년대 후반에 와서야 빛의 알갱이를 '광자photon'라는 이름으로 부르기 시작했는데, 그 후에도 빛의 파동적 성질은 여전히 살아남아서 '파동-입자 이중성wave-particle duality'이라는 역설적 개념이 양자물리학의 뜨거운 화제로 떠올랐다. 간단히 말해서, 빛은 파동인 동시에 입자이기도 하다.

아인슈타인이 1905년에 발표한 첫 번째 논문 중 '볼츠만의 원리에 입각한 단색광 복사의 엔트로피와 부피의 관계에 대한 해석Interpretation of the Expression for the Volume Dependence of the Entropy of Monochromatic Radiation in Accordance with Boltzmann's Principle'이라는 섹션에서 볼츠만의 이름이 여섯 번이나 거

론되었다는 것은 눈여겨볼 대목이다.[13] 그러나 아인슈타인이 이 원리를 배웠던 책《기체 이론 강의》에서 저자인 볼츠만은 자신의 이론이 학자들 사이에서 곧 잊힐 것이라며 우려를 표명했다. 더욱 안타까운 사실은 아인슈타인의 논문이 발표되었을 때 볼츠만이 살아 있었다는 것이다. 그러나 그가 남긴 기록을 아무리 뒤져봐도 아인슈타인의 논문을 읽었다는 증거는 없다. 그는 이 놀라운 결과를 전혀 모르는 채 다음 해인 1906년에 스스로 목숨을 끊었다.

아인슈타인은 광양자(빛알갱이) 논문을《물리학 연보》에 보낼 때, 자신의 이론이 새로운 혁명의 중심이 될 것을 이미 예견하고 있었다. 그러나 아직은 박사과정을 졸업하기 전이어서 학자로 대접받으려면 박사학위 논문을 빨리 써야 했기에, 광양자 논문을 발표한 후 몇 주일 만에 학위논문을 급하게 완성하여 취리히공과대학에 제출했다.[14] 이 논문도 열역학에 관한 내용이었는데, 주된 목적은 볼츠만의 원자가설을 뒷받침하는 증거를 제시하는 것이었다.

아인슈타인은 '원자의 존재를 인정하지 않으면 설명하기 어려운 현상'을 타깃으로 삼고, 제일 먼저 점성이 높은(즉 끈적거리는) 설탕물을 예로 들었다. 설탕물에 손가락을 담그고 휘저으면 맹물의 경우보다 많은 저항이 느껴진다. 설탕물은 왜 물보다 점성이 높을까? 아인슈타인은 박사학위 논문에서 "설탕과 물이 입자로 이루어져 있다고 가정하면 그 이유를 설명할 수 있다"고 주장했다. 더욱 대담했던 것은 "순수한 물과 설탕물의 점도를 비교하면 설탕분자의 크기를 계산할 수 있다"고 주장했다는 점이다. 설탕물처럼 평범한 물질에서 현실 세계의 숨은 진리를 찾겠다는 시도 자체도 참으로 대담한 발상이었다.

아인슈타인은 설탕물이 연속적인 액체가 아니라 구형의 물분자와 설탕분자들이 끊임없이 부딪히고 밀치는 '입자의 집합체'라고 생각했다. 작은 물분자들 사이에 커다란 설탕입자들이 끼어들어서 물분자의 이동을 방해하고(설탕입자에 부딪힐 때마다 물분자의 속도가 느려짐), 그 결과로 나타난 것이 바로 점성이라는 것이다.

그다음 단계에서 아인슈타인은 구체적인 계산에 들어갔다. 그는 복잡한 수학 방정식을 길게 나열한 후 "설탕물의 두 가지 특성에 방정식을 적용하면 설탕분자의 직경을 계산할 수 있다"고 단언했다. 그가 말한 두 가지 특성은 다음과 같다.

1. 순수한 물의 점도(점성을 수치로 표현한 값. 유체가 이동할 때 인접한 유체층 사이에 작용하는 단위 면적당 전단력과 속도의 기울기 사이의 비율로 정의되며, '포이즈poise'라는 단위를 사용한다_옮긴이)와 특정 양의 설탕을 섞은 설탕물의 점도 사이의 비율.
2. 설탕물의 삼투압滲透壓, osmotic pressure.

항아리의 가운데를 세로 방향의 막으로 차단하고 왼쪽에는 묽은 설탕물을, 오른쪽에는 진한 설탕물을 채워 넣었다고 하자. 이런 경우 물은 막의 왼쪽에서 오른쪽으로 흘러 농도를 균일하게 맞추려는 경향을 보인다. 즉 막의 왼쪽에서 오른쪽으로 누르는 힘이 작용하는데, 이 압력을 삼투압이라 한다.

이것은 별로 어려운 측정이 아니어서, 아인슈타인은 다른 과학자들이 얻은 실험 데이터를 사용했다. 이 값을 방정식에 대입하여 얻은 설탕분자의 직경은 약 9.9×10^{-8}센티미터(1000만분의 1센티미터)였는데,[15] 현재 알려진 값과 매우 비슷하다. 취리히공과대학의 논문 심사위원들은 아인슈타인의 논문에 깊은 감명을 받아 박사학위를 수여하기로 결정했다.

그러나 이 논문만으로는 원자와 분자의 존재를 명확하게 증명할 수 없었다. 아인슈타인이 계산한 설탕분자의 크기는 가장 좋은 현미경으로도 볼 수 없을 정도로 작았기 때문에 좀 더 직접적인 증거가 필요했다. 그래서 아인슈타인은 졸업논문을 완성한 직후부터 기적의 해에 발표할 두 번째 논문이자 볼츠만의 원자가설을 가장 확실하게 증명해 줄 논문을 써 내려가기 시작했다.

이번에도 그는 주변에서 쉽게 관찰할 수 있는 브라운 운동Brownian motion, 물위에 떠 있는 작은 입자들이 보이는 무작위 거동에서 실마리를 찾았다.[16] 1820년대에 찰스 다윈의 친구이자 식물학자인 로버트 브라운Robert Brown은 식물의 꽃가루 알갱이 속에서 미세한 입자를 추출하여 물위에 뿌렸다가 이상한 현상을 발견했다. 이 입자들은 설탕과 달리 물에 녹지 않고 연기처럼 넓게 퍼져나갔는데(이것을 콜로이드성 부유물colloidal suspension이라고 한다), 현미경으로 들여다보니 개개의 입자들이 이리저리 흔들리다가 갑자기 특정 방향으로 이동하는 등 마치 살아 있는 생명체처럼 움직이고 있었다. 처음에 브라운은 입자들이 살아 있다고 생각했으나, 작은 모래알과 금가루를 뿌려도 똑같은 현상이 나타나는 것을 확인하고 생명체 가설을 철회했다.

브라운 운동은 처음 발견된 후 거의 80년 동안 미스터리로 남아 있었지만, 반드시 밝혀야 할 중요한 문제라고 생각한 과학자는 거의 없었다. 그러나 아인슈타인은 관심에서 사라져가는 브라운 운동으로부터 원자와 분자의 존재를 입증하는 논문을 작성하여 1905년 5월에 《물리학 연보》에 제출했다. 박사학위 논문(설탕물 논문)이 통과된 지 단 2주일 만에 새 논문을 완성한 것을 보면 두 가지 문제를 동시에 생각했음이 분명하다.

아인슈타인의 논리를 이해하기 위해, 미시적 차원에서 물속으로 들어가 보자. 사방 어디를 둘러봐도 구형球形 물분자로 가득 차 있다. 그런데 수면 가까이 올라가니 물분자보다 수천 배나 큰 거대한 구형 분자가 떠다니고 있다. 누군가가 물위에 뿌려놓은 꽃가루 입자이다. 덩치가 워낙 커서 동작이 굼뜰 것 같지만, 의외로 물분자보다 훨씬 역동적이다. 물분자들은 끊임없이 진동하면서 범퍼카처럼 수시로 부딪히는데, 수면 근처에서는 마치 탁구공 집단이 거대한 비치볼을 공격하듯이 모든 방향에서 꽃가루 입자와 충돌하고 있다.

언뜻 보기에는 아무런 일도 일어나지 않을 것 같다. 꽃가루 입자가 무작위로 움직이는 물분자들에게 사방으로 얻어맞으면 모든 방향에서 충격이 상쇄되어 한자리에 가만히 있을 것이기 때문이다. 그러나 아인슈타인의 생각은 달랐다. 아주 짧은 시간 동안 특정 방향으로 가해진 충격이 다른 충격보다 강하면(이런 일은 확률에 의해 우연히 일어날 수 있다) 꽃가루 입자는 그 방향으로 조금 이동하게 된다. 그리고 또다시 짧은 시간 동안 이와 동일한 현상이 다른 방향으로 일어나면 다시 그 방향으로 이동한다. 이런 과정이 반복되다 보면 꽃가루 입자는 물 위에서 특정한 방향성 없이 갈지자 궤적을 그리며 나아갈 텐데, 이것은 1820년대에 로버트 브라운이 관측했던 운동과 거의 정확하게 일치한다.

오케이, 여기까지는 그렇다고 치자. 그런데 이것이 원자론과 무슨 상관이란 말인가? 바로 여기서 아인슈타인의 날카로운 논리가 위력을 발휘한다. 그는 충돌하는 공으로 만들어진 분자 모형을 도입하여 특정 시간 동안 꽃가루 입자가 이동하는 거리를 계산했다. 꽃가루 입자는 덩치가 커서 현미경으로 관측 가능하기 때문에, 계산 결과를 관측 데이터와 비교하면 이론의 타당성을 검증할 수 있다. 아인슈타인의 계산 결과가 관측 데이터와 일치하면 원자론은 강력한 증거를 확보하게 된다.

아인슈타인은 무작위로 일어나는 물분자와 꽃가루 입자의 운동을 어떻게 예측할 수 있었을까? 그 답은 '주정뱅이의 산책Drunkard's Walk'이라는 통계적 계산법에서 찾을 수 있다. 도심 한복판의 넓은 광장에서 술에 취해 비틀대며 걷는 취객을 상상해보자. 그가 내딛는 모든 발걸음의 방향은 완전히 무작위로 결정된다. 여기서 질문 하나. 특정한 횟수의 발걸음을 내디딘 후, 그의 위치를 예측할 수 있을까? 출발점을 A, 도착점을 B라 했을 때 A와 B를 연결한 직선의 방향을 예측할 수는 없지만, A와 B 사이의 거리는 예측할 수 있다. 예를 들어 A에서 출발한 취객이 100걸음을 걸은 후 B에서 멈췄다면, A를 기점으로 그가 가고 있는 방향은 알 수 없지만, "A로부터 50미터 떨어진 곳에 서 있다"는 정도는 예측할 수 있다는 이야기다.

아인슈타인은 이 논리를 꽃가루 입자에 적용했다. 물분자에게 사방팔방으로 얻어맞으면서 매 순간 무작위 방향으로 조금씩 이동하는 것이 취객의 걸음걸이와 비슷하기 때문이다. 주정뱅이의 산책 공식을 적용해보니, 직경이 0.001밀리미터인 꽃가루 입자는 온도가 섭씨 17도인 물에서 10초당 6000분의 1밀리리터(약 0.00017밀리미터)씩 움직이는 것으로 계산되었다.

원자론은 100년이 넘도록 뜨거운 논쟁거리로만 남아 있었는데, 간단한 계산으로 원자의 존재 여부를 확인할 수 있게 되었으니 정말로 놀라운 결과가 아닐 수 없다. 아인슈타인은 논문의 말미에 "이것은 열이론의 향방을 좌우하는 매우 중요한 문제로서, 하루속히 해결되기를 바란다"라고 적어놓았다.[17]

아인슈타인의 예측은 4년이 지난 1909년에 프랑스의 물리학자 장 페렝Jean Perrin에 의해 사실로 확인되었다.[18] 그는 물위에 떠 있는 꽃가루 입자가 특정 시간 동안 이동한 거리를 측정했는데, 방법이 매우 기발하면서도 정교하여 한번쯤 짚고 넘어갈 필요가 있다.[19] 일단 페렝은 꽃가루를 사용하지 않았다. 꽃가루는 형태가 불규칙하여 직경을 정의하기가 어렵기 때문이다(입자가 이동한 거리는 입자의 직경에 따라 달라진다). 그는 사전 실험을 여러 번 실행한 후, 자황雌黃, gamboge이라는 열대관목의 송진가루를 실험 대상으로 선택했다(자황의 송진가루는 노란색이 매우 선명하여 불교승들의 법복을 염색하는 데 사용된다). 송진을 추출하여 메탄올과 물에 섞으면 거의 구형에 가까운 가루가 되는데, 직경은

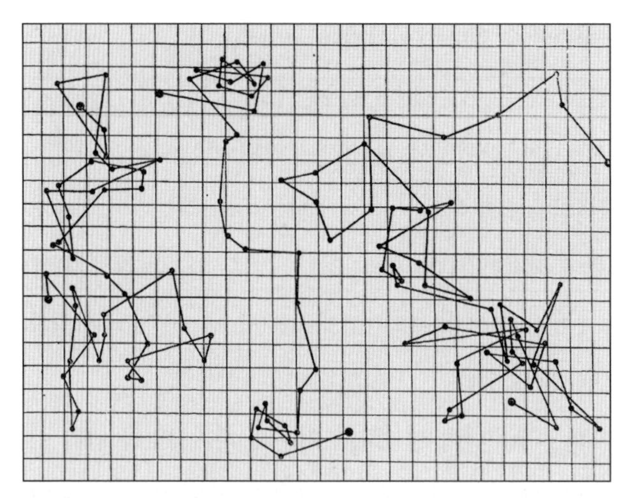

장 페렝의 모눈종이에 투영된 자황입자의 브라운 운동

약 0.0005~0.005밀리미터이다.

페렝은 물위에 뜬 자황입자에 현미경의 초점을 맞추고 현미경에 맺힌 영상을 모눈종이에 투영시켜서 이동거리를 관측했다(위쪽 그림 참조).[20]

페렝은 오차범위 안에서 아인슈타인의 예측이 옳았음을 입증했고, 그로부터 10년 후에는 거의 모든 과학자들이 원자와 분자의 존재를 인정하게 되었다. 가장 열성적인 에너지 근본주의자이자 볼츠만을 신랄하게 비난했던 빌헬름 오스트발트는 동료들 앞에서 "아인슈타인의 예측을 페렝이 실험으로 확인했다니, 내 생각을 바꿀 수밖에 없다"고 고백했다. 한 목격자의 증언에 의하면 1912년에 아인슈타인과 에른스트 마흐가 만났을 때 원자와 분자가 존재한다는 데 두 사람 모두 동의했다고 한다. 볼츠만을 가장 극렬하게 비난했던 마흐조차도 한 걸음 물러난 것이다. 과연 진심이었을까? "원자는 절대로 존재하지 않는다!"고 목 놓아 외쳤던 그가 정말로 생각을 바꿨을까?

그런 것 같지는 않다. 마흐가 세상을 떠난 후 그의 아들이 서재에서 찾은 노트에는 다음과 같은 문구가 적혀 있었다. "내가 상대성 이론을 믿지 않는 것처럼, 원자가 존재한다는 주장도 결코 받아들일 수 없다."[21]

열역학에 대한 아인슈타인의 연구는 이것으로 끝나지 않았다. 그는 기적의 해로 불리는 1905년에 '에너지는 항상 보존된다'는 열역학 제1법칙을 확장하여 과학 역사상 가장 중요한 방정식을 유도했는데, 이것이 바로 그 유명한 $E=mc^2$이다.

여기서 E는 물체의 에너지이고 m은 물체의 질량, c는 빛의 속도이다. c는 언제 어디서나 변하지 않는 상수로서(물론 매질이 다르면 c도 변한다. 여기서 광속이 불변이라는 것은 '진공 중에서' 그렇다는 뜻이다_옮긴이), 질량에 그냥 곱해지지 않고 제곱한 상태(c^2)로 곱해진다. 이 방정식에 의하면, 에너지는 새로 생성되거나 파괴될 수 없지만 고체의 형태로 존재할 수는 있다. 다시 말해서, 모든 고체는 에너지가 고도로 밀집된 상태이며, 모든 종류의 에너지는 '희석된 질량'으로 해석할 수 있다는 뜻이다. 가장 극단적인 사례가 바로 원자폭탄이다. c^2의 값이 워낙 크기 때문에 극소량의 질량도 모두 에너지로 변환되면 엄청난 파괴력을 발휘할 수 있다. 1945년 8월에 히로시마에 떨어진 원자폭탄의 우라늄 함유량은 종이클립보다 가벼운 0.5그램에 불과했지만, 거의 모든 질량이 에너지로 변하면서 순식간에 도시 전체를 폐허로 만들었다. c^2는 그 정도로 큰 상수이다($c^2=9\times10^{16}\mathrm{m}^2/\mathrm{s}^2$_옮긴이).

물론 아인슈타인이 원자폭탄을 염두에 두고 $E=mc^2$를 유도한 것은 아니었다. 이 방정식은 '빛의 속도는 관측자의 운동 상태에 상관없이 누구에게나 동일하다'는 물리학적 공리axiom로부터 유도된 결과이다. 지면을 밟고 서 있는 관측자가 위쪽으로 손전등을 켜면 빛은 초속 30만 킬로미터의 속도로 하늘을 향해 날아간다. 이때 다른 관측자가 초속 29만 9000킬로미터로 날아가는 로켓을 타고 이 빛줄기를 쫓아가면서 광속을 측정하면 어떤 값이 얻어질까? 직관적으로 생각하면 초속 1000킬로미터일 것 같지만, 사실은 그렇지 않다. 로켓을 탄 관측자에게도 빛의 속도는 여전히 초속 30만 킬로미터이다.

왜 그럴까? 그 이유는 맥스웰의 전자기파 이론에서 찾을 수 있다. 앞서 말한 대로 빛이란 특정 방향으로 진동하면서 나아가는 전기장과 이에 대하여 수직 방향으로 진동하면서 나아가는 자기장이 복합적으로 낳은 결과이다. 맥스웰은 전기전하들이 서로 밀거나 잡아당기는 힘의 세기와 전류로부터 생성된 자기력의 세기로부터 빛의 속도를 계산했다.

모든 관측자들에게 빛의 속도가 일정한 이유를 이해하기 위해, 앨리스와 밥('앨리스'와 '밥'은 정보과학에서 송신자와 수신자를 거론할 때 흔히 등장하는 이름이다)이 진공 중에서 빛의 속도를 계산한다고 가정해 보자. 이들의 실험실은 탁 트인 우주 공간에 설치되었기 때문에 두 사람 모두 우주복을 입은 상태이다. 앨리스는 자신의 우주 실험실에서 전기장과 자기장의 세기를 측정한 후, 이 값을 근거로 빛의 속도를 계산했다.

사실 밥의 실험실은 앨리스의 실험실에 대하여 시속 1000킬로미터로 이동하고 있었다. 그러나 밥은 이 사실을 전혀 모르는 채 동일한 관측과 계산을 수행했다(텅 빈 공간에서 일정한 속도로 움직이면 아무런 힘도 받지 않기 때문에, 비교 대상이 없으면 자신이 움직인다는 사실을 알 길이 없다_옮긴이). 그렇다면 결과가 달라지지 않을까? 아니다. 이런 경우에도 밥이 계산한 광속은 앨리스가 얻은 값과 똑같다. 왜 그런가? 밥에게는 자신의 연구실이 움직이고 있다는 것을 확인할 방법이 전혀 없기 때문이다.

이 우주에서 실행 가능한 어떤 관측기구를 동원해도 자신의 운동 상태를 확인할 길은 없다. 창밖을 내다보면 앨리스가 움직이는 것처럼 보일 텐데, 밥은 아무런 힘도 느낄 수 없으므로 자신은 정지해 있고 앨리스가 움직인다고 생각할 것이다. 밥이 어떤 속도로 움직이건 그가 느끼는 진공은 앨리스와 완전히 똑같다. 이는 곧 밥이 관측한 전기장과 자기장의 세기가 앨리스와 같다는 뜻이며, 따라서 밥이 계산한 광속은 앨리스와 같을 수밖에 없다.

1905년에 아인슈타인은 빛의 속도가 누구에게나 똑같은 이유를 명쾌하게 설명하지 못했지만, 물리법칙이 관측자의 관점에 따라 달라지면 안 된다는 사실만은 굳게 믿고 있었다. 관측자의 물리적 상태에 따라 다르게 적용되는 것을 '법칙'이라고 부를 수는 없기 때문이다. 그러므로 맥스웰의 전자기 이론은 서로 상대운동을 하고 있는 두 관측자

(앨리스와 밥)에게 동일한 형태로 적용되어야 한다.

이 내용은 아인슈타인이 기적의 해에 발표한 세 번째 논문에 잘 나와 있다. 후대의 과학자들에게 '특수 상대성 이론'으로 알려진 이 논문은 상식을 벗어난 예측으로 유명하다. 예를 들어 시간은 관측자의 속도에 따라 다른 빠르기로 흐른다(공간 이동에 '속도'라는 용어를 사용했으므로, 혼동을 피하기 위해 시간 이동은 속도 대신 '빠르기'라 부르기로 한다_옮긴이). 그 후에 발표한 네 번째 논문에서 아인슈타인은 빛의 속도가 누구에게나 동일하다는 공리에 기초하여 질량과 에너지가 $E=mc^2$를 통해 서로 호환 가능한 양임을 증명했다.

다시 앨리스와 밥에게 돌아가 보자. 이번에는 상황이 바뀌어서 앨리스는 지표면에 남아 있고, 밥은 로켓에 탄 채 출발신호를 기다리는 중이다. 앨리스가 대형 서치라이트의 스위치를 켜는 순간, 밥을 태운 로켓이 이륙하여 빛을 쫓아간다. 로켓에는 강력한 엔진이 탑재되어 있어서 밥의 속도는 시간이 흐를수록 서서히 빨라지고 있다. 그러나 로켓의 속도가 아무리 빨라도 빛이 밥으로부터 멀어지는 속도는 항상 c(초속 30만 킬로미터)이다. 속도를 아무리 높여도 로켓과 빛 사이의 상대속도는 달라지지 않는다. 지상에 있는 앨리스의 관점에서는 이 상황이 어떻게 보일까? 여기서 중요한 포인트는 앨리스가 관측한 빛의 속도도 여전히 c라는 것이다. 그렇다면 앨리스는 빛을 따라잡지 못하는 밥의 상황을 어떻게 이해해야 할까?

답: 앨리스에게는 밥을 태운 로켓의 가속도가 감소하는 것처럼 보인다(가속도가 감소한다는 것은 속도가 느려진다는 뜻이 아니라 '속도가 증

가하는 정도'가 줄어든다는 뜻이다_옮긴이). 시간이 흐를수록 밥이 빛의 속도에 도달할 때까지 걸리는 시간이 더욱 길어지는 것처럼 보일 것이다. 그리고 밥의 로켓이 거의 광속에 가까운 속도에 도달하면 로켓의 속도는 더 이상 빨라지지 않는다. 엔진은 열심히 최대 출력을 발휘하고 있는데 아무런 효과가 없다. 왜 그럴까? 앨리스의 눈에는 엔진에서 생산된 에너지가 속도를 높이는 대신 로켓의 질량을 키우는 데 사용된 것처럼 보이기 때문이다.

이 사고실험은 질량과 에너지가 서로 호환되어야 하는 이유를 직관적으로 설명해준다. 열과 운동처럼 질량도 또 다른 형태의 에너지에 해당한다. 그러므로 열역학 제1법칙에 의거하여 "에너지는 항상 보존된다"고 말할 때에는 우주에 존재하는 모든 질량도 에너지의 한 형태임을 잊지 말아야 한다. 아인슈타인은 $E=mc^2$를 에너지 보존 법칙의 확장형으로 간주했는데, 이 사실을 처음으로 간파한 사람은 19세기의 제임스 줄과 헤르만 헬름홀츠였다. 아인슈타인은 1945년에 출간한 에세이집에 다음과 같이 적어놓았다. "과거에 에너지 보존 법칙은 열이 보존된다는 관념을 삼켜버렸고, 지금은 질량 보존 법칙까지 먹어치웠다. 이제 남은 것은 장場, field뿐이다."[22](보존되는 양이 열이나 질량인 줄 알았는데, 알고 보니 에너지였다는 뜻이다_옮긴이)

열역학 제1법칙은 아인슈타인 덕분에 적용 범위가 크게 넓어졌다. 그런데 에너지는 왜, 대체 왜 보존되는 것일까?

Einstein's Fridge

15

—

대칭

여러분, 신임 교수를 채용하는데 지원자의 성별이 왜 문제가 되는지 이해가 가지 않습니다. 대학교수회가 무슨 목욕탕이라도 된답니까?[1]

독일의 수학자 다비드 힐베르트

뇌터의 정리가 알려지기 전까지만 해도 에너지 보존 법칙은 완전히 미스터리였다.[2]

터키의 수학자 겸 물리학자 페자 귀르세이

에미 뇌터Emmy Noether는 1882년에 독일 남동부의 바바리아주Bavarian에 있는 에를랑겐Erlangen에서 태어났다.[3] 아인슈타인보다 세 살 어린 그녀는 과학의 천재이자 19세기~20세기 초에 유럽 전역에 퍼져 있던 여성 혐오와 반유태인 정서에 굴하지 않은 당찬 여성이었다. 평생 동안 부당한 대우를 받다가 결국 독일을 떠났지만, 워낙 똑똑한데다 용감하기까지 하여 남자 동료들은 뇌터를 어떻게 대해야 할지 갈피를 잡지 못했다. 1913년에 뇌터가 비엔나에 사는 폴란드 출신의 수학자 프란츠 메르텐스Franz Mertens를 방문했을 때 메르텐스의 손자는 뇌터의 모습을 다음과 같이 서술했다. "그녀는 여성임에도 불구하고 지역교구의 카톨릭 사제 같았습니다. 발목까지 닿는 검은 치마에 평범한 코트를 걸치고, 짧은 머리에 남자들이 쓰는 모자를 썼더군요… 옛날 왕정시대에 역무원들이 사용하던 십자형 숄더백을 어깨에 걸친 모습이, 평범한 여성은 분명 아니었습니다."[4] 1964년에 뉴욕에서 세계박람회가 열렸을 때 커다란 건물 외벽에 '현대 수학자들Men of Modern Mathematics'이라는 표제로 80명의 명단이 붙었는데, 뇌터는 거기에 이름을 올린 유일한 여성이었다.

주변 친구들의 증언에 의하면 뇌터는 항상 재미있는 것을 찾고 목소리가 컸으며, 유머가 넘치고 춤추기를 좋아했다고 한다. 또한 연구동료들은 그녀가 매사에 관대하고 수학에 대한 열정이 남달랐는데, 추상적인 수학일수록 강한 투지를 보인다고 했다. 뇌터는 한 친구에게 보낸 편지에서 "이번 겨울학기에 다원수多元數, hypercomplex에 대한 강의를 할 예정인데, 학생들 못지않게 나에게도 아주 재미있을 거야"라며 흥분을 감추지 못했다.[5] 그러나 그녀의 동료 중 한 사람은 뇌터가 "많은 학생들을 대상으로 기초 수학을 강의하기에는 아까운 인재"라고 했다.

다행히도 에를랑겐대학교의 수학과 교수였던 뇌터의 아버지는 딸의 재능과 열정을 이해하고 북돋아주었다. 당시 에를랑겐대학교는 여학생을 받아주지 않았지만, 아버지가 재단의 임원들을 설득하여 청강생으로 등록할 수 있었다. 청강생은 수강을 허락한 교수의 강의만 들을 수 있었고, 모든 과정을 이수해도 학위를 받을 수 없는 신분이었으나, 뇌터는 그런 불리한 조건에서도 발군의 실력을 발휘했다. 그러던 중 1904년에 대학교 측에서 여학생의 입학을 허용하기 시작했고, 정식 학생이 된 뇌터는 대수학의 불변이론을 연구하여 박사학위를 받은 후 괴팅겐으로 이주했다.

괴팅겐은 독일에서 제일 오래된 대학가로, 20세기 초에는 유럽 최고의 수학 명문으로 떠오르고 있었다. 당시 현존하는 세계 최고의 수학자이자 괴팅겐대학교의 수학과 과장이었던 다비드 힐베르트David Hilbert는 뇌터의 재능을 알아보고 괴팅겐에서 강의와 연구를 병행할 수 있도록 배려했는데, 다른 교수들의 극렬한 반대에 부딪혀 한동안 곤혹을 치렀다. 보수적인 교수들(특히 철학과 교수들)은 "교수평의회에 여성이 포함되면 좋지 않은 사례로 남아 두고두고 문제가 될 것"이라며 뇌터의 채용을 거부했고, 보다 못한 힐베르트는 어느 날 교수 회의를 하는 자리에서 평소답지 않게 언성을 높였다. "여러분, 신임 교수를 채용하는데 지원자의 성별이 왜 문제가 되는지 이해가 가지 않습니다. 대학교수회가 무슨 목욕탕이라도 된답니까?" 결국 힐베르트는 반대 의견을 잠재우고 뇌터를 채용했다. 그러나 무급 강사였기에 뇌터는 괴팅겐에 머무는 4년 동안 가족의 도움을 받아 생계를 꾸려야 했다.

뇌터가 괴팅겐에 도착한 1915년은 아인슈타인이 일반 상대성 이론general relativity를 발표한 해이기도 하다. 일반 상대성 이론은 뉴턴의 중력이론을 업그레이드한 '현대판 중력이론'인데, 그 수학적 의미를 가장 먼저 간파한 사람이 바로 힐베르트였다. 그가 뇌터를 괴팅겐에 초청한 것도 그녀의 주 전공인 불변이론을 이용하여 일반 상대성 이론의 타당성을 검증하려는 의도였다.

그러나 뇌터는 힐베르트의 기대를 훨씬 넘어서 대칭과 보존량 사이의 관계를 규명했을 뿐만 아니라, 열역학 제1법칙이 성립하는 이유까지 알아냈다.

불변이론은 대칭對稱, symmetry이라는 개념과 밀접하게 관련되어 있다. 가장 일반적인 의미에서 대칭이란 '임의의 변환에 대하여 변하지 않는 무언가가 존재하는 상태'를 의미한다. 예를 들어 사람의 얼굴은 좌우를 바꿔도 기본 형태가 변하지 않으므로 좌우 대칭이고, 눈송이의 결정은 가운데를 중심으로 60도의 배수만큼 회전시켜도 모양이 변하지 않기 때문에 (불연속) 회전 대칭 도형이다. 대부분의 동물과 꽃, 그리고 레오나르도 다빈치의 인체 비례도와 타지마할 같은 건축물에도 위와 비슷한 대칭이 존재한다.

수학자에게 대칭은 '불변성invariance'의 한 사례이다. 대칭의 가장 간단한 사례는 기하학적 도형에서 찾을 수 있다. 정사각형은 시계 방향이나 반시계 방향으로 90도만큼 돌려도 모양이 변하지 않기 때문에 '90도 회전변환'에 대하여 대칭이고, 원은 어떤 각도로 돌려도 모양이 변하지 않으므로 회전변환에 대하여 완벽한 대칭을 가지고 있다. 그러나 대칭의 개념은 공간 변환(좌우 반전, 회전 등)뿐만 아니라 시간 변환에도 똑같이 적용된다. 예를 들어 원의 외형은 시간이 흘러도 변하지 않으므로 '시간 병진 변환time translation, 시간을 미래 또는 과거로 이동하는 변환'에 대하여 대칭이다.

뇌터는 박사학위 논문을 쓰면서 대칭의 전문가가 되었고, 아인슈타인의 일반 상대성 이론을 연구하다가 우주의 깊은 비밀을 알아냈다.

그녀가 발견한 '뇌터의 정리Noether's theorem'에 의하면, 시간이 흘러도 변하지 않는 물리계(즉 시간 대칭이 존재하는 물리계)에서는 에너지가 보존된다.

움직이는 당구공이 정지해 있는 공과 충돌하는 경우를 생각해보자. 두 공이 충돌하면 각자 다른 경로를 따라 움직이는데, 이들의 속도와 방향은 역학법칙을 이용하여 계산할 수 있다. 두 공이 다음 날 충돌하건 200년 후에 충돌하건 간에, 이들의 운동을 좌우하는 역학법칙은 시간이 아무리 흘러도 똑같이 성립한다. 당연한 사실 같지만 여기에는 중요한 정보가 담겨 있다. '운동 방정식은 시간이 흘러도 변하지 않는다'는 정보가 바로 그것이다. 뇌터는 운동 방정식이 불변량과 관련되어 있으면 방정식에 시간 대칭이 존재한다는 것을 수학적으로 증명했다. 다시 말해서, 역학법칙에 시간 병진 대칭이 존재하면 무언가가 보존된다는 뜻이다. 그렇다면 보존되는 양은 과연 무엇일까? 그렇다. 바로 '에너지'가 보존된다!

뇌터의 정리는 에너지 보존에서 멈추지 않는다. 이 정리에 의하면 "방정식에 대칭이 존재하면 그에 대응되는 보존량이 반드시 존재한다."[6] 예를 들어 역학의 모든 법칙(방정식)은 공간의 한 점을 다른 점보다 특별하게 취급하지 않는다. 즉 역학적 관점에서 볼 때 공간의 모든 점들은 완벽하게 동일하다. 당구공은 우주 어디에서나 동일한 법칙을 따라 움직인다. 이는 곧 역학법칙이 시간 대칭뿐만 아니라 공간 대칭도 갖고 있다는 뜻이다. 이 경우에는 어떤 물리량이 보존될까? 뇌터의 정리에 의하면 '운동량momentum'이 보존된다. 달리던 자동차가 갑자기

멈췄을 때 몸이 앞으로 쏠리는 것은 관성 때문인데, 운동량은 관성과 밀접하게 관련된 양이다(관성의 척도는 질량*m*이고, 운동량은 질량에 속도*v*를 곱한 값이다_옮긴이). 다시 말해서, 운동량이 보존되는 이유는 우주 모든 곳에서 역학법칙이 동일한 형태로 적용되기 때문이다. 대칭과 관련된 다른 보존량으로는 각운동량angular momentum과 전기전하electric charge가 있다.

뇌터의 정리는 역逆도 성립한다. 즉 역학법칙이 시간에 대하여 대칭이 아니면 에너지가 보존되지 않는다.

그 증거는 우주 모든 곳에서 찾을 수 있다. 우주가 빅뱅으로부터 탄생한 후 약 37만 9000년이 지났을 때 최초의 원자가 형성되면서 주황색 빛이 드넓은 공간을 가득 채웠다. 그 후로 우주는 수천 배 규모로 팽창되었지만, 그때 방출된 빛은 여전히 공간을 가득 채운 상태이다. 그런데 지금 우리는 왜 그 빛을 볼 수 없는 것일까? 이유는 간단하다. 장구한 세월이 흐르면서 에너지를 잃었기 때문이다. 처음에 빛은 주황색이었는데, 그 사이에 파장이 길어져서 가시광선을 벗어난 마이크로파로 변했기 때문에 보이지 않는 것이다. '우주배경복사cosmic background radiation'로 알려진 이 빛은 빅뱅이 실제로 일어났음을 보여주는 강력한 증거로서, 벨연구소의 아르노 펜지아스Arno Penzias와 로버트 윌슨Robert Wilson이 1964년에 최초로 발견하여 노벨상을 받았다.

우주를 거대한 용광로에 비유해보자. 아득한 옛날, 용광로는 주황색으로 빛나고 있었다. 이 빛에너지는 파장이 100만분의 1미터인 영역에서 가장 강하게 방출되었는데, 온도로 환산하면 약 섭씨 2700도쯤 된다. 지금 이 빛에너지는 엄청나게 감소하여 파장이 1.9밀리미터까지 길어졌고, 온도는 영하 270도까지 떨어졌다. 용광로가 식으면 열은 주변 공간으로 퍼져나갈 뿐 열 자체가 사라지지는 않는다. 그러나 우주에는 열을 전가할 주변 공간이라는 것이 존재하지 않기 때문에 우주가 식었다는 것은 에너지가 보존되지 않았다는 뜻이다. 지나치게 대담한 주장 같지만, 사실 이것은 뇌터의 정리로부터 예견된 결과이다. 우주 초기에는 시공간의 구조가 지금과 달라서 역학법칙도 달랐기 때문에 에너지가 보존되지 않은 것이다.[7] 결론적으로 말해서, 뇌터의 정리에 의하면 에너지는 시공간이 변하지 않을 때에만 보존된다.

아인슈타인은 뇌터의 논문을 읽고 힐베르트에게 다음과 같은 편지를 보냈다. "대칭의 개념을 그토록 일반화시킬 수 있다니, 놀라움을 금할 길 없습니다. 괴팅겐의 노과학자들도 이 논문을 계기로 깨달은 바가 있기를 바랍니다. 그녀는 자신이 무슨 일을 하고 있는지 정확하게 알고 있더군요."

1915년 이후로 뇌터의 정리는 전 세계 물리학자들을 인도하는 지침이 되었다. 미국의 물리학자 리처드 파인만은 1961~1962년에 걸쳐 실행했던 물리학 강의에서 뇌터의 정리를 다음과 같이 평가했다. "대칭과 보존량 사이의 관계는 지금 다시 봐도 경이롭기만 합니다. 이것은 과학 역사상 가장 심오하고 아름다운 발견으로 남을 것입니다." 안타까운 것은 이 강의에서 파인만이 대칭과 관련된 정리를 증명한 사람이 누구인지 명확하게 밝히지 않았다는 점이다. 만일 그가 '에미 뇌터'라는 이름을 언급했다면, 그녀는 지금보다 훨씬 유명한 수학자로 기억되었을 것이다. 현대 입자물리학은 뇌터의 정리에서 출발하여 뇌터의 정리에서 끝난다고 해도 과언이 아니다.

뇌터는 1915년에 엄청난 정리를 증명한 후 4년 동안 괴팅겐대학교에서 무급 강사로 일하다가 1919년에야 비로소 유급 강사로 정식 채용되었다. 그러나 이때부터 뇌터의 관심은 물리학에서 추상적인 수학으로 옮겨가게 된다. 그녀는 일반 상대성 이론과 대칭에 대한 연구를 어느 정도 진척시킨 후 기초 수학을 파고들기 시작했다. 이 시기의 연구는 물리학과 직접적인 연관이 없었지만 수학의 다양한 부분, 특히 대수학과 위상수학topology에 지대한 영향을 미쳤다.

한편, 아인슈타인은 한 사람의 물리학자를 넘어 한 시대를 대표하는 과학의 아이콘으로 부상하고 있었다. 뇌터의 정리는 물리학자들만 아는 전문지식이었지만, 아인슈타인의 $E=mc^2$는 "사느냐 죽느냐, 그것이 문제로다"라는 문장 못지않게 유명한 방정식으로 자리 잡았다(사실 그 의미를 아는 사람은 극소수에 불과했다). 상대성 이론은 《뉴욕타임즈New York Times》에 실릴 정도로 유명세를 탔고, 〈베티 붑Betty Boop〉의 제작자인 막스 플라이셔Max Fleisher는 휘어진 공간의 개념을 설명하는 애니메이션을 제작했으며, 찰리 채플린Charlie Chaplin은 할리우드의 유명배우들이 모이는 자리에 아인슈타인을 초청했다.

아인슈타인의 상대성 이론이 엄청난 유명세를 타는 바람에 열이론과 열역학 그리고 양자물리학에 기여한 그의 공로는 사람들의 기억에서 거의 잊혔다. 그러나 아인슈타인이 세계적 명사가 된 후에도 가장 큰 관심을 쏟은 분야는 단연 열역학이었다. 그는 1920년대에 인도

출신의 물리학자 사티엔드라 나드 보즈Satyendra Nath Bose와 함께 기적의 해(1905년)에 발표한 첫 논문(빛의 입자적 성질—광전효과—을 규명한 논문)의 적용 범위를 크게 확장시켰다. 그리고 이와 비슷한 시기에 아인슈타인은 양자역학의 의미를 놓고 덴마크의 물리학자 닐스 보어Niels Bohr와 세기적 논쟁을 벌였다.[8]

아인슈타인은 1905년에 광양자 가설을 발표하여 양자 시대의 서막을 열었으나, 보어를 비롯한 젊은 물리학자들이 양자역학에 내린 해석을 별로 달가워하지 않았다. 보어는 베르너 하이젠베르크Werner Heisenberg와 볼프강 파울리Wolfgang Pauli, 막스 보른Max Born 등이 속한 코펜하겐 학파(보어의 근거지가 코펜하겐이어서 이런 이름이 붙었다)의 대표 주자로서, 미시 세계에서 일어나는 모든 현상이 양자역학적 확률에 의해 좌우된다고 주장했다. 고전적 가치관에 익숙한 아인슈타인은 물리학 이론에 확률이 개입되는 것을 극도로 싫어했는데, 그가 펼친 반론은 한 동료에게 보낸 편지에 잘 요약되어 있다. "양자이론이 유용한 것은 사실이지만, 자연의 비밀을 풀기에는 역부족이라고 생각하네. 어쨌거나 '신은 주사위 놀음을 하지 않는다'는 내 믿음은 절대 흔들리지 않을 걸세."[9]

위 문장에는 양자역학의 불확실성에 대한 아인슈타인의 반감이 솔직하게 담겨 있다. 양자역학에 의하면 우리는 원자의 위치를 정확하게 알 수 없다. 우리가 알 수 있는 것이라곤 특정 위치에 원자가 존재할 확률뿐이다. 언뜻 생각하면 볼츠만과 아인슈타인이 생각했던 원자와 비슷한 것 같다. 이들도 각 원자의 위치를 정확하게 관측할 수 없다는 데에 동의했기 때문이다. 그러나 볼츠만의 원자이론에 적절한 통계 법칙을 적용하면 여러 개의 분자로 이루어진 집단의 거동을 매우 정확하게 예측할 수 있다. 코펜하겐 학파의 관점은 이런 것과 근본적으로 다르다.

볼츠만과 아인슈타인이 통계를 도입한 것은 '원리적으로는 측정 가능하지만 현실적으로 측정이 불가능한 양'을 계산하기 위해서였다. 공기를 1리터만 취해도 그 안에는 엄청난 수의 공기분자가 들어 있기 때문에 이들의 위치와 속도를 일일이 측정하는 것은 현실적으로 불가능하다. 그러나 이것은 기술적인 문제일 뿐이어서 충분한 배율의 현미경과 넉넉한 시간이 주어진다면 못할 것도 없다. 반면에 코펜하겐 학파의 물리학자들은 원자와 분자 그리고 광자의 거동이 원래부터 확률적이라고 주장했다. 관측 도구가 제아무리 뛰어나고 시간이 아무리 많이 주어져도 입자의 거동을 정확하게 알아내는 것이 원리적으로 불가능하다는 이야기다. 우리가 할 수 있는 최선은 이들의 거동을 확률적으로 예측하는 것이다.

아인슈타인은 코펜하겐 학파의 해석을 받아들이지 않았다. 왜 그랬을까? 그는 왜 확률에 기초한 양자역학을 부정하고 여생을 물리학계의 '뒷방 늙은이'로 보내야 했을까? 가장 큰 이유는 양자이론의 확률적 특성이 상대성 이론과 상충되었기 때문일 것이다. 상대성 이론은 결코 단순한 이론이 아니지만, 시종일관 '결정론적인deterministic' 논리에 의존하고 있다. 즉 물리계의 시작을 알면 원리적으로 끝도 알 수 있다는 뜻이다. 반면에 양자역학으로는 물리계의 시작과 끝을 정확하게 알 수 없으며, 우리가 할 수 있는 일이라곤 (예를 들어) "물리계가 이러이러한 방식으로 시작될 확률은 50퍼센트이고, 저러저러한 방식으로 끝날 확률은 50퍼센트이다"라는 식의 확률적 서술뿐이다.

그러나 원자와 분자 그리고 열에 관한 아인슈타인의 초기 연구로 미루어볼 때, 그가 양자역학을 거부한 것은 확률적 특성 때문이 아니었다. 그가 1900년대 초에 관심을 가졌던 광양자와 설탕물 그리고 브라운 운동은 하나같이 통계에 기초한 이론으로, 분자 한 개의 위치와 속도를 정확하게 알 수 없다는 가정을 깔고 있다. 그러나 아인슈타인은 이런 가정에서 출발하여 분자집단의 거동을 매우 정확하게 예측할 수 있었다.

그렇다. 아인슈타인은 확률 및 통계적 논리를 싫어하지 않았다. 오히려 그는 확률과 통계를 통해 과학적 안목을 키웠으며, 이들을 이용하여 자연 깊은 곳에 숨어 있는 진리를 찾아냈다. 브라운 운동의 대표적 사례인 꽃가루를 예로 들어보자.

아인슈타인은 통계적 논리를 이용하여 꽃가루의 거동을 (100퍼센트 정확하진 않지만) 매우 높은 정확도로 예측할 수 있었다. 바로 이 점이 닐스 보어와 벌였던 논쟁의 핵심이다. 보어는 양자 규모에서 자연의 거동은 확률적으로 결정되며, 이보다 깊은 수준의 진리는 존재하지 않는다고 주장했다. 브라운 운동에서 원자의 존재를 예견한 아인슈타인은 통계적 거동 안에 100퍼센트 정확한 진리가 숨어 있다고 믿었을 것이다. 원자가 그랬듯이 이 진리도 눈으로 직접 볼 수 없지만, 가장 근본적인 단계까지 추적했는데도 100퍼센트 정확한 진리가 존재하지 않는다는 것은 아인슈타인에게 있어서는 도저히 수용할 수 없는 난센스였다.

아인슈타인은 '진정한 과학은 상아탑에 안주하지 않고 긍정적인 방향으로 사회에 기여해야 한다'는 믿음하에, 물리학 중에서도 일상생활과 가장 밀접하게 관련된 열역학을 꾸준히 파고들었다. 그러나 세간에는 그가 실용적인 발명에 관심을 가졌다는 사실을 아는 사람이 거의 없다. 그 무렵엔 대부분의 과학자들이 아인슈타인을 '첨단 이론물리학에서 손을 뗀 노과학자'로 취급했기 때문이다. 원래 아인슈타인은 무언가를 만들고, 발명하고, 기계를 수리하는 집안에서 자라났다. 그의 부친 헤르만 아인슈타인Hermann Einstein과 삼촌 야코프Jacob는 발전기와 전기계량기 생산공장을 운영하던 사람이었다. 훗날 재정 상태가 악화되어 결국 공장 문은 닫았지만, 그 덕분에 어린 아인슈타인은 실용적인 발명에 관심을 갖게 되었고, 이 관심은 죽는 날까지 계속되었다.

아인슈타인의 첫 번째 사업 파트너는 루돌프 골드슈미트Rudolf Goldschmit라는 발명가였다.[10] 두 사람은 전자기력으로 구동되는 확성기(스피커)를 개발하여 1928년에 특허를 획득했고, 이들의 친구이자 가수인 올가 아이스너Olga Eisner가 청각장애를 겪을 때 그녀를 돕기 위해 보청기를 설계한 적도 있다.

그러나 위의 두 발명품은 설계도만 완성되었을 뿐 실용화되지 못했다. 기술적인 면에서 아인슈타인이 가장 크게 공헌한 분야는 열 및 열역학과 관련된 분야이다. 그는 1920년대 말~1930년대 초에 걸쳐 냉장고를 설계하고, 특허를 획득하고, 시장을 개척하는 데 많은 시간을 투자했다.[11] 당시 냉장고 제조 기술은 열역학적 측면에서 상당히 발전한 상태였지만, 암모니아나 염화메틸 또는 이산화황 같은 독성물질을 냉매로 사용했기 때문에 펌프의 이음매에서 가스가 새기라도 하면 대형 사고로 이어질 가능성이 높았다. 1926년의 어느 날, 아인슈타인은 "베를린의 한 가정에서 냉장고 냉매가 유출되어 아이들을 포함한 일가족이 사망했다"는 신문기사를 읽고 안전한 냉장고를 만들기로 마음먹었다.

이 프로젝트에서 아인슈타인이 선택한 동업자는 한때 그의 제자였던 레오 실라르드Leo Szilard였다.[12] 1898년에 부다페스트에서 태어난 그는 어릴 적부터 수학과 물리학에 탁월한 재능을 보였고, 열여덟 살 때 헝가리 수학상을 수상한 후 베를린의 프리드리히빌헬름대학교에 진학하여 아인슈타인의 강의를 들었다. 두 사람의 평생에 걸친 우정은 이때부터 시작된다. 실라르드가 1922년에 열역학과 정보이론을 주제로 작성한 박사학위 논문은 그해 최고의 논문으로 선정되었으며, 1920년대 중반부터 아인슈타인과 실라르드는 사제지간을 넘어 가까운 친구가 되었다. 두 사람은 최고의 과학자라는 것 외에도 실용과학과 과학의 사회적 책임을 중요시하는 등 비슷한 가치관을 갖고 있었다. 그래서 아인슈타인은 새로운 냉장고를 개발하기로 결심했을 때 주저 없이 실라르드에게 도움을 청했다.

두 사람은 곧바로 의기투합하여 함부르크에 시토겔Citogel, '빠른 냉동'을 뜻하는 라틴어이라는 회사를 설립하고 단순하고 안전하면서 저렴한 냉장

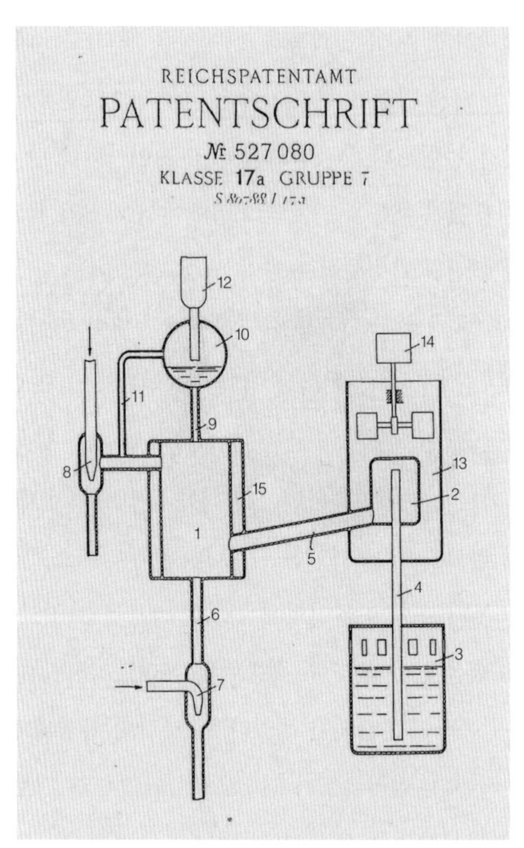

아인슈타인과 실라르드의 특허인증서에 수록된 냉장고 설계도

고 설계 작업에 착수했는데, 대략적인 구조는 위쪽의 그림과 같다. 커다란 실린더(13)는 음식을 저장하는 공간이고, 그 중앙에 설치된 작은 공동(2)에 메탄올이 유입된 후 증발하면서 주변을 냉각한다. 이때 발생한 메탄올 기체가 파이프(5)를 통해 다른 실린더로 이동하면 수도꼭지를 통해 유입된 물로 희석시켜서 폐수 처리 시설로 내보낸다. 이 냉

장고의 장점은 수돗물의 압력을 높이는 데 외에는 전력이 소모되지 않고, 소량의 메탄올을 사용하기 때문에 독성이 약하다는 것이다. 그러나 메탄올을 재활용하지 않기 때문에 냉매 소모량이 많다는 단점도 있었다. 아인슈타인과 실라르드는 메탄올의 가격이 비교적 저렴하기 때문에 다른 제품과 충분히 경쟁할 만하다고 생각했다.

1928년 3월, 시토겔사는 이 제품을 라이프치히에서 개최된 가전제품박람회에 '국민 냉장고Volks Kuhlschrank'라는 이름으로 전시했고, 신제품의 기대치에 힘입어 회사의 주가가 50퍼센트나 상승했다.

그러나 아인슈타인의 기대와 달리 국민 냉장고는 소비자의 관심을 끌지 못했다. 메탄올의 가격이 예상보다 많이 오른 것도 문제였지만, 가장 큰 문제는 가정용 수도꼭지의 수압이 일정하지 않다는 점이었다. 1920년대 독일에서는 공급하는 수돗물의 수압이 건물마다 다르고, 심지어는 같은 건물에서도 층마다 달랐기 때문에 냉장고가 균일한 성능을 발휘하지 못했다. 그리하여 아인슈타인과 실라르드가 설계한 냉장고는 결국 출시되지 못하고 역사 속으로 사라졌다.[13]

연구실로 돌아온 아인슈타인과 실라르드는 설계도의 단점을 보완하다가, 기존의 냉장고과 작동 원리는 같지만 성능이 훨씬 뛰어난 압축기의 설계도를 떠올렸다. 10장에서 말한 대로 압축기는 기체냉매의 온도를 높여서 냉각기로 보내고, 냉장고의 실내 온도를 낮추면서 발생한 열이 이곳에서 외부로 방출된다. 기존의 압축기는 회전하는 금속날개를 사용한 반면, 아인슈타인과 실라르드가 설계한 압축기는 전기코일에 의해 변하는 전자기장이 실린더 내부의 액체금속을 앞뒤로 움직이면서 작동하는 방식이었다. 이 장치의 장점은 냉매와 액체금속 등 유해한 물질이 밀폐된 스테인리스강과 실린더 안에 들어 있어서 안전하다는 것이다.

아인슈타인은 베른의 특허청에서 일했던 경험을 십분 활용하여 냉장고와 관련된 45개의 특허를 6개국에 걸쳐 출원했다. 1928년 말에 AEGAllgemeine Elektricitäts-Gesellschaft, 독일의 GE사는 아인슈타인-실라르드 압축기 시제품 제작을 위해 베를린 연구소에 연구비를 지원했다. 또한 이 회사는 실라르드에게 특허 사용료와 자문료 명목으로 연간 3000달러(현재 시세로 4만 달러)를 지급했는데, 그는 이 돈을 아인슈타인과 함께 개설한 공동계좌에 예치하고 연구비로 사용했다.

아인슈타인은 AEG사에서 만든 시제품에 특별한 관심을 보였다. 그는 회사 연구소를 정기적으로 방문하여 진척 상황을 직접 확인했고, 같은 아파트에 사는 회사 직원 알베르트 코로디Albert Korodi와 수시로 만나 의견을 교환했다. 모든 시제품이 그렇듯이 아인슈타인의 압축기도 나름대로 문제가 있었는데, 가장 심각한 것은 소음이었다. 실라르드의 친구인 데니스 가보르Dennis Gabor는 "자칼이 울부짖는 소리"에 비유했고, 또 다른 목격자는 "유령이 우는 소리 같다"고 했다.[14] 공학자인 코로디는 좀 더 완곡하게 "물이 흐르는 소리 같다"고 했지만, 가정집에서 견딜 수 있는 수준의 소음이 아니었던 것만은 분명하다. 다행히도 베를린 연구소의 직원들이 소음을 줄이는 다양한 후속 조치를 취한 끝에, 드디어 1931년 7월에 모든 면에서 완벽하게 작동하는 시제품이 완성되었다.

그런데 지금 우리는 왜 아인슈타인-실라르드의 냉장고를 볼 수 없는 것일까? 이유는 간단하다. AEG사의 베를린 연구소에서 한창 시제품을 만들고 있을 때, 미국 오하이오주의 데이턴에 있는 연구소에서 새로운 냉매인 프레온freon을 개발했기 때문이다. 프레온은 기존의 냉각제보다 독성이 약하기 때문에, 냉장고의 안전성을 높이기 위해 새로운 펌프를 대량 생산하는 것보다 냉매를 교체하는 것이 훨씬 경제적이었다. 데이턴 연구소의 연구원들은 수소불화탄소hydrofluorocarbons의 한 계열인 프레온이 지구 대기의 오존층을 손상시킨다는 사실을 전혀 몰랐을 것이다. 요즘 사용되는 냉매도 프레온 계열이지만 오존층에 구멍을 내지는 않는다.

아인슈타인과 실라르드의 동업관계도 독일의 불안한 경제 상황 때문에 더 이상 지속되지 못했다. 1930년에 독일 경제는 거의 파탄 지경에 이르렀고 실업률이 급증하여 굶는 사람이 태반이었기에, 냉장고는 당연히 사치품으로 분류되었다. 그해 10월에 실라르드는 아인슈타인에게 다음과 같은 편지를 보냈다. "내 생각이 맞다면 적어도 앞으로 10년 동안은 평화를 기대하기 어려울 것 같네요… 유럽에서 냉장고를 만들 수 있을지조차 의심스럽습니다."[15] 그로부터 3년 후에 히틀러가 독일의 총리로 취임했고, 때마침 외국에 나가 있던 아인슈타인은 독일로 돌아가지 않겠다고 선언했다. 아인슈타인과 마찬가지로 유태인이었던 실라르드는 기차를 타고 베를린을 탈출하여 비엔나로 갔는데, 바로 다음 날 나치군인들이 바로 그 열차를 멈춰 세우고 '비非아리아인'을 색출하여 모든 짐을 압수했다.

정권을 장악한 나치당은 유태인들의 사업을 박해하고 유태인에 대한 폭력을 부추기는 등 반유태인 정책을 펴나가다가 급기야 정부기관에 유태인 채용을 금지하는 '공무원 복원법'을 제정하여 모든 유태인의 공직을 박탈하기에 이르렀다. 그 바람에 수천 명의 유태인 교수들이 대학에서 쫓겨났는데, 강사가 되기 위해 무던히 노력했던 에미 뇌터도 그중 한 사람이었다. 1933년 4월의 어느 날, 뇌터 앞으로 한 통의 편지가 배달되었다. 발신인이 '프로이센공화국 과학예술부'로 되어 있는 그 편지에는 다음과 같이 적혀 있었다. "당국은 1933년 4월 7일자로 발효된 공무원법령 3항에 의거하여, 당신의 괴팅겐대학교 강사 자격을 취소합니다." 그러나 뇌터는 학교를 떠난 후에도 자신의 숙소에서 비공식적으로 학생들을 가르쳤다. 개중에는 나치돌격대를 상징하는 갈색 제복을 입고 강의에 참여한 학생도 있었는데, 뇌터는 아무런 반응도 보이지 않았다.

그 와중에도 뇌터의 명성은 대서양을 건너 미국까지 퍼져나갔고, 그녀가 나치에 의해 일자리를 잃었다는 소식을 접한 펜실베이니아주의 브린마워칼리지Bryn Mawr College에서 강사 자리를 제안했다. 뇌터는 록펠러재단의 도움을 받아 1933년에 미국으로 이주하여 브린마워칼리지와 프린스턴대학에서 학생들을 가르쳤으나, 1935년에 난소낭종으로 쉰세 살 나이에 세상을 떠났다. 뇌터가 괴팅겐을 떠나고 1년쯤 지났을 때, 가까운 동료와 친구들이 외국으로 떠나는 장면을 수없이 목격한 힐베르트에게 나치의 교육장관인 베른하르트 러스트Bernhard Rust가 질문을 던졌다. "대학에서 유태인을 쫓아내는 바람에 수학계가 심각한 타격을 입었다는데, 정말입니까?" 힐베르트는 정색을 하고 대답했다. "타격이라고요? 이제 그런 것은 더 이상 존재하지도 않습니다!"[16]

1933년은 나치의 폭정이 극에 달한 해였지만, 한 가닥 희망이 비친 해이기도 하다. 레오 실라르드는 비엔나로 탈출한 직후 우연한 기회에 런던경제대학London School of Economics의 학장 윌리엄 베버리지William Beveridge, 종전 후 영국의 복지제도를 확립한 사람으로 유명함를 만난 자리에서 곤경에 처한 독일의 유태인 학자들을 도와달라고 애원했고, 얼마 후 이들을 체계적으로 돕는 학술원조위원회Academic Assistance Council, AAC가 설립되었다.

그 후 베버리지의 권유에 따라 런던으로 이주한 실라르드는 AAC의 사업에 적극적으로 동참하면서 나치의 박해를 받는 유태인 학자들을 도왔는데, 모든 비용은 아인슈타인과 함께 냉장고를 만들어서 벌어들인 돈으로 충당했다. 이 돈이 없었다면 실라르드는 유태인 학자들을 돕기는커녕 독일을 탈출하지도 못했을 것이다. 전운이 감도는 유럽에서 아인슈타인과 실라르드의 냉장고가 수많은 사람들을 구한 셈이다.

Einstein's Fridge

16

정보는 물리적이다

"그는 전통에 얽매이지 않는 특이한 젊은이라네."

클로드 섀넌에 대한 과학자 바네바 부시의 평가

당신이 인터넷에서 무언가를 검색할 때마다 바다와 대기의 온도는 조금씩 올라가고 있다.[1] 나는 일주일에 약 100개의 단어를 구글에서 검색하는 데, 이 과정에서 소모되는 에너지(사람의 에너지가 아니라 관련 기계가 작동하는 데 필요한 에너지를 뜻함_옮긴이)를 알뜰하게 모으면 차 한 잔을 끓일 수 있다.[2] 구글사에서 공개한 자료에 의하면 2018년 한 해 동안 구글에서 시간당 1000만 메가와트 전력을 사용했는데,[3] 이것은 리투아니아 같은 작은 나라의 연간 전력 소비량과 비슷하다.[4] 현재 전 세계 데이터센터에서는 지구 전체 전력 소비량의 1퍼센트를 소비하고 있으며,[5] 정보통신업계의 탄소 배출량은 전체의 2퍼센트로 항공업계와 비슷한 수준이다.[6] 일부 연구에 의하면 이 수치가 2030년에

는 30퍼센트까지 치솟을 것이라고 한다.[7]

정보를 주고받는 기기들은 필연적으로 에너지가 필요하고, 이 에너지는 결국 폐열廢熱, waste heat이 되어 대기 중에 버려진다. 19세기의 산업혁명과 같은 정보 시대가 도래한 것은 대부분이 물과 증기 덕분이었다. 이들이 터빈을 돌려서 정보를 실어 나르는 전기를 생산했기 때문이다. 오늘날 서버의 정보처리장치에서 열을 제거하는 냉각 시스템도 물의 열역학적 특성에 크게 의존하고 있다.[8]

최근 들어 과학자들이 정보와 열역학 사이의 관계에 주목하는 것은 바로 이런 이유 때문이다. 이 관계는 '컴퓨터와 통신 시스템을 구축한 방식' 때문에 나타난 부수적 결과에 불과한가? 아니면 정보와 열역학이 더욱 근본적인 단계에서 연결되어 있는 것일까? 만일 그렇다면 사고思考와 언어, 음악, 영상, 영화, 유전자 등과 같은 모호한 개념의 정보가 과학적으로 명확하게 정의된 에너지 또는 엔트로피와 어떻게 연결될 수 있을까? 그리고 우주의 엔트로피는 우리가 정보를 처리할 때마다 필연적으로 증가하는 것일까?

정보화 시대의 선구자들은 이런 의문을 전혀 떠올리지 않았다. 증기기관과 냉장고의 초기 개발자들은 과학에 대한 이해가 부족했기 때문에 물리학의 기본 원리보다 실용성을 중요하게 생각했다.

1910년대에 미국전신전화사American Telephone and Telegraph Company, AT&T는 어려운 시기를 겪고 있었다. 마벨Ma Bell사로도 알려진 이 회사는 알렉산더 그레이엄 벨(Alexander Graham Bell, 전화를 발명한 사람으로 알려져 있지만, 실제 발명자는 이탈리아의 안토니오 무치Antonio Mucci였다. 벨은 무치의 발명품을 약간 변형하여 특허를 취득했고, 무치와의 법정소송에서 승리하여 전화사업을 독점했다_옮긴이)의 장인이 1877년에 설립하여 한동안 성장 가도를 달렸으나, 1900년대 초에 소규모 전화회사들이 우후죽순처럼 생겨나면서 경쟁에서 밀리기 시작했다.[9] AT&T의 경영진은 위기를 벗어나기 위해 미국의 해안 지역을 연결하는 장거리 전화 네트워크를 구축하기로 결정했으나, 이 또한 만만한 작업이 아니었다.

전화기의 마이크에서 생성된 음성신호는 목소리를 구성하는 다양한 소리를 전기적으로 복제한 아날로그 신호이기 때문에 구조가 매우 복잡하다. 발신자의 성대가 공기에 압력을 가하면 마이크가 그 값을 전기신호로 바꾸고, 수화기를 통해 다시 공기 압력으로 변환되어 수신자의 귀에 들어오는데, 이 과정에 미묘한 함정이 도사리고 있다. 전화기의 마이크와 수화기로 입·출력되는 소리 정보는 네트워크 케이블을 통과하면서 다양한 잡음과 섞이고, 케이블의 성능이 아무리 뛰어나다 해도 먼 거리를 이동하면 출력이 약해져서 배경 잡음에 묻히게 된다. 무작위로 발생하는 전기적 잡음은 정보의 종류와 상관없이 정보의 원형을 파괴하기 때문이다. 바로 여기에 정보와 열역학 제2법칙의 미묘한 관계가 숨어 있다. 20세기 초의 공학자들은 모르고 있었지만, 정보가 손상되는 방식은 열이 분산되는 방식과 매우 비슷하다.

AT&T사는 장거리 전화의 문제점을 해결하기 위해 전문과학자로 이루어진 연구팀을 꾸렸다. 여기 참여한 과학자들은 1923년에 노벨 물리학상을 수상한 미국의 물리학자 로버트 밀리컨Robert Milikan의 제자들이었는데, 그중 한 사람이 개발 도중에 열이온관thermionic valve, 미국에서는 진공관으로 알려져 있음을 발명했으니 AT&T사의 헤드헌팅은 어느 정도 성공을 거둔 셈이다. 이 장치 덕분에 공학자들은 배경 잡음을 낮게 유지하면서 신호의 강도를 원하는 수준으로 높일 수 있게 되었으며, 미국인들은 전국에 세워놓은 13만 개의 나무기둥을 거쳐 수천 킬로미터까지 연결된 구리전선을 통해 전화 통화를 주고받을 수 있게 되었다. 1915년 1월 25일, 예순일곱 살의 그레이엄 벨은 AT&T 홍보행사의 일환으로 전화가 처음 가설되었던 35년 전에 그의 조수인 토머스 왓슨Thomas Watson과 나눴던 통화를 똑같이 재현했다.

> (뉴욕에서) **벨:** 왓슨, 자네 도움이 필요한데 이리로 와줄 수 있겠나?
>
> (샌프란시스코에서) **왓슨:** 네, 그런데 거기까지 가려면 일주일쯤 걸릴 겁니다.[10]

열이온관은 라디오파(전파)를 사용하면서 20세기 전반부에 걸쳐 전 세계 유무선통신의 핵심 기술로 자리 잡게 된다.

전화 기술은 초기의 증기기관과 비슷한 점이 있다. 증기기관이 처음 나왔을 때, 발생한 열의 90퍼센트는 아무런 일도 하지 않고 허공에 버려졌다. 당시 사람들은 효율을 높일 생각을 하지 않고 무조건 석탄을 많이 태워서 일을 많이 하는 쪽으로 증기기관을 운용했다. 열이온관의 경우도 이와 비슷하여, 잡음 자체를 줄이는 것보다 잡음에 묻히지 않도록 신호의 강도를 높이는 쪽에 중점을 두었다. 두 경우 모두 '더 많은 에너지를 투입하여' 문제를 해결한 것이다.

그럼에도 불구하고 열이온관은 통신에 혁명적인 변화를 불러일으켰고, 여기에 고무된 AT&T사의 경영진은 1925년에 1200만 달러(현재 가치로 1억 5000만 달러)를 투자하여 벨연구소Bell Laboratory를 설립했다. 로어맨해튼 웨스트스트리트의 13층짜리 노란색 건물에 자리한 벨연구소는 2000명의 기술자들이 모여서 제품을 개발하고, 별도로 채용된 300여 명의 과학자들이 제품과 무관하게 기초 및 응용 과학을 연구하면서 명실상부한 세계 최대의 사설 연구소로 자리 잡게 된다. 이곳에 채용된 물리학자와 화학자, 재료과학자, 기상학자, 심리학자들은 특정 주제에 얽매이지 않고 자신이 원하는 연구를 마음껏 수행할 수 있었다.

벨연구소가 설립된 지 몇 년 만에 그곳의 공학자들은 팩스와 TV 방송 시스템 그리고 암호학 분야에서 실로 엄청난 성과를 거두었다. 연구소의 자유로운 운영 정책이 제대로 먹혀든 것이다.

벨연구소의 과학자들 중에 퍼즐과 저글링을 좋아하고 전기장비를 능숙하게 다루는 한 젊은이가 있었다. 매의 눈처럼 날카로운 시선으로 세상을 바라봤던 그는 데이터 네트워크를 구축하는 데 지대한 공을 세웠을 뿐만 아니라, '정보란 무엇인가?'라는 모호한 질문에 처음으로 명쾌한 답을 제시했다.

클로드 섀넌Claude Shannon은 1916년 4월 30일에 미국 미시간주 북부 고원지대 한복판에 있는 게일로드Gaylord에서 태어났다.[11] 훗날 섀넌은 어린 시절을 회상하며 "게일로드는 3000명 남짓한 사람들이 벌목과 감자농사로 먹고사는 작은 도시여서 몇 블록만 걸어가면 시골길이 나올 정도"라고 했다.[12]

클로드의 부친 클로드 시니어Claude senior는 뉴저지 출신의 세일즈맨으로 여러 면에서 다재다능하여, 독실한 감리교 신자이자 프리메이슨(Freemason, 18세기 초 영국에서 발족한 박애주의 단체로 입단식이 비공개여서 외부인에게는 비밀스러운 단체로 알려져 있다_옮긴이)의 일원이었으며 공증전문 판사이자 가구점과 장례식장을 운영하는 사업가이기도 했다. 섀넌의 어머니인 마벨Mabel도 지적 능력이 뛰어나고 단호한 성격의 소유자로서 여성 교육이 거의 전무했던 시대에 대학을 졸업했고, 아이를 낳은 후에는 게일로드고등학교의 교장이 되었다. 그러나 그녀는 평판이 좋은 교육자였음에도 불구하고 대공황이 닥친 1932년에 교장직에서 해임되었다. 학교 측에서 "실업률이 사상 최고인 지금, 남편이 경제 활동을 하는 여성에게 일자리를 주는 것은 불공정한 처사"라고 판결했기 때문이다.[13]

클로드 집안의 장녀인 캐서린Catherine은 수학에 탁월한 재능을 발휘하여 일찌감치 교수가 되는 길을 택했다. 섀넌은 누나와 함께 수학퍼즐 푸는 것을 매우 좋아했고, 라디오와 원격조종 보트를 직접 만들어서 갖고 놀았으며, 이웃집 전기제품이 고장 날 때마다 달려가서 고쳐주었다. 또한 그는 800미터짜리 철조망을 이용하여 친구와 전신를 주고받을 정도로 어린 시절부터 통신에 능했다고 한다. 고등학교를 졸업할 즈음 원거리 통신에 대한 섀넌의 지식은 이미 전문가 수준에 도달한 상태였고, 모스 부호로 이루어지는 전보 체계와 아날로그 전화의 장단점까지 거의 완벽하게 파악하고 있었다.

섀넌은 1936년에 미시간대학교에서 수학 및 공학사 학위를 취득한 후 매사추세츠공과대학MIT 대학원에 진학했다. 갓 스물을 넘긴 나이에 체구도 63킬로그램으로 왜소했던 그는 수줍음이 많아서 사람들과 잘 어울리지 못했고, 누군가가 농담을 하면 마치 기침을 하듯 이상한 소리로 웃는 버릇이 있어서 주변 사람들에게 오해를 사곤 했다. 그러나 그는 아무도 풀지 못한 암호 문제를 간단한 수학으로 해결하여 동료들 사이에서 일약 스타로 떠올랐다.

섀넌을 천재로 인정한 사람은 동료 학생들뿐만이 아니었다. 섀넌은 MIT에 재학하던 중 비행기 조종 과목에 수강 신청을 한 적이 있는데, 비행 교관(그는 MIT의 교수이기도 했다)이 다음과 같은 이유로 섀넌의 수강을 거절했다고 한다. "아주 드문 일이긴 하지만, 비행 중 사고가 나면 죽을 수도 있다네. 자네가 뛰어난 천재이다 보니 몸을 다치면 사회적 손실이 막대할 텐데, 비행기 조종이 그 정도 손실을 감수할 정도로 가치 있는 과목은 아니라네." 그러나 이에 불복한 섀넌은 총장에게 탄원서를 제출했고, 끈질기게 과목을 수강하여 결국 조종사 자격증을 취득했다. 더욱 중요한 것은 미국 최고의 과학자이자 MIT 공과대학장인 바네바 부시Vanevar Bush가 섀넌을 직접 가르쳤다는 점이다. 그는 친구에게 보내는 편지에서 섀넌을 다음과 같이 평가했다. "그는 전통에 얽매이지 않는 특이한 젊은이라네. 수줍음이 많고 내성적이면서 겸손한 면도 있는데, 의욕이 앞서서 종종 길을 벗어나는 게 탈이지."[14]

MIT에서 부시가 섀넌에게 내준 첫 번째 과제는 실험용 컴퓨터를 운용하는 것이었다. 요즘 사람들은 아날로그 컴퓨터에 익숙하지 않지만, 20세기 전반에는 가장 큰 주목을 받는 첨단 기기였다. 당시 MIT에 있던 컴퓨터는 진공관(열이온관)을 사용했기 때문에 방 하나를 가득 채울 정도로 덩치가 컸는데, 수학 계산, 특히 미적분에 탁월한 성능을 발휘했다. 컴퓨터를 유난히 좋아했던 섀넌은 자, 도르래, 기어, 디스크의 배열을 이리저리 옮기며 프로그램하는 방법을 배워나갔다.

1939년의 어느 가을날 밤, 섀넌은 친구들을 집에 초대하여 파티를 하던 중 잠시 프로그램을 생각하다가 프라이팬에서 튀어 오른 팝콘에 얼굴을 얻어맞았다. 그러자 옆에 서 있던 한 여인이 웃음을 터뜨리며 물었다.

여인: 왜 사람들하고 어울리지 않으세요?

섀넌: 축음기에서 흘러나오는 음악을 듣고 있습니다. 침실 문에 가까이 있어야 잘 들리거든요.

여인: 그럼 혹시 빅스 바이더백(Bix Beiderbecke, 미국의 재즈연주자_옮긴이) 음반도 있나요?

섀넌: 그럼요, 제가 제일 좋아하는 뮤지션입니다![15]

두 사람은 곧바로 연인이 되었다. 그 여인은 래드클리프칼리지Redcliffe College 근처에 사는 열아홉 살의 노마 레보Norma Levor였는데, 스위스산 직물을 수입하는 무역업자의 딸로서 섀넌과는 달리 부유한 어린 시절을 보냈다. 레보는 부모의 속박을 벗어나기 위해 1939년에 혼자 파리로 갔다가, 유럽에 전운이 감돌자 부모의 권유에 못 이겨 다시 미국으로 돌아왔다.

레보는 뉴욕 정계의 좌파운동에도 관심이 많은 열혈 여성이었다. 그러나 섀넌이 팝콘을 튀기던 그날 밤, '예수님 같은 모습'에 반하여 이데올로기를 버리고 사랑을 택했다고 한다.[16] 사실 두 사람의 공통점이라곤 무신론자라는 것뿐이었다. 레보가 섀넌에게 자신이 무신론자임을 밝혔을 때, 섀넌의 반응은 다음과 같았다. "당연하죠. 댁 같은 사람이 어떻게 종교에 빠지겠습니까?"[17]

훗날 레보는 과거를 회상하며 말했다. "우리는 진도가 정말 빨랐어요. 섀넌은 파티에서 인사를 나누고 며칠이 지난 후 MIT 아날로그 컴퓨터가 있는 곳으로 나를 데려갔는데, 계전기 캐비닛과 진공관으로 가득 찬 곳에서 프로포즈를 하더군요. 그이는 과학자임에도 불구하고 시를 좋아했고, 예술적 감성이 충만한 사람이었어요. 같이 있으면 항상 즐거웠죠. 나를 비행기에 태우고 곡예비행을 할 때에는 말로 표현할 수 없을 정도로 무서웠지만, 그것도 지금은 행복한 추억으로 남아 있답니다."[18]

두 사람은 1940년 1월에 결혼식을 올렸다. 그러나 뉴햄프셔로 떠났던 신혼여행은 좋지 않은 기억으로 남았다. 반유태주의자인 호텔 지배인이 레보의 투숙을 거절했기 때문이다(레보는 유태인이었다).

그해 말에 섀넌은 프린스턴고등과학원Princeton Institute for Advanced Study으로 자리를 옮겨 헤르만 바일Hermann Weyl, 존 폰 노이만John von Neumann,

아인슈타인 등 세계적인 수학자 및 물리학자들과 친분을 쌓았다(이들은 1933년에 독일을 탈출하여 미국에 정착했다). 그러나 섀넌의 행복했던 삶은 얼마 지나지 않아 난관에 봉착하게 된다. 레보와의 사랑이 빠르게 불타오른 만큼 빠르게 식어버린 것이다.

레보의 주장에 의하면, 이 시기에 섀넌의 심성이 크게 변했다고 한다. 자유로운 영혼의 소유자였던 그에게 숨 막힐 듯한 연구실에서 이방인 취급을 받으며 살아가는 것은 처음부터 무리였을지도 모른다. 레보는 이때의 일을 다음과 같이 회상했다. "그에게 정신과 상담을 받아보라고 권했지만 말을 듣지 않았어요. 얼굴에 드리운 그림자가 날이 갈수록 어두워지더군요. 그이가 난관을 극복하지 못한다면 저도 함께 있을 수 없다고 생각했습니다."[19] 섀넌의 주변 인물 중에서 그의 어두운 면을 언급한 사람은 레보밖에 없다. 대부분의 사람들은 섀넌을 '유쾌한 괴짜'로 기억하고 있다.

섀넌과 레보의 결혼생활에는 또 다른 문제점이 있었다. 레보는 섀넌을 위해 학업을 포기한 후 시나리오 작가가 되기를 원했으나, 가정보다 자신을 앞세우는 여인은 섀넌이 생각했던 이상적인 아내상이 아니었다. 결국 두 사람은 결혼한 지 1년 만에 이혼했고, 레보는 로스앤젤레스로 이주하여 시나리오 작가가 되었다. 이곳에서 그녀는 좌익 편향의 작가를 만나 재혼하고 부부가 같이 공산당에 입당했는데, 그 후로 근 30년 동안 '미국에서 유럽으로 망명한 공산주의자' 블랙리스트에 올라 미국 정보부의 감시를 받았다.

레보와의 이혼으로 충격에 빠진 섀넌은 프린스턴에서의 삶을 청산하고 뉴욕으로 돌아와 1941년부터 벨연구소의 수학자로 새로운 삶을 시작했다.

그해 12월 7일, 태평양으로 세력을 확장해나가던 일본이 선전 포고도 없이 하와이의 진주만에 무차별 폭격을 가했고, 전쟁 불참 정책을 고수해왔던 미국은 어쩔 수 없이 전시 체제로 돌입했다. 벨연구소의 과학자들도 미국의 승리에 기여하기 위해 나름대로 길을 찾았는데, 섀넌은 최고위 간부들의 미국-유럽 간 통신을 암호화하는 일급비밀 프로젝트 'SIGSALY(무선전화 암호시스템)'에 합류하여 암호의 안전성을 검증하는 일을 맡았다.

런던과 워싱턴을 연결하는 최초의 SIGSALY 네트워크는 1943년 7월 15일에 개통되어 루즈벨트와 처칠의 대화 내용을 안전하게 보호하는 등 대대적인 성공을 거두었다. 물론 독일의 암호전문가들은 연합군 지도자와 군 장성들의 암호화된 대화 내용을 입수했지만, 암호의 난이도가 워낙 높아서 단 한 개의 단어도 해독하지 못했다. 전쟁이 끝난 후 연합군 측 수사관들이 독일의 암호해독부서에 남아 있는 문서를 뒤지다가 메모지 몇 장을 발견했는데, 거기에는 SIGSALY에 대한 독일 측의 평가가 짤막하게 적혀 있었다. "그것(SIGSALY로 암호화된 정보)은 우리에게 별 도움이 안 된다. 지금까지 알아낸 것이 별로 없다."[20]

섀넌은 SIGSALY 프로젝트를 수행하면서 첨단 암호학의 중요성을 실감했다. 19세기에 카르노가 증기기관을 분석할 때 그랬던 것처럼, 섀넌은 암호의 공학적 특성을 넘어 근본적인 개념을 파고들었다. 메시지란 과연 무엇인가? 특정한 아이디어를 전달하려면 얼마나 긴 메시지가 필요한가? 정보의 양을 수학적으로 계량할 수 있는가? 섀넌은 주중에는 벨연구소에서 근무하고, 주말에는 그리니치빌리지에 있는 집으로 돌아와 밤을 새워가며 자신만의 계산을 수행했다.

SIGSALY 프로젝트는 섀넌에게 또 다른 기회를 제공했다. 1942년 말부터 1943년 동안 암호와 통신의 대가이자 컴퓨터공학의 선구자인 영국의 수학자 앨런 튜링Alan Turing을 거의 매일같이 만나 대화를 나눈 것이다.

1942년 말에 앨런 튜링은 동료들과 함께 독일군의 암호 체계인 에니그마Enigma를 해독하여 영국 최고의 암호학자로 떠올랐다. 그런데 미국의 SIGSALY 프로젝트는 주로 미국과 영국 사이의 통신을 대상으로 삼았기 때문에, 영국 정부는 프로젝트 고문 자격으로 튜링을 벨연구소에 파견했다.

섀넌과 튜링은 맡은 일이 달랐다. 보안을 가장 중요하게 생각했던 미국과 영국 정부가 자국과 상대국의 최고 전문가들이 함께 암호 해독 연구를 하는 것을 부담스럽게 생각했기 때문이다. 그러나 두 사람은 만나자마자 곧바로 친구가 되었고, 1942~1943년간 벨연구소의 직원용 카페에서 거의 매일같이 만나 차를 마시며 다양한 이야기를 나누었다. 훗날 섀넌은 이 시기를 다음과 같이 회상했다. "튜링과 저는 공통점이 많았고, 꿈도 비슷했습니다. 기계가 인간의 두뇌를 똑같이 흉내낼 수 있을까? 인간의 두뇌와 동일하거나 더 좋은 성능을 발휘하는 컴퓨터를 만들 수 있을까? 우리는 이런 질문을 놓고 열띤 토론을 벌였지요."[21] 섀넌과 튜링은 통신의 원리에 대해서도 많은 대화를 나누었다.

"튜링에게 저의 정보이론을 설명한 적이 몇 번 있었는데, 매번 지대한 관심을 보이더군요."[22]

종전終戰과 함께 섀넌의 지성은 자유를 되찾았고, 훗날 두 번째 부인이 될 베티 무어Betty Moore와 데이트를 시작하면서 상처받은 마음도 치유되었다. 벨연구소의 뛰어난 수학자로서 공학자들을 위해 어려운 계산을 수행했던 무어는 섀넌처럼 재즈와 전자장비를 좋아했고, 섀넌의 기행(그는 연구실 복도에서 외발자전거를 탄 채 회로기판으로 저글링을 하곤 했다)을 이해하고 응원해주는 몇 안 되는 사람 중 하나였다. 연구소의 임원들은 섀넌의 이상한 행각을 익히 알고 있었지만 아무런 간섭도 하지 않았으며, 그가 자신만의 연구에 전념할 수 있도록 어떠한 연구 과제도 내주지 않았다.[23]

벨연구소의 '섀넌 다루기 전략'은 완전 대성공을 거두었다. 섀넌은 어느 누구의 간섭도 받지 않는 자유로운 분위기 속에서 과거의 다양한 경험(철조망 전선, SIGSALY 프로젝트, 튜링과의 대화 등)을 조합하여 현대 과학의 가장 위대한 업적 중 하나를 이루어냈다. 지금도 정보이론의 걸작으로 꼽히는 그의 논문 〈통신의 수학적 이론A Mathematical Theory of Communication〉은 벨연구소에서 발행한 논문집에 게재되었다.[24]

이 논문은 30쪽이 채 되지 않았지만, 객관적이면서 명쾌한 논리로 정보를 계량한 최초의 이론이 담겨 있었다. 정보를 계량한다는 게 무슨 뜻일까? 사진, 소설, 그림은 정보 전달 수단의 대표적 사례이다. 섀넌은 이들의 상대적 크기를 수치적으로 비교하는 방법을 제시했는데, 이것이 바로 정보이론의 핵심이다. 그의 이론대로 정보를 계량하면 전 세계에서 이루어지는 모든 전화 통화량을 숫자로 나타낼 수 있으며, 이 모든 정보를 전달하기 위해 무엇을 구축해야 하는지 정확하게 알 수 있다. 이뿐만이 아니다. 섀넌은 1850년대에 윌리엄 톰슨(켈빈 경)이 온도를 절대단위로 정의했던 것처럼, 정보의 양을 객관적으로 정의했다.

섀넌의 논문에서 가장 먼저 눈에 띄는 것은 19세기 열역학 선구자들이 시도했던 접근법을 그대로 따라갔다는 점이다. 제임스 클러크 맥스웰과 루트비히 볼츠만 그리고 조사이어 윌러드 기브스가 그랬던 것처럼, 섀넌도 통계학의 원리에서 출발하여 '열의 흐름을 설명하는 확률법칙이 정보의 흐름도 설명한다'는 사실을 입증했다.

섀넌의 논문은 다음과 같은 구절로 시작된다. "통신의 목적은 한 장소에서 주어진 메시지를 다른 장소에서 정확하게 또는 거의 비슷하게 재현하는 것이다."[25] 그러고는 곧바로 놀라운 주장이 이어진다. "정보를 정량화하려면 메시지에 담긴 의미를 무시해야 한다. 정보의 구체적인 내용은 공학적 문제와 무관하다." 언뜻 듣기에는 지나치게 무미건조하고 자괴적인 말 같지만, 섀넌의 이론이 모든 종류의 정보에 포괄적으로 적용되는 것은 바로 이 선언 때문이다. 그는 메시지에 담긴 의미를 분리한 후, 모든 가능한 메시지의 크기를 산출하는 방법을 개발했다. 톰슨의 절대온도가 유용한 것은 측정 대상의 물리적 성질과 무관하게 일관적인 스케일로 나타낼 수 있기 때문이다. 집 안에 있는 망치와 유리잔 그리고 양배추의 온도는 모두 300K(27℃)이다. 섀넌은 이와 비슷한 논리를 적용하여 일상적인 문장과 사진 그리고 게놈(genome, 염색체의 한 세트_옮긴이) 등 모든 객체에 담긴 정보의 양을 계산했다.

그다음으로, 섀넌은 모든 통신이 암호화될 수 있다고 가정했다. SIGSALY로 통신하는 경우와 직접 만나서 영어로 대화하는 경우의 차이는 암호화된 방법뿐이다. 전자의 경우는 암호화된 과정을 송신자와 수신자만 알고 있고, 후자의 경우는 '영어라는 암호'에 담긴 뜻을 모든 사람(영어권 국가에 사는 사람_옮긴이)들이 알고 있다. "언어를 이해하려면 먼저 배워야 한다"는 것은 너무도 자명한 사실이지만, 이것은 섀넌의 논리에서 매우 중요한 부분이다. 누군가와 통신(또는 대화)을 하려면 메시지를 어떤 식으로 암호화할 것인지 사전 합의가 이루어져야 한다.

이제 섀넌의 놀라운 아이디어가 등장한다. 그의 주장에 의하면 모든 메시지는 스무고개 같은 일련의 '네yes/아니오no 질문'을 통해 전달될 수 있다. 메시지가 제아무리 복잡하고 난해하다 해도 여기서 예외일 수는 없다. 모든 정보는 스무고개 스타일의 게임을 통해 전달된다. 예를 들어 앨리스가 유명한 사람을 머릿속에 떠올렸다면, 밥은 앨리스에게 네/아니오 질문을 정해진 횟수만큼 던져서 그 유명인이 누구인지 맞출 수 있다.

섀넌의 주장은 계속된다. "질문의 횟수에 제한을 두지 않으면 이 세상 어떤 문제의 답도 알아낼 수 있다."

그 이유를 이해하기 위해, 앨리스와 밥의 게임을 조금 바꿔보자. 지금 밥은 네/아니오 질문만을 이용하여 앨리스에게 'help(도와줘)'라는 단어를 보내려 한다. 상황을 좀 더 현실적으로 만들기 위해 밥이 가진 통신도구가 손전등뿐이라고 하자. 즉 밥이 앨리스에게 한 번에 보낼 수 있는 신호는 '손전등을 켜거나' 아니면 '손전등을 끄거나' 둘 중 하나이다.

다행히도 밥과 앨리스는 둘 다 영어를 할 줄 알아서, 메시지의 내용은 a~z 사이의 알파벳으로 한정되어 있다. 일렬로 나열하면 abcdefghijklmnopqrstuvwxyz이다.

앨리스와 밥이 동의한 규칙은 다음과 같다. 오후 1시 정각에 밥이 손전등을 켜거나 끄고, 그로부터 1초가 지난 후에 다시 손전등을 켜거나 끈다. 이런 식으로 매초 신호를 보내면 앨리스는 신호의 내용을 숫자로 기록한다. 손전등이 켜지면 1이고, 꺼져 있으면 0이다.

둘 사이에는 사전에 합의된 또 하나의 약속이 있다. 밥이 보내는 신호는 "당신이 보내려고 하는 글자가 현재 남아 있는 목록의 왼쪽 절반에 속해 있습니까?"라는 질문에 대한 답이라는 것이다.

밥이 1을 보내면 '네'라는 뜻이고, 0을 보내면 '아니오'라는 뜻이다. 처음에 앨리스가 1을 보았다면 알파벳 목록에서 오른쪽 절반을 지우고, 0을 보았다면 왼쪽 절반을 지울 것이다. 그리고 1초 후에 1을 보았다면 반쪽짜리 알파벳 목록에서 오른쪽 절반을 지우고, 0을 보았다면 왼쪽 절반을 지운다…. 이런 식으로 '절반 지우기'를 반복하다 보면 단 하나의 글자만이 남게 된다. 이것이 바로 밥이 앨리스에게 보내려던 문자이다.

밥이 보내려는 단어는 'help'이므로 제일 먼저 1을 보냈다.

신호를 인지한 앨리스가 알파벳 목록의 오른쪽 절반을 지우니

abcdefghijklm이 남았다.

1초 후에 밥이 0을 보냈다.

앨리스가 남은 알파벳 목록 abcdefghijklm에서 왼쪽 절반을 지우니 ghijklm이 남았다.

(만일 목록에 들어 있는 문자의 수가 홀수라면, 왼쪽 절반이 오른쪽 절반보다 하나 작게 자르기로 약속이 되어 있다.)

다시 1초 후에 밥이 1을 보냈다.

앨리스가 ghijklm의 오른쪽 절반을 지우니 ghi가 남았다.

밥이 0을 보냈다.

앨리스가 왼쪽 절반을 지우니 hi가 남았다.

밥이 1을 보냈다.

앨리스가 hi의 오른쪽 절반을 지우니 h가 남았다.

이로써 앨리스는 밥의 메시지 중 첫 번째 글자가 h임을 확인했다. 숫자로 환산하면 10101이다. 그 후 앨리스는 완전한 알파벳 목록을 다시 펼쳐놓고 두 번째 메시지를 기다렸다.

밥이 보낸 신호를 해독한 결과 두 번째 메시지인 e는 11010이고, 세 번째 메시지 l은 10001이며, 네 번째이자 마지막 메시지 p는 01100이다. 그러므로 'help'라는 메시지는 10101, 11010, 10001, 01100으로 암호화될 수 있다.

앨리스와 밥은 손전등의 점멸 신호를 통한 20개의 네/아니오 질문을 이용하여 'help'라는 단어를 암호화하는 데 성공했다. 이는 곧 영어의 모든 문자들이 5개의 네/아니오 질문으로 전송될 수 있음을 의미한다. 섀넌은 각 질문마다 1 또는 0으로 주어지는 회답을 정보의 '비트bit'라고 정의했다. 위의 사례에 의하면 영어의 각 문자는 5비트짜리 정보에 해당한다.

요즘 '비트'라는 용어는 다른 의미로 사용되고 있다. 숫자 2는 10이라는 2비트 숫자로 나타낼 수 있다. 이 규칙에 따르면 3은 11, 4는 3비트인 100이다(여기서 10, 11, 100은 모두 2진수이다_옮긴이). 그러나 섀넌이 정의한 비트는 '네/아니오 질문에 대한 답'을 의미하며. 비트의 목적은 메시지를 전달하는 데 필요한 네/아니오 질문의 수를 헤아려서 정보의 양을 가늠하는 것이었다. 밥이 앨리스에게 메시지를 보낸 위의 사례에서 우리게 알게 된 사실은 'help'라는 단어를 전송하는 데는 문자 하나당 5개씩 총 20개의 비트가 필요하다는 것이다('절반씩 잘라내기' 방법을 사용하면 알파벳 4글자로 이루어진 단어는 항상 20비트로 암호화된다_옮긴이). 그러나 이 숫자는 앨리스와 밥이 사전에 동의한 약속에 따라 얼마든지 달라질 수 있다.

그렇다면 네/아니오 질문에 대한 답의 배열을 '정보의 양을 나타내는 객관적 척도'로 간주할 수 있을까? 섀넌은 메시지를 암호화하는 방법과 무관하게 누구나 공통적으로 사용할 수 있는 정보 계량법을 찾기 위해 정보의 크기를 '메시지를 암호화하여 얻어진 최소 비트 수'로 정의했다. 위에서 계산한 'help'의 비트 수는 20개였는데, 이것을 더 작게 줄일 수는 없을까? 결론부터 말하자면 가능하다. 단 비트의 수를 줄이려면 영어 알파벳 중 특정 문자가 다른 문자보다 빈번하게 사용된다는 점을 고려해야 한다. 위의 사례에서 앨리스와 밥은 알파벳 26자의 사용 빈도가 모두 동일하다는 가정하에 매 단계 절반씩 줄여나갔지만, 실제 영어는 그렇지 않다. 비트의 수를 최소화하려면 각 문자의 사용 빈도를 추가 정보로 활용해야 한다.

알파벳 26자 중에서 사용 빈도가 가장 높은 것은 e로서, 평범한 영어문장을 늘어놓았을 때 전체 문자의 12.7퍼센트를 차지한다. 두 번째로 자주 사용되는 문자는 t(9.1퍼센트)이며, 빈도수가 가장 낮은 문자는 z(0.074퍼센트)이다. 스크래블Scrabble, 단어 만들기 게임에서 z가 e보다 점수가 높은 것은 이런 이유 때문이다. 이 통계자료를 알고 있으면 메시지를 보내는 데 필요한 비트의 수를 줄일 수 있다.

그 이유를 이해하기 위해, 앨리스와 밥이 각 문자의 사용 빈도를 알고 있다고 가정하자. 알파벳 26자를 빈도순으로 나열하면 etaoinshrdlcumwfgypbvkjxqz이다. 이 순서를 그대로 유지한 채 각 문자를 사용 빈도수만큼 반복해서 적어보자. 예를 들어 알파벳 1351개로 이루어진 어떤 문장에서 e가 172번 등장했다면 t는 122번, a는 110번, o는 101번, i는 94번, n은 91번… x는 두 번, q와 z는 단 한 번 등장한다. 이 문장 전체를 빈도수가 높은 순서로 재배열하면 다음과 같다(빈칸과 구두점 등은 문자로 취급하지 않았다_옮긴이).

eeeeeeeeeeeeeeeeeeeeeeeeeeeeeeeeeeeeeeeeeeeeeeeeeeeeeeeeeeeeeeeeee

eeeeeeeeeeeeeeeeeeeeeeeeeeeeeeeeeeeeeeeeeeeeeeeeeeeeeeeeeeeeeeeeee

eeeeeeeeeeeeeeeeeeeeeeeeeeeeeeeeeeeeeeeeeeeeeeeeeeeeettttttttttttttttttttttttt

tttttttttttttttttttttttttttttttttttttttttttttttttttttttttttttttttttttttttttttttttttttttttttttttttttttttttttttttttttttttttttttttaaaaaaaaaaaaaa
aaaaaaaaaaaaaaaaaaaaaaaaaaaaaaaaaaaaaaaaaaaaaaaaaaaaaaaaaaaaaaaaaa
aaaaaaaaaaaaaaaaaaaaaaaoooooooooooooooooooooooooooooooo
ooooooooooooooooooooooooooooooooooooooooooooooooo
ooooooooooooiiiiiiiiiiiiiiiiiiiiiiiiiiiiiiiiiiiiiiiiiiiiiiiiiiiiiiiiiiiiiiiiiiiiiiiiiiiiiiiiiiiiiiiiiinnnnnnnnnnnn
nnnnnnnnnnnnnnnnnnnnnnnnnnnnnnnnnnnnnnnnnnnnnnnnnnnnnn
nnnnnnnnnnnnnnnnnnnsssssssssssssssssssssssssssssssssssssssssssssssss
ssssssssssssssssssssssssssssssssssshhhhhhhhhhhhhhhhhhhhhhhhhhhhh
hhhhhhhhhhhhhhhhhhhhhhhhhhhhhhhhhhhhhhhhhhhhhhhhhhhrrrrrrrrr
rrrrrrrrrrrrrrrrrrrrrrrrrrrrrrrrrrrrrrrrrrrrrrrrrrrrrrrrrrrrrrrrrrrrrrrrrrrrrrrrrrrrrrrrrrrrrrrrrrdddddddddddddd
dddddddddddddddddddddddddddddddddddddddddddddlllllllllllllllllllllllllllllllllllllllllllllllllll
llllllllllllllllllccccccccccccccccccccccccccccccccccccccccuuuuuuuuuuuuuuuuuuuu
uuuuuuuuuuuuuuuuummmmmmmmmmmmmmmmmmmmmmmmmmm
mmmmmmmmmwwwwwwwwwwwwwwwwwwwwwwwwwwwwwwwwwwwwww
wffffffffffffffffffffffffffffffffffffffffggggggggggggggggggggggggggggyyyyyyyyyyyyyyyyyy
yyyyyyyypppppppppppppppppppppppppppbbbbbbbbbbbbbbbbbbbbbvvv
vvvvvvvvkkkkkkkkkkkjjxxqz

이 배열을 기준으로 네/아니오 질문을 던진다면, 앨리스는 빈도 수가 높은 문자일수록 비트 수가 작다는 사실을 알게 될 것이다. 예를 들어 e는 세 개의 비트 111로 충분하다.

첫 번째 1은 후보군을 위 배열에서 처음 675자(1351의 왼쪽 절반)

로 줄인다. 즉 첫 문자는 e, t, o, i, n 중 하나이다.

두 번째 1은 675개의 문자열을 왼쪽 337개로 줄인다. 이제 e, t, a 만 남았다.

세 번째 1은 337개를 왼쪽 168개로 줄인다. 그러면 남는 것은 e 하나뿐이다.

그러므로 111은 정확하게 e에 대응된다.

이 통계정보를 이용하면 'help'를 전송하는 데 필요한 비트의 수를 줄일 수 있다. 영어문장의 6퍼센트를 차지하는 h는 빈도가 높지도 낮지도 않기 때문에 이전과 마찬가지로 5개의 비트가 필요하다. 그러나 방금 확인한 바와 같이 e는 3개(111)로 충분하고, l은 빈도가 h와 비슷하니 5비트가 필요하다. 마지막으로 p는 빈도가 1.9퍼센트로 낮은 편이어서 이전보다 많은 6비트가 소요된다. 그러므로 'help'를 전송하는 데 필요한 총 비트 수는 5(h)+3(e)+5(l)+6(p)=19이다.

보다시피 '문자의 사용 빈도'라는 정보를 이용하여 'help'에 필요한 비트 수를 하나 줄이는 데 성공했다. 사용 빈도가 낮은 문자는 이전의 '반씩 잘라내기'보다 더 많은 비트가 필요하지만, 빈도수가 평균에 가까운 문자들은 비트 수가 작기 때문에 일상적인 문장이라면 전체적인 비트 수는 줄어든다. 예를 들어 'heat'라는 단어에는 사용 빈도가 높은 문자가 세 개나 들어 있기 때문에(e, a, t) 16비트로 줄일 수 있다. 밥이 앨리스에게 길고 평이한 문장을 보내는 경우에는 비트의 수가 (반씩 잘라내기보다) 평균 10퍼센트가량 줄어든다.

섀넌은 영어의 단일 문자 사용 빈도 외에 다른 빈도수도 고려했다.

예를 들어 th와 he, in, er 같은 두 개로 이루어진 문자 쌍은 다른 쌍보다 훨씬 자주 등장하며, gx 같은 문자 쌍은 아예 존재하지 않는다. 또는 하나의 문자가 다음에 올 문자를 결정하는 경우도 있다. 예를 들어 q 다음에는 항상 u가 따라온다(리비아 반도의 한 국가명인 카타르qatar만 예외이다_옮긴이). 이 모든 패턴까지 고려하면, 영어를 전송하는 데 필요한 비트 수는 글자 하나당 약 1.6비트까지 줄어든다(사실 소수 단위의 비트는 정의 자체가 불가능하다. 여기서 1.6비트라는 것은 알파벳 100글자를 전송하는 데 평균적으로 160비트가 필요하다는 뜻이다).

섀넌은 이 아이디어를 설명하기 위해 자신의 논문에 사용된 문장을 예로 들었지만, 기본 원리는 모든 메시지에 똑같이 적용된다. 아이디어의 핵심은 주어진 정보에 패턴이 많이 존재할수록 정보를 암호화하는 데 필요한 비트 수가 줄어든다는 것이다.

문자뿐만 아니라 그림이나 사진에도 동일한 논리를 적용할 수 있다. 색점(colored dot, 특정 색상을 띤 점으로 디지털 영상의 최소 단위. 픽셀이라고도 한다_옮긴이)이 무작위로 배열된 그림을 전송하려면 흰 바탕에 검은 줄이 나 있는 단순한 그림보다 훨씬 많은 비트(훨씬 많은 네/아니오 질문)가 필요하다. 무작위 그림의 경우에는 모든 점의 색상과 밝기를 지정해야 하는 데 반해, 흰 바탕에 검은 줄로 이루어진 그림은 두 가지 색상(검은색, 흰색)과 줄 사이의 간격만 전송하면 된다.

현실 세계의 사진은 완전한 무작위 배열이 아니고 단순한 줄무늬도 아니지만, 어느 정도 패턴을 갖고 있다. 공학자들은 동영상과 사진을 저장하거나 전송할 때 이런 특성을 이용하여 비트의 수를 줄인다.

정보를 비트로 환산하는 섀넌의 아이디어는 음성 정보에도 적용 가능하다. 언어를 구성하는 음절 중에는 연달아 나오는 것도 있고 항상 분리되어 나오는 것도 있어서, 이들의 통계적 패턴을 분석하면 음성통신에 필요한 비트의 수를 줄일 수 있다.

정보의 통계적 패턴과 전송에 필요한 비트 수 사이에 모종의 관계가 존재한다는 것은 정보와 열역학이 밀접하게 관련되어 있음을 암시한다. 이들의 유사성은 섀넌이 사용한 수학 방정식에서도 찾을 수 있다.

섀넌이 정보를 전송하는 데 필요한 비트의 수를 산출하기 위해 유도한 방정식은 열역학에서 엔트로피를 계산하는 방정식(볼츠만과 기브스가 유도했던 방정식)과 거의 비슷하게 생겼다.

정보의 크기 H를 계량하는 섀넌의 방정식은 다음과 같다.

$$H = -\Sigma_i \, p_i \log_b p_i$$

주어진 물리계의 엔트로피 S를 계산하는 볼츠만의 공식은 다음과 같다.

$$S = -k_B \Sigma_i \, p_i \ln p_i$$

이들은 모양만 비슷한 게 아니라 완전히 동일한 방정식이다.

섀넌이 논문을 발표한 직후 세계 최고의 수학자 존 폰 노이만을 만난 자리에서 두 방정식의 유사성을 언급했을 때, 노이만은 다소 시큰둥한 표정으로 말했다. "당신이 정보 전달에 필요한 비트의 수를 '정보 엔트로피information entropy'로 명명했다는 것은 엔트로피의 열역학적 의미를 정확하게 아는 사람이 없다는 뜻이기도 합니다."[26]

정보와 엔트로피가 비슷하게 보이는 이유는 섀넌이 '영어로 기록된 정보 체계'를 '볼츠만의 기체'와 비슷한 방식으로 분석했기 때문이다.

부엌에 있는 공기를 다시 떠올려보자. 열이 특정 지역(오븐의 내부)에 모여 있다는 것은 그곳에 있는 분자들이 다른 곳의 분자들보다 평균적으로 많은 에너지를 갖고 있다는 뜻이다. 그러나 고에너지 공기분자들이 좁은 영역에 밀집된 경우의 수는 에너지가 균일하게 분포된 경우의 수보다 압도적으로 적기 때문에, 오븐의 뚜껑을 열어놓은 상태에서 시간이 흐르면 열이 부엌 전체에 걸쳐 골고루 퍼져나간다.

섀넌의 논리도 이와 비슷하다.

전문용어를 제외하고 영어에서 제일 긴 단어는 28자짜리 antidisestablishmentarianism(국교폐지조례반대론)이다. 한 글자짜리 단어부터 28자짜리 단어를 모두 포함하는 커다란 원을 상상해보자. 여기에는 wjrekxy처럼 무의미한 단어도 모두 포함되어 있다. 이런 원은 열이 골고루 퍼져 있는 부엌에 해당한다.

그다음으로, 실제 통용되는 영어단어만으로 이루어진 작은 원을 상상해보자(원의 면적은 단어의 수에 비례한다). 이것은 열이 오븐 속에 집중되어 있는 부엌과 같다.

영어로 된 메시지를 정확하게 전달하려면 송신자와 수신자 모두 작은 원 안에 있어야 한다. 그러나 간섭이나 잡음이 개입되면 메시지는 무작위 배열이 포함된 큰 원으로 밀려나게 된다. 이것은 오븐에 집중되었던 열이 '확률이 낮은 배열에서 높은 배열을 향해' 부엌 전체로 퍼져나가는 것과 비슷한 상황이다.

오븐의 열이 퍼져나가는 것을 막으려면 절연체로 만든 뚜껑을 닫아야 하듯이, 메시지가 무작위한 쪽으로 퍼져나가는 것을 막으려면 무언가 조치를 취해야 한다. 이것이 바로 섀넌이 말했던 '중복성redundancy' 이다. 예를 들어 다음과 같은 문장을 생각해보자.

> MST PPL HV LTL DFCLTY RDNG THS SNTNC[27]
>
> (원래 문장은 'Most people have little difficulty reading this sentence'로 '대부분의 사람들은 이 문장을 별 어려움 없이 읽을 수 있다'는 말이다_옮긴이)

이 문장의 글자 수는 올바른 철자로 쓴 문장보다 20개나 적지만, 의미 전달에는 별문제가 없다. 섀넌은 일상적인 영어문장에서 글자의 50퍼센트를 제거해도 내용의 70퍼센트를 복원할 수 있다고 주장했다. 그 정도로 언어에는 정보가 중복되어 있다는 뜻이다.

구어口語에도 중복성이 존재한다. 영어로 말할 때 일상적인 대화에서는 a와 the를 빼고 말해도 의미 전달에 별문제가 없으며, TV 일기예보에서 기상통보관이 "이번 태풍은 남해안에 심각한…"이라고 말하면 대부분의 시청자들은 "…피해를 입혔다"라는 뒷말을 쉽게 짐작할 수 있다. 연인들은 서로 공유하는 정보가 충분히 많기 때문에 상대방이 반만 말하고 얼버무려도 거의 정확하게 알아듣는다. 그러나 낯선 사람과는 공유하는 정보가 거의 없으므로 오해를 사지 않으려면 긴 문장을 구사해야 한다. 인간의 언어는 내용이 유실되는 것을 방지하기 위해 중복된 정보를 반복하는 쪽으로 진화해온 듯하다. 이 기능은 시끄러운 곳에서 대화를 나누거나, 어린아이 또는 우리말에 서툰 외국인과 대화를 나눌 때 매우 유용하다. 말이 잘 통하지 않을 때 잠시 멈췄다가 비슷한 말을 반복하면 내용이 전달되지 않거나 잘못 전달되는 것을 방지할 수 있다.

물론 언어의 반복 기능은 애써 의식하지 않아도 직관적으로 발휘된다. 온도에 따라 옷을 벗거나 껴입는 것처럼, 우리는 주변 잡음(또는 통신 방해 요인)의 크기에 따라 메시지의 중복도를 조절한다. 컴퓨터나 스마트폰의 메신저는 잡음이 없는 통신채널이어서 전송 도중 문자가 누락되는 일이 거의 없기 때문에 일부 문자를 생략해도 의사 전달이 가능하다. 영어권 국가의 메신저 사용자들은 "나중에 술집에서 보자"라고 할 때 "c u ltr at pb(See you later at pub)"이라고 줄여서 보낸다.

그러나 연결 상태가 좋지 않은 전화로 대화를 나눌 때에는 중복된 정보를 반복해서 보내야 한다. 예를 들면 "제… 이름은… 홍길동입니다. 홍당무의 '홍'에 길바닥의 '길', 그리고 동그라미의 '동'입니다"라고 반복하는 식이다.

언어의 중복성은 메시지가 잡음에 섞여 정보가 소실되는 것을 막아준다. 열이 뜨거운 곳에서 차가운 곳으로 흐르면서 일을 할 때 일부가 필연적으로 소실되는 것처럼, 메시지가 전송될 때에는 일부 문자나 단어가 유실되거나 왜곡된다.

우리가 데이터 네트워크를 구축할 수 있는 것은 정보 엔트로피와 중복성의 기능을 이해하고 있기 때문이다. 방대한 양의 동영상을 제공하는 유튜브와 넷플릭스를 생각해보자. 이 회사들은 동영상의 엔트로피가 가능한 한 섀넌의 엔트로피에 가까워지도록 파일을 압축시킨다(즉 비트의 수를 줄인다). 파일을 압축하지 않으면 용량이 너무 커서 원활한 서비스를 제공할 수 없기 때문이다. 또한 이 회사들은 압축된 파일을 잡음으로부터 보호하기 위해 디지털 중복성을 추가하고 있는데, 이것은 '홍당무의 홍…'과 같은 부가 정보의 전자식 버전에 해당한다.

정보가 장거리를 이동하다 보면 어떤 요인에서건 일부가 유실되게 마련이다. 그러나 정보가 유실되는 원인은 거리뿐만이 아니다. 제아무리 완벽한 장비로 정보를 보호한다 해도 시간이 흐르면 유실될 수밖에 없다. 인류는 이 사실을 오래전부터 알고 있었다. 시간이 흐르면 인쇄된 잉크가 흐려지고, 종이는 찢어지고, 돌이나 점토에 새긴 글은 풍화되어 사라진다. 우리 선조들은 오래 지속되는 잉크와 내구력이 강한 양피지를 개발하여 이 문제를 해결했지만, 도서관에 불이 나면 말짱 헛일이다. 그래서 우리는 중요하다고 생각되는 문서를 여러 장 복사하거나 다른 언어로 번역하는 등 일종의 백업을 해서 보관한다. 로제타석(Rosetta stone, 기원전 196년에 고대 이집트의 왕 프톨레마이오스 5세의 업적을 찬양하는 송덕비의 일부_옮긴이)에 글을 새긴 사람들은 동일한 내용을 세 개 언어로 기록하여 중복성을 높였고, 그 덕분에 현대인들은 2000년 전에 남긴 기록으로부터 고대 이집트의 상형 문자를 해독할 수 있었다. 문어文語는 시간에 따른 정보 유실을 막기 위해 중복성을 강화하는 쪽으로 진화해왔다. 로제타석이 그랬던 것처럼, 문서에 기록된 글은 그 글을 쓴 사람의 두뇌가 먼지로 사라진 후에도 정보를 전달할 수 있다.

이 모든 사실은 독일 태생 미국 과학자 롤프 란다우어Rolf Landauer의 "정보는 물리적이다"라는 한마디로 요약된다.[28] 모든 형태의 정보는 물리적 우주에 변화를 초래한다. 언어를 기록하려면(문어) 물리적 매체를 어떤 식으로든 가공해야 하고, 말을 하면(구어) 주변의 공기분자가 교란된다. 심지어는 가만히 앉아서 생각만 하고 있어도 두뇌의 뉴런에 화학적 변화가 일어난다. 이런 점에서 볼 때 정보 엔트로피는 열역학적 엔트로피의 제한을 받는다고 생각할 수 있다. 물리계가 쇠퇴하면 그 안에 들어 있는 정보도 유실된다. 당신이 막대기를 들고 해변가 모래사장에 자신의 이름을 새긴다고 상상해보자. 막대기로 모래를 긁으면 모래입자들이 낮은 확률의 저엔트로피 배열로 바뀌면서 의미 있는 패턴이 만들어졌다가, 잠시 후 파도가 밀려오면 모래입자들이 흐트러지면서 의미 있었던 저확률-저엔트로피 배열이 무의미한 고확률-고엔트로피 배열로 바뀐다.

그러나 인류는 파도가 모래사장에 새긴 이름을 지우듯 엔트로피가 아무리 증가해도 온갖 수단을 동원하여 정보를 기록해왔다. 우리의 우주가 윌리엄 톰슨(켈빈 경)이 예견했던 '열사'의 단계에 접어들면, 인간의 육체는 말할 것도 없고 생각과 말, 심지어 기억조차도 사라진다.

우주는 균일한 온도에서 모든 동작을 멈추고, 우주에 존재했던 모든 만물은 까맣게 잊힐 것이다.

1948년 7월에 섀넌의 논문이 발표되었을 때, 그의 이론이 어느 범위까지 적용될 수 있을지 아무도 예측하지 못했다. 뿐만 아니라 정보 엔트로피와 열역학적 엔트로피가 비슷한 특성을 보이는 것이 과연 우연의 일치인지, 아니면 동일한 현상의 양면인지를 아는 사람도 없었다.

그러던 중 벨연구소에서 인류의 역사를 바꿀 위대한 발명품이 탄생했다.[29] 섀넌의 논문이 발표되기 며칠 전인 1948년 6월 30일에 고체물리학solid state physics을 전공한 벨연구소의 과학자들이 뉴욕시에서 기자회견을 열고 옥수수 이삭만 한 크기에 다리가 세 개 달린 이상한 회로소자를 공개한 것이다. 주최 측은 기자들의 편의를 위해 새로운 발명품을 거의 사람 크기로 확대한 모형을 연단에 세워놓고 기능을 설명했다.

그 발명품이란 바로 트랜지스터transistor였다. 이날 과학자들은 트랜지스터의 기능을 세 가지로 요약했는데, 가장 중요한 기능이 누락된 것은 정말 아이러니가 아닐 수 없다. 벨연구소의 과학자들은 새로운 발명품을 자랑스럽게 선보이며 "열이온관보다 훨씬 작고 안정적이어서 아날로그 신호를 효율적으로 증폭할 수 있다"고 강조했다. 그들은 기자회견 석상에서 트랜지스터의 능력을 보여주기 위해 기자들에게 헤드폰을 하나씩 나눠주고, 트랜지스터를 통해 증폭된 휘파람 소리를 들려주었다. 그러나 트랜지스터가 아주 작은 전력으로 온-오프on-off

기능을 수행할 수 있다는 사실은 전혀 언급되지 않았다. 사실 트랜지스터는 네/아니오 질문에 답하면서 비트의 위력을 극대화하는 데 더없이 적절한 발명품이었다.

이 사실이 알려진 후 공학자들은 트랜지스터를 소형화하는 데 총력을 기울였고, 수요는 날이 갈수록 기하급수로 증가했다. 오늘날 트랜지스터는 100만×100만분의 1밀리미터까지 작아져서, 초기 트랜지스터 한 개가 간신히 들어갈 자리에 약 200억 개까지 들어갈 수 있다. 한 연구보고서에 의하면 트랜지스터가 처음 발명된 1948년부터 2014년 사이에 생산된 트랜지스터는 대략 3000×10억×10억 개에 달한다고 한다. 3 다음에 0이 무려 21개나 붙은 수이다. 참고로, 우리 은하에 존재하는 별은 약 2000억 개이다(2 다음에 0이 11개밖에 없다). 개개의 트랜지스터는 1초당 10억~1조 개의 네/아니오 질문에 답하면서 친구에게 안부 인사를 보내고, 누군가를 비난하고, 흥미를 돋우고, 계약서를 교환하는 등 정보와 관련된 다양한 기능을 수행하고 있다.

현대 사회에서 정보에 들어가는 열역학적 비용은 실리콘의 전기적 특성에 의해 좌우된다. 전형적인 트랜지스터 한 개가 네/아니오 질문에 한 번 답할 때마다 100만×1000만분의 1줄에 해당하는 열이 발생한다.[30] 물론 관측할 수 없을 정도로 작은 양이다. 그러나 마이크로칩에 들어 있는 1000만 개의 트랜지스터들이 매초 수십억 번씩 온-오프를 반복하면 이야기가 달라진다. 면적이 1제곱센티미터인 마이크로칩은 1초당 수십 줄(약 10와트)의 열을 방출하고 있다. 이 열을 그대로 방치하면 칩의 표면은 가스레인지에 올린 철판보다 뜨거워진다.[31] 1960년대 이후로 본격화된 트랜지스터의 소형화 추세가 앞으로 20~30년 동안 계속된다면, 1제곱센티미터짜리 마이크로칩 하나당 1000킬로와트의 열을 방출할 것이다. 이 정도면 로켓의 분사구에서 방출되는 열과 비슷하며, 태양 표면에서 방출되는 열(6000킬로와트)의 6분의 1에 달한다.[32]

물론 이런 일은 일어나지 않을 것이다. 그러나 컴퓨터에서 발생하는 모든 열을 제거할 수는 없다. 마이크로칩의 집적도(칩의 단위면적에 새겨진 회로소자의 수_옮긴이)가 지금과 같은 추세로 증가한다면, 30년 후에 생산된 칩은 전원을 켜는 즉시 녹아버릴 것이다. 다시 말해서, 실리콘 트랜지스터가 한계에 도달할 날이 멀지 않았다는 뜻이다. 다행히도 비트연산에서 방출된 열을 처리하는 기술은 컴퓨터 기술 못지않게 빠른 속도로 발전하는 중이다.

정보 처리 과정에서 발생한 열은 청정 지구 정책에 역행하는 폐기물이 아니다. 비트연산을 이용한 정보 처리는 아날로그 시대의 작업보다 훨씬 효율적이기 때문이다. 전자책을 예로 들어보자. 책을 종이에 인쇄하여 시장에 내놓으려면 인쇄소와 제본소, 트럭, 배, 비행기 등을 거치면서 다량의 에너지가 소모되지만, 똑같은 책을 인터넷으로 배포하면 중간 과정이 생략되기 때문에 에너지 소비량이 적고 이산화탄소 배출량도 줄일 수 있다. 지구의 기후와 에너지를 연구하는 기후그룹 Climate Group의 보고서에 의하면 2020년 한 해 동안 전 세계 디지털산업계는 14억 3000만 톤의 이산화탄소를 방출했는데, 이들 덕분에 다른 업계의 이산화탄소 배출량이 80억 톤 가까이 억제되었다고 한다. 디지

털산업이 전 세계 이산화탄소 배출량을 60억 톤 이상 줄인 셈이다.[33]

그러므로 우리는 기존의 굴뚝산업을 디지털화하고 디지털 기기의 효율을 높이는 데 총력을 기울여야 한다. 그런데 열기관이 그랬던 것처럼 정보 기술도 열역학적으로 넘을 수 없는 한계가 존재할 것인가? 우리는 정보를 처리할 때마다 필연적으로 열을 방출할 수밖에 없는가? 이런 대가를 치르지 않으면서 정보를 처리하고, 종말을 앞당기지 않으면서 스스로 생각하는 기계를 만들 수 있을까?

과학자들은 이 질문의 답을 찾기 위해 1860년대에 제임스 클러크 맥스웰이 수행했던 사고실험으로 되돌아갔다. 그리고 이 과정에서 그 유명한 '맥스웰의 도깨비'가 150년 만에 그 모습을 드러냈다.

17

맥스웰과 실라르드의 도깨비

맥스웰의 똑똑한 '도깨비 부대'를 동원하면 확산을 완벽하게 차단할 수 있다.[1]

윌리엄 톰슨

우리는 9장에서 제임스 클러크 맥스웰을 만난 적이 있다. 그는 1860년대에 런던에 있는 다락방에서 아내 캐서린과 함께 기체분자의 통계이론을 검증하는 실험을 수행했고, 그 후로 몇 년 동안은 전기 및 자기 현상에 집중하여 고전 전자기학의 수학적 토대를 구축했다. 이때 맥스웰이 유도한 방정식은 훗날 발견될 라디오파의 기초가 되었고, 20세기 초에는 아인슈타인을 상대성 이론으로 이끌었다. 그러나 열역학에 대한 맥스웰의 관심은 한 번도 식은 적이 없다. 1867년에 맥스웰의 친구인 물리학자 피터 거스리 테이트Peter Guthrie Tait는 열역학의 역사를 정리하여 책으로 출간하기로 마음먹고 제일 먼저 맥스웰에게 도움을 청했다.[2]

평소 국수주의적 성향이 강했던 테이트는 과학책을 집필할 때 영국 중심으로 이야기를 풀어나갔기 때문에 다른 국가의 과학자들에게 빈축을 사곤 했다. 이전에도 그는《노스 브리티시 리뷰North British Review》라는 학술지에 〈열의 역학이론에 대한 간추린 역사Historical Sketch of the Dynamical Theory of Heat〉라는 글을 발표했다가 루돌프 클라우지우스를 몹시 화나게 만들었다. 열역학에 공헌한 과학자로 윌리엄 톰슨과 제임스 줄 등 영국인을 거론하면서 다른 유럽 국가의 과학자들은 아예 언급조차 하지 않았기 때문이다. 테이트는 맥스웰에게 "클라우지우스를 비롯한 유럽의 과학자들이 나의 과학사관에 불만이 많은 것 같은데, 이번 책에서는 그런 일이 생기지 않도록 도와달라"는 편지를 보냈다.[3]

맥스웰은 테이트에게 보낸 답장에서 "나는 논문의 우선권에 관하여 왈가왈부할 입장이 아니다"라며 논쟁에 끼어들기를 거부했지만, 열역학의 문제점을 지적하고 해결책을 모색하는 부분만은 적극적으로 돕겠다고 했다.[4] 그리고 약속을 지키기 위해 간단한 사고실험을 떠올렸는데, 이것이 바로 과학사에 전설로 알려진 '맥스웰의 도깨비Maxwell's demon' 실험이다.[5] 이 실험 덕분에 과학자들은 에너지와 엔트로피 그리고 정보의 상관관계를 처음으로 인식하게 되었으며, 향후 100여 년 동안 열띤 논쟁을 벌이면서 엄청난 발전을 이루게 된다.

맥스웰의 편지는 다음과 같이 계속된다. "나의 목적은 열역학 제2법칙의 약점을 들추는 것이라네. 온도가 다른 두 물체가 접촉했을 때 외부의 도움이 없으면 뜨거운 물체는 차가운 물체로부터 열을 빼앗아 갈 수 없지 않은가." 그렇다. 이것은 1860년대에 윌리엄 톰슨과 루돌프 클라우지우스 등 여러 과학자들이 발견한 범우주적 법칙으로, 우리의 직관과도 잘 들어맞는다. 열은 어떤 경우에도 차가운 곳에서 뜨거운 곳을 향해 '자발적으로' 이동하지 않는다. 잔에 담긴 채 식은 커피가 차가운 탁자에서 열을 흡수하여 스스로 뜨거워지는 일은 없다.

맥스웰은 사고실험을 통해 이 범우주적 법칙에 도전장을 내밀었다. 정상에서 벗어난 환경에서는 열이 별다른 저항 없이 차가운 곳에서 뜨거운 곳으로 흐를 수 있지 않을까? 신기하게도 '정보'를 이용하면 이 비정상적인 흐름을 구현할 수 있다.

맥스웰이 했던 대로 밀폐된 상자를 상상해보자. 상자 내부는 기체로 가득 차 있고, 중앙에는 기체분자의 이동을 막는 가로막이 설치되어 있다. 즉 상자의 내부는 두 구획으로 나뉜 상태이다. 맥스웰은 한쪽 구획의 기체가 다른 쪽보다 온도가 높다고 가정했다. 9장에서 언급한 바와 같이 분자 단계에서 '온도가 높다'는 말은 기체분자의 이동 속도가 빠르다는 뜻이다. 다시 말해서, 뜨거운 구획에 있는 기체분자들은 차가운 구획의 기체분자들보다 평균속도가 빠르다. 여기서 독자들은 '평균'이라는 단어에 주의를 기울일 필요가 있다. 뜨거운 구획의 기체분자들은 대부분 빠른 속도로 움직이고 있지만, 개중에는 차가운 구획의 평균속도보다 느린 것도 있다. 마찬가지로 차가운 구획에 있는 분자들 중에는 뜨거운 구획의 평균속도보다 빠르게 움직이는 분자도 있다.

자, 지금부터 맥스웰의 놀랍고도 장난기 어린 통찰력이 발휘된다. 그가 테이트에게 보낸 편지에는 다음과 같이 적혀 있다. "상자 안에 모든 기체분자의 이동 경로와 속도를 낱낱이 알고 있는 신기한 존재가 살고 있다고 상상해보게. 그리고 상자의 가로막에는 작은 구멍이 나 있고, 그 구멍을 열고 닫는 (질량이 없는) 미닫이문이 설치되어 있다고 가정하세. 신기한 존재가 하는 일이라곤 미닫이문을 열거나 닫는 것뿐이라네."[6]

맥스웰이 말한 '신기한 존재'는 가로막에 설치된 작은 미닫이문을 열거나 닫을 수 있다. 문의 질량이 0이라는 것은 미닫이문을 움직이는 데 에너지가 전혀 들지 않는다는 뜻이며, 이는 곧 신기한 존재가 아무런 힘도 들이지 않고 미닫이문을 여닫을 수 있다는 뜻이기도 하다. 또한 그는 양쪽 구획에 있는 모든 기체분자의 이동 방향과 속도를 낱낱이 알고 있는데, 특히 가로막에 나 있는 구멍(미닫이문이 설치된 곳) 근처로 다가오는 분자를 주의 깊게 관찰하는 중이다. '신기한 존재'는 하는 일도 유별나다. 그는 미닫이문 근처에서 분자를 관찰하다가, 뜨거운 구획에서 '차가운 구획의 평균속도보다 느리게 움직이는 분자'가 포착되면 미닫이문을 열어서 차가운 구획으로 이주시킨다. 뜨거운 구획에서 유난히 느린 녀석을 '원래 느린 친구들이 사는 곳'으로 보내는 것이다. 이와 비슷하게, 차가운 구획에서 '뜨거운 구획의 평균속도보다 빠르게 움직이는 분자'가 포착되면 미닫이문을 열어서 뜨거운 구획으로 이주시킨다.

빠른 분자는 빠른 동네로 가고 느린 분자는 느린 동네로 갔으니 강제로 이주시켜도 별문제가 없을 것 같지만, 이런 조작을 반복하다 보면 의외의 결과가 초래된다. 뜨거운 구획에는 빠른 분자들이 더 많이 축적되어 온도가 더 높아지고, 차가운 구획에는 느린 분자들이 축적되어 온도가 더 내려간다. 간단히 말해서 뜨거운 곳은 더 뜨거워지고, 차가운 곳은 더 차가워진다는 뜻이다. 이것은 '외부에서 일을 해주지 않는 한, 열은 절대로 차가운 곳에서 뜨거운 곳으로 흐르지 않는다'는 열역학 제2법칙에 정면으로 상치된다. 그러나 맥스웰은 중요한 부분을 지적했다. "이 과정에서 가해진 일은 하나도 없다. 단지 관찰력이 뛰어나고 손재주가 좋은 신기한 존재의 도움을 받았을 뿐이다."[7]

에너지를 들이지 않고 어떻게 미닫이문을 여닫을 수 있을까? 질량이 없는 미닫이문을 만들 수 있을까? 맥스웰은 이런 문제에 연연하지 않았다. 사고실험 자체가 비현실적이어서 더 이상 설명할 필요가 없었기 때문이다. 맥스웰의 의도는 열역학 제2법칙의 타당성을 확인하는 것이었고, 사고실험을 통해 목적을 이루었다. 신기한 존재가 상자 속에서 하는 일은 자연적으로 일어날 수 없고 인공적으로 흉내 낼 수도 없으므로 열역학 제2법칙은 항상 성립한다. 그러나 그는 편지의 뒷부분에 "각 분자의 진행 방향과 속도를 알고 있으면서 목적에 맞게 활용할 수 있다면, 우리는 열역학 제2법칙에 반하는 결과를 만들어낼 수 있을 것"이라고 했다. 물론 현실 세계에서는 도저히 불가능한 이야기다. 맥스웰이 말한 대로 "우리는 그 정도로 똑똑하지 않기 때문"이다.[8]

테이트에게 사고실험에 관한 편지를 보내고 4년이 지난 1871년에 맥스웰은《열이론》이라는 저서를 통해 동일한 내용을 소개했고, 여기에 관심을 갖게 된 윌리엄 톰슨은 1874년에 발표한 논문에 맥스웰의 사고실험을 인용하면서 그가 말한 '신기한 존재'를 "도깨비demon"라고 불렀다.[9] 이상이 그 유명한 '맥스웰의 도깨비'의 탄생 비화이다. 톰슨은 맥스웰과 마찬가지로 "이 도깨비 같은 존재는 현실 세계에 존재하지 않으므로 열은 항상 뜨거운 곳에서 차가운 곳으로 흐른다"고 결론지었다. 열역학 제2법칙은 역시 난공불락이었다.

맥스웰의 도깨비는 그 후로 60년 동안 과학자들의 기억에서 잊혔다가, 1929년에 정보-에너지-엔트로피의 상관관계가 과학계의 관심사로 떠오르면서 다시 주목받기 시작했다. 도깨비를 소환한 장본인은 15장에서 만난 적이 있는 레오 실라르드이다.

1929년에 실라르드는 베를린에서 아인슈타인과 함께 새로운 냉장고를 설계하면서, 다른 한편으로는 열역학의 통계적 특성을 주제로 한 박사학위 논문을 준비하고 있었다.[10] 이 무렵에 그는 맥스웰의 책을 읽다가 60년 전에 등장했던 사고실험을 알게 되었는데, 특히 맥스웰의 도깨비에게 완전히 홀려버렸다. 과거에 맥스웰과 톰슨은 도깨비를 '열역학 제2법칙의 타당성을 입증하는 수단'으로 여겼지만, 실라르드는 그 도깨비가 정보물리학에 깊은 통찰을 제공한다고 생각했다.

실라르드가 제일 먼저 한 일은 도깨비의 역할을 단순화하는 것이었다. 맥스웰의 사고실험에서 도깨비가 열역학 제2법칙에 역행하려면 수없이 많은 분자의 속도를 일일이 측정하여 알고 있어야 한다. 그러나 실라르드는 〈지적인 존재에 의한 엔트로피 감소The Decrease of Entropy by Intelligent Beings〉라는 논문에서 "도깨비는 그런 중노동을 하지 않아도 열역학 제2법칙에 역행할 수 있다"고 주장했다.[11]

실라르드가 제안한 사고실험도 내부에 가로막이 설치된 상자에서

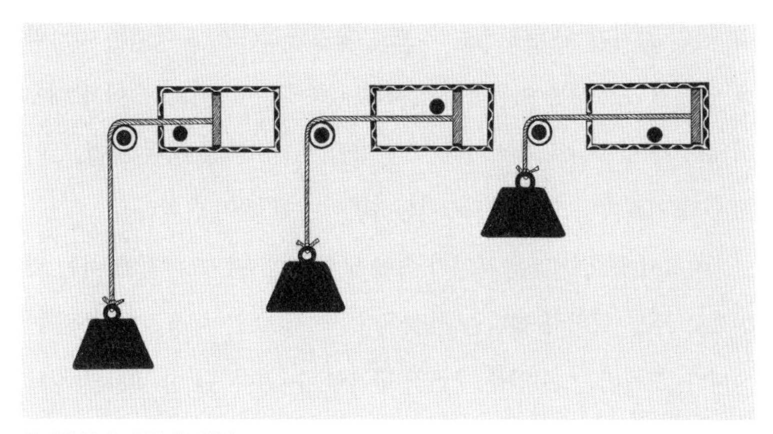

한 개의 분자로 구동되는 엔진

시작된다. 그러나 가로막은 맥스웰의 가로막과 달리 구멍이 뚫려 있지 않고, 바로 위의 그림처럼 이동이 가능하며 상자 안에 들어 있는 분자는 단 한 개뿐이다. 분자는 수시로 상자의 내벽에 부딪히면서 내부를 자유롭게 돌아다니고 있다. 맥스웰의 도깨비는 수조 개의 분자를 일일이 관찰하느라 정신없이 바빴지만, 실라르드의 도깨비는 단 한 개만 관찰하면 된다. 그의 임무는 분자를 다른 구획으로 이주시키는 것이 아니라, 임의의 시간에 분자가 왼쪽과 오른쪽 중 어느 구획에 있는지 확인한 후, (예를 들어) 분자가 왼쪽 구획에 있으면 가로막을 움직여서 분자를 왼쪽 구획에 가두는 것이다.

실라르드의 가로막은 실린더 내부에서 움직이는 피스톤처럼 앞뒤로 움직일 수 있도록 설치되어 있다.

도깨비는 분자가 어느 쪽에 있는지 확인되는 즉시 행동에 돌입한다. 만일 분자가 왼쪽에 있는 것으로 확인되었다면, 도깨비는 가로막에 연결된 도르래를 이용하여 상자의 왼쪽에 추를 매단다. 이 상태에서 분자가 마음대로 움직이다 보면 가끔은 가로막을 때릴 것이고, 이로 인해 가로막이 오른쪽으로 이동하면서 추를 들어 올린다.

여기서 중요한 것은 분자가 속한 구획(왼쪽 또는 오른쪽)을 아는 것만으로 추를 들어 올렸다는 사실이다. 즉 '정보'를 이용하여 일을 한 셈이다. 도깨비는 이 일을 무한정 반복할 수 있다. 단 한 비트의 정보만으로 일을 했으니, 무에서 유를 창조한 것이나 다름없다. 여기서 비트라는 용어를 쓴 이유는 '왼쪽 또는 오른쪽'을 '0 또는 1'로 대체할 수 있기 때문이다. 실라르드의 도깨비는 이진수 정보만을 이용하여 분자의 무작위 운동을 유용한 일로 바꾸었다. 이는 곧 열이 뜨거운 곳에서 차가운 곳으로 흐르지 않아도 유용한 일을 할 수 있다는 뜻이므로, 당연히 열역학 제2법칙에 위배된다. 실라르드의 도깨비를 소환하면 수많은 분자로 이루어진 '온도가 균일한 기체'를 이용하여 일을 할 수 있다. 심지어 실라르드의 도깨비를 대기 중에 충분히 많이 풀어놓으면 지구의 대기로부터 전력을 생산할 수도 있다! 그래서 실라르드는 "열역학계에 지적인 존재가 개입되면 영구기관을 만들 수 있다"고 했다.[12]

이 황당한 결과를 어떻게 해석해야 할까? 16장에서 확인한 바와 같이 모든 정보 처리 과정은 엔트로피를 증가시킨다. 실라르드의 사고실험은 정보가 열역학 제2법칙을 극복하여 온도가 균일한 대기를 일로 바꿀 수 있다고 주장하는 것일까? 이런 물리계는 우주의 엔트로피를 감소시킨다. 여기서 생산된 '일'을 이용하여 열이 차가운 곳에서 뜨거운 곳으로 흐르도록 만들 수 있기 때문이다.

실라르드는 "그런 일은 절대 일어나지 않는다"고 했다. 분자의 위치를 확인하는 도깨비의 관측 행위가 엔트로피를 증가시키는데, 이 증가분은 피스톤이 한 일을 이용하여 줄일 수 있는 엔트로피의 양보다 항상 많기 때문이다.

실라르드가 펼친 논리의 일부는 순환적이며, 도깨비가 엔트로피를 증가시키는 이유도 명시하지 않았다.[13] 그러나 그의 논문은 "정보처리 과정에서 열이 발생하지 않으면 영구기관이 가능해지므로, 열은 반드시 발생해야 한다"고 주장한 최초의 논문이었다. 또 한 가지 놀라운 것은 정보통신과 정보저장 분야에서 사람들이 비트의 중요성을 인식하기 한참 전인 1929년에 이런 논문을 썼다는 점이다.

그 후로 30년 동안 실라르드와 맥스웰의 도깨비는 '흥미롭지만 별로 중요하지 않은 문제'로 취급받으며 또다시 사람들의 기억에서 잊혔다. 이 기간 동안 실라르드의 도깨비를 다룬 논문이 몇 편 발표되었는데, 내용에는 별다른 변화가 없었다.[14] 저자들은 한결같이 분자의 위치를 파악하는 관측장비를 구체적으로 제안한 후 "이런 시스템은 필연적으로 열을 방출하기 때문에, 추를 끌어올려서 엔트로피가 부분적으로 감소해도 결국 총엔트로피는 증가한다"고 결론지었다.

그러나 1950년대 이후로 비트와 트랜지스터가 폭증하고 컴퓨터가 다량의 열을 방출하면서 과학자뿐만 아니라 기술자와 사업가들도 맥스웰과 실라르드의 도깨비에 관심을 갖기 시작했고, 거대 컴퓨터 기업인 IBM의 과학자들은 "정보를 활용하려면 열역학적 대가를 치러야 하는가?"라는 질문의 답을 찾기 위해 도깨비를 소환했다. 한 세기 전에 사디 카르노가 증기기관을 이해하기 위해 공학적 실용성보다 기본 원리를 중시했던 것처럼, IBM의 과학자들도 정보를 이해하기 위해 정보처리장치를 이상화理想化하는 등 이론적 접근을 시도한 것이다.

IBM의 과학자 롤프 란다우어와 찰스 베넷Charles Bennett은 공동 집필한 논문에 다음과 같이 적어놓았다. "우리는 구체적인 방법에 상관없이 모든 정보 처리 과정에 일괄 적용되는 일반적인 법칙을 찾고 있다. 이 연구에서 어떤 한계가 발견된다면, 그것은 특정 기술을 사용했기 때문에 나타난 한계가 아니라 물리학의 저변에 깔려 있는 원리적 한계일 것이다."[15]

둘 중 선임자인 롤프 란다우어는 1927년 2월 4일에 독일 슈투트가르트의 유태인 가정에서 태어났다.[16] 그의 부친인 카를Karl은 유능한 건축가였으나, 1차 세계대전 때 독일군으로 참전했다가 입은 부상 때문에 1934년에 사망했다. 카를은 아내 안나Anna에게 쓴 마지막 편지에서 "나치 정권은 오래가지 못할 것이니, 아이들을 훌륭한 독일인으로 키워주시오"라고 부탁했다. 그러나 제3제국의 흉포함을 간파한 안나는 1938년에 가족을 데리고 뉴욕으로 이주했고, 이곳에서 란다우어는 학업에 남다른 재능을 보여 1945년에 하버드대학교를 졸업했다. 그 후 곧바로 해군에 입대하여 전자장비를 다루는 기술분과에서 복무했는데, 이때 습득한 지식과 경험이 그의 앞날을 밝혀줄 중요한 자산이 되었다고 한다.

란다우어의 학력과 경력은 거의 최고 수준이었지만, 1950년대 초의 미국의 대학과 연구소는 유태인 채용을 꺼리는 분위기였기 때문에 원하는 일자리를 구하기가 쉽지 않았다. 그러다가 1952년에 오랜 친구의 권유에 따라 란다우어는 뉴욕주 포킵시Poughkeepsie에 새로 설립된 IMB연구소에 취직했다(이 건물은 얼마 전까지만 해도 피클을 생산하는 공장이었다). AT&T의 경영진이 그랬던 것처럼, IBM의 사장 토머스 왓슨 시니어Thomas J. Watson Sr.는 란다우어에게 "돈은 못 벌어도 좋으니 과학 연구에 전념하라"며 부담감을 덜어주었으며, 콜롬비아대학교와 산학협동 시스템을 구축하여 상아탑의 과학자들과 긴밀하게 교류할 수 있는 길을 열어주었다.

란다우어가 IBM연구소에 입사할 즈음, 미국의 컴퓨터산업은 열이온관(진공관)에서 트랜지스터로 넘어가는 혁명적 변화를 겪고 있었다. 컴퓨터란 간단히 말해서 '엄청나게 많은 온-오프 스위치를 적절하게 배열해놓은 연산장치'이다. 초기에는 진공관이 스위치 역할을 했는데, 전력 소모량이 많고 불안정한데다 덩치가 커서(진공관 한 개의 크기가 전구와 비슷했다) 실용성이 거의 없었다. 미 육군이 탄도 계산용으로 개발한 최초의 디지털 컴퓨터 에니악ENIAC은 점유 면적 170제곱미터(약 50평)에 무게가 27톤에 달했으며, 매일 174킬로와트의 전력을 잡아먹는 괴물이었다.[17] 게다가 조금만 가동하면 엄청나게 뜨거워져서 20마력짜리 초대형 팬 두 개로 열을 식혀야 했다.

1948년에 벨연구소의 과학자들이 발명한 트랜지스터도 스위치 역할을 했지만 크기가 완두콩만 했고, 전력 소모량과 열 방출량도 진공관보다 훨씬 작았다. 그 덕분에 1958년에 IBM에서 제작한 트랜지스터 컴퓨터는[18] 진공관식 컴퓨터보다 계산 능력이 뛰어나면서 훨씬 가벼웠고, 전력 소모량과 열 방출량도 60퍼센트 이상 감소했다.[19] 트랜지스터는 진공관보다 작으므로 동일한 공간에 더 많이 심을 수 있다. 스위치가 많다는 것은 그만큼 연산 속도가 빠르다는 뜻이다. 그리하여 새 컴퓨터를 접한 과학자와 공학자들은 컴퓨터의 미래가 전적으로 '소형화'에 달려 있음을 절실하게 깨달았다.

란다우어는 회로소자의 소형화가 어느 수준까지 진행될 수 있는지 분석하여 1961년에 논문으로 발표했는데, 그의 탁월한 예지력은 다음 문장에 잘 요약되어 있다. "더 작고 빠른 연산회로를 설계하다 보면 결국 하나의 질문에 도달하게 된다. 소형화에 걸림돌이 되는 물리적 한계란 과연 무엇인가?"[20]

그로부터 11년이 지난 1972년, 스물아홉 살의 찰스 베넷이 IBM연구소에 합류했다.[21] 하버드대학교에서 분자의 거동을 컴퓨터 시뮬레이션으로 구현하여 화학박사 학위를 받은 그는 IBM에 입사한 즉시 란다우어와 함께 '비트의 열역학적 대가'를 연구하기 시작했다.

상자에 들어 있는 분자 한 개의 위치 정보를 이용하여 유용한 일을 수행했던 실라르드의 도깨비를 다시 소환해보자.[22] 이 도깨비는 열을 발생시키지 않고 분자의 위치를 측정할 수 있는 정교한 도구를 갖고 있다. "현실적으로 불가능한 도구를 도입하면 논리가 비현실적으로 흐르지 않을까?"라며 걱정하는 독자들도 있겠지만, 사실 이것은 별문제가 되지 않는다. 19세기에 사디 카르노도 '마찰이 없는 증기기관'을 가정하여 열기관의 효율과 관련된 중요한 원리를 알아냈다.

우선 입자가 왼쪽 구획에 있을 때 어떤 일이 일어나는지 생각해보자. 도깨비는 이것을 하나의 '비트 정보'로 인식하여 피스톤(가로막)에 추를 매달고, 입자가 피스톤을 때리면 피스톤이 오른쪽으로 이동하면서 추를 들어 올린다.

그런데 이런 과정이 반복되다가 피스톤이 오른쪽 끝으로 완전히 밀려나면 어떻게 될까? 이 상태에서 도깨비는 분자로부터 어떻게 유용한 일을 끄집어낼 수 있을까?

모든 과정을 처음부터 반복하는 수밖에 없다. 실린더의 중앙에 가로막을 새로 설치하고, 현재 분자의 위치를 관측하여 두 번째 비트를 알아내면 된다. 그리고 이전과 마찬가지로 가로막에 추를 매달면 분자가 가로막을 때릴 때마다 추가 위로 들어 올려질 것이다.

그러나 여기에는 문제가 숨어 있다. 이전에 얻은 비트 정보가 바로 문제이다. 도깨비가 새로운 비트를 수용하려면 이전 단계에서 얻은 비트를 지워야 한다. 잠깐, 도깨비가 대용량 기억장치를 갖고 있으면 문제될 것이 없지 않은가? 아니다. 당장은 괜찮지만 비트 정보가 계속 쌓이다 보면 언젠가는 지워야 할 시기가 도래한다.

바로 여기서 비트의 열역학적 대가에 대한 해답을 찾을 수 있다. 란다우어와 베넷은 도깨비가 작업을 계속하려면 어느 시점에 도달했을 때 비트 정보의 일부를 지워야 한다는 사실에 주목했다. 새로운 관측 결과를 활용하려면 과거에 얻은 관측 값을 잊어야 한다. 그리고 바로 이 '잊는(지우는) 행위'에서 움직이는 피스톤(가로막)이 한 일만큼 열이 방출된다.

증기기관에 대한 사디 카르노의 설명을 떠올려보자. 증기기관이 무거운 물체를 들어 올리는 등 유용한 일을 하려면, 열이 뜨거운 곳에서 대기와 같은 차가운 '싱크'로 흘러야 한다. 여기서 싱크는 다량의 열을 흡수해도 눈에 뜨일 정도로 뜨거워지지 않아야 하는데, 실제 증기기관은 열을 대기 중으로 방출하기 때문에 이 조건을 거의 만족한다. 즉 대기는 매우 안정적인 싱크라 할 수 있다. 그런데 싱크가 열을 흡수하는 용량에 한계가 있다면 어떻게 될까? 용량을 초과한 후에도 폐열이 계속 유입되면 싱크가 점점 뜨거워질 것이고, 이런 상태가 오래 지속되면 결국 화로와 싱크의 온도가 같아져서 엔진이 작동을 멈출 것이다. 이 시점에 도달하면 화로에 불을 아무리 열심히 지펴도 더 이상 유용한 일을 할 수 없다.

란다우어와 베넷은 정보의 흐름이 열의 흐름과 비슷하다는 사실을 증명했다. 증기기관이 작동하려면 폐열을 버려야 하듯이, 도깨비가 일을 계속하려면 비트를 버려야 한다. 그리고 도깨비가 어떤 방식으로 비트를 저장했건 간에 비트를 버릴 때마다 무조건 열이 방출된다.

도깨비의 저장 능력이 무한하여 모든 비트를 저장할 수 있으면 열을 발생시키지 않고 영원히 작동할 수 있지 않을까? 원리적으로는 가능하지만 현실은 그렇지 않다. 싱크의 온도가 화로와 같아지면 증기기관이 작동하지 않는 것처럼, 도깨비의 저장장치가 비트로 가득 차면 더 이상 유용한 일을 할 수 없다. 다시 시작하려면 새로운 정보가 '유입될 수 있도록' 저장된 비트를 지워야 한다.

여기서 놀라운 것은 란다우어와 베넷이 '비트를 입수하고 저장하는 과정에서 마찰이 전혀 발생하지 않는 경우'에도 비트 정보를 지울 때 발생하는 열량을 계산했다는 점이다. 앞에서 우리는 트랜지스터 한 개가 온-오프 스위치를 바꿀 때마다 100만×1000만분의 1줄의 열이 방출된다는 사실을 확인한 바 있다. 대부분의 열은 트랜지스터의 주 성분인 실리콘 내부에서 아원자 입자(subatomic particles, 전자·양성자·중성자 등 원자를 구성하는 입자의 총칭_옮긴이)들이 움직일 때 발생한다. 도깨비의 기억장치가 열을 발생시키지 않는 완벽한 트랜지스터로 만들어졌다고 해도, 비트 정보를 버릴 때마다 소량의 열이 발생할 수밖에 없다. 다시 말해서, 최소한의 열을 발생시키지 않고서는 비트 정보를 버릴 수 없다는 이야기다.

오늘날 '란다우어 한계Landauer limit'로 알려진 이 최소량은 그 무엇도 빛보다 빠르게 이동할 수 없다는 특수 상대성 이론의 금지령만큼이나 기본적인 물리법칙이다. 란다우어 한계가 존재하기 때문에 비트 처리 기술이 아무리 발전해도 비트를 지우기 시작하면 주변 환경의 온도가 올라갈 수밖에 없다. 얼마나 올라갈까? 주변 온도를 지표면의 평균 온도로 가정하면 완벽한 저장장치에서 비트 하나를 지울 때 발생하는 열은 약 3조×10억분의 1줄이다.[23]

란다우어 한계는 2012년 이후 전 세계의 물리학 연구소에서 여러 차례에 걸쳐 사실로 확인되었는데, 최초로 검증한 사람은 독일 아우크스부르크대학교의 에릭 누츠Eric Nutz와 그의 동료들이었다.[24] 이로써 우리는 16장에서 제기한 질문에 답할 수 있게 되었다. 우주의 엔트로피를 증가시키지 않으면서 스스로 생각하는 기계를 만들 수 있을까?

답: 그런 기계를 만들 수는 없지만 실망할 필요는 없다. 한 가지 가능성이 남아 있기 때문이다.[25]

컴퓨터에서 데이터를 아예 지울 필요가 없다면 열이 발생하지 않을 것이다. 무한대의 용량을 구축하느라 애쓸 필요가 없다. 그냥 과거의 데이터를 재활용하면 된다. 마찰과 브레이크에서 손실된 에너지를 이용하여 배터리를 충전하는 자동차와 비슷하다. 이렇게 저장된 에너지를 재활용하면 속도를 높일 수 있다. 에너지 호환율이 완벽하다면, 자동차는 (이론적으로) 연료를 재주입하지 않고서도 영원히 달릴 수 있다. 그렇다면 자신이 수행한 모든 과정을 역으로 되돌리면서 과거를 잊지 않는 컴퓨터를 만들 수도 있지 않을까? 불가능하진 않지만 기술적으로 해결해야 할 문제가 너무 많아서 당장은 불가능하다고 봐도 무방하다. 그러므로 란다우어 한계는 당분간 컴퓨터가 넘을 수 없는 한계로 남아 있을 것이다.

란다우어 한계는 엄청나게 작은 값이다. 실제 트랜지스터에서 방출되는 열은 란다우어 한계의 100억 배가 넘는다. 그러나 비트 한 개를 지울 때 발생하는 열의 최솟값을 아는 것과 모르는 것 사이에는 엄청난 차이가 있다. 물리법칙이 허용하는 한계를 알고 있으면, 실리콘 기반 기술이 앞으로 얼마나 개선될 수 있는지 예측할 수 있기 때문이다. 우리는 열 방출량이 란다우어 한계에 가까운 트랜지스터를 영원히 못 만들 수도 있지만, 어쨌거나 한계를 알고 있으므로 컴퓨터 칩에서 발생하는 열을 100만분의 1까지는 아니더라도 1000분의 1까지는 줄일 수 있을 것이다.

비트를 지우는 대가를 지금보다 훨씬 작게 줄일 수 있다고 믿는 또 하나의 근거가 있다. 지구에는 지난 수십억 년 동안 섀넌의 정보 계량법에 의거하여 정보를 매우 효율적으로 처리해온 모범사례가 존재한다. 당신과 나를 포함한 생명체가 바로 그것이다.

막대 모양의 소박한 박테리아인 대장균Escherichia coli, 간단히 줄여서 E. coli 이라고 함을 예로 들어보자. 대장균 하나의 길이는 약 2000분의 1밀리미터이고, 굵기는 길이의 10분의 1밖에 되지 않는다. 온혈동물의 창자 속에는 수백만 마리의 대장균이 살고 있다. 최근 들어 과학자들은 대장균 하나가 자신을 복제할 때 처리하는 비트의 수를 측정했는데, 복제에 소요되는 시간과 소모되는 에너지를 고려할 때 이들이 비트 하나를 처리하기 위해 투입하는 에너지는 트랜지스터 한 개가 소비하는 에너지의 1만분의 1에 불과한 것으로 나타났다.[26]

우리의 내장에 기생하는 박테리아가 최고 성능의 실리콘 트랜지스터보다 효율적으로 정보를 처리하고 있다니 살짝 자존심이 상한다. 그러나 열과 정보에 대한 지식을 결합하여 생명체를 열역학적 관점에서 평가한 것만도 커다란 성과이다. 열역학과 정보를 최초로 하나의 맥락에서 이해했던 사람은 벨연구소의 구내 카페에서 클라우드 섀넌과 차를 마시며 대화를 나눴던 영국의 수학자, 섀넌이 '위대한 정신의 소유자'라고 평가했던 앨런 튜링이었다.

Einstein's Fridge

18

생명체의 수학

…언젠가는 태아의 성장 과정도 수학적으로 설명되는 날이 올 것이다…[1]

앨런 튜링

19세기 중반 이후로 헤르만 폰 헬름홀츠를 비롯한 대부분의 과학자들은 모든 생명체가 다른 우주 만물처럼 열역학 제2법칙을 따른다고 믿었으며, 20세기 중반에 와서는 이 사실을 입증하는 세부 사항들이 속속 밝혀지기 시작했다. 과학자들은 식물이 태양빛에서 자유 에너지를 취하여 대기 중의 '탄소를 고정시키는carbon fixation' 과정을 알아냈고, 동물이 설탕과 같은 음식물에서 자유 에너지를 취하여 신진대사에 필요한 연료를 공급한다는 사실도 알아냈다.

1950년대는 유전자gene의 개념이 확립된 시기이기도 하다. 신기하게도 생명체의 모든 세포들은 자신만의 고유한 발달 지침서를 갖고 있었다. 그러나 태아의 발달 과정에서 유전자가 하는 일은 여전히 미스터리로 남아 있었다. 처음 형성된 세포들은 생물학적으로 완전히 동일하며, 완전한 유전자 세트를 갖고 있다. 그런데 이들이 분열을 시작하면 어떤 것은 위세포가 되고 어떤 것은 뇌세포가 되고, 또 어떤 것은 팔다리가 되는 등 완전히 다른 기관으로 발달한다. 어떻게 그럴 수 있을까?

놀랍게도 이 미스터리를 해결한 사람은 생물학자가 아닌 수학자였다. 바로 벨연구소에서 섀넌과 차를 마시며 담소를 나눴던 앨런 튜링이다. 대부분의 사람들은 그의 이름을 들으면 '2차 세계대전 중 독일군의 암호 체계인 에니그마를 해독한 수학자'를 떠올릴 것이다.[2]

그 시기에 영국은 독일 공군의 무차별 폭격으로 도시 대부분이 파괴되어 미국에서 오는 보급선(수송 선단)에 전적으로 의지하고 있었다. 그런데 설상가상으로 독일의 잠수함 U-보트가 대서양을 누비며 보급선과 호위함을 사정없이 침몰시키는 바람에 영국의 운명은 바람 앞의 등불과 같은 처지였다. 바로 이때 앨런 튜링이 이끄는 암호해독팀이 독일 해군과 U-보트 선단이 주고받는 암호를 해독하여 영국을 위기에서 구해낸 것이다. 암호 해독에 성공하고 몇 달이 지난 1941년 6월 통계에 의하면, 23일 동안 U-보트는 단 한 척의 보급선도 격침시키지 못했다. 튜링과 함께 암호 해독에 참여했던 휴 알렉산더Hugh Alexander는 훗날 출간한 저서에 다음과 같이 적어놓았다. "우리 암호해독팀 'Hut 8'이 에니그마를 풀 수 있었던 것은 전적으로 튜링 덕분이었다. 전쟁 초기에 암호 해독의 중요성을 간파한 사람은 오직 튜링뿐이었다."[3]

암호 해독과 관련된 튜링의 일화는 다양한 전기와 연극, 영화

(2015년에 개봉한 〈이미테이션 게임〉이 대표적이다_옮긴이)를 통해 널리 알려져 있지만,[4] 그가 열역학 제2법칙을 생명체에 적용하여 생물학에 지대한 공헌을 했다는 사실을 아는 사람은 거의 없다.

앨런 매티슨 튜링Alan Mathison Turing은 1912년 6월 23일에 인도 마드라스Madras, 지금의 첸나이에 파견된 영국인 치안판사의 아들로 태어났다.[5] 어머니 사라 튜링Sara Turing은 앨런을 임신했을 때 인도의 정치적 상황이 불안하다고 판단하여 잠시 영국으로 돌아와 앨런을 낳은 후, 헤이스팅스에 있는 위탁가정에 두 형제(형 존과 동생 앨런)를 맡기고 다시 마드라스로 돌아갔다. 당시 식민지에 파견된 대부분의 영국인은 아이들의 양육과 교육을 영국 본토의 위탁가정에 맡기곤 했다. 앨런의 형 존 튜링John Turing은 훗날 어린 시절을 회상하며 "대영제국을 위해 봉사하는 사람이라면 당연히 감수해야 할 일"이라고 했다.[6]

앨런 튜링은 자신이 겪은 일을 결코 입 밖에 내지 않았다. 그러나 대부분의 시간을 외로움 속에서 보냈음에도 불구하고, 그의 천재성과 기인 기질은 일찍부터 빛을 발하기 시작했다. 튜링의 초등학교 교장은 이제 겨우 아홉 살이 된 튜링을 가리켜 "지난 수십 년 동안 교사로 일하면서 똑똑하고 성실한 학생을 많이 봐왔지만, 튜링 같은 천재는 한 번도 본 적이 없다"고 했다.[7] 그 후 튜링은 영국 남부의 쉐본Sherborne에 있는 중등 기숙학교에 진학했는데, 알베르트 아인슈타인의 상대성 이론에 깊은 감명을 받은 나머지 인도에 있는 어머니에게 편지로 구구절절 설명하여 어머니까지 아인슈타인을 존경하게 되었다고 한다.

튜링은 수학뿐만 아니라 자연에 대해서도 각별한 애정을 갖고 있었다. 여덟 살 때 《현미경에 대하여About Microscope》라는 책을 썼다고 하니, 과학계의 모차르트라 할 만하다.[8] 어쩌다가 부모님이 고국으로 잠시 돌아와 스코틀랜드로 가족 휴가를 갔을 때에도 튜링은 벌을 쫓아다니며 대부분의 시간을 보냈고, 열 살 때에는 생물의 성장을 다룬《아이들이 알아야 할 자연의 신비Natural Wonders Every Child Should Know》라는 책에 완전히 빠져들었다.[9] 이 책의 저자는 불가사리와 성게 같은 극피동물의 생태계를 설명하면서 아직 대부분이 수수께끼로 남아 있음을 강조했다. "극피동물은 빠르게 성장할 때와 느리게 성장할 때, 그리고 성장을 멈춰야 할 때를 어떻게 아는 것일까요? 그 비밀은 과학자들도 모른답니다."[10] 그로부터 30년 후, 튜링은 그 수수께끼의 답을 찾기 위한 여정을 시작했다.

튜링의 어머니도 작은아들이 자연에 관심이 많다는 것을 일찍부터 알고 있었다. 한번은 초등학교 하키시합에 튜링을 데려간 적이 있었는데, 다른 아이들이 하키경기에 몰두하는 동안 튜링은 운동장 한쪽 구석에 몸을 웅크리고 앉아 데이지 꽃을 뚫어지게 바라보고 있었다. 어머니는 이 장면을 스케치하여 학교에 기증했는데, 그림 아래에는 다음과 같은 제목이 붙어 있다. '하키시합 또는 데이지 꽃 관찰'[11]

1931년, 튜링은 수학을 공부하기 위해 케임브리지대학교의 킹스칼리지에 입학하여 3년 만에 최고 성적으로 졸업했다. 최고의 인재를 놓치기 싫었던 학교 측에서는 그에게 연봉 300파운드를 받는 연구원 자리를 제안했는데, 현재 가치로 환산하면 1만 1000파운드, 미화로

1만 4000달러쯤 된다. 이곳에서 튜링은 자신이 좋아하는 수학 분야를 자유롭게 연구하면서 독일군의 암호를 해독하여 2차 세계대전의 판도를 바꿨을 뿐만 아니라, 1936년에 일생을 통틀어 최고의 업적으로 꼽히는 논문을 발표하는 등 최고의 전성기를 구가했다(이 논문은 '계산 가능한 수와 결정문제의 응용에 관하여On Computable Numbers, with an Application to the Entscheidungsproblem'라는 무시무시한 제목을 달고 런던 수학학술지에 게재되었다[12]).

결정문제는 괴팅겐대학교의 다비드 힐베르트(에미 뇌터의 멘토)가 1928년에 현대 수학 버전으로 발표한 최고의 난제로서, 간단히 서술하면 "임의의 수학 명제가 주어졌을 때, 참/거짓 여부를 스스로 판단하는 기계를 만들 수 있는가?"라는 질문으로 요약된다. 예를 들어 '정수를 크기순으로 나열했을 때, 소수(prime number, 1과 자기 자신 외에는 약수가 없는 수_옮긴이)는 무작위로 나타난다'는 명제를 생각해보자. 만일 이 기계가 "아니요, 이 명제는 거짓입니다"라고 답한다면 증명에 소요되는 귀한 시간을 절약할 수 있고, "네, 이 명제는 참입니다"라고 답한다면 중요한 사실을 알아냈으니 기계는 값어치를 한 셈이다.

튜링은 결정문제에 대한 해답으로 인간이 풀 수 있는 모든 수학 문제를 풀도록 프로그램된 '범용기계Universal Machine'를 떠올렸다. 간단히 말해서, 이것은 하드웨어를 그대로 유지한 채 소프트웨어만 수정하여 다양한 임무를 수행하는 기계이다. 튜링은 여러 가지 가능성을 고려한 끝에, "범용기계는 모든 가능한 수학적 서술의 참/거짓 여부를 판단할 수 없다. 따라서 힐베르트의 결정문제에 대한 답은 아니오NO이다"라고 결론지었다. 튜링의 범용기계는 지금도 역사학자들 사이에서 '현대식 컴퓨터의 기초를 닦은 원형'으로 통한다.[13]

튜링은 미국 프린스턴대학교를 방문하여 2년을 보낸 후 1938년에 케임브리지대학교로 돌아왔다. 그러나 당시는 전쟁의 기운이 짙게 드리운 시기여서, 세속과 격리된 상아탑조차도 나치의 영향을 피하기 어려웠다. 튜링은 원래 정치에 관심이 없었지만, 케임브리지의 저명한 언어학자이인 프레드 클레이튼Fred Clayton으로부터 "한 인권단체가 나치 점령 국가의 유태인 아이들을 구출하기 위해 백방으로 애를 쓰고 있는데, 날이 갈수록 상황이 어려워지고 있다"는 이야기를 전해 듣고 일말의 책임감을 느꼈다. 그 무렵 영국 동부의 항구도시 해리치는 나치를 피해 무작정 탈출한 피난민들로 북새통을 이루고 있었다.

1939년 2월의 어느 비 오는 일요일, 피난 온 아이들을 위해 무언가 해야겠다고 결심한 튜링은 클레이튼과 함께 자전거를 타고 해리치까지 80킬로미터 거리를 달려갔다. 그리고 그곳에서 난민들 속에 섞여 있는 열다섯 살 유태인 소년 로베르트 아우겐펠트Robert Augenfeld를 만나게 된다.[14] 로베르트의 부모는 영국 퀘이커 단체(Quaker organization, 평등·정의·평화·단순·진리를 추구하는 개신교 계열의 종교단체_옮긴이)가 비엔나에서 수백 명의 아이들을 탈출시키기 위해 마련한 기차 편에 자신의 아들을 태워 보냈다. 그 후 아우겐펠트는 해리치의 난민수용소에서 몇 달을 보내다가 튜링을 만나게 된 것이다. 튜링은 아우겐펠트가 정규 교육을 마칠 때까지 후원해주기로 약속했고, 어린 소년은 제안을 기쁘게 받아들였다.

그러나 케임브리지대학교의 인색한 월급으로 아이의 학비를 감당하는 것은 결코 녹록한 일이 아니었다. 다행히도 랭커셔주에 있는 로설기숙학교에서 일부 피난민의 학비를 면제해준 덕분에 아우겐펠트는 튜링의 각별한 보살핌을 받으며 대학까지 마칠 수 있었다. 가끔은 튜링이 아우겐펠트를 케임브리지로 초대하여 함께 휴일을 보내기도 했다. 아우겐펠트는 비엔나를 떠난 후로 부모를 다시 만나지 못했지만, 두 사람의 깊은 우정은 튜링이 죽는 날까지 계속되었다.

튜링은 아우겐펠트를 처음 만나고 몇 주 후에 블레츨리 공원 Bletchley Park에 있는 연구소에서 독일군의 암호 해독 작업에 착수했다. 그는 아우겐펠트와의 만남이 자신의 삶에 어떤 영향을 미쳤는지 아무에게도 말하지 않았지만, 전쟁이 발발한 후 나치의 유태인 말살 정책을 혐오했다는 점에는 의심의 여지가 없다. 세간에는 튜링이 '기이한 성격에 공감 능력이 떨어지는 고독한 천재'로 알려져 있는데, 튜링의 형은 그가 "지루한 대화를 싫어했을 뿐"이라고 했다.[15]

평소에 했던 말과 행동으로 미루어볼 때, 튜링은 위대한 수학자이기에 앞서 동료애가 매우 깊은 사람이었다. 그는 2차 세계대전이 발발하고 처음 18주 동안 암호 해독에 전념하여 영국을 승리로 이끌었으며, 이 기간 동안 뉴욕의 벨연구소를 방문하여 음성암호시스템 SIGSALY의 가능성을 타진하면서 미국의 암호천재 클로드 섀넌과 의견을 나누기도 했다.

블레츨리 공원 연구소에서 암호를 해독하던 튜링의 머릿속에는 온통 전쟁과 관련된 생각뿐이었지만, 함께 일하던 동료들은 그가 자연의 수학적 패턴에 집착한다는 사실을 잘 알고 있었다. 특히 동료 수학자인 조앤 클라크Joan Clarke는 튜링의 독특한 취향을 이해하고 자연의 패턴에 함께 관심을 기울이다가 결혼을 약속한 사이로 발전했다. 케임브리지대학교 수학과 졸업 시험에서 두 과목에 걸쳐 최고 점수를 기록했던 그녀는, 블레츨리 연구소의 여직원들 중 가장 직위가 높은 암호 해독 전문가로서 튜링을 도와 독일 해군의 암호를 푸는 데 중요한 역할을 했다. 튜링은 클라크와의 결혼에 큰 기대를 걸었지만, 약혼녀를 속일 수 없다는 생각에 결국 결혼을 앞두고 폭탄선언을 한다. "조앤, 사실은 저에게 동성애적 성향이 있답니다."[16] 그러나 놀랍게도 클라크는 튜링의 성향을 존중했고, 두 사람은 양가의 가족들을 만나 서로를 소개했다.

그 후 몇 달 동안 튜링은 인생을 통틀어 가장 심란한 시간을 보내다가, 거짓 결혼으로 두 사람의 인생을 망칠 수 없다는 생각에 결국 파혼을 선언했다. 처음에 클라크는 크게 좌절했지만, 튜링과의 동료애와 공동 관심사를 지키겠다는 생각에 그의 결정을 받아들이고 가까운 친구로 남았다. 식물학을 공부한 적이 있는 조앤 클라크는 틈날 때마다 튜링과 블레츨리 공원 일대를 산책하면서 튜링이 관심을 가질 만한 식물을 찾아주곤 했다.

어느 날, 튜링과 클라크는 휴식 시간에 공원 잔디에 앉아 머리를 식히다가 데이지 꽃 중심부에 나선 모양으로 배열된 부분을 유심히 들여다보았다. 그 광경은 옛날에 튜링의 어머니가 그렸던 그림 '하키 시합 또는 데이지 꽃 관찰'과 비슷했을 것이다.

두상화(頭狀花, floret, 국화나 데이지처럼 꽃대 끝의 둥근 판 위에 여러 개의 꽃잎이 붙어서 머리 모양을 이룬 꽃_옮긴이)의 일종인 데이지는 나중에 씨앗으로 자라게 될 작은 점들(편의상 '씨앗'이라고 하자)이 꽃의 중심부에 밀집되어 있다.[17] 이 부분을 자세히 들여다보면 씨앗들이 중심에서 바깥쪽을 향해 시계 방향 또는 반시계 방향의 나선 모양으로 배열되어 있다. 튜링과 클라크의 관심을 끈 것은 하나의 꽃에서 시계 방향 나선과 반시계 방향 나선의 수가 항상 한 쌍의 피보나치 수열Fibonacci sequence을 이룬다는 점이었다.

12세기 이탈리아의 수학자 레오나르도 피보나치Leonardo Fibonacci가 발견한 이 수열은 이전 두 항의 합으로 이루어진 수열로서 1, 1, 2, 3, 5, 8, 13, 21, 34…과 같은 식으로 진행된다(첫 항은 무조건 1로 시작하고, 두 번째 항은 이전 항이 하나[1]밖에 없으므로 그냥 1이고, 세 번째 항은 이전 두 항의 합, 즉 1+1=2이고, 네 번째 항은 이전 두 항의 합인 1+2=3이고… 아홉 번째 항은 이전 두 항의 합인 13+21=34이고… 기타 등등이다). 대부분의 데이지 꽃은 시계 방향 나선 21개와 반시계 방향 나선 34개, 또는 시계 방향 나선 55개와 반시계 방향 나선 89개로 이루어져 있다. 데이지 꽃뿐만이 아니다. 전나무 방울의 씨앗도 시계 방향 나선과 반시계 방향 나선으로 배열되어 있으며, 나선의 수는 한 쌍의 피보나치 수열을 이룬다. 마라톤 풀코스(42.195킬로미터)를 2시간 46분에 주파할 정도로 장거리 달리기에 능했던 튜링은 암호 해독에 참여한 동료들에게 자연의 신비를 보여주기 위해 전나무가 있는 곳까지 달려가 씨앗을 주워오곤 했다.

전쟁이 끝나고 암호해독팀이 해체된 후, 튜링은 1937년에 떠올렸던 범용기계를 다시 연구하기 시작했다. 그것은 다양한 수학 계산을 수행하도록 프로그램할 수 있는 기계, 즉 '컴퓨터'였다. 튜링은 자신의 연구제안서를 서리Surrey에 있는 국립물리학연구소National Physical Laboratory, NPL에 보냈고, 새로운 기계에 흥미를 느낀 연구소의 임원들은 1945년 10월에 튜링을 영입했다. 그러나 NPL의 공학자들은 튜링의 계획이 너무 황당하다며 적극적인 협조를 하지 않았고, 낙담한 튜링은 안식년을 맞이하여 케임브리지로 돌아왔다. 그래도 튜링의 연구 주제가 아까웠는지, NPL의 공학자들은 튜링의 설계도를 단순하게 수정하여 '파일럿 에이스Pilot ACE'라는 소형 컴퓨터를 만들었다.

튜링은 충분한 시간을 갖고 수학과 연산 그리고 생물학이 융합된 새로운 분야를 파고들다가 1947~1948년 사이에 두뇌 신경세포의 작동 원리와 이 과정을 모방하는 기계에 대하여 획기적인 논문을 작성했다. 한때 튜링과 함께 블레츨리 공원에서 암호를 해독하다가 맨체스터대학교의 교수로 부임한 막스 뉴먼Max Newman은 1948년에 이 논문을 읽고 큰 감명을 받아 튜링을 교수로 채용했다. 튜링의 실력을 누구보다 잘 알았던 뉴먼이 컴퓨터 연구 개발에 필요한 기금을 마련해준 덕분에, 튜링을 비롯한 맨체스터의 과학자들은 덩치는 크지만 연산 능력이 다소 떨어지는 첫 번째 버전 '베이비Baby'를 세상에 내놓았다. 이름에 어울리기 않게 무게가 1톤이나 나갔던 베이비는 기초 연산만 할 수 있는 초보 컴퓨터였지만, 현대 컴퓨터의 필수 장비인 임의추출 기억장치random-access memory, RAM를 최초로 사용했다는 점에서 큰 의미를 갖는다. 튜링은 프로그램을 손수 입력하여 긴 자릿수의 나눗셈을 실행했고, 베이비를 이용하여 훨씬 복잡한 소프트웨어를 테스트하는 등 이 분야에서 선구적인 역할을 했다.[18]

세계 최초의 컴퓨터를 만들면서 값진 경험을 쌓은 튜링은 1950년에 그 유명한 논문 〈계산 기계와 지능Computing Machinery and Intelligence〉을 집필하여 철학학술지 《마인드Mind》에 기고했다.[19] 이 논문에서 그는 기계가 인간의 사고력을 능가할 수 있다는 취지로 일련의 논리를 펼친 후 '모방게임the imitation game'이라는 일종의 진단법을 제안했는데, 핵심 내용은 다음과 같다.

어떤 질문을 던졌을 때 컴퓨터가 내놓은 답이 사람이 내놓은 답과 구별되지 않는다면, 그 컴퓨터는 모든 면에서 사람으로 간주되어야 한다. 오늘날 '튜링 테스트Turing Test'로 알려진 모방게임은 1982년에 개봉된 영화 〈블레이드 러너〉에 소개된 적이 있다. 식민지에 격리된 채 살아가던 복제인간(레플리컨트) 중 일부가 탈출하여 지구에 잠입했는데, 외형과 사고력이 인간과 똑같아서 구별하기가 힘들다. 그래서 형사들은 일단 용의자를 잡아들인 후 일련의 질문을 던져서 진짜 인간인지 아니면 레플리컨트인지를 판별한다. 엄밀히 말해서 복제인간은 기계가 아니지만, 인간을 골라내기 위해 질문을 던진다는 점에서는 튜링머신과 크게 다르지 않다.

《마인드》에 기고한 논문에서 튜링이 제기한 질문은 오랜 세월 동안 학자들의 관심을 끌었다. "컴퓨터 내부의 '생각 없는' 전기회로가 인간만이 풀 수 있었던 수학 문제를 풀었다면, 이와 유사한 회로를 이용하여 인간의 마음을 재현할 수 있을까?" 물론 인간의 두뇌는 전기 스위치나 계전기 대신 신경세포 사이의 화학반응을 통해 작동하지만, 방법론만 놓고 보면 매우 의미심장한 질문이다.

튜링은 이 질문에 즉각적으로 답할 수 없다는 사실을 잘 알고 있었다. 두뇌가 화학반응으로 작동하는 단순한 회로라 해도, 인간의 머릿속에는 그런 회로가 수십억 개나 존재한다. 그래서 튜링은 복잡한 두뇌 대신 다른 생물학적 과정을 타깃으로 삼아 '단순한 화학적 회로의 작용'으로 설명할 수 있는지 확인하기로 했다. 그의 최종 목적은 복잡한 생물학적 행동이 그 저변에 깔려 있는 단순한 과정으로부터 유도될 수 있는지 확인하는 것이었다.

여기서 탄생한 논문이 바로 튜링의 야심작인 〈형태 발생의 화학적 기초The Chemical Basis of Morphogenesis〉이다.[20] 자궁 안 배아胚芽의 발달 과정을 체계적으로 분석하여 1951년에 발표한 이 논문은 과학적 상상력이 어디까지 갈 수 있는지를 제대로 보여준 걸작이자, 1936년(〈계산 가능한 수와 결정문제의 응용에 관하여〉) 이후 튜링 자신이 가장 만족스럽게 여겼던 논문이기도 하다.[21] 이 논문에서 튜링은 열역학 제2법칙을 완전히 다른 각도에서 바라보았다.

19세기에 '엔트로피는 항상 증가한다'는 사실이 알려진 후로, 대부분의 과학자들은 열역학 제2법칙을 부정적인 의미로 해석해왔다. 뜨거운 곳에서 차가운 곳으로 흐르는 열은 도중에 필연적으로 소실되고, 이는 곧 '부패'나 '죽음'과 동의어로 간주되었다. 열은 소실되고 분산되기 때문에 생명체처럼 아름다운 피조물도 쇠퇴하여 죽을 수밖에 없고, 결국은 우주 전체가 균일해지면서 아무 일도 일어나지 않는 죽은 공간이 된다. 열역학 제2법칙은 절대로 거스를 수 없는 범우주적 칙령이지만, 그 결과는 항상 부정적인 쪽으로 나타나는 것 같다.

그러나 튜링은 열이 소실되는 과정에서 어떤 구조나 형태가 생성될 수도 있다고 주장했다. 열역학 제2법칙이 항상 만물을 망가뜨리는 쪽으로 작용하지는 않는다는 이야기다. 어떤 조건하에서는 특정 물질이 넓게 퍼지면서 패턴이 있는 구조체로 자라날 수 있다. 튜링은 패턴을 창조하는 물질을 모르포겐morphogen으로 명명하고, 이들이 배아세포 주변에 퍼져나가면서 세포의 형태를 결정한다고 주장했다.

튜링의 목적은 하나의 세포로 시작된 배아(접합체zygote로 알려진 수정란)가 분열이라는 과정을 거쳐 고도로 조직화된 여러 종의 세포로 분화되는 비결을 밝히는 것이었다. 출발은 분명히 하나였는데, 어떻게 그토록 다양한 조직으로 발전할 수 있을까? 당신의 손을 예로 들어보자. 손을 구성하는 세포들은 과거 한때 다른 부위의 세포들과 동일한 유전자 정보를 갖고 있었다. 그런데 이들이 어떻게 손과 관련된 유전자 정보만 추출하여 팔이나 다리로 자라지 않고 지금처럼 손이 될 수 있었을까? 튜링은 자신의 논문에 다음과 같이 적어놓았다. "비밀의 실마리는 '모르포겐의 확산'에서 찾을 수 있다. 집합체의 유전자가 어떤 조직으로 발달할 것인지는 이 과정을 통해 결정될지도 모른다."[22]

무언가가 넓게 퍼지면서 정교한 구조체가 만들어진다는 것은 우리의 직관과 정반대다. 여기서 잠시 발생생물학자 제레미 그린Jeremy Green과 제임스 샤프James Sharpe의 이야기를 들어보자.

물에 잉크 한 방울을 떨어뜨리면 물 전체에 골고루 퍼질 때까지 서서히 확산된다. 시간이 흐르면 원래의 패턴(한 곳에 뭉쳐 있는 잉크)은 사라지고, 최종 상태에 비균질성heterogeneity이나 패턴은 존재하지 않는다. 그러므로 확산은 본질적으로 엔트로피를 높이고 무질서를 극대화시키는 과정으로 이해할 수 있다. 확산 과정을 통해 특정 패턴이 생성되는 것은 물속에서 넓게 퍼진 잉크가 다시 한 점으로 모이는 것과 같다. 이런 일이 현실 세계에서 발견된다면 정말로 놀라운 사건이 아닐 수 없다.[23]

튜링의 1951년 논문에서는 공학자들 사이에 '피드백'으로 알려진 개념이 중요한 역할을 한다. 아마도 전쟁 기간 동안 전기회로를 자주 만지면서 이 분야에 익숙해졌을 것이다. 피드백에는 양의 피드백positive feedback과 음의 피드백negative feedback 두 가지가 있다. 전원이 켜진 전자기타를 들고 대형 스피커에 가까이 다가갈 때 생기는 잡음(이것을 하울링이라 한다)은 양의 피드백의 대표적 사례이다.

연주자가 기타를 둘러맨 채 이리저리 움직이면 굳이 기타 줄을 퉁기지 않아도 아주 작게 진동한다. 물론 진폭이 너무 작아서 귀에 들리진 않지만, 어쨌거나 줄이 진동했으므로 전기신호가 증폭기앰프, amplifier에 전달되어 '작지만 귀에 들리는' 소리가 생성되고, 이 소리가 공기를 진동시키면 기타 줄이 공명을 일으켜 방금 전보다 더 큰 진폭으로 진동한다. 그 후에 일어나는 일련의 사건은 이전과 동일하다. 기타 줄이 진동하면 전기신호가 앰프에 전달되어 더 큰 소리가 생성되고, 기타 줄이 다시 여기에 공명하여 더 크게 진동하고…. 이 과정이 순식간에 반복되어 귀청이 터질 듯한 소리가 들리는 것이다. 튜링은 지미 헨드릭스의 기타가 만든 하울링을 들은 적이 없지만, 전쟁 기간 동안 양의 피드백을 일으키는 무선통신 시스템을 설계한 경험이 있기 때문에 결과가 원인을 증폭시키면 양의 피드백이 일어난다는 사실을 알고 있었을 것이다.

이와 반대로 음의 피드백은 결과가 원인을 감쇄시킬 때 일어나며, 대표적 사례로는 온도계로 조절되는 난방 시스템을 들 수 있다. 방열기radiator에서 방출된 열에 의해 온도가 어느 한계에 도달하면 온도조절기(thermostat, 온도를 일정하게 유지하는 장치_옮긴이)가 보일러의 스위치를 꺼서 온도가 내려간다. 그 후 온도가 어느 한계 이하로 내려가면 온도조절기가 보일러의 스위치를 켜서 난방 공급을 재개하는 식이다. 일반적으로 양의 피드백이 작용하면 물리계는 통제 가능한 범위를 벗어나고, 음의 피드백이 작용하면 물리계는 안정한 상태를 유지한다.

튜링의 주장에 의하면 특정한 화학물질이 반응할 때 양 또는 음의 피드백이 일어날 수 있으며, 모르포겐이 바로 그 화학물질의 한 사례이다. 모르포겐이 세포들 사이에 확산되면 똑같았던 세포들이 변화를 일으켜 각기 다른 패턴을 형성한다.

튜링이 생각했던 패턴 중 하나는 얼룩말의 줄무늬였다. 얼룩말의 모든 피부세포는 완전히 똑같은 상태에서 시작되지만, 피드백을 일으킬 수 있는 모르포겐이 퍼지면서 어떤 세포는 어두운 색으로 바뀌고 어떤 세포는 흰색으로 바뀌어 얼룩무늬가 형성된다. 튜링은 논문에서 모르포겐의 화학식을 제시하지 않았지만, 적절한 환경에서 자발적으로 패턴이 만들어진다는 것을 수학적으로 증명했다. "발생 초기에는 이런 시스템들이 똑같아 보이지만, 나중에는 각기 다른 패턴이나 구조로 분화된다."[24]

그다음에 튜링은 "살아 있는 생명체의 내부에서 진행되는 화학적 과정은 본 논문에서 제시한 수학보다 훨씬 복잡하다"고 강조했다. 그의 목적은 발생과 관련된 화학적 과정을 규명하는 것이 아니라, 모르포겐이 특정한 구조를 창조하여 패턴이 자발적으로 형성될 수 있음을 증명하는 것이었다. 그는 자신의 이론이 "매우 단순화되고 이상화된 모형"이라고 했다.[25]

튜링은 상황을 크게 단순화시켜서 동일한 세포들이 고리 형태로 늘어선 배열을 가정하고 두 종류의 모르포겐이 이들을 가로질러 흐를 때 형성되는 패턴을 분석했는데, 결과는 놀랍게도 매우 규칙적으로 배열된 검은색과 흰색으로 나타났다. 예를 들어 하나의 고리가 100개의 세포로 이루어져 있다면 검은색 10개 후에 흰색 10개가 늘어서고, 그다음에 다시 검은색 10개가 늘어서는 식이다. 이 배열을 먼 거리에서 바라보면 고리에 줄무늬가 생긴 것처럼 보일 것이다.

두 종류의 모르포겐이 적절한 특성을 갖고 있으면 이런 변화는 얼마든지 일어날 수 있다. 첫 번째 모르포겐 X는 세포를 흰색으로 바꾸고, 두 번째 모르포겐 Y는 세포를 검은색으로 바꾼다고 하자. 그리고 X는 양의 피드백을 일으킬 수 있다. 즉 X의 분자 하나가 X의 다른 분자와 반응하면 X의 또 다른 분자가 만들어진다. 그러므로 X를 구성하는 원재료와 자유 에너지가 충분히 많으면 X는 자신을 가능한 한 많이 복제할 것이다. 반면에 Y는 X의 생산을 줄이는 음의 피드백을 만들어낸다. 즉 X의 양이 어떤 한계에 도달하면 더 이상 늘어나지 않도록 Y의 분자가 X의 분자를 파괴한다. 앞에서 예로 들었던 온도조절기의 역할을 Y가 하는 것이다.

논문에는 실리지 않았지만, 튜링은 이런 시스템에 패턴이 생기는 과정을 구체적으로 설명했다.[26] 그의 논리를 따라 사람들이 해변가에만 살고 있는 동그란 섬을 상상해보자. 이 섬의 거주민은 선교사 아니면 식인종인데, 확산되는 모르포겐처럼 바닷가를 따라 무작위로 이동하고 있다. 선교사건 식인종이건 나이가 들면 죽을 수밖에 없지만, 식인종은 후손을 낳을 수 있으므로 모르포겐 X처럼 개체수를 늘려나간다. 반면에 선교사들은 금욕생활을 하기 때문에 후손을 낳을 수 없다. 그러나 선교사 두 명이 식인종 한 명을 만나면 그(또는 그녀)를 선교사로 개종시킨다. 즉 선교사의 포교활동은 선교사 수를 늘릴 뿐만 아니라, 식인종의 증가 속도를 늦추는 효과도 있다. 모르포겐 X의 증가 속도에 제동을 가했던 모르포겐 Y의 역할을 선교사들이 하는 셈이다.

이런 상황에서 긴 시간이 흐르면 식인종과 선교사의 인구분포는 어떻게 달라질까? 처음에 식인종이 선교사보다 압도적으로 많았다면 선교사들은 곧 사라지고 식인종만 남을 것이다. 또는 처음에 선교사가 식인종보다 압도적으로 많았다면 얼마 가지 않아 식인종들이 모두 교화되어 선교사만 남을 것이다.

그러나 선교사와 식인종의 비율이 특정 범위 안에 있고, 섬 안에서 두 그룹의 이동 비율이 특정한 값을 갖는다면, 선교사와 식인종의 수에 안정적인 패턴이 나타난다. 즉 해안가를 따라 식인종 지역과 선교사 지역이 번갈아 나타나고, 각 지역의 면적도 거의 같다. 고리 모양으로 배열된 세포의 경우도 X와 Y의 비율과 이들의 확산 비율이 적절한 값을 가지면, X로 이루어진 영역과 Y로 이루어진 영역이 고리를 따라 번갈아 나타난다. 그런데 X는 세포를 검게 만들고 Y는 세포를 하얗게 만든다고 했으므로 고리에는 줄무늬가 형성된다.

이 논리의 하이라이트는 수학 방정식을 풀어서 안정한 패턴이 나타나는 데 필요한 X와 Y의 비율과 확산 비율을 알아내는 것이다. 그런데 튜링이 지적한 바와 같이, 고리형 세포 배열은 생명체에서 자주 나타나는 배열이 아니다. 좀 더 현실적인 사례에 적용하려면 3차원 배열을 고려해야 하는데, 항상 그렇듯 차원을 하나 높이면 수학이 엄청나게 어려워진다. 튜링은 "3차원 배열로 넘어가면 방정식이 너무 어려워져서 이론을 구축하기가 거의 불가능하다"고 했다.[27]

그렇다고 여기서 포기할 필요는 없다. 여러 번 시행착오를 겪으면서 방정식의 해 중 '뚜렷한 패턴이 존재하는 해'를 찾으면 된다. 물론 쉬운 일은 아니다. 모든 가능한 X : Y의 값과 모든 가능한 확산 비율의 조합을 방정식에 일일이 대입하여 패턴이 존재하는 해를 찾아야 하는데, 손으로 계산하기에는 노동량이 너무 많다. 튜링은 이 작업을 수행하는 최적의 수단으로 컴퓨터를 지목했다. 때마침 맨체스터대학교의 컴퓨터가 업그레이드되었기에, 튜링은 패턴을 서술하는 방정식의 해를 찾기 위해 방대한 프로그램을 써 내려가기 시작했다. 1951년에 튜링이 친구에게 보낸 편지에는 컴퓨터 작업으로 몹시 들뜬 마음이 잘

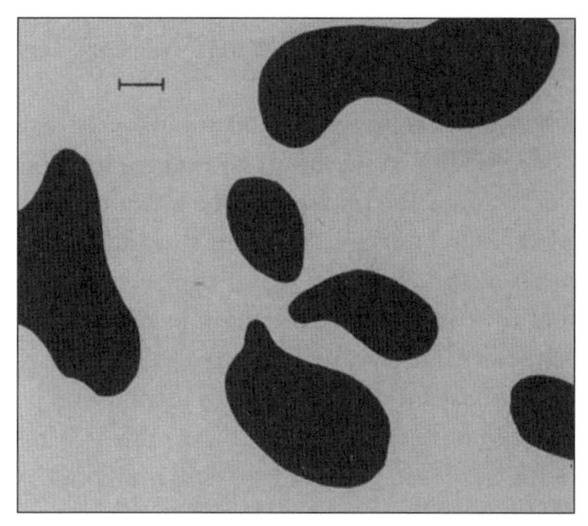

튜링의 논문에서 수학적으로 재현된 '얼룩무늬(dappled pattern)'

나타나 있다. "새 기계(컴퓨터)에 필요한 부품은 월요일부터 조금씩 도착할 예정이라네. 모든 일이 예정대로 진행된다면, 나는 '화학적 발생학chemical embryology'이라는 분야를 최초로 연구한 사람이 될 걸세."

요즘과 비교하면 맨체스터대학교의 컴퓨터는 엄청나게 느리고 번잡한 기계였다. 그러나 튜링은 '몇 시간에 걸친 손 계산'과 굼뜬 컴퓨터를 십분 활용하여, 모르포겐이 확산되면서 만들어진 얼룩소의 흑백무늬를 재현하는 데 성공했다.

위의 그림은 오로지 수학적인 방법으로 생물학적 형태를 재현한 최초의 결과물이다. 튜링은 이 논문으로 새로운 과학의 지평을 열었다. 요즘은 전 세계 모든 연구소에서 컴퓨터를 사용하고 있지만, 1951년에 컴퓨터로 과학적 결과를 도출한 것은 실로 획기적인 사건이었다. 튜링이 논문에서 강조한 바와 같이, 이런 종류의 패턴은 열역학 제2법칙에 자연스럽게 부합된다. 자유 에너지가 꾸준하게 공급되기만 하면 열역학 제2법칙에 따라 무늬가 형성된다는 것이다.[28] 튜링의 목적은 지구의 모든 생명체들이 태양으로부터 직·간접적으로 얻은 자유 에너지의 분산을 통해 무늬가 형성되는 과정을 밝히는 것이었다.

사막이나 해변가에 형성된 모래언덕도 분산을 통해 만들어진 패턴의 또 다른 사례이다. 사막과 모래사장은 원래 아무런 패턴 없이 단조로운 평지였으나, 바람을 타고 자유 에너지가 공급되면 곳곳에 모래언덕이 나타난다. 왜 그럴까? 모래사장이 기하학적으로 완벽한 평지였다면 언덕이 생길 이유가 없다. 그러나 실제로는 작은 돌멩이나 나뭇가지가 곳곳에 흩어져 있기 때문에 바람이 불면 모래가 돌멩이의 한쪽 면(바람이 불어오는 쪽)에 쌓이고, 이것이 양의 피드백을 유도한다. 모래가 높게 쌓일수록 바람의 진행을 더 많이 방해하고, 그 결과로 모래가 더 많이 쌓여서 언덕으로 자라는 것이다.

그러나 이 과정에서 중력이 음의 피드백으로 작용한다. 모래언덕의 높이가 어느 한계에 도달하면 자신의 무게를 더 이상 버티지 못하고 바람이 불어가는 쪽으로 무너져 내리기 시작한다. 그러나 이때가 되면 모래언덕은 바람을 막을 정도로 충분히 높아졌기 때문에, 아직 모래언덕이 높지 않은 곳에 새로운 언덕이 만들어진다. 여기에 바람의 속도와 모래의 점도가 적절한 범위 안에 있으면 여러 개의 모래언덕들이 특정한 패턴을 형성하게 된다. 작은 돌멩이나 나뭇가지와 같은 사소한 불규칙성이 해변가 전체에 눈에 띄는 패턴을 낳은 것이다. 튜링은 배아에서도 일련의 화학반응을 통해 이와 비슷한 과정이 일어날 수 있음을 증명했다.

이로써 튜링은 생명체의 형성 과정을 수학적 논리로 설명한 최초의 과학자가 되었으며, 그 후로 수많은 과학자들이 이 분야에 뛰어들어 많은 진전을 이루었다. 그러나 안타깝게도 튜링은 자신의 아이디어가 꽃피우는 모습을 보지 못하고 마흔두 살의 젊은 나이에 세상을 떠났다.

튜링은 모르포겐과 관련된 논문을 1951년에 영국 최고의 과학단체인 왕립학회에 제출했다. 그로부터 3년 후인 1954년에 튜링은 알렉 프라이스Alec Pryce라는 과학자가 주인공으로 등장하는 소설을 썼는데, 그 내용을 보면 1951년 논문이 중대한 돌파구가 되리라는 것을 사전에 이미 알고 있었음이 분명하다.[29] 소설을 조금만 읽어봐도 튜링 자신의 이야기라는 것을 금방 알 수 있다. 주인공 프라이스는 튜링처럼 동성애자이고, BBC에서 강연을 했으며, 20대의 젊은 나이에 획기적인 논문을 발표하여 세상을 놀라게 한다. 게다가 "그의 마지막 논문은 20대 중반에 썼던 논문을 능가할 정도로 훌륭했다"는 문구는 모르포겐 논문을 염두에 두고 쓴 것이 분명하다. 주인공의 학문적 성취가 일련의 비극적 결과를 초래한 것과 과학사에 길이 남을 논문을 완성한 후 새로운 남자 파트너를 찾아 나선 것도 사실은 튜링 자신의 이야기였다.

튜링은 모르포겐 논문을 탈고하고 몇 주가 지난 1951년 12월에 맨체스터의 환락가에서 아놀드 머리Arnold Murray라는 청년을 알게 되었다. 그 후로 몇 주 동안 두 사람은 튜링의 집에서 잠자리를 같이했는데,

항상 그렇듯이 낯선 사람과 과도하게 친밀해지면 좋지 않은 사건이 일어나게 마련이다. 어느 날 머리는 친구와 술을 마시다가 튜링에 관한 이야기를 자랑스럽게 들려주었는데, 며칠 후 그 친구가 튜링의 집에 몰래 들어와 도둑질을 하는 바람에 두 사람의 부적절한 관계가 만천하에 드러나고 말았다. 대학교수가 혼자 사는 집은 상습적인 도둑에게 만만한 범행 대상이었을 것이다. 게다가 당시에는 동성애가 불법이었기 때문에, 동성애자는 자기 집에 도둑이 들어도 경찰에 신고하지 않고 넘어가는 경우가 종종 있었다. 그날 도둑은 나침반과 옷, 생선용 칼, 그리고 부친에게 물려받은 시계 등 약 50파운드에 해당하는 금품을 훔쳐갔다.

이 일이 있은 후 튜링은 머리를 만나 자초지종을 캐물었고, 머리는 "도둑질에 가담하진 않았지만, 당신이 쉬운 표적이라고 생각한 적은 있다"고 고백했다. 그런데 다른 물건은 다 괜찮아도 아버지의 시계만은 반드시 찾아야겠다는 생각에, 튜링은 스스로 경찰서에 출두하여 절도사건을 신고했다.

튜링 자신은 꿈에도 몰랐지만, 그것은 일생 최악의 결정이었다. 경찰이 사건을 조사하다가 머리와 튜링의 성적 관계를 포착하여 추가 조사에 들어간 것이다. 1952년 2월 11일에 튜링은 경찰서에 불려 가 심문을 받던 중 모든 사실을 솔직하게 털어놓았다가 1895년에 오스카 와일드에게 적용했던 '중음란죄(gross indecency, 영국에서 남성 동성애자를 처벌할 때 적용했던 범죄 조항_옮긴이)'로 기소되었고, 1952년 3월 31일에 열린 재판에서 징역형 또는 장기요법형organotherapy에 처해졌다.

장기요법이란 에스트로겐(여성 호르몬)을 합성한 약물을 정기적으로 투입하여 남성의 성욕을 억제하는 치료법이다.

튜링은 커다란 박탈감을 느꼈지만 감옥에 가지 않으려면 약물치료를 받는 수밖에 없었다. 처음에는 알약 형태로 복용하다가 1년이 지난 후부터 허벅지에 주사를 맞았는데, 주입된 약물은 튜링의 테스토스테론(남성 호르몬) 생성을 억제하여 소위 말하는 '화학적 거세'를 성공적으로 수행한 것처럼 보였지만, 어느 시기부터 가슴이 커지고 집중력이 저하되는 등 부작용이 나타나기 시작했다. 지금 당장 수학 계산을 해야 하는데, 고장 난 커피머신을 고치거나 엉뚱한 책을 읽으며 시간을 낭비하는 일이 많아진 것이다[30](이런 약물이 체중과 체모를 줄이고 발기 부전과 기면증을 유발한다는 것은 현대 의학에서 잘 알려진 사실이다[31]).

어쨌거나 징역을 면한 튜링은 맨체스터대학교의 교수직을 유지하면서 컴퓨터를 계속 사용할 수 있었다. 훗날 튜링의 집에서 발견된 노트에는 스틸베스트롤(Stilbestrol, 합성 여성 호르몬_옮긴이)의 부작용에 시달리면서도 모르포겐 이론을 확장하기 위해 노력한 흔적이 곳곳에 남아 있는데, 특히 줄기에 잎이 달리는 방식, 즉 잎차례phyllotaxis를 수학적으로 서술한 내용이 돋보인다. 그러나 튜링은 평소에도 악필로 유명했기 때문에 대부분의 글이 무슨 내용인지 알아볼 수가 없다. 그의 동료 수학자였던 로빈 갠디Robin Gandy가 튜링의 노트를 읽어보고 "일부 수식은 간신히 해독했지만, 대체 어디서 나온 것이지 알 길이 없다"고 말했을 정도이다.[32]

과연 튜링은 죽기 전에 새로운 돌파구를 찾았을까? 그가 남긴 자료만으로는 판단하기 어렵다. 1954년 6월 8일, 맨체스터에 있는 튜링의 집에서 파출부가 물품을 정리하다가 침대에 누운 채 숨을 거둔 튜링을 발견하고 경찰에 신고했다. 검시관은 튜링의 몸에서 100그램이 넘는 시안화물(청산가리)을 발견하고 '시안화물 중독에 의한 사망'으로 추정했고, 약간의 조사를 거친 후 자살로 결론지었다.[33]

모든 사람이 조사 결과를 믿은 것은 아니었다. 특히 튜링의 어머니 사라와 형 존은 튜링이 자살한 게 아니라 사고사였다고 주장했다. 아닌 게 아니라 평소 튜링은 집에 화학실험 장비를 설치해놓고 퇴근 후 집에서 혼자 실험을 하는 습관이 있었다. 가끔은 이 장비를 이용하여 식기류에 금도금을 하곤 했는데, 이 과정에 반드시 필요한 물질이 바로 시안화물이었던 것이다. 1953년 크리스마스에 튜링의 어머니가 집을 방문했을 때, 시안화물을 마시지 않도록 조심하라고 주의를 주었다고 한다. 맨체스터대학교의 동료들과 이웃 주민들도 "지난 몇 주 동안 튜링의 심리 상태는 지극히 정상이었다"며 사라의 주장에 동의를 표했다. 게다가 튜링은 아무런 유서도 남기지 않았다.

그러나 모든 정황을 고려할 때 검시관의 의견이 가장 그럴 듯하다. 튜링이 실수로 시안화가스를 마셨다 해도, 도금 중에 발생하는 가스는 극히 미량이어서 사망할 가능성이 거의 없다. 튜링이 법정에서 유죄판결을 받은 후 근 2년 동안 정신적 스트레스에 시달렸다는 증거도 있다. 또한 그는 정부기관의 감독하에 암호 해독에 참여한 경력이 있고 범죄기록도 있었기 때문에, 정부요원들이 자신을 감시한다는 사실을 알고 있었다. 그가 친구에게 보낸 편지 중에는 이런 내용도 있다. "내가 자전거를 잘못 주차해도 그들은 나에게 12년형을 내릴 걸세. 게다가 경찰은 캐묻는 것을 워낙 좋아하니까, 나는 손톱만큼의 위법도 저지르면 안 되는 처지라네."[34] 누군가가 자신을 감시한다는 불안감과 책잡힐 일을 절대로 하면 안 된다는 중압감은 그에게 엄청난 스트레스로 작용했을 것이다. 튜링은 이 편지를 쓴 직후부터 맨체스터에 있는 정신과 의사 프란츠 그린바움Frantz Greenbaum을 찾아가 정기적인 치료를 받기 시작했다.

그린바움과 튜링은 원만한 관계를 유지했다. 당시 일반적인 영국인과 달리 동성애를 긍정적으로 생각했던 그린바움은 튜링을 환자이기 전에 친구로 대했으며, 집으로 초대하여 식사를 같이할 정도로 가깝게 지냈다. 튜링은 정신과 치료를 받는 기간 동안 그린바움의 권유에 따라 매일 밤 꾼 꿈을 일기로 남겼는데, 튜링이 죽은 후 그의 형 존이 이 일기를 읽고 사고사에서 자살로 생각을 바꿨다고 한다. 존의 아들 더모트 튜링Dermot Turing은 "우리 아버지는 한동안 앨런 삼촌이 사고로 죽었다고 믿었지만, 결국 자살이라는 경찰 측의 주장을 받아들였다"고 했다.[35] 튜링의 일기에는 자신의 불안정한 심리 상태와 함께 어머니에 대한 증오의 감정이 적나라하게 묘사되어 있었다. 존은 이미 작은아들을 잃은 어머니가 또 다른 상처를 받을까 봐 일기를 폐기 처분했다.

더모트 튜링의 증언에 의하면, 튜링은 감시와 박해 속에서 과도한 스트레스를 받는 와중에도 몹시 외로움을 느꼈다고 한다. 그는 가족들과 그리 살가운 관계가 아니어서 자신의 이야기를 거의 하지 않았으며, 친구들에게도 흉금을 털어놓지 않았다. 어머니와 형은 튜링이 경찰에 체포되었을 때 비로소 그가 동성애자임을 알게 되었지만, 그 문제에 대해 불쾌감이나 실망감을 드러내지는 않았다. 튜링이 유일하게 믿었던 사람은 그린바움이었는데, 공직자 비밀엄수법 때문에 전쟁 중에 겪었던 일은 말할 수 없었다. 튜링이 자살했다는 확실한 증거는 없지만, 자살이 아니라고 해도 자신이 봉사했던 국가로부터 부당한 대접을 받고 고통에 시달렸다는 것만은 분명한 사실이다.

튜링이 마흔두 살(만 41세)에 세상을 떠난 것은 과학계에 엄청난 손실이었다. 만일 그가 20~30년을 더 살았다면 몰라보게 개선된 컴퓨터를 이용하여 모르포겐 가설과 배아 형성 이론을 더욱 발전시킬 수 있었을 것이다. 그러나 1950년대의 물리학자와 수학자들은 생물학을 자신과 무관한 분야로 간주했기 때문에 튜링의 마지막 논문에 별다른 관심을 보이지 않았으며, 수식이 난무하는 논문을 끝까지 읽는 생물학자도 거의 없었다.

게다가 1960년대 말~1970년대 초에 발생생물학자 루이스 월퍼트Lewis Wolpert가 배아 생성 및 발달 과정을 한층 더 단순한 논리로 설명하는 위치정보positional information, PI의 개념을 제안한 후로 튜링의 자발적 패턴 형성 이론은 입지가 더욱 좁아졌다.[36] 1929년에 남아프리카공화국에서 태어난 월퍼트는 대학에서 도시공학을 공부한 후 런던 킹스컬리지에서 생물학을 전공하여 박사학위를 받았다. 튜링의 이론과 달리 PI는 복잡한 수학을 도입하지 않고, “여러 종류의 모르포겐이 배아의 각 부위에 각기 다른 농도로 존재한다”는 가설에서 출발하여 “각 세포는 모르포겐의 농도에 따라 각기 다른 형태로 발달한다"고 주장한다.

PI의 가장 유명한 적용 사례로 '프랑스 국기 모형French flag model'이라는 것이 있다. 동일한 세포들이 균일하게 배열된 직사각형 용기에 모르포겐 용액을 조심스럽게 부었다고 가정해보자. 용액의 농도는 왼쪽에서 오른쪽으로 갈수록 낮아진다. 좀 더 구체적으로 말하면 왼쪽 3분의 1의 농도는 100~70퍼센트이고, 가운데 3분의 1은 70~30퍼센트, 오른쪽 끝 3분의 1은 30~0퍼센트이다. 모르포겐의 농도가 높으면 세포는 푸른색으로 변하고, 농도가 중간값이면 흰색, 농도가 낮으면 붉은색으로 변한다고 하자. 이 상태로 시간이 흐르면 용기 속 세포들은 프랑스 국기처럼 푸른색과 흰색 그리고 붉은색의 삼색 띠를 그릴 것이다.

월퍼트는 자신의 PI 모형이 튜링의 배아 형성 이론과 상충된다는 사실을 처음부터 간파하고, 1971년에 발표한 논문에서 튜링의 이론을 '위치정보에 반하는 이론the antithesis of positional information'이라고 표현했다.[37] 실제로 실험 데이터는 월퍼트의 이론과 일치하는 것처럼 보인다. 1995년에 노벨 생리의학상을 수상한 독일의 발생생물학자 크리스티안네 뉘슬라인 폴하르트Chriatiane Nüsslein-Volhard는 1980년대 말에 과실파리fruit fly의 유충의 형태를 결정하는 모르포겐을 찾아냈다. 바이오시드biocid로 명명된 이 화학물질은 실험실에서 발견된 최초의 모르포겐으로, 튜링의 '확산에 의한 패턴 형성'보다 월퍼트의 PI 이론을 따르는 것처럼 보였다. 과실파리의 유충은 길이가 약 1센티미터인 작은 벌레로서 11개의 마디를 갖고 있으며, 각 마디의 길이는 1밀리미터가 채

과실파리의 유충

되지 않는다.

1980년대 말~1990년대 초에 일단의 과학자들은 바이오시드와 같은 모르포겐이 과실파리 유충의 형태를 결정하는 과정을 집중적으로 연구했다. 그들은 모르포겐의 농도를 바꿔가며 다양한 환경에서 세포를 배양했는데, 결과는 PI 이론이 옳다는 쪽으로 기울었다.[38] 그 후 20세기의 마지막 10년 동안 얻은 데이터도 월퍼트의 이론과 일치하는 것으로 나타났다.

그러나 2001년에 튜링의 '확산에 의한 자발적 패턴 형성 이론'을 뒷받침하는 증거가 발견되었다. 처음에는 특정한 종種 전체에 걸쳐 증거가 발견된 듯했지만, 해당 종의 개체들을 일일이 살펴보니 각기 다른 패턴을 갖고 있었다.

우리 몸에 난 모낭의 분포를 예로 들어보자. 머리카락은 두피라는 2차원 곡면을 따라 배열되어 있지만, 각 모낭의 위치는 사람마다 다르다. 이런 패턴은 PI 이론으로 설명하기가 쉽지 않다. 모낭에 개인차가 있다는 것은 부모가 다른 개개의 배아들이 각기 다른 모르포겐 농도에서 출발하여 자신만의 독특한 모낭 배열을 갖게 되었음을 의미하기 때문이다. 이런 상황에서 PI 이론을 밀어붙이려면 모르포겐의 초기 농도가 무엇에 의해 좌우되는지 설명해야 하는데, 지금으로서는 요원한 이야기다. 반면에 튜링의 이론은 '비슷하면서도 개체마다 조금씩 다른 패턴'의 기원을 어렵지 않게 설명할 수 있다.

모래언덕의 사례에서 보았듯이, 초기 조건이 조금만 달라도 모래언덕은 다른 패턴으로 형성된다. 이 작은 차이는 분자의 무작위 요동 때문에 생길 수도 있고, 유전자의 '계획된 지령'에 따라 나타날 수도 있다. 튜링의 방정식에 의하면 이렇게 형성된 무늬는 동일한 종 안에서 매우 비슷하게 보이지만, 무늬가 완벽하게 같은 개체 쌍은 존재하지 않는다. 초기에 변화를 촉발한 미세요동이 개체마다 같을 수 없기 때문이다. 매년 같은 날 같은 시간에 찍은 해변가 사진을 비교해보면, 모래언덕이 비슷하게 배열된 것처럼 보이지만 완전히 똑같은 사진은 없다. 모래언덕의 형성을 촉발한 작은 원인이 해마다 다르기 때문이다.

독일의 한 연구팀은 두 종류의 모르포겐 WNT와 DDK가 모낭의 배열을 좌우한다는 강력한 증거를 발견했고(WNT는 양성 피드백을 일으키는 '식인종' 모르포겐이고, DDK는 음성 피드백을 일으키는 '선교사' 모르포겐이다)[39], 일본의 연구팀은 에인절피시(angel fish, 관상용 열대어의 일종_옮긴이)와 제브라피시(zebra fish, 줄무늬가 있는 열대어_옮긴이)의 줄무늬가 튜링의 이론으로 설명 가능하다고 주장했다.

튜링이 탄생하고 정확하게 100년이 지난 2012년, 런던 킹스컬리지의 발생생물학자 제레미 그린과 그의 동료들은 튜링의 이론을 뒷받침하는 또 하나의 논문을 발표했다.[40]

원래 이들의 목적은 태아의 발생 단계에서 구개열cleft palate이 나타나는 원인을 알아내는 것이었다. 제레미 그린은 실마리를 얻기 위해 입천장에 나 있는 돌기rugae의 형성 과정을 집중적으로 파고들었다(혀를 입천장에 대보면 돌기가 느껴진다. 사람에게는 네 개, 쥐에게는 여섯 개의 돌기가 나 있다).

그린 교수의 연구팀은 입천장의 패턴을 형성하는 두 개의 모르포겐(식인종과 선교사)을 발견했다. 섬유아세포 성장요인(fibroblast growth factor, 섬유아세포는 콜라겐과 같은 조직 성분을 합성하는 세포이다_옮긴이)이라 불리는 FGF와 음향고슴도치Sonic hedgehog 또는 Shh로 명명된 화학물질이 바로 그것이다. 이들은 쥐의 배아에서 두 모르포겐의 양을 조절해가며 갓 태어난 새끼 쥐의 입천장 돌기를 비교했는데, 놀랍게도 돌기의 수가 튜링의 방정식에서 예견된 값과 정확하게 일치했다.

그린 교수의 돌기 논문이 발표되고 2년이 지난 후, 바르셀로나에 있는 게놈조절센터Center for Genomic Regulation에서 제임스 샤프가 이끄는 연구팀이 또 하나의 놀라운 결과를 발표했다.[41] 튜링의 이론에 따라 모르포겐이 우리 손의 형태를 결정하는 과정이 밝혀진 것이다. 모든 척추동물의 손과 발은 일종의 줄무늬로 간주할 수 있다. 우리의 손은 거의 평행한 다섯 개의 손가락으로 이루어져 있다. 다시 말해서, 비슷한 구조가 다섯 번 반복된 형태이다.

샤프의 연구팀은 컴퓨터 모델과 쥐의 배아의 관찰 결과를 종합하여 손가락 형성에 관여하는 세 종류의 모르포겐 Sox9, BMP, WNT를 발견했다. 이들이 만드는 배열은 '식인종과 선교사'로 대변되는 튜링의 2종 모르포겐 모형보다 훨씬 복잡하지만, 작동 방식은 거의 비슷하다. 연구팀은 쥐의 배아를 대상으로 세 가지 화학물질의 상대적 양을 바꿔가며 비슷한 실험을 여러 번 반복한 끝에, 쥐의 발가락 패턴이 튜링의 예견과 일치한다고 결론지었다. 이들이 구축한 컴퓨터 모델은 3종의 화학물질이 특정한 비율을 이룰 때 발가락이 세 개밖에 생성되지 않는다고 예측했는데, 동일한 조건에서 배아를 양육해보니 정말로 발가락이 세 개인 쥐가 태어난 것이다.

살아 있는 생명체는 튜링의 자발적 패턴 형성과 월퍼트의 PI를 적절히 섞어서 지금과 같은 다양한 형태를 만들어내는 것으로 추정된다. 현재 생물학자들은 튜링의 메커니즘을 통해 다섯 개의 손가락이 만들어지고, 월퍼트가 제안한 PI형 모르포겐의 농도 변화에 의해 각 손가락의 독특한 형태가 결정되는 것으로 믿고 있다. 다시 말해서, 손가락이 다섯 개인 것은 튜링의 시스템 때문이고 엄지, 검지, 중지, 약지, 소지가 각기 다르게 생긴 것은 PI 때문이다. 튜링의 배아 형성 이론은 손가락 형성과 관련된 논문이 발표된 직후에 화려하게 부활하여, 발생생물학의 핵심 이론 중 하나로 떠올랐다. 평소 신랄한 독설가로 유명했던 루이스 월퍼트도 기자와 인터뷰하는 자리에서 튜링을 '진정한 천

재'로 인정했다.[42]

배아의 발달 과정을 연구하는 분야는 그 자체가 아직 배아 단계에 머물러 있지만, 심장판막과 폐 등의 형성 과정은 꽤 많은 부분이 밝혀진 상태이다. 앞으로 수십 년 후에는 발생생물학을 이용하여 질병을 치료하고 선천적 기형을 예방할 수 있을 것이다.

비평가들 중에는 "과학자의 과도한 욕심이 우주의 신비를 방정식과 화학반응으로 격하시켰다"며 우주를 과학으로 설명하려는 시도 자체를 부정적으로 생각하는 사람도 있다. 그러나 해변가 모래사장에 손가락으로 쓴 낙서에서 출발하여 서서히 형성된 모래언덕을 상상해보라. 이런 사소한 현상에서 생명체의 다양한 외모에 이르기까지, 모든 것은 하나의 원리와 밀접하게 연결되어 있다. 세상에 존재하는 모든 아름다운 패턴은 작은 결함에서 출발하여 자유 에너지가 확산되면서 나타난 결과이다.

19

사건 지평선

베켄슈타인과 호킹은 머나먼 곳으로 진출하여 황금을 캐온 최초의 인간이었다.[1]

이론물리학자 레너드 서스킨드

자네의 아이디어는 워낙 이상해서 맞을 가능성이 높네.[2]

물리학자 존 휠러가 제자인 제이콥 베켄슈타인에게

1970년대에 이르기까지, 열역학은 생물학과 화학, 공학, 그리고 물리학에 이론적 기초를 제공하면서 참으로 먼 길을 걸어왔다. '닫힌 계(고립된 계)의 엔트로피는 항상 증가한다'는 열역학 제2법칙은 모든 만물에 적용되는 범우주적 칙령이다. 그러나 우주 먼 곳에 존재하는 어떤 천체는 열역학의 원리를 따르지 않는 것처럼 보였다. 아인슈타인의 일반 상대성 이론에서 예측된 블랙홀이 바로 그 주인공이다.

블랙홀은 주변의 모든 것을 빨아들이면서 (거의) 아무것도 내뱉지 않는 기이한 천체로서, 아인슈타인이 1915년에 발표한 일반 상대성 이론을 통해 그 존재가 처음으로 예견되었다. 일반 상대성 이론은 이름 그대로 특수 상대성 이론을 일반화시킨 이론이다. 1905년에 발표된 특수 상대성 이론은 '물리법칙은 관측자들 사이의 상대속도에 상관없이 누구에게나 동일하다'는 가정에서 출발하여 움직이는 물체의 길이가 줄어들고 시간이 느리게 가는 등 온갖 희한한 결과를 도출해냈다('빛의 속도는 관측자의 속도에 무관하게 누구에게나 동일하다'는 가정도 필요하다_옮긴이). 그러나 특수 상대성 이론에는 관측자의 속도가 변하는 경우, 즉 관측자가 가속운동을 하는 경우가 고려되어 있지 않다. 가속운동을 하거나 중력의 영향하에서 움직이는 관측자를 포함하여, 모든 관측자들에게 똑같이 적용되는 물리법칙을 어떻게 찾을 수 있을까? 이 질문에 답을 제시하기 위해 탄생한 이론이 바로 일반 상대성 이론이다.

이로써 1687년에 출판된 아이작 뉴턴의 고전 중력이론은 아인슈타인의 일반 상대성 이론으로 대체되었으며, 특수 상대성 이론 때문에 살짝 이상해진 시간과 공간의 개념이 더욱 이상한 쪽으로 수정되었다. 일반 상대성 이론이 제시한 새로운 버전의 현실을 이해하기 위해, 1907년에 아인슈타인이 떠올렸던 사고실험을 재현해보자(그는 이 실험을 가리켜 "내 생애 가장 행복했던 생각"이라고 했다[3]).

앨리스라는 물리학자가 텅 빈 우주 공간에서 창문이 없는 상자에 갇혀 있다. 그 주변에는 중력을 행사할 만한 별이나 행성이 없기 때문에, 앨리스는 상자 안에서 아무런 힘도 느끼지 않은 채 자유롭게 떠다닐 수 있다. 만일 그녀가 체중을 재기 위해 저울 위에 올라선다면(저울도 마음대로 떠다닐 것이므로 체중을 재려면 발과 저울을 하나로 묶어놓아야 한다), 눈금이 0을 가리킬 것이다. 즉 상자 내부는 완벽한 무중력 상태이다.

이제 상황을 바꿔서 앨리스를 태운 상자가 경도 0도인 그리니치의 50킬로미터 상공에서 수직으로 자유낙하 한다고 상상해보자. 이 경우에는 지구의 중력이 상자와 앨리스를 매 순간 잡아당기고 있기 때문에 속도가 점점 빨라진다. 여기서 중요한 것은 속도가 빨라지는 비율, 즉 가속도가 일정하다는 것이다(단 지구의 중력이 일정하다는 전제하에 그렇다. 실제로 50킬로미터 상공에서 작용하는 중력은 지표면의 중력보다 조금 작은데, 지구의 반지름이 약 6400킬로미터로 워낙 크기 때문에 같다고 가정해도 무방하다_옮긴이).

높은 곳에서 떨어지는 물체의 가속도가 질량에 상관없이 일정하다는 것은 갈릴레오 시대부터 잘 알려진 사실이다. 갈릴레오의 마지막 제자였던 빈센초 비비아니Vincenzo Viviani의 증언에 의하면, 갈릴레오는 피사의 사탑 꼭대기에 올라가 질량이 다른 두 물체를 동시에 떨어뜨려서 이들이 지면에 동시에 도달한다는 사실을 확인했다고 한다. 역사가들 중에는 이 일화의 신빙성에 이의를 제기하는 사람도 있지만(한 기록에 의하면 갈릴레오가 이 실험을 했다고 알려진 시기에 그는 메디치가의 후원을 받으며 피렌체에 있는 실험실에서 연구에 몰두하고 있었다_옮긴이), 갈릴레오가 경사면에 질량이 다른 공을 굴려서 같은 시간 동안 동일한 거리를 이동한다는 사실을 발견한 것만은 분명하다.

다시 그리니치 상공에서 자유낙하 하는 앨리스에게 되돌아가 보

자. 앨리스와 상자는 동일한 가속도로 떨어지고 있기 때문에, 앨리스는 텅 빈 우주 공간을 표류할 때처럼 상자 안에서 아무런 힘도 느끼지 않은 채 자유롭게 떠다닐 수 있다. 그러므로 상자 안에서 저울 위에 올라서면 이 경우에도 눈금은 0을 가리킬 것이다. 상자 내부의 상황은 우주 공간에 있을 때와 똑같은데, 외부에서 바라본 상황은 완전 딴판이다. 우주를 표류할 때는 평온해 보였지만, 지금은 앨리스의 목숨이 경각에 달려 있다. 그렇다면 앨리스는 지금 자신이 어떤 상황에 처해 있는지 알아낼 수 있을까?

답: 없다. 상자 안에서 어떤 실험을 해도 자신이 우주 공간을 표류하고 있는지, 아니면 지표면을 향해 떨어지고 있는지 판단할 수 없다. 상자가 지면과 충돌하기 전까지는 상자 안에서 지구의 중력을 감지할 방법이 없는 것이다. 그래서 아인슈타인은 "자유낙하 하는 관찰자에게… 중력장은 존재하지 않는다"고 했다.[4] 그러므로 자유낙하와 무중력 상태는 물리적으로 완전히 동일하다. 이것이 바로 일반 상대성 이론의 핵심인 '등가원리principle of equivalence'이다.

위의 상황에 또 하나의 상자를 추가해보자. 앨리스는 이전과 같이 경도 0도인 그리니치의 상공 50킬로미터 지점에서 자유낙하 중이고, 앨리스로부터 남쪽으로 50킬로미터 떨어진 지점에서 밥을 태운 또 하나의 상자가 똑같은 고도에서 동시에 떨어지고 있다. 단 밥을 태운 상자는 앨리스를 태운 상자보다 무거운 재질로 만들어졌으며, 밥의 체중은 앨리스보다 20킬로그램이나 무겁다.

지상에서는 또 한 사람의 물리학자 클리오가 떨어지는 두 상자를 관측하고 있다. 그녀에게는 고성능 X-선 촬영기가 있어서 상자 내부의 모습을 실시간으로 확인할 수 있다고 하자. 클리오는 과연 어떤 광경을 보게 될까? 일단은 두 개의 상자와 그 안에 들어 있는 모든 것들(앨리스와 밥도 포함된다)이 일정한 가속도로 점점 빠르게 떨어지는 모습을 보게 될 것이다. 그런데 자세히 보니 두 상자는 아래로 떨어질 뿐만 아니라 서로 가까워지고 있다. 즉 둘 사이의 수평거리가 줄어들고 있는 것이다. 물론 둘이 가까워지는 속도는 떨어지는 속도보다 훨씬 느리지만, 어쨌거나 가까워진다는 것만은 분명한 사실이다.

왜 그럴까? 뉴턴의 중력법칙에서 답을 찾아보자. 이 법칙에 의하면 지구 주변에 있는 모든 물체는 지구의 중심을 향해 당겨진다. 그런데 두 상자와 지구의 중심을 이으면 가느다란 부채꼴 모양이 되고, 상자가 지면에 가까워진다는 것은 부채꼴의 꼭짓점에 가까워진다는 뜻이므로, 두 상자는 아래로 떨어질수록 서로 가까워질 수밖에 없다.

이 정도면 클리오의 의문은 풀린 것 같은데, 또 다른 질문이 연달아 떠오른다. 앨리스와 밥을 태운 상자는 무게가 다르기 때문에 지구가 당기는 힘도 다르다. 그런데도 이들의 가속도가 같다는 것은, 지구가 떨어지는 물체의 질량을 정확하게 판단하여 '모든 물체의 가속도가 같아지게끔' 적절한 중력을 발휘한다는 뜻이다. 어떻게 그럴 수 있을까? 지구에게 눈이 달린 것도 아닌데, 주변 물체의 질량을 어떻게 알고 거기에 알맞은 중력을 행사하는 것일까? 게다가 지구는 평면이 아닌 구형인데, 물체가 떨어지는 방향을 어떻게 조절하는 것일까? 마치 지구의 중심과 물체 사이에 조준선 방향line-of-sight으로 오가는 통신 체계가 존재하는 것 같다. 다시 말해서, 지구는 '물체의 질량'과 '자신의 중심과 물체 사이의 거리'를 실시간으로 측정한 후, 각 물체를 당기는 힘의 크기와 방향을 순식간에 계산하여 적절한 중력을 행사하는 것처럼 보인다.

물론 말도 안 되는 소리다. 무생물인 지구에게 그런 능력이 있을 리 없다. 중력이론의 황당함을 처음으로 인지한 사람은 중력법칙을 발견한 뉴턴 자신이었다. 그는 중력이론을 세상에 발표한 직후 영국의 철학자 리처드 벤틀리Richard Bentley에게 다음과 같은 편지를 보냈다.

> 중력은 본질적인 힘이며, 모든 물질에 공통적으로 존재하는 특성입니다. 그러나 한 물체가 중재자의 도움 없이 멀리 떨어져 있는 다른 물체의 특성을 순식간에 간파하고, 공간을 가로질러 '즉각적으로' 힘을 행사한다는 것은 아무리 생각해도 난센스입니다. 철학적 사고를 할 줄 아는 사람이라면 이런 이론에 절대로 동의하지 않을 겁니다. 중력이 지금처럼 작용하려면 특정한 법칙에 입각하여 사물을 관리하는 중개자가 반드시 존재해야 합니다. 그 중개자가 사물인지, 비물질적 존재인지는 저로서도 알 길이 없습니다. 이 문제는 독자들이 판단할 일이라고 생각합니다.[5]

중력 이외의 다른 힘은 이런 식으로 작용하지 않는다. 예를 들어 가벼운 종이클립과 무거운 나사못은 자석에 끌려갈 때 가속도가 다르다. 그러나 이들을 높은 곳에서 가만히 놓으면 똑같은 가속도로 떨어진다.

일반 상대성 이론은 아인슈타인이 뉴턴의 고민을 깊이 생각한 끝에 내놓은 결과물이다. 이 이론을 수용하면 지구와 같은 무생물이 복잡한 계산을 수행하여 멀리 떨어진 물체에게 즉각적으로 알맞은 힘을 행사한다는 황당한 주장을 고수할 필요가 없다. 아인슈타인의 주장에 의하면, 물체가 떨어질 때 매우 특이한 일이 벌어진다. 물론 지구는 무생물이므로 주변에 다른 물체가 존재한다는 사실을 알 수 없으며, 힘을 행사하려고 노력하지도 않는다. 그러나 지구를 비롯하여 질량을 가진 모든 물체는 주변 공간을 휘어지게 하고 시간의 흐름을 늦춘다.

중력이 공간을 구부리고 시간의 흐름에 영향을 준다는 것은 과학 역사를 통틀어 가장 파격적인 주장이었다. 이 내용을 이해하려면 상식적인 관념에서 벗어나야 한다. 일반 상대성 이론은 수학 체계가 너무도 복잡하여, 천하의 아인슈타인도 이론을 정립하는 데 꽤 긴 시간이 소요되었다. 1907년에 '가장 행복한 생각'을 떠올린 후 완성된 논문을 1915년에 발표했으니, 꼬박 8년이 걸린 셈이다.

상자 안에 갇힌 채 우주 공간에 떠 있는 앨리스에게 되돌아가 보자. 상자가 아무런 움직임 없이 한자리에 정지해 있다고 해도 시간은 흐른다. 즉 앨리스는 시간이라는 축을 따라 미래로 '이동하고 있다.' 이 상황을 시각적으로 이해하기 위해 수직축에 시간을, 수평축에 공간을 할당한 직교좌표를 생각해보자. 원래 공간은 3차원이지만 1차원으로 줄여서 생각해도 결과는 크게 달라지지 않는다. 즉 우리의 공간은 오른쪽과 왼쪽으로 정의되는 수평 방향밖에 없다고 가정하자. 이 좌표공간에서 앨리스는 정지 상태에 있지 않다. 공간적인 움직임은 없지만 시간이 흐르고 있기 때문에 그녀는 시간축에 평행하게 수직 방향으로 상승하고 있다. 즉 공간에서의 위치는 변하지 않은 채 미래로 나아가는 중이다.

그렇다면 지면을 향해 자유낙하 하던 앨리스의 상황은 어떻게 설명할 수 있을까? 등가원리에 의하면 자유낙하와 무중력은 동일한 상태이므로, '지구로 추락하는 앨리스'와 '우주 공간에 정지해 있는 엘리스'의 관점은 완전히 똑같아야 한다. 즉 추락하는 앨리스는 자신이 시간과 공간으로 이루어진 좌표에서 직선을 따라 나아간다고 믿을 것이다(상자에는 창문이 없기 때문에 추락하는 앨리스는 지표면이 점점 가까워지는 광경을 볼 수 없다).

클리오는 어떤가? 수평 방향으로 50킬로미터 거리를 두고 함께 떨어지는 앨리스와 밥이 점점 가까워지는 현상을 어떻게 설명해야 할까?

답: 앨리스와 밥을 포함한 공간이 지구의 질량 때문에 405쪽 그림처럼 휘어졌다고 생각하면 된다.

지구가 없었다면 평평했을 공간이 지구 때문에 점 N을 향해 휘어져 있다. 즉 앨리스는 공간에서 정지한 채 시간을 따라 이동했다고 생각하겠지만, 사실은 A와 N을 잇는 휘어진 선을 따라간 것이다. 그리고 밥도 앨리스와 마찬가지로 공간 이동 없이 시간을 따라 이동했다고 생각하겠지만, 사실은 B와 N을 잇는 곡선을 따라갔다. 그러므로 앨리스와 밥이 서로 가까워지면서 N을 향해 수렴하는 것은 이들이 중력에 끌려갔기 때문이 아니라, 이들이 휘어진 공간에서 정지 상태에 있을 때

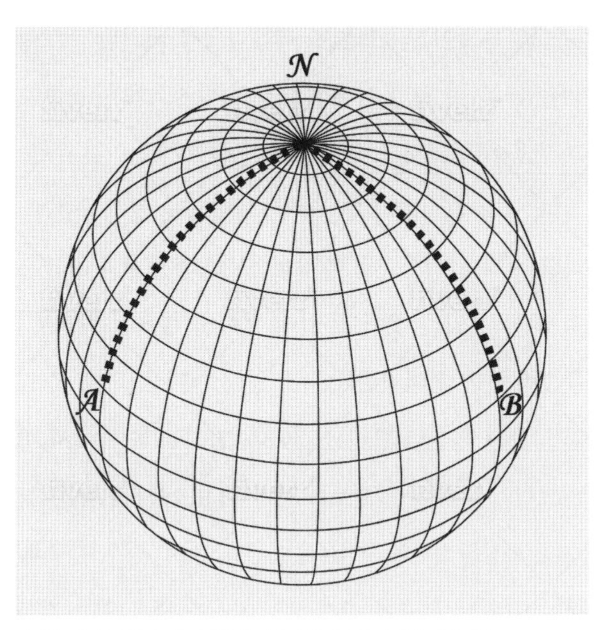

질량을 가진 물체(지구)는 주변의 시간과 공간을 휘어지게 만들어서
앨리스와 밥은 휘어진 곡면상의 '직선'을 따라가다가 한 점 N에서 만나게 된다

시간을 따라 마땅히 가야 할 경로를 따라갔기 때문이다.

그러므로 일반 상대성 이론에 의하면 중력이라는 힘은 일종의 환상이었던 셈이다. 우리는 지구가 우리 몸을 잡아당기고 있다고 생각하지만 사실은 그렇지 않다. 지구의 질량이 주변 공간을 휘어지게 만들었고, 이렇게 휘어진 공간에서의 직선이 지구의 중심을 향하고 있기 때문에 그쪽으로 끌려가는 것처럼 보이는 것이다(여기서 말하는 직선이란 '똑바로 그린 선'이 아니라 '임의의 곡면에서 두 점 사이를 잇는 가장 짧은 선'을 의미한다_옮긴이).

아인슈타인은 1915년 11월에 베를린에서 개최된 프로이센 과학 학술회의에 참석하여 일반 상대성 이론의 방정식을 발표했다. 당시에는 별다른 반응이 없었지만, 그 후 몇 년 사이에 얻어진 우주 관측 데이터는 일반 상대성 이론의 타당성을 확실하게 입증해주었다. 이 이론이 옳다면 우리의 태양처럼 질량이 큰 천체 주변의 공간은 비교적 큰 곡률로 휘어져 있을 것이고, 멀리 떨어진 별에서 방출된 빛이 태양 주변을 통과하면 휘어진 경로를 그릴 것이다. 그런데 이 효과가 천체 망원경을 통해 사실로 확인된 것이다. 멀리 있는 별에서 방출된 빛은 407쪽 그림처럼 휘어진 경로를 따라간다(그림에는 꺾인 직선으로 표현되어 있지만 사실은 완만한 곡선이다_옮긴이). 이런 경우 지구에 있는 관측자는 별이 태양 뒤에 숨어 있지 않고 자신과 별을 잇는 직선이 태양을 스쳐 지나간다고 생각할 것이다(자유 공간에서 빛은 항상 직진한다고 믿기 때문이다).

이 효과를 어떻게 관측할 수 있을까? 태양을 스치듯 지나간 별빛이 지구에 도달한다는 것은 지구에서 볼 때 별의 위치가 태양에 아주 가깝다는 뜻이다(공간적으로 가깝다는 뜻이 아니라 별과 태양 사이의 시각視角이 좁다는 뜻이다_옮긴이). 그런데 태양이 하늘에 떠 있으면 엄청난 밝기에 압도되어 주변의 별이 보이지 않는다. 태양이 떠 있으면서 하늘이 캄캄하면 좋을 텐데, 그런 경우가 있을까?

답: 있다. 개기일식이 일어나면 된다. 달이 태양을 완전히 가리면 태양이 그 자리에 있음에도 불구하고 잠시 동안 하늘이 캄캄해진다. 이때 망원경으로 태양 근처를 관측하면 그 근처에 있는 별의 위치를

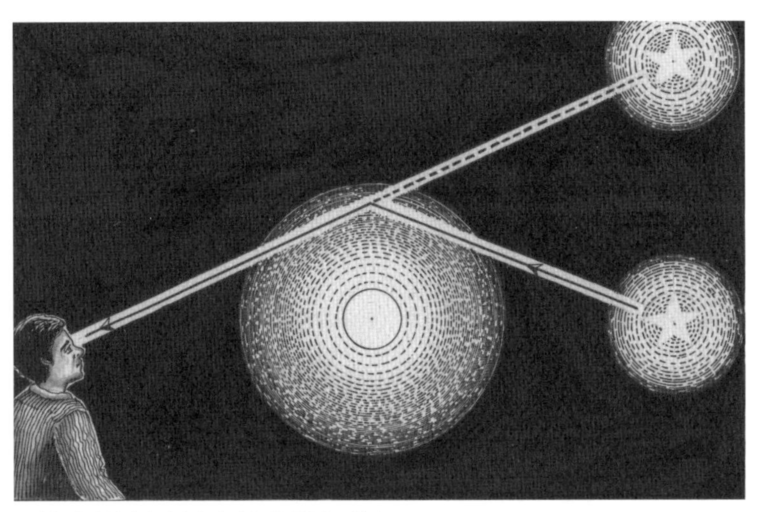

중력은 별의 위치가 달라진 것 같은 착각을 유도한다

확인할 수 있다. 아인슈타인이 일반 상대성 이론을 발표하고 4년이 지난 1919년, 영국의 과학자들로 이루어진 두 관측팀이 브라질과 서아프리카로 파견되어 일식이 일어나는 동안 태양 주변의 사진을 찍었다. 그리고 6개월 후에 똑같은 별을 찍어서 위치를 비교해보니, 예상대로 작은 차이가 발견되었다. 일식이 일어났을 때에는 별빛의 경로가 태양 근처를 지나면서 휘어졌는데, 6개월 후에는 그 별빛이 지나가는 길목에 태양이 없었기 때문에 휘어지지 않은 것이다. 그 후로 빛이 질량이 큰 천체를 지나면서 휘어지는 현상은 다양한 관측을 통해 사실로 확인되었다.

이로써 일반 상대성 이론은 과학계에 수용되었다. 그러나 이론 자체가 워낙 파격적인데다 수학이 너무 복잡하고 어려웠기 때문에, 20세기 전반에 이 이론을 연구한 과학자는 극소수에 불과했다. 사실 일반 상대성 이론으로 예측된 결과는 훨씬 단순한 뉴턴의 중력이론으로 얻은 결과와 별 차이가 없다. 후자는 뉴턴이 말한 대로 난센스에 가깝지만 다루기가 훨씬 쉽다.

다행히도 2차 세계대전이 끝난 후 물리학자들은 태양보다 훨씬 큰 초대형 천체로 관심을 돌렸고, 그 덕분에 일반 상대성 이론도 다시 관심을 끌기 시작했다. 그런데 연구 대상의 규모를 키워놓고 보니 예상을 완전히 뛰어넘는 결과들이 연이어 도출되었다. 책꽂이에서 잠자고 있던 일반 상대성 이론이 근 30년 만에 깨어나 과학자들에게 새로운 세상으로 통하는 길을 열어준 것이다. 그중에서도 가장 큰 관심을 끌었던 것은 일반 상대성 이론이 발표된 지 몇 주 만에 제기된 문제였다.

1916년 초, 마흔이 넘은 나이에 자진 입대해 러시아 전선으로 파병된 독일의 물리학자 카를 슈바르츠실트Karl Schwarzschild는 전쟁을 치르는 와중에 틈틈이 일반 상대성 이론을 연구하다가 놀라운 사실을 발견했다.[6] 별처럼 질량이 큰 천체가 고밀도로 응축되면 시간과 공간이 무한히 왜곡되어 특이점singularity이라는 비정상적인 천체가 형성된다. 이런 곳에는 일반 상대성 이론의 수학이 적용되지 않기 때문에 어떤 일이 벌어지고 있는지 아무도 알 수 없다.

아인슈타인을 비롯한 대부분의 물리학자들은 실제 우주에 그런 비정상적인 천체가 존재할 리가 없다며 슈바르츠실트의 제안을 일축해버렸다. 그러나 특이점의 존재를 암시하는 증거가 속속 발견되자 더 이상 무시할 수만은 없게 되었고, 1960년대 말~1970년대 초에는 세

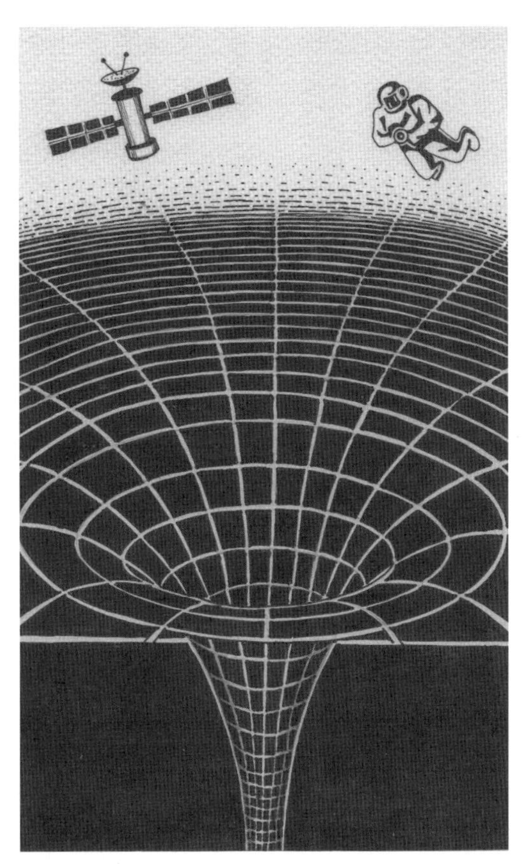

시공간의 특이점

계적으로 유명한 물리학자들도 특이점에 관심을 갖기 시작했다. 특이점(자체 중력에 의해 과도하게 응축된 천체)은 한 번도 발견된 적 없지만 이론적으로는 얼마든지 가능했기 때문에, 작명에 일가견이 있는 물리학자들은 거기에 '블랙홀'이라는 멋진 이름까지 붙여주었다.[7]

사방으로 무한히 넓게 펼쳐진 얕은 바다를 상상해보자.[8] 이곳에는 앞을 보지 못하는 물고기들만 살고 있는데, 하루 종일 물속에서 헤엄을 치면서도 물의 존재를 느끼지 못한다. 그래서 이들은 어쩌다가 빠른 물살에 휘말려 떠내려가도 자신이 떠내려간다는 사실을 알 수 없다. 그러나 물고기들은 앞을 못 보는 대신 청력이 매우 발달하여 모든 신호를 소리로 주고받는다. 단 물속에서 소리가 전달되는 속도는 특정한 값으로 고정되어 있다. 그리고 또 한 가지, 물밑 세계는 그 어떤 물체도 소리의 속도(음속)보다 빠르게 이동할 수 없는 이상한 세계이다. 다시 말해서 음속이 모든 속도의 한계라는 뜻이다.

광활한 바다의 한 지역에는 모든 물을 빨아들이는 구멍이 나 있다. 이 구멍에 가까울수록 물은 더욱 빠른 속도로 빨려 들어간다. 그런데 이 구멍으로부터 특정 거리(이 거리는 구멍의 흡입력에 의해 결정된다)에 있는 물은 빨려 들어가는 속도가 음속에 도달했다가 결국은 음속을 초과하게 된다.

구멍 주변에 방금 말한 '거리'를 반지름으로 하는 가상의 원을 그려보자. 원의 바깥에서 흐르는 물은 음속보다 느리고, 원의 내부에 있는 물은 음속보다 빠른 속도로 구멍을 향해 빨려 들어간다. 그리고 원주상에서는 물의 속도가 음속과 같다. 이 원을 '음속경계선sonic boundary'이라고 하자.

이제 우리의 주인공 물고기인 앨리스와 밥이 등장할 차례다. 앨리스는 구멍으로부터 충분히 멀리 떨어져 있어서 아무런 영향도 받지 않고 유유히 헤엄치고 있다. 그러나 밥은 위험 지역에 가까이 접근하여 물과 함께 구멍으로 빨려 들어가고 있다(음속경계선 바깥에 있다고 해도 충분한 거리를 유지하지 않으면 구멍으로 빨려 들어간다_옮긴이). 게다가 밥은 다른 물고기들처럼 앞을 보지 못한 채 물과 함께 이동하고 있기 때문에 자신이 빨려 들어간다는 사실을 전혀 모르고 있다. 원래 앨리스와 밥은 함께 일하는 동료여서 둘 사이의 거리가 멀어지면 밥이 1초에 한 번씩 '핑' 소리처럼 들리는 음향신호를 앨리스에게 보내기로 약속이 되어 있었다.

처음에 앨리스는 밥이 보낸 음향신호를 매초 들을 수 있었다. 그런데 어느 순간부터 신호와 신호 사이의 간격이 점점 벌어지기 시작했다. 앨리스와 밥은 전혀 몰랐지만, 이것은 밥의 주변에 있는 물이 (밥을 중심으로) 앨리스의 반대쪽에 있는 구멍을 향해 빠른 속도로 이동하고 있기 때문이다. 밥이 보낸 음향신호는 물이 흐르는 방향을 거슬러 진행하기 때문에 잔잔한 물에서 신호를 보냈을 때보다 시간이 더 오래 걸린다. 밥이 음속경계선에 가까워질수록 신호 사이의 시간 간격이 점점 벌어지다가 어느 한계를 넘어서면 앨리스는 밥이 신호 송출을 중단했다고 생각할 것이다. 만일 앨리스가 '일반 음향 상대성 이론'을 알고 있다면, 밥이 자신으로부터 점점 멀어지다가 음속경계선에 가까워져서 밥의 시계가 자신의 시계보다 느리게 간다고 추측할 것이다. 밥이 음속경계선에 도달하는 순간, 엘리스의 관점에서 볼 때 밥의 시계는 완전히 멈춘 것처럼 보인다.

그러나 밥이 느끼는 현실은 엘리스의 추측과 완전히 딴판이다. 그는 자신이 음속경계선을 넘어 구멍으로 빨려 들어간다는 사실을 전혀 모르는 채, 앨리스와 약속한 대로 매초 꾸준히 신호를 보냈다. 앨리스에게 돌아가야겠다고 마음먹기 전까지는 모든 것이 정상이다. 그러나 일단 마음을 먹고 반대쪽으로 방향을 돌리면 아무리 몸부림을 쳐도 음속경계선을 탈출할 수 없다. 음속경계선의 내부에서는 물이 구멍으로 빨려 들어가는 속도가 바다 밑 세계의 한계속도인 음속보다 빠르기 때문에, 헤엄이 아니라 어떤 수단을 동원해도 불가능하다. 밥이 아무리 애를 써도 그는 중심부의 구멍을 향해 속절없이 빨려 들어갈 것이다.

바다 밑에 난 구멍과 블랙홀의 공통점은 다음과 같다. 바닷물을 빨아들이는 구멍은 블랙홀의 중심에서 공간을 빨아들이는 특이점에 해당한다. 그리고 바다의 경우 구멍 주변에 유속이 음속보다 느린 영역과 빠른 영역을 나누는 원형의 음속경계선이 존재하듯이, 특이점 주변에는 공간의 흐름이 광속보다 느린 영역과 빠른 영역을 나누는 구형의 경계면이 존재한다. 그렇다. 텅 빈 공간이 바로 흐르는 물에 해당한다.

우리의 우주에서는 어떤 물체도 빛보다 빠르게 공간을 가로질러 이동할 수 없으므로, 한번 구형 경계면 안으로 진입한 물체는 절대 밖으로 빠져나올 수 없다. 음속보다 빠르게 헤엄칠 수 없는 밥이 구멍을 향해 음속보다 빠르게 빨려 들어가는 물을 거스르지 못하여 음속경계선을 탈출할 수 없는 것처럼, 구형 경계면 안에 있는 물체는 빛보다 빠르게 움직일 수 없으므로 경계면을 탈출할 수 없다. 그리고 물고기인 밥이 구멍으로 빨려 들어가는 물에 대책 없이 휩쓸려가듯이, 구형 경계면 안으로 진입한 우주인은 특이점을 향해 대책 없이 빨려 들어간다.

여기서 중요한 것은 블랙홀의 중심인 특이점 주변에 '한번 들어가면 절대 나올 수 없는' 구형 경계면이 존재한다는 것이다. 이 구면을 통과하여 안으로 진입한 물체는 절대 밖으로 탈출할 수 없다. 심지어 빛조차도 빠져나오지 못한다. 어쩌다 실수로 경계면을 통과한 우주인이 구조신호를 보내기 위해 바깥쪽으로 빛을 비춘다 해도, 공간 자체가 특이점을 향해 빛보다 빠르게 흐르고 있기 때문에 우주인이 비춘 빛은 극단적으로 휘어서 특이점으로 빨려 들어갈 것이다(빛은 중력 때문에 휘어진다는 사실을 기억하기 바란다_옮긴이). 이 구형 경계면은 밖에서 안으로 들어오는 물체만 통과할 수 있는 일방통행용 문이다. 물리학자들은 이것을 블랙홀의 사건 지평선event horizon이라 부른다(엄밀히 말하면 지평선이 아니라 지평면이다. 그러나 '지평면'이라는 단어는 지질학에서 다른 의미로 사용하고 있기 때문에 적절한 용어가 아님에도 불구하고 마땅한 대안이 없어서 그냥 쓰고 있다_옮긴이).

사건 지평선과 열역학의 관계를 논하기 전에, 한 가지 짚고 넘어갈 것이 있다. 블랙홀은 정말로 우주에 존재하는가? 빛을 방출하지 않으니 광학 망원경으로는 확인할 수 없을 것 같다. 그러나 항상 그렇듯 보이는 것이 전부는 아니다. 블랙홀을 직접 볼 수 없다고 해도, 그 근처에 있는 천체의 움직임을 면밀히 관측하면 블랙홀의 존재를 간접적으로 증명할 수 있다. 사건 지평선 근처에서는 시간과 공간이 크게 휘어져 있기 때문에, 그 일대를 떠도는 별들은 블랙홀의 영향을 받게 마련이다. 천문학자들이 '보이지 않는 천체 주변을 공전하는 별'을 열심히 찾는 것은 바로 이런 이유 때문이다.[9] 비정상적으로 움직이는 별이 관측되면 그 주변에 블랙홀이 존재할 가능성이 높다.

일반 상대성 이론에 의하면, 두 개의 블랙홀이 충돌하여 하나로 합쳐질 때 다량의 에너지가 공간에 생긴 주름이나 파동의 형태로 방출되는데, 이것도 블랙홀의 존재를 입증하는 간접적 증거이다. 공간의 거동 방식은 유체流體, fluid와 비슷하기 때문에 물에 생기는 파동처럼 공간도 파동을 만들 수 있다. 바다를 표류하는 빙산이 서로 충돌하면 파도가 형성되어 충돌 지점을 중심으로 물을 타고 퍼져나가듯이, 블랙홀 두 개가 충돌하면 공간에 생긴 주름이 공간을 타고 모든 방향으로 퍼져나간다. 이 파동은 2015년에 북아메리카의 한 관측소에서 실제로 관측되었다.[10]

이제 블랙홀의 일방통행 차단막인 사건 지평선으로 되돌아가 보자. 놀랍게도 과학자들은 이 낯설고 기이한 곳에서 열역학 제2법칙과의 연관성을 찾아냈다. 이 이야기는 과도하게 부풀려진 명성을 뛰어넘어 그보다 더한 업적을 이루어낸 영국의 물리학자, 스티븐 호킹으로부터 시작된다.

1962년 여름, 젊고 건강한 남학생이 옥스퍼드대학교의 심사위원단 앞에 앉았다. 당시 스무 살이었던 스티븐 호킹이 학사학위 논문을 심사받는 자리였다. 그의 지도교수는 훗날 이렇게 말했다. "심사위원들도 꽤 똑똑한 사람들이었습니다. 자신보다 훨씬 똑똑한 천재와 이야기하고 있다는 사실을 금방 알아챘으니까요."[11] 그 후 호킹은 케임브리지대학교 대학원에 진학하여 박사학위를 받았으며, 여생을 그곳에서 보냈다. 그러나 학교를 옮긴 직후부터 호킹의 몸에 좋지 않은 징후가 나타나기 시작했다. 운동신경이 서서히 저하되는 근위축성 측삭경화

증(루게릭병)에 걸린 것이다. 이때부터 호킹은 걷거나 식사를 할 때마다 누군가의 도움을 받아야 했으며, 얼마 후에는 호흡을 위해 목에 관을 삽입하는 지경에까지 이르렀다. 호킹이 이 혹독한 장애를 딛고 세계적인 이론물리학자가 된 스토리는 그야말로 인간 승리의 본보기였다.

호킹은 1960년대 말~1970년대 초에 옥스퍼드의 세계적인 수학자 로저 펜로즈Roger Penrose와 공동 연구를 수행한 적이 있다. 두 사람은 우주 형성 초기에 일반 상대성 이론의 역할과 블랙홀의 특성을 집중적으로 연구했는데, 1970년에 사건 지평선의 반지름이 줄어들 수 없음을 증명하던 중 호킹의 마음속에 한 가닥 의구심이 떠올랐다. "혹시 블랙홀이 열역학과 모종의 관계가 있는 것은 아닐까?"

호킹이 이런 의문을 떠올린 이유는 다음과 같다. 별과 행성부터 블랙홀 근처를 지나는 우주선에 이르기까지, 어떤 물체이건 블랙홀에 잡아먹히면 블랙홀의 질량은 무조건 증가한다. 이런 일이 벌어지면 주변 공간의 흐름을 유도하는 힘이 강해져서(즉 블랙홀의 중력이 강해져서) '공간이 흐르는 속도'는 원래의 사건 지평선보다 먼 거리에서 이미 광속에 도달하게 된다. 다시 말해서, 사건 지평선의 반지름이 커지는 것이다. 그런데 블랙홀에서는 어떤 물체도 빠져 나올 수 없으므로 사건 지평선의 반지름은 절대로 줄어들지 않는다. 호킹은 블랙홀의 이런 거동 방식과 엔트로피 사이에 놀라운 유사성을 발견했다. 엔트로피가 감소하지 않고 항상 증가하는 것처럼, 사건 지평선도 항상 증가하는 특성을 갖고 있었던 것이다.

처음에 호킹은 이런 유사성이 우연의 일치일 수도 있다고 생각했다. '엔트로피를 가진 물체는 온도가 높다'는 이유만으로 사건 지평선과 엔트로피를 하나로 엮는 것은 누가 봐도 무리한 발상이다. 기체로 가득 찬 상자를 예로 들어보자. 이 상자가 엔트로피를 갖는다는 것은 구성입자들이 '여러 개의 구별할 수 없는 동일한 상태들' 사이를 오락가락하고 있다는 뜻이다.

과거에 루트비히 볼츠만과 조사이어 기브스도 이런 논리에 기초하여 엔트로피를 정의했다. 기체의 엔트로피가 0이 되려면 모든 분자들이 아무런 미동도 없이 한자리에 고정되어 있어야 하며, 이런 상태에서 기체의 온도는 최저 온도인 0K에 도달한다. 여기서 중요한 점은 엔트로피를 가진 분자는 항상 움직이고 있으며 온도도 0K보다 높다는 것이다. 그러므로 블랙홀이 엔트로피를 가지려면 온도가 0K보다 높아야 하고, 이런 물체는 무조건 복사열을 방출해야 한다. 그런데 블랙홀에서는 아무것도 빠져나올 수 없다고 했으므로, 복사열은 사건 지평선을 탈출할 수 없을 것 같다.

1971년에 호킹은 사건 지평선의 면적과 엔트로피의 유사성을 주제로 논문을 발표했다.[12] 블랙홀은 우주를 통틀어 '절대 작아지지 않고 커지기만 하는' 유일한 물체인 것 같았다. 그러나 호킹은 이것이 단순한 우연의 일치일 뿐이라고 결론지었다. 블랙홀이 복사열을 방출하지 못하는 한 엔트로피를 가질 수는 없기 때문이다.[13]

그러나 당시 호킹은 모르고 있었지만, 1년 전에 미국 뉴저지에 있는 프린스턴고등과학원에서 박사과정을 밟고 있던 젊은 학생 제이콥 베켄슈타인Jacob Bekenstein과 그의 지도교수 존 휠러John Wheeler가 토론을

하던 중 "블랙홀은 복사열을 방출할 수도 있다"는 놀라운 결론에 도달했다.[14]

존 휠러는 다소 모순적인 성격의 소유자였다. 그는 반공산주의를 외치며 미국의 핵무기 개발에 적극적으로 참여한 애국자면서, 다른 한편으로는 소련의 과학자 및 칠레의 공산주의자들과 가까운 친구로 지냈다. 또한 그는 대기업 임원처럼 항상 정장을 빼입고 다니면서도, 1960년대에 미국의 핫이슈였던 시민 인권과 여권 신장 그리고 다양성을 수용하는 운동에 적극적으로 동참했다. 어린 시절에 폭발물로 실험을 하다가 사고를 당하여 한쪽 엄지손가락을 잃었지만, 그것 때문에 좌절한 적은 한 번도 없었다고 한다. 성인이 된 후에는 한 과학학회에서 강의를 듣다가 지루함을 참지 못하여 갖고 있던 종이봉투를 부풀렸다가 터뜨린 적도 있다. 그는 20세기를 대표하는 물리학자이자 '블랙홀'이라는 용어를 세간에 퍼뜨린 장본인이기도 하다.[15]

그 전까지만 해도 블랙홀은 '자체 중력으로 붕괴된 천체'나 '슈바르츠실트 특이점'이라는 긴 이름으로 불렸다. 휠러는 여러 가지 면에서 19세기 베를린의 물리학 교사 구스타프 마그누스와 비슷하다. 6장에서 말한 대로, 마그누스는 1840년대에 젊은 루돌프 클라우지우스를 집으로 초대하여 엔트로피 연구를 유도했던 사람이다. 그로부터 약 130년이 지난 1970년대 말의 어느 날, 휠러는 말 많고 탈 많은 엔트로피를 주제로 제이콥 베켄슈타인이라는 스물세 살의 젊은 대학원생과 진지한 토론을 나누었다.

베켄슈타인은 프린스턴에서 휠러를 만날 때까지 파란만장한 삶을 살았다. 그는 1930년대에 미국으로 이주해온 유태인의 아들로, 1947년에 멕시코시티에서 태어났다. 그의 아버지는 목수였고 어머니는 전업주부였는데, 부족한 살림에 타지에서 새로운 삶을 개척하느라 숱한 고생을 했지만, 일찍부터 아들의 재능을 알아보고 좋은 환경에서 공부할 수 있도록 지극 정성으로 보살폈다. 베켄슈타인은 어렸을 때 어머니를 따라 멕시코시티 도서관에 갔다가 산더미 같은 장서에 깊은 감명을 받은 후로, 틈날 때마다 도서관을 찾아 학교에서 배울 수 없는 과학 기술을 열심히 파고들었다. 특히 1960년대를 장식했던 소련의 스푸트니크 프로그램(Sputnik program, 1950년대 말~1960년대 초에 걸쳐 진행된 소련의 우주로켓 개발 계획_옮긴이)에 푹 빠졌던 그는, 친구들과 함께 의료기구점에서 화학물질로 연료를 만들어서 조그만 로켓을 발사하곤 했다. 훗날 베켄슈타인은 그 시절을 회상하며 "실제로 날아간 건 몇 개 안 되고, 그나마 회수하지도 못했다"고 했다.[16]

1960년대 초에 베켄슈타인의 가족은 미국 이주를 허가받아 멕시코시티에서 버스를 타고 1000킬로미터가 넘는 거리를 달려 텍사스주에 자리를 잡았고, 얼마 후 뉴욕시로 이사했다. 베켄슈타인은 그곳에서 고등학교를 졸업한 후 뉴욕대학교에 진학하여 학사 및 석사 과정을 마쳤는데, 성적이 매우 우수하여 장학금을 받고 프린스턴고등과학원의 박사과정에 진학했다. 그가 이론물리학을 공부하기로 결심한 것은 바로 이 무렵의 일이다. 훗날 그는 "여러 가지 직업을 생각해보았지만, 머나먼 우주에서 온 빛과 물질을 연구하고 이해하는 일이 가장 보람 있다고 판단하여 이론물리학을 택했다"고 했다.[17]

1970년의 어느 날, 휠러와 베켄슈타인은 프린스턴의 연구소에 마주앉아 카르노와 켈빈 그리고 클라우지우스가 평생을 두고 고민했던 에너지 소산energy dissipation 문제에 대해 진지한 토론을 나누었다. 19세기 과학자들이 강조한 것은 "물리계에 온도 차이가 존재할 때(즉 한 부분이 다른 부분보다 뜨거울 때) 열에서 유용한 일을 추출할 수 있다"는 것이었다. 쇠막대의 한쪽 끝이 뜨겁고 반대쪽 끝이 차가우면 타고 흐르는 열을 이용하여 짐을 들어 올리는 등 유용한 일을 할 수 있다. 그러나 쇠막대 전체가 균일한 온도에 도달하면 막대에 에너지가 존재한다 해도 더 이상 유용한 일을 할 수 없다. 쇠막대가 저엔트로피 상태에서 고엔트로피 상태로 변했기 때문이다. 베켄슈타인이 "계의 엔트로피를 증가시키면 유용한 일을 할 수 있는 기회가 사라진다"고 주장하자, 휠러가 다음과 같은 이야기를 들려주었다.

> 내가 뜨거운 커피 옆에 아이스티를 놓으면 언젠가 두 음료의 온도가 같아지겠지. 이 과정에서 에너지는 보존되지만 엔트로피는 증가한다네. 그러면 나는 우주의 엔트로피를 부분적으로 증가시킨 범죄자가 되는 거야. 내가 저지른 범죄는 절대 되돌릴 수 없기 때문에 우주의 '엔트로피 증가 유발 범죄자 목록'에 영원히 남을 걸세. 그런데 만일 내가 블랙홀 옆을 스쳐 지나가다가 뜨거운 커피와 차가운 아이스티를 그 안으로 던진다면, 나의 범죄 행각이 완벽하게 지워져서 완전 범죄가 될 수 있을까?[18]

대부분의 사람들에게는 어려운 수수께끼겠지만, 휠러의 말대로 이것은 '베켄슈타인에게 필요한 모든 것'이었다.

휠러의 이야기는 베켄슈타인의 박사학위 논문에 깊은 영향을 주었다. 이 논문은 지금도 물리학의 새로운 지평을 연 대담하고 창의적인 논문으로 평가된다. 더욱 놀라운 것은 베켄슈타인이 증기기관 시대의 일상적인 기술에서 탄생한 열역학 원리를 결코 가볍게 여기지 않았다는 점이다. 훗날 그는 자신의 저서에서 휠러의 조언에 대해 다음과 같이 언급했다. "나는 그 결론에 결코 만족할 수 없었다. 열역학 제2법칙은 적용 대상이 너무 광범위해서 모호한 결론에 도달하기 십상인데, 그런 식의 모호한 마무리는 나의 체질에 맞지 않았다."[19]

베켄슈타인을 불편하게 만들었던 또 하나의 사례가 있다. 뜨거운 기체로 가득 찬 상자를 상상해보자. 물론 이 상자는 엔트로피를 갖고 있다. 한 우주인이 블랙홀 근처를 지나다가 이 상자를 사건 지평선 쪽으로 떨어뜨렸다. 그곳을 넘어간 물체는 절대 되돌아올 수 없으므로 기체상자는 더 이상 이 우주의 물건이 아니다. 상자와 기체 그리고 그 안에 담겨 있던 엔트로피는 우리의 우주에서 영원히 사라졌다. 그러나 이것은 '우주의 총엔트로피는 절대 감소하지 않는다'는 열역학 제2법칙에 위배된다. 블랙홀을 다루다 보면 일반 상대성 이론과 열역학이 충돌하게 되는데, 결론은 항상 일반 상대성 이론의 승리로 끝난다.

베켄슈타인은 열역학이 일반 상대성 이론과의 전쟁에서 이기는 경우가 있는지 알아보기 위해, 스티븐 호킹을 비롯한 다른 과학자들의 믿음과 정반대로 블랙홀이 엔트로피를 갖는다는 과감한 가정을 내세웠다. 그는 동료들 사이에서 '조용하고 매너 좋은 신사'로 소문나 있었지만, 연구를 할 때는 야생마처럼 거칠고 대담한 가정을 내세워서 사람들을 놀라게 하곤 했다. 물리학자 레너드 서스킨드Leonard Susskind는 그의 저서《블랙홀 전쟁The Black Holes War》에서 베켄슈타인을 다음과 같이 평가했다. "그는 아인슈타인처럼 사고실험의 대가였다. 수학에 의존하지 않고 탁월한 사고력으로 주어진 원리를 다양한 환경에 적용하여 미래의 물리학에 큰 영향을 미치게 될 중요한 결론을 유도해내곤 했다."[20]

열역학과 블랙홀을 연결하려면 확실히 '깊은 사고'가 필요하다. 베켄슈타인은 상대성 이론과 열역학, 정보이론, 그리고 약간의 양자역학을 조합하여 다음과 같은 질문과 답을 이끌어냈다.

질문: 블랙홀에 추가할 수 있는 엔트로피의 최소량은 얼마인가?

답: 블랙홀의 내부 공간에 퍼져나갈 수 있는 에너지의 최소량과 같다.

윌리엄 톰슨이 살아 있었다면 여기에 전적으로 동의했을 것이다. 베켄슈타인은 블랙홀의 내부 공간이 본질적으로 '열이 균일하게 분포된 쇠막대'와 같다고 생각했다.

그렇다면 사건 지평선 내부로 퍼질 수 있는 에너지의 최소량은 얼마일까? 베켄슈타인은 그 최소량이 '사건 지평선의 반지름과 파장이 거의 비슷한 광자 한 개'라고 생각했다. 그는 1905년에 발표된 아인슈타인의 논문, 즉 "광자의 에너지는 파장에 반비례한다(진동수에 비례한다)"는 광전효과 논문으로 되돌아가서 광자의 에너지를 계산한 후, 블랙홀 안에서 퍼져나갈 수 있는 최소 에너지가 사건 지평선의 반지름에 비례한다는 결론에 도달했다.

그렇다면 이 에너지는 어느 정도의 질량에 해당할까? 베켄슈타인은 곧바로 답을 알아냈다. 아인슈타인의 그 유명한 $E=mc^2$ 덕분이다.

이것은 매우 중요한 진전이었다. 블랙홀의 엔트로피가 증가하면 질량도 함께 증가한다. 그런데 일반 상대성 이론에 의해 블랙홀의 질량이 커지면 사건 지평선의 면적이 넓어져야 한다. 이것은 "블랙홀의 사건 지평선은 절대로 작아지지 않는다"는 스티븐 호킹의 논문과도 일치하는 결과였다.

지금까지 언급한 내용을 정리해보자. 엔트로피가 증가하면 블랙홀의 에너지도 증가하고, 그 결과로 블랙홀의 질량과 사건 지평선의 면적이 커진다. 베켄슈타인은 "블랙홀의 엔트로피가 증가하면 사건 지평선의 면적이 넓어진다"고 주장했다. 다시 말해서, 사건 지평선의 면적은 엔트로피와 비슷한 정도가 아니라, 아예 '엔트로피를 직접 계량하는 척도'였던 것이다. 베켄슈타인의 관점에서 볼 때, 이것은 열역학 제2법칙을 위기에서 구한 일등 공신이었다. 물체가 블랙홀에 빨려 들어가도 우주의 엔트로피는 항상 증가한다. 사건 지평선 바깥에서 사라진 엔트로피가 사건 지평선의 넓어진 면적으로 벌충되고도 남기 때문이다. 베켄슈타인은 이것을 '일반화된 열역학 제2법칙generalized second law of thermodynamics, GSL'이라 불렀다.[21]

베켄슈타인은 GSL을 주제로 박사학위 논문을 작성하여 심사위원단에게 제출했다. 훗날 휠러는 이 논문을 읽은 소감을 다음과 같이 표현했다. "나는 오랜 세월 동안 물리학을 연구해오면서 자연이 우리 생각보다 훨씬 이상하다는 것을 자주 느껴왔다. 그래서 나는 제이콥에게 주저 없이 말했다. '자네 아이디어는 워낙 이상해서 맞을 가능성이 높네. 당장 출간하게나!'"[22]

베켄슈타인의 논문은 1972년에 학술지를 통해 출간되었으나, 기대와 달리 관심을 갖는 사람이 별로 없었다. 그렇다. 베켄슈타인은 블랙홀의 엔트로피와 사건 지평선의 면적을 수학적으로 연결시켰다. 그러나 그는 블랙홀이 복사열을 방출할 수도 있다는 가능성을 전혀 고려하지 않았다. 블랙홀에서 무언가가 방출된다고 믿는 사람이 단 한 명도 없었기 때문이다. 훗날 베켄슈타인은 자서전에 다음과 같이 적어놓았다. "정말 외로운 2년이었다. 그 무렵 블랙홀의 엔트로피는 전문학자들에게도 생소한 개념이어서, 대부분의 사람들은 난센스로 치부해버렸다. 개중에는 내가 시간을 낭비한다며 혀를 차는 사람도 있었다."[23]

호킹도 베켄슈타인의 논문을 달갑지 않게 생각했다. 지난 몇 년 동안 일반 상대성 이론을 연구해왔던 그는 블랙홀이 복사열을 방출할 가능성을 베켄슈타인이 차단해버렸다고 느꼈다. 호킹은 곧바로 동료 두 명과 함께 베켄슈타인의 오류를 지적하는 논문을 발표했다. 그를 가장 화나게 했던 것은 베켄슈타인이 논문의 참고문헌에 호킹의 1971년 논문을 언급했다는 점이었다. 그는 세계적 베스트셀러인《시간의 역사 A Brief History of Time》에서 다음과 같이 털어놓았다. "솔직히 말해서 그 논문은 베켄슈타인을 겨냥한 것이었다. 아무리 생각해도 그는 사건 지평선의 면적이 증가한다는 나의 주장을 잘못 이해한 것 같았다."[24]

그로부터 1년 후, 상황은 또 다른 방향으로 흘러가기 시작했다. 호킹은 1973년 9월에 모스크바를 방문하여 소련 최고의 물리학자 야코프 젤도비치Yakov Zeldovich, 알렉산더 스타로빈스키Alexander Starobinsky와 블랙홀에 관해 진지한 토론을 나누었다. 얼마 후 영국으로 돌아온 호킹은 그들과 나눴던 대화를 되새기다가 '블랙홀은 열을 방출할 수 없으며, 따라서 엔트로피를 가질 수도 없다'는 쪽으로 생각이 기울었다. 그런데 막상 계산을 해보니 자신이 생각했던 것과 정반대의 결과가 얻어졌다. 그는《시간의 역사》에 다음과 같이 적어놓았다. "정말 놀랍고도 짜증 나는 결과였다. 베켄슈타인이 이 사실을 알게 된다면 블랙홀의 엔트로피에 대한 자신의 주장이 옳았다며 목소리를 높일 게 뻔한데, 그래도 이 짓을 계속해야 할지 한참 동안 망설였다."[25]

그러나 계산을 하면 할수록 결과는 베켄슈타인이 옳다는 쪽으로 기울었다. 블랙홀은 분명히 복사열을 방출했고, 그 양은 사건 지평선 면적의 증가분과 정확하게 일치했다. 호킹은 1974년 초에 모든 결과를 하나의 이론으로 정리하여 학술지에 발표했다. 바로 이것이 호킹을 세계적인 스타로 만들어준 '호킹 복사Hawking radiation' 이론이다. 그렇다. 블랙홀은 정말로 복사열을 방출하고 있었다.

앞에서도 여러 번 말했지만, 블랙홀로 빨려 들어간 물체는 절대 빠져 나올 수 없다. 가장 빠르다는 빛조차도 탈출이 불가능하다. 그런데 호킹은 어떻게 복사열이 방출된다는 결론에 도달했을까? 그 비결은 양자역학에서 찾을 수 있다. 당시 대부분의 물리학자들은 블랙홀이 일반 상대성 이론의 원리를 따르는 초대형 천체이기 때문에 양자역학과 별 관계가 없다고 생각했다. 양자역학은 원자나 소립자와 같은 미시 세계의 거동을 서술하는 이론이기 때문이다. 그러나 호킹은 모스크바에서 나눴던 토론을 떠올리며, 사건 지평선 근처의 텅 빈 공간에 양자역학을 적용하면 흥미로운 결과가 나올지도 모른다고 생각했다.

지금부터 호킹의 논리를 간략하게 소개할 텐데, 내용이 다소 복잡하니 두 눈을 부릅뜨고 읽어주기 바란다.[26] 그의 이론을 직관적으로 이해하려면 양자역학의 불확정성 원리uncertainty principle에서 유도된 '진공 에너지vacuum energy'의 개념부터 알아야 한다.

이름에서 알 수 있듯이 진공은 아무것도 없는 무의 상태가 아니라, 수많은 입자들이 시도 때도 없이 나타났다가 사라지는 난장판이다. 진공 중에서는 아주 가까운 미래에서 빌려온 에너지가 임의의 순간, 임의의 위치에서 수시로 나타나고 있다. 우리가 이 요동을 느끼지 못하는 이유는 한순간에 나타난 양에너지positive energy가 곧바로 나타난 음에너지negative energy를 만나 상쇄되기 때문이다. 음에너지는 생소한 개념이지만 분명히 존재한다! 이 에너지는 전자electron나 양전자positron, 전자의 반입자, 또는 전자기 에너지의 덩어리인 광자photon, 빛의 입자 등 다양한 입자의 형태로 나타날 수 있다.

호킹은 사건 지평선의 바로 바깥에서 이 '상쇄 효과'가 일어나지 않을 수도 있다고 생각했다. 물론 정상적인 공간에서 양에너지와 음에너지가 만나면 당연히 상쇄되어야 한다. 그러나 사건 지평선 근처에서는 공간이 극단적으로 휘어져 있기 때문에, 음에너지는 블랙홀 안으로 빨려 들어가고 양에너지만 살아남아서 블랙홀로부터 멀어져 갈 수도 있다. 그리고 음에너지를 흡수한 블랙홀은 질량이 줄어든다.

한 관측자가 이 과정을 사건 지평선 밖에서 바라본다면 블랙홀이 에너지를 방출하면서 덩치가 줄어드는 것처럼 보일 것이다. 다시 말해서, 블랙홀이 서서히 증발하고 있다! 이것이 바로 '호킹 복사'이다.

호킹 복사 이론이 높게 평가되는 이유는 사건 지평선에서 방출되는 복사열의 온도를 구체적으로 계산했기 때문이다. 그 값은 절대온도 0K(-273℃)를 조금 넘을 정도로 낮지만, 블랙홀의 엔트로피가 사건 지평선의 면적에 비례한다는 베켄슈타인의 주장과 정확하게 일치한다. 호킹은《시간의 역사》에 이렇게 적어놓았다. "결국 베켄슈타인이 옳았다. 그러나 이런 식으로 입증되리라고는 그도 짐작하지 못했을 것이다."[27]

이 정도면 물리학의 마술모자에서 토끼가 나왔다고 해도 과언이 아니다. 호킹과 베켄슈타인은 현대 물리학의 위대한 세 가지 이론(일반 상대성 이론, 양자역학, 열역학)이 조화롭게 연결된다는 것을 보여주었다. 그리고 블랙홀의 엔트로피와 복사輻射는 물리학의 성배인 대통일 이론Grand Unified Theory, GUT, 가장 근본적인 단계에서 우주의 모든 현상을 하나로 통일하는 이론으로 가는 길을 더욱 환하게 밝혀주었다.

호킹과 베켄슈타인의 논문이 발표되고 수십 년이 지난 지금, 전 세계의 물리학자들은 사건 지평선의 면적이 곧 엔트로피라는 데 대체로 동의하는 편이다. 개념 자체는 여전히 생소하지만, 여기에는 우주 구조에 대한 근본적 정보가 담겨 있다. 일반적으로 엔트로피는 3차원 공간을 배경으로 나타나는 현상이다. 뜨거운 기체로 가득 찬 상자의 엔트로피는 상자 안의 원자들이 '겉으로 구별되지 않으면서 재배열될 수 있는 경우의 수'에 해당하는데, 여기서 말하는 재배열이란 3차원 공간을 배경으로 한 재배열을 의미한다(상자 내부의 공간은 3차원이다_옮긴이). 그런데 명백하게 3차원 공간에서 발생한 양이 어떻게 사건 지평선이라는 2차원 곡면에 담길 수 있다는 말인가?

일부 과학자들은 지난 수십 년 동안 열역학과 양자역학 그리고 일반 상대성 이론이 동시에 적용되는 또 하나의 분야를 열심히 연구해 왔다. '정보이론'이 바로 그것이다.[28] 블랙홀로 내던져진 기체상자를 예로 들어보자. 가장 근본적인 단계에서 기체의 엔트로피를 계산하려면 모든 분자의 위치와 진행 방향을 일일이 파악하여 끔찍하게 긴 목록을 작성해야 한다. 그다음, 1940년대에 클로드 섀넌이 했던 것처럼 목록에 적힌 모든 항목을 2진수로 바꾸면 1과 0으로 이루어진 긴 수열이 얻어진다. 이제 기체와 관련된 모든 정보는 이 수열에 들어 있다. 그런데 누군가가 기체상자를 블랙홀 안으로 던졌으므로, 베켄슈타인과 호킹의 이론에 의해 사건 지평선의 면적은 기체의 엔트로피만큼 증가한다. 구체적으로 얼마나 증가한다는 말인가? 맞다. 방금 기체를 대상으로 만든 1과 0의 숫자 배열이 사건 지평선 표면에 모두 들어갈 만큼 증가한다.

베켄슈타인과 호킹의 공식을 이용하면 기체의 엔트로피 정보를 담고 있는 2진수 한 개가 사건 지평선에서 어느 정도의 면적을 차지하는지 알 수 있다. 계산 결과는 약 4×10^{-66}제곱센티미터로 엄청나게 작은 값이다. 면적이 이 값과 같은 초미세 삼각형 타일로 사건 지평선 전

사건 지평선을 덮은 삼각형 타일 한 개당 1비트의 정보가 저장되며
이 정보를 규합하면 블랙홀 내부에 있는 모든 것의 엔트로피를 알 수 있다

체를 덮었을 때, 각 타일에는 1비트에 해당하는 정보가 저장되는 셈이다. 이 모든 정보를 하나로 모으면 블랙홀 안으로 빨려 들어간 모든 물체의 엔트로피를 알 수 있다.

구체적인 계산을 해보면, 블랙홀 안으로 물체가 유입되었을 때 사건 지평선의 면적은 추가된 엔트로피의 비트 정보를 타일에 저장할 수 있을 만큼 증가한다. 풍선을 일정한 두께의 기름막으로 덮기 위해 기름을 붓는다고 가정해보자. 처음에 기름을 붓기 시작하면 일부분이 기름으로 덮여 나가다가 어느 정도 시간이 지나면 기름막의 두께가 처음 원했던 값보다 두꺼워질 것이다. 이럴 때 풍선에 공기를 주입하여 부피를 키우면 기름을 계속 부어도 원하는 두께를 유지할 수 있다. 블랙홀의 사건 지평선도 이와 비슷하다. 블랙홀 바깥에 있는 관찰자의 눈에는 물체가 블랙홀 안으로 빨려 들어가지 않고 사건 지평선 위에 얇게 퍼져나가는 것처럼 보일 것이다.

그래서 물리학자들은 사건 지평선을 홀로그램에 비유하곤 한다. 홀로그램은 3차원 입체 영상을 재현하는 데 필요한 모든 정보를 2차원 평면에 담는 기술로서, 극장에서 보는 입체 영상과는 근본적으로 다르다(3D 영화는 홀로그램이 아니라 편광 필터를 이용하여 마치 입체 영상을 보는 듯한 착각을 일으키는 것뿐이다_옮긴이). 홀로그램으로 입체 영상을 재현하면, 관람자는 그 주변을 한 바퀴 돌며 모든 각도에서 피사체를 바라볼 수 있다. 그러나 입체 영상에 관한 모든 정보는 3차원이 아닌 2차원 평면 필름에 저장된다. 물리학자들은 사건 지평선에 저장된 2차원 정보를 블랙홀 안으로 사라진 3차원 정보보다 더욱 '현실적인' 정보로 간주하고 있다. 사건 지평선을 넘어간 물체는 우리의 우주에서 사라진 것이나 다름없지만, 사건 지평선은 여전히 우주의 일부이기 때문이다(이것을 홀로그램 원리holographic principle라고 한다).

여기서 유도된 결론은 우리를 더욱 놀라게 한다. 우리의 우주를 서술하는 모든 정보는 우주를 에워싸고 있는 2차원 곡면에 저장되어 있을지도 모른다. 왜 그럴까? 그 답은 '점점 빠르게 팽창하는 우주'에서 찾을 수 있다.

1998년에 우주론학자들은 우주의 팽창 속도가 점점 더 빨라지고 있다는 놀라운 사실을 발견했다.[29] 모든 은하들이 우리로부터 멀어진다는 것은 20세기 초에 이미 알려진 사실이지만, 멀어지는 속도가 점점 빨라지는 것은 아무도 예측하지 못한 결과였다. 그 원인은 아직 알려지지 않았는데(가장 그럴듯한 원인으로 '암흑 에너지dark energy'가 거론되고 있다), 이런 식으로 팽창이 가속된다면 우리로부터 멀리 떨어진 공간은 도망가는 속도가 상상을 초월한다. 지금까지 얻어진 관측 데이터에 기초하여 계산을 해보면, 지구로부터 160억 광년 거리에 있는 공간은 빛보다 빠른 속도로 멀어지고 있다. 즉 160광년보다 먼 거리에 있는 천체에서 방출된 빛은 지구에 영원히 도달하지 못한다는 뜻이다(공간은 그대로 있고 천체만 멀어진다면 이런 일은 일어나지 않는다. 그러나 천체들이 일제히 멀어지는 것은 천체 자체가 도망가기 때문이 아니라 공간 자체가 팽창하기 때문이며, 빛은 공간을 가로질러 지구에 도달하기 때문에 공간의 팽창 속도가 빛보다 빠른 곳에서 방출된 빛은 지구에 도달할 수 없다_옮긴이). 우주의 가속팽창이 영원히 계속된다면 점점 더 많은 은하들이 시야에서 사라지다가, 결국은 우리 은하와 그 근방에 있는 몇 개의 별들만 망원경에 들어올 것이다.

이 상황을 시각적으로 이해하기 위해, 우주의 모든 은하들이 구형 풍선의 표면에 점으로 찍혀 있다고 가정해보자. 어떤 신비한 에너지가 풍선을 부풀리고 있는데, 부푸는 속도는 시간이 갈수록 점점 더 빨라진다. 그리고 풍선이 커질수록 점들 사이의 간격은 점점 더 벌어진다.

풍선 표면에 점으로 찍힌 우리 은하 주변에 동그란 경계선을 그어보자. 이 경계선 안에서는 풍선의 팽창 속도가 빛보다 느리고, 경계선 밖에서는 빛보다 빠르다고 하자. 그러면 지구의 망원경으로는 경계선 안에 있는 천체만 볼 수 있고, 바깥에 있는 천체는 빛보다 빠르게 도망가기 때문에 그 존재조차 알 수 없다. 그런데 풍선의 팽창 속도가 점점 빨라지고 있기 때문에 망원경으로 볼 수 있는 천체의 수는 시간이 흐를수록 점점 더 줄어든다.

어디선가 들어본 듯한 상황 아닌가? 그렇다. 우리의 우주는 '뒤집어진 블랙홀'과 비슷하다. 블랙홀의 경우는 일방통행 경계선(사건 지평선)을 안으로 넘으면 두 번 다시 볼 수 없고, 우리의 우주는 일방통행 경계선(공간의 팽창 속도가 광속과 같은 지점을 연결한 선)을 바깥으로 넘으면 두 번 다시 볼 수 없다. 즉 블랙홀을 에워싸고 있는 사건 지평선처럼, 우리의 우주에도 일종의 사건 지평선이 존재하는 셈이다. 이것을 어떻게 해석해야 할까? 블랙홀로 빨려 들어간 모든 물체의 정보가 사건 지평선의 표면에 저장되는 것처럼, 우주에 존재하는 만물의 정보도 우주를 에워싼 2차원 표면에 저장되어 있는 것은 아닐까? 그럴지도 모른다. 만일 그렇다면 3차원 우주는 2차원 우주가 투영된 환상에 불과하다. 우리 눈에 보이는 우주는 2차원적 실체가 홀로그램으로 투영된 3차원 그림자일 뿐이다.

물리학자들이 이런 황당한 이야기에 관심을 갖는 이유는 무엇일까? 홀로그램 우주를 수용하면 3차원뿐만 아니라 중력까지도 환상이 되기 때문이다.[30] 우리가 실제라고 하늘같이 믿고 있는 이 힘은 우주의 경계에 저장된 2차원 데이터를 해석하기 위해 도입한 인공물일지도 모른다. 만일 중력이 '실제'가 아니라면 굳이 다른 힘(전자기력, 약한 핵력, 강한 핵력)과 통일하려고 애쓸 필요가 없다. 모든 물리학자들이 그토록 애타게 찾아온 '만물의 이론theory of everything'은 이미 우리 손에 들어와 있는지도 모른다!

열역학의 역사는 200년 전에 프랑스의 청년 사디 카르노가 증기기관의 효율을 높이기 위해 열과 관련된 논리를 구축하면서 시작되었다. 정신병원에서 콜레라로 세상을 떠난 그는 자신이 창안한 아이디어가 우주의 끝을 이해하는 데 도움이 되리라고는 상상도 하지 못했을 것이다.

스티븐 호킹의 말처럼, 우리는 평범한 별 주변의 작은 행성에 거주하는 조금 똑똑한 원숭이에 불과하다. 그러나 인간이 다른 어떤 종보다 특별한 이유는 순수한 사고를 통해 우주를 이해할 수 있기 때문이다.[31]

| 에필로그 |

이 책의 목적은 열역학이 기초 과학에 얼마나 중요한 분야인지를 강조하는 것이다. 우리는 에너지와 온도 그리고 이들이 따르는 법칙을 이해함으로써 인간이 지구상에 출현한 이후로 가장 풍요로운 삶을 누릴 수 있게 되었다.

1850년 이전까지만 해도 대부분의 사람들은 열악한 환경과 온갖 질병에 시달리며 단명하는 삶을 살아왔다. 그들이 생존을 위해 동원할 수 있는 에너지원이라곤 자신과 가축(소, 말)의 근력뿐이었다. 일부 귀족들은 비교적 안락한 삶을 누렸지만, 평민들의 노동이 없었다면 불가능했을 것이다.

그러나 1850년대에 이르러 갑자기 모든 것이 바뀌었다. 이 책에서 언급한 과학 기술 덕분에 인간과 가축의 근력은 석탄과 석유, 가스, 수력, 그리고 핵력을 이용한 에너지원으로 대체되었으며 인류는 역사 이래 그 어느 때보다 길고, 행복하고, 건강하고, 만족스러운 삶을 살게 되었다. 요즘 많은 사람들이 환경과 관련된 이슈에 매혹되어 이 사실을 망각하고 있는데, 여기에 의구심을 품는 독자들은 옥스퍼드대학교의 경제학자 맥스 로저Max Roser가 운영하는 웹사이트 '아우어월드인데이터ourworldindata'를 방문하여 사실을 확인해보기 바란다.

인류의 역사를 통틀어 우리에게 가장 유익한 발견은 무엇이었을까? 누군가가 나에게 이런 질문을 던진다면, 나는 주저 없이 열역학 법칙을 꼽을 것이다. 그러나 독자들 중에는 내가 과학 기술의 발전에 지나치게 매료되어 산업화가 환경에 미친 악영향을 가볍게 여긴다고 생각하는 사람도 있을 것이다. 물론 이것도 맞는 말이다.

지구의 환경을 걱정하는 사람들도 1800년대 초의 열악했던 세상으로 되돌아가기를 원하지는 않을 것이다. 그 시대는 가난과 질병이 일상사였고, 유아 사망률이 워낙 높아서 생존 자체가 목적이었기에, 대부분의 평민들은 '삶의 질'이라는 개념조차 떠올릴 여유가 없었다. 사실 인류는 지구에 처음 등장한 후 1800년대 초까지 이런 삶을 살아왔다. 또한 대부분의 사람들은 과학 기술이 삶의 질을 크게 개선했다는 데 이의를 달지 않을 것이다. 문제는 앞으로 다가올 미래이다. 과학 기술에서 초래된 기후 변화는 그동안 어렵게 이룩한 진보를 무無로 되돌릴 정도로 악영향을 미칠 것인가?

이 문제와 관련하여 독자들에게 들려주고 싶은 이야기가 하나 있다. 주인공은 빅토리아 시대에 살았던 영국의 실험과학자 존 틴들John Tyndall이다.[1]

1820년에 아일랜드의 칼로에서 영국계 아일랜드인 경찰관의 아들로 태어난 틴들은, 빠르게 발전하는 철도업계의 측량기사가 되기로 결심하고 20대에 고향을 떠나 영국 본토로 진출했다. 그는 정규 과학 교육을 거의 받지 못했지만 물리학과 실험과학에 깊은 관심을 가지고 있었다. 그러나 당시 영국의 유명 대학들은 고전적인 순수 수학에 집착하여 실험을 등한시했기 때문에, 틴들은 실험과학을 중요시하는 독일의 신흥 대학교에서 공부를 계속하기로 결심했다.

그리하여 틴들은 1848~1851년 동안 마르부르크Marbung에 머물면서 분젠버너로 유명한 독일의 화학자 로베르트 분젠Robert Bunsen에게 화학을 배웠고, 루돌프 클라우지우스의 열역학 논문을 영어로 번역하는 등 독일을 대표하는 실험과학자들과 친분을 쌓아나갔다. 또한 그는 산악 등반을 매우 좋아하여 알프스의 최고봉 마터호른의 최초 등정자로 이름을 올리기도 했다.

1851년에 영국으로 돌아왔을 때, 틴들은 이미 최고의 실험물리학자가 되어 있었다. 당시 런던왕립과학연구소에서 자기磁氣, magnetics 연구를 이끌던 마이클 패러데이는 틴들의 실력에 감명받아 그를 연구소의 자연철학 교수로 임명했다. 최고의 실험과학자에게 최고의 장비가 주어진 것이다.

그 후 틴들은 자기 현상과 음향 그리고 우유를 안전하게 데워서 마시는 방법 등 다양한 연구를 수행했다. 그중에서도 가장 중요한 것은 태양열을 흡수, 복사하고 보관하는 대기에 관한 연구였는데, 원래 목적은 지구의 온도를 유지하는 데 대기가 어떤 역할을 하는지 밝히는 것이었다. 이를 위해 틴들은 1860년대 초에 과학사에 길이 남을 유명한 실험을 고안하게 된다.[2]

틴들은 지표면의 토양과 물에 열을 가하는 태양 에너지가 주로 가시광선의 형태로 도달한다는 사실을 잘 알고 있었다. 그 덕분에 온도가 올라간 토양과 물은 에너지의 일부를 대기 중으로 다시 반환하는데, 이때 방출되는 복사열은 가시광선이 아닌 적외선이다. 적외선은 파장이 길어서 눈에 보이지 않지만, 대부분의 발열체는 적외선의 형태로 열을 방출하고 있다. 틴들은 대기 중에서 적외선 복사가 거동하는 방식을 집중적으로 파고들었다. 적외선은 빛(가시광선)처럼 대기 중에서 거침없이 앞으로 나아가는가? 아니면 어떤 요인에 의해 전달이 느려지거나 갇힐 수도 있는가? 이것은 매우 중요한 문제였다. 적외선이 우주로 탈출하지 못한다면 대기를 계속 덥힐 것이기 때문이다.

실험실에서 이 질문의 답을 찾으려면 적외선을 방출하는 열원이 있어야 한다. 틴들은 수많은 시행착오를 겪은 끝에 끓는 물에 담근 육면체 구리덩어리를 적외선 열원으로 선택하여 기체로 채워진 길이 1.2미터짜리 수평 튜브의 한쪽 끝에 연결하고, 반대쪽 끝에는 열전기를 이용한 전지를 연결했다. 육면체 구리에서 복사열이 방출되면 튜브 안에 있는 기체에 전달되어 열전지가 온도를 알려주는 식이다.

이 실험에서 틴들은 매우 중요한 사실을 알아냈다. 질소나 산소 기체를 향해 방출된 적외선은 거의 99퍼센트가 아무런 지장 없이 통과하는데, 수증기나 이산화탄소 기체를 향해 똑같은 적외선을 방출했더니 열전지의 온도가 큰 폭으로 내려간 것이다. 공기 중 수증기와 이산화탄소의 함량을 크게 낮춰도 이 효과는 눈에 띄게 나타났다. 틴들은 비슷한 실험을 여러 차례 반복한 후 "대기 중에 수증기와 이산화탄소가 섞여 있으면 적외선 흡수 능력이 15배가량 증가한다"고 결론지었다.

그렇다. 틴들은 온실효과greenhouse effect를 최초로 발견한 사람이다. 대기 중의 수증기와 이산화탄소(이들을 온실가스라 한다)는 태양 에너지를 가두는 역할을 한다. 지구 전체를 보온용 담요로 덮은 것과 비슷하다. 대기 중에 이런 기체가 없으면 기온이 곤두박질쳐서 적도의 평균기온이 영하로 떨어질 것이다.

이와 반대로 대기 중 온실가스 함량이 높아지면 더 많은 복사열이 대기 중에 갇혀서 온도가 올라간다. 틴들을 비롯한 당대의 과학자들은 산업혁명 시대에 석탄으로 가동되는 공장들이 다량의 이산화탄소를 배출하여 대기 중 온실가스 함량이 높아졌다는 사실을 잘 알고 있었다. 인간의 산업 활동이 기후 변화를 초래한다는 것은 이미 1860년대부터 알려진 사실이다. 전화 발명가로 알려진 그레이엄 벨은 1917년 초에 화석연료 사용을 자제하고 태양 에너지를 활용할 것을 강력하게 촉구했다.[3]

이것이 우리 이야기의 핵심이다. 인간은 열의 효율적인 사용법을 개발하여 삶의 질을 크게 높여놓았다. 그러나 잠재적인 위험은 처음부터 존재했고, 해결책을 강구할 시간도 충분히 있었다. 현대를 사는 우리들은 열역학 법칙을 깊이 이해한 여러 과학자들 덕분에 기후 변화에 대처하는 몇 가지 전략을 알고 있다. 현재 영국에 공급되는 총전력의 3분의 1이 풍력발전을 비롯한 재생 에너지를 통해 생산되고 있으며,[4] 이 비율은 앞으로 더욱 높아질 것이다. 제임스 러브록James Lovelock[5]과 마크 라이너스Mark Lynas[6]처럼 환경운동에 적극적인 과학자들은 핵력을 이용한 전기 생산량을 가능한 한 늘려야 한다고 주장한다. 핵발전소는 탄소를 배출하지 않고, 세간에 떠도는 소문보다 훨씬 안전하기 때문이다. 지열과 조력潮力, tidal force을 이용한 발전도 매우 유망하다. 기후 변화를 막는 데 장애가 되는 것은 과학 기술이 아니라 정치적 또는 감정적인 대립이다. 개중에는 기후 문제 자체를 부정하는 사람도 있고, 문제는 인정하면서 해결책을 거부하는 사람도 있다.

나는 이런 분위기를 조금이라도 바꾸기 위해 이 책을 집필했다. 여기까지 읽은 독자들은 열역학의 기본 개념을 어느 정도 이해했을 것이므로, 환경을 파괴하지 않고 생활수준을 유지하거나 개선하는 방법을 누군가가 제시했을 때 수용 여부를 스스로 판단할 수 있으리라 믿는다. 원자력 사용을 권장해야 하는가? 구식 가솔린차를 버리고 전기 자동차를 타야 하는가? 석유에는 어느 정도의 세금을 부과해야 하며, 풍력발전소에는 정부 보조금을 얼마나 투입해야 하는가? 열역학 법칙에 대한 기본적인 이해가 없다면 이런 질문에 답할 수 없다.

나는 올바른 정보에 기초한 토론만이 해결책을 찾는 유일한 길이라고 생각한다. 열역학은 지구를 파괴하지 않으면서 삶의 질을 개선할 수 있다.

문제는 열역학 자체가 아니라 그것을 사용하는 사람들의 마음 자세이다. 그러므로 모든 것은 여러분에게 달려 있다.

| 감사의 글 |

이 책을 집필하는 동안 나는 많은 사람들에게 다양한 방식으로 도움을 받았다.

제일 먼저 출판 대리인 패트릭 월시Patrick Walsh에게 고마운 마음을 전하고 싶다. 그는 기획 단계에서 최종고가 나올 때까지 능숙한 솜씨로 나를 지원하면서 끝까지 용기를 북돋워주었다. 존 애쉬John Ash와 퓨 리터러리Pew Literary에게도 감사의 말을 전한다. 열역학을 향한 나의 열정을 이해하고 처음부터 함께해준 하퍼콜린스사의 마일스 아치볼드Myles Archibald와 스크리브너사의 대니얼 뢰델Daniel Roedel에게도 감사드린다. 그리고 이 책을 위해 어려운 작업을 해준 스크리브너사의 사라 골드버그Sarah Goldberg와 교열 담당 스티브 볼트Steve Boldt 그리고 디자이너 에리히 호빙Erich Hobbing에게도 감사의 말을 전하고 싶다.

과학적 개념을 멋진 그림으로 표현하여 책의 완성도를 높여준 코칸 기리Khokan Giri의 노력도 결코 잊지 못할 것이다.

나는 열역학의 역사와 복잡한 과학적 내용을 정리하면서 수많은 사람들로부터 도움을 받았다. 이 책의 처음 3분의 2는 필라델피아 역사연구센터 소장인 대니얼 미첼Daniel Mitchell의 귀한 도움을 받아 완성된 것이다. 그리고 글래스고대학교 천체물리학과 그레이엄 원Graham Woan 교수의 친절하고 열성적인 도움 덕분에 과학적 개념을 직관적으로 풀어 쓸 수 있었다. 제임스 클러크 맥스웰의 운동이론을 집필할 때에는 짐 샤이크Jim Shaikh 박사의 도움을 받았으며, 앨런 튜링과 암호학에 대해서는 런던 킹스컬리지 발생생물학과의 제레미 그린 교수로부터 값진 조언을 들었다. 또한 정보이론과 맥스웰의 도깨비에 관한 내용은 맨체스터대학교의 대니얼 조지Danielle George 교수와 UN 버클리대학교의 라자 센굽타Raja Sengupta 교수의 도움이 절대적인 역할을 했다. 블랙홀을 다룬 마지막 장은 하버드-스미소니언 천체물리학센터의 소나크 보스Sownak Bose 박사의 도움을 받았다. 특히 자신의 부친 제이콥 베켄슈타인에 관한 이야기를 나에게 자세히 들려준 예호나다프 베켄슈타인Yehonadav Bekenstein에게 깊이 감사드린다.

케임브리지대학교의 과학사 교수인 사이먼 섀퍼Simon Schaffer의 도움도 빼놓을 수 없다. 그는 나의 원고를 읽고 많은 부분을 수정해주었으며, 많은 부분에서 긍정적인 영향을 주었다.

끝으로 나의 친구 앤드류 스미스Andrew Smith에게 감사의 말을 전한다. 내가 이 책을 집필하면서 부침을 겪을 때마다 그는 항상 가까운 곳에서 지적·정서적으로 나를 격려해주었다. 앤드류처럼 완벽한 취향에 날카로운 판단력 그리고 용기를 북돋는 능력을 가진 사람을 친구로 둔 작가는 그리 많지 않을 것이다.

| 부록 I |

카르노 사이클

사디 카르노는 주어진 열의 흐름에서 추출할 수 있는 최대 동력이 화로와 싱크의 온도 차이에 의해 결정된다는 사실을 알아냈다. 본문에서는 여기까지 언급하고 넘어갔지만, 사실 그의 목적은 주어진 열의 흐름 H에서 추출할 수 있는 동력 M을 수치적으로 계산하여 열기관을 제작하는 사람들에게 이론적인 가이드라인을 제시하는 것이었다(동력을 열로 나눈 값, 즉 M/H가 바로 열기관의 효율이다). 이를 위해 카르노는 이론상 가장 이상적인 엔진이 작동하는 과정을 설명했다. 실제로 이런 엔진을 만들 수는 없지만 '열기관이 절대로 넘을 수 없는 효율'을 알고 있으면 제작 과정에서 쓸데없는 노력이 크게 절약된다.

이상적인 엔진의 효율이 연료의 종류와 무관하다는 사실을 이미 알고 있었던 카르노는 17세기 물리학자들 사이에 잘 알려진 '공기(대기)'를 선택했다. 공기에 열을 가하거나 냉각시켰을 때 또는 압력을 가하거나 팽창할 때 나타나는 변화는 수학적으로 서술된 명확한 법칙을 따른다. 대부분의 기체가 그렇듯이 공기는 0℃ 이하에서도 기체 상태를 유지하기 때문에 엔진이 작동하는 동안 상태변화에 신경 쓸 필요가 없다(수증기는 100℃ 이하에서 액체로 변한다).

카르노는 공기가 갖고 있는 두 가지 특성에 주목했다. 첫째, 공기는 외부에서 열을 추가하거나 제거하지 않아도 온도가 달라질 수 있다.

수직 방향으로 서 있는 실린더를 상상해보자. 그 안에 장착된 피스톤은 당연히 위아래로 움직이고, 실린더 외부와 열이 교환되지 않도록 완벽하게 차단된 상태이다. 이제 피스톤을 아래로 눌러서 아래에 있는 공기의 부피가 절반으로 줄었다고 하자. 그러면 공기는 원래 부피로 되돌아가려고 저항할 텐데, 피스톤을 계속 누르고 있으면(사람이 직접 누르거나 기계장치를 동원하여 힘을 가해야 한다) 온도가 약 60℃가량 올라간다(공기의 온도가 60℃라는 뜻이 아니라, 처음과 나중의 온도 차가 60℃라는 뜻이다_옮긴이).

이 과정은 외부와 열 교환 없이 진행되었으므로 '단열압축adiabatic compression'이라 한다. 일상적인 변화와 달리 단열압축은 거꾸로 진행될 수도 있다. 공기를 압축한 후 손을 떼면 피스톤은 원래 위치로 되돌아온다. 그런데 실린더 내부는 완전히 밀폐된 공간이기 때문에 공기의 온도가 처음 상태로 내려가면서 피스톤은 당신이 누를 때 투입한 동력과 동일한 양의 동력을 발휘할 것이다. 이 과정도 열의 흐름 없이 진행되기 때문에 '단열팽창adiabatic expansion'이라 한다.

카르노가 주목했던 공기의 두 번째 특성은 화로의 열이 기체로 흘러 들어올 때 나타나는 현상이었다. 공기에 열이 유입되면 온도가 올라가고 부피가 커지면서 용기의 내벽에 압력을 가한다. 증기기관에서 피스톤을 움직이는 것도 바로 이 힘이다. 카르노는 "엔진이 최대 효율을 발휘하려면 실린더로 유입된 열이 온도를 높이는 데 쓰이지 않고 기체를 팽창시키는 데 모두 투입되어야 한다"고 결론지었다.

그런데 이 주장은 모순처럼 들린다. 물체에 열을 주입했는데 어떻게 온도가 올라가지 않을 수 있다는 말인가?

현실적으로는 거의 불가능하지만 이론적으로는 가능하다. 처음에 피스톤이 실린더의 바닥까지 거의 다 내려온 상태에서, 가까운 곳에 있는 화로에서 발생한 뜨거운 열이 실린더 바닥에 나 있는 연결 통로를 통해 유입되었다고 하자. 그러면 실린더 내부의 기체가 팽창하여 피스톤을 위로 밀어 올리면서 동력을 만들어낸다. 만일 실린더가 외부와 완전히 차단된 상태라면(즉 단열상태라면) 기체의 온도는 내려갈 것이다. 그러나 지금은 실린더와 화로가 연결되어 있기 때문에 유입된 열이 온도 하락을 보상해준다.

그러므로 열이 실린더에 유입되면 공기가 팽창하면서 동력을 만들어내고, 이 과정에서 온도는 변하지 않는다. 이런 과정을 등온팽창 isothermal expansion이라 한다. 주어진 온도에서 특정한 양의 열이 유입되었을 때 등온팽창이 일어나면 우리의 엔진은 가장 많은 동력을 발휘할 수 있다.

단열과정과 마찬가지로 등온과정도 거꾸로 진행될 수 있다. 위의 사례에서 실린더 안에 들어 있는 기체의 온도가 인근에 있는 싱크의 온도와 같다면, 피스톤을 아래로 누르는 것만으로 등온팽창 과정을 거

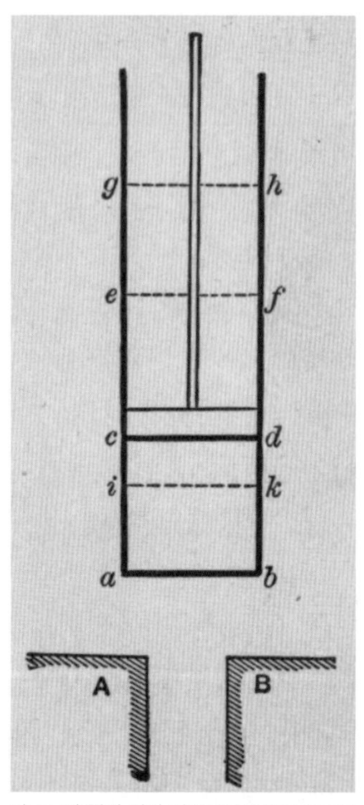

카르노의 책에 실린 이상적인 엔진의 개요도

꾸로 되돌릴 수 있다. 이 과정에서는 단열압축과 같이 온도가 변하지 않는다. 왜냐하면 처음에 열이 화로에서 유입된 것처럼 싱크를 통해 빠져나가기 때문이다. 이것을 등온압축isothermal compression이라 한다. 고정된 온도에서 등온압축은 최소한의 동력으로 기체를 압축하는 방법이며, 이 과정에서 열은 싱크를 통해 빠져나간다.

단열과정과 등온과정을 염두에 두고, 지금부터 카르노가 제시했던 이상적인 열기관(최대의 효율을 발휘하는 열기관)의 작동 원리를 각 단계별로 따라가 보자.

444쪽 그림과 같이 피스톤이 위아래로 움직이는 실린더가 주어져 있고, 그 아래 왼쪽에는 화로(A)가, 오른쪽에는 싱크(B)가 작동 중이다. 실린더에 열이 유입되면 기체가 팽창하면서 피스톤을 위로 밀어 올린다.

기체에 열을 가하고 싶을 때에는 화로(A)를 기체가 담긴 실린더에 접촉시키고, 기체를 식히고 싶을 때에는 싱크(B)를 실린더에 접촉시킨다. 카르노는 화로의 규모가 충분히 커서 열이 아무리 많이 빠져나가도 온도가 변하지 않는다고 가정하고, 이 일정한 온도를 T_f로 표기했다. 그리고 싱크도 충분히 커서 열이 아무리 많이 유입돼도 온도가 T_s로 유지된다고 가정했다.

이렇게 만들어진 카르노 엔진은 4단계 과정을 반복하면서 동력을 만들어낸다.

1단계

피스톤은 실린더의 바닥 가까운 곳까지 내려온 상태이며, 화로와 온도가 같은(T_f) 뜨거운 공기가 피스톤과 실린더 바닥 사이에 압축되어 있다. 이제 화로가 이동하여 실린더에 닿으면 열량 H가 실린더로 유입되어 기체를 팽창시키고, 그 여파로 피스톤이 위로 올라가면서 동력 M_1을 생산한다.

카르노는 이것을 등온과정으로 간주했다. 즉 모든 H는 동력 M_1을 만드는 데 사용된다. 엔진이 만들어내는 동력의 대부분은 이 과정에서

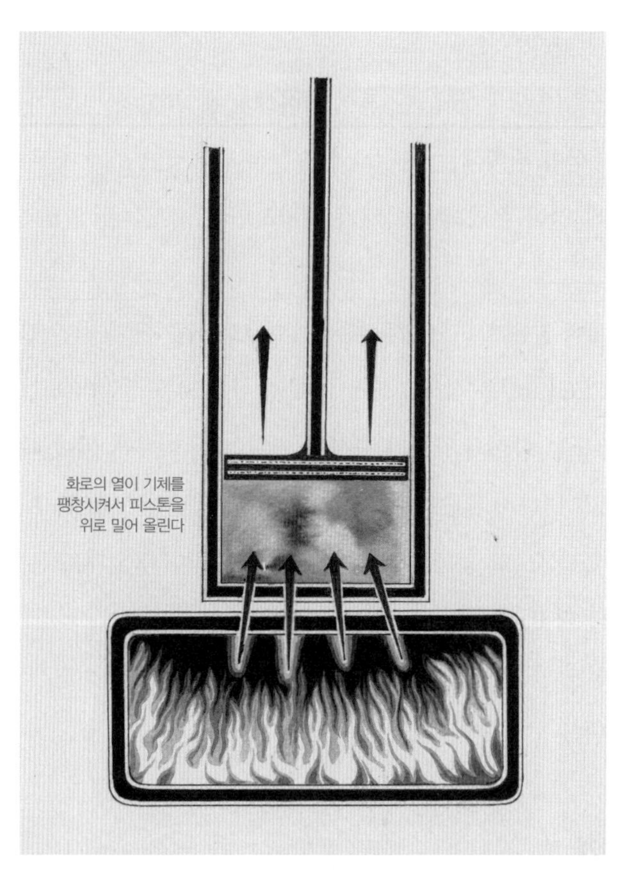

카르노 사이클의 1단계

발휘되기 때문에 1단계를 동력행정power stroke, 또는 폭발행정이라 한다.

그러나 여기서 멈추면 엔진이라 할 수 없다. 일을 계속하려면 피스톤이 다시 실린더의 바닥 근처까지 내려와서 위의 과정을 반복해야 한다.

2단계

실린더가 다시 아래로 내려가려면 1단계에서 피스톤을 밀어 올렸던 기체가 압축되어야 한다. 가장 좋은 방법은 기체의 온도를 가능한 한 차갑게 식히는 것이다. 기체는 온도가 낮을수록 쉽게 압축되기 때문이다.

(팽팽하게 부푼 풍선을 냉장고에 넣었다가 몇 분 후에 꺼내면 쪼그라든 것을 볼 수 있다. 기체의 온도가 내려가서 압축하기가 쉬워졌기 때문이다. 겨울철에 자동차 타이어가 쉽게 내려앉는 것도 이런 이유 때문이다.)

어떻게 하면 실린더 내부의 기체를 빠르게 식힐 수 있을까? 가장 좋은 방법은 기체를 단열적으로 팽창시켜서 실린더를 더욱 위로 밀어 올리는 것이다.

이 단계에서 엔진은 약간의 동력 M_2를 추가로 생산하고, 기체의 온도는 T_S로 내려간다.

3단계

이제 기체는 이전보다 훨씬 차가워서 압축하기가 쉬워졌으므로, 1단계에서 생산된 동력 M_1의 일부(이 값을 M_3이라 하자)를 이용하면 피스톤을 아래로 눌러서 기체를 작은 부피로 압축할 수 있다. 카르노는 이 과정을 등온압축으로 간주했다. 즉 M_3는 이론이 허용하는 한도 안에서 가장 작은 값이다.

(카르노는 칼로리 이론에 입각하여 1단계에서 유입된 열 H가 3단계에서 모두 싱크로 빠져나간다고 믿었다.)

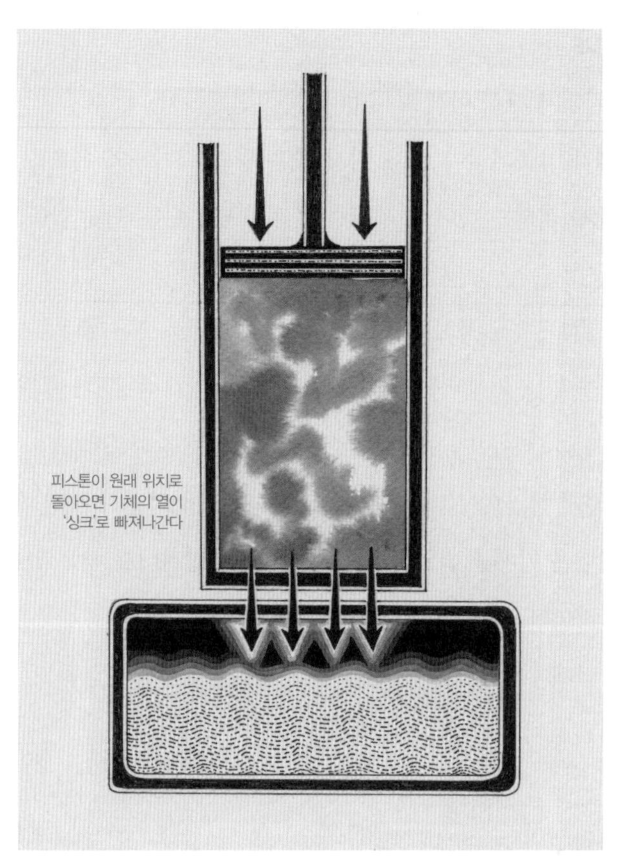

카르노 사이클의 3단계

3단계의 마지막에 이르면 기체는 1단계가 시작될 때처럼 아주 작은 공간에 압축된다. 그러나 피스톤을 아래로 원위치시키면서 동력이 M_3만큼 소비되었다.

4단계

이로써 기체는 1단계부터 반복할 준비가 되었다. 한 가지 문제는 기체의 온도가 1단계보다 낮아졌다는 점이다. 그러므로 기체의 온도를 1단계 수준으로 올리는 또 하나의 단계, 즉 4단계가 필요하다.

화로의 열을 이용할 수도 있지만, 그러면 동력을 생산하지 못하기 때문에 열이 낭비된다. 그러므로 실린더를 다시 한번 단열상태로 만들고 약간의 동력 M_4를 투입하여 피스톤을 약간 아래로 밀어서 기체를 조금 더 압축한다. 이 과정은 열이 밖으로 빠져나가지 않는 단열과정이기 때문에 온도가 T_f로 올라간다.

이제 기체의 상태는 처음 출발했던 1단계와 완전히 같아졌다. 온도가 충분히 높아서 피스톤을 위로 밀어 올리며 일을 할 수 있다.

4단계는 2단계와 완전히 반대이다. 4단계에서 투입된 동력 M_4는 2단계에서 추가로 생산된 동력 M_2와 같기 때문에 서로 상쇄된다.

공학자와 물리학자들 사이에 '카르노 사이클Carnot Cycle'로 알려진 1~4단계는 과학 역사상 가장 위대한 사고실험 중 하나로서, 카르노는 이를 통해 열기관의 최대 동력을 이론적으로 계산할 수 있었다.

카르노 사이클이 진행되는 동안 화로에서 열 H가 유입되어 싱크로 빠져나갔다. 이 과정에서 생산된 동력은 1단계에서 생산된 M_1과 3단계에서 투입된 M_3의 차이, 즉 M_1-M_3이며(M_2와 M_4는 크기가 같고 부호가 반대여서 서로 상쇄되었다), 엔진의 효율은 $(M_1-M_3)/H$ 이다.

엔진의 효율을 높이려면 어떻게 해야 할까? 답은 자명하다. 기체가 팽창될 때에는 가능한 한 온도를 높이고, 압축될 때에는 가능한 한 온도를 낮추면 된다. 뜨거운 기체일수록 강하게 팽창하고, 차가운 기체일수록 쉽게 압축되기 때문이다. 다시 말해서, 기체가 가장 뜨거울 때와 가장 차가울 때의 온도 차가 클수록 엔진의 효율이 높아진다.

| 부록 II |

에너지 보존 법칙과 사디 카르노의 아이디어를 조화롭게 연결한 클라우지우스의 논리

루돌프 클라우지우스는 열heat과 일work이 서로 호환 가능하며 열이 뜨거운 곳에서 차가운 곳으로 흘러야 일을 할 수 있다는 전제하에, 과학 역사상 최초로 열과 일의 관계를 논리적으로 규명했다. 그의 아이디어는 모든 기체와 디젤엔진, 제트엔진, 증기엔진, 그리고 로켓에까지 적용된다.

클라우지우스의 논리는 카르노가 제안했던 이상적인 엔진과 4단계로 이루어진 카르노 사이클에 일-에너지 호환성을 적용하는 것으로 시작된다. 또한 그는 눈에 보이지 않는 에너지를 발견하여 문자 U로 표기했는데, 이 값은 오늘날 '내부 에너지internal energy'로 알려져 있다.

팽팽하게 부푼 풍선을 생각해보자. 풍선 안에는 압력이 높은 기체가 갇혀 있어서 풍선의 비닐표면을 밖으로 밀어내고 있다. 배터리에 전기 에너지가 저장되는 것처럼 풍선에도 에너지가 저장되어 있는 것이다. 또한 기체의 내부 에너지는 충전과 방전을 반복하는 배터리처럼 사용 후 다시 복구될 수 있다.

팽팽한 풍선을 손으로 쥐어짜면 공기가 손의 압력에 저항하면서 뜨거워진다. 당신이 한 일(손으로 풍선을 누르는 행위)이 풍선에 갇힌 공기의 내부 에너지를 한층 더 증가시켰기 때문이다. 풍선이 더 이상 팽창하지 않도록 손으로 감싼 상태에서 열을 가하면 압력이 높아지면서 뜨거워진다. 이는 곧 풍선에 가한 열이 기체의 내부 에너지로 변환되었다는 뜻이다.

내부 에너지는 열의 형태로 방출될 수 있다. 풍선을 냉장고와 같이 차가운 온도에 방치하면 내부 에너지를 열로 방출하고 풍선 자체는 식어서 쪼그라든다. 내부 에너지는 일을 할 수도 있다. 풍선을 터뜨리면 내부 에너지 중 일부는 '빵!' 하는 소리로 바뀌고, 일부는 풍선 조각을 멀리 날려 보내고, 나머지는 주변 공기를 바깥쪽으로 밀어낸다.

클라우지우스가 지적한 것처럼, 열기관의 효율을 높이려면 기체의 내부 에너지가 일을 효율적으로 수행하도록 만들어야 한다. 카르노의 4단계 사이클을 예로 들어보자.

1단계 등온팽창

실린더 바닥과 피스톤 사이에 다량의 뜨거운 기체가 압축되어 있다. 그러면 당연히 기체는 팽창하면서 일을 하고, 이 과정에서 내부 에너지의 일부가 소진된다. 그러나 가까운 곳에 화로가 있기 때문에 열이 기체로 유입되어 내부 에너지를 보충하고, 그 덕분에 기체의 온도는 그대로 유지된다. 이 등온팽창 과정에서 열(H_1)이 일(W_1)로 변환되었다.

2단계 단열팽창

실린더를 외부와 차단시키면 기체가 피스톤을 계속 밀어내면서 (즉 일을 하면서) 내부 에너지를 잃는다. 그러나 외부와 차단되어 있기 때문에 줄어든 내부에너지는 보충되지 않으며, 단열팽창이 끝날 무렵에 기체는 W_2만큼 일을 하고 차가워진다.

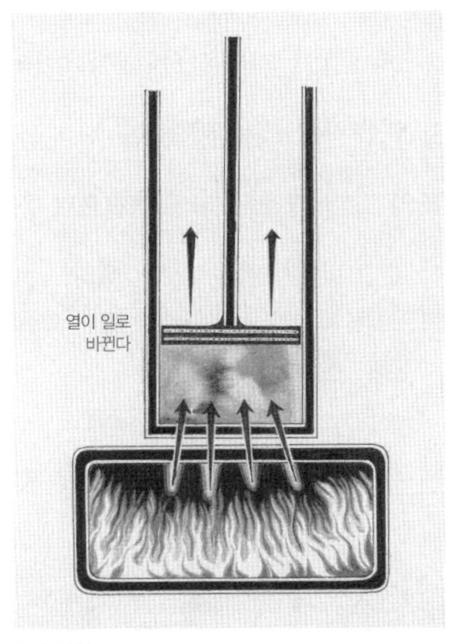

등온팽창

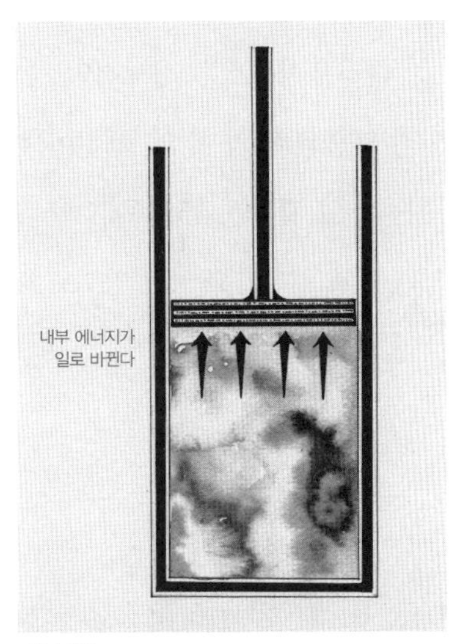

단열팽창

3단계 등온압축

실린더 근방에 싱크를 갖다 놓고, 외부에서 힘을 가하여 기체를 압축시킨다. 즉 외부에서 기체에 '일'을 해준다. 실린더가 여전히 외부와 차단된 상태라면 내부 에너지가 증가하여 온도가 올라갈 것이다. 그러나 바로 옆에 있는 싱크가 열을 흡수하기 때문에 기체의 온도는 변하지 않는다. 그리고 이 과정에서 일 W_3가 열 H_3로 변환된다.

4단계 단열압축

실린더는 다시 외부와 차단되고, 피스톤은 1단계와 같은 위치에 도달할 때까지 아래로 내려온다. 피스톤이 기체에게 일을 해주었으므로 기체의 내부 에너지와 온도가 증가하여 1단계 초기와 동일한 상태가 된다. 이 과정에서 기체에게 해준 일 W_4는 2단계에서 기체가 한 일 W_2와 같다.

클라우지우스는 전체적인 상황을 파악하기 위해 '엔진에 유입된 열과 배출된 열의 합'과 '엔진이 한 일과 엔진에 해준 일의 합'을 계산했는데, 그 결과는 455쪽에 제시된 표와 같다(관례에 따라 '엔진으로 유입된 열'과 '엔진이 한 일'은 양수로 표기하고, 그 반대는 음수로 표기했다).

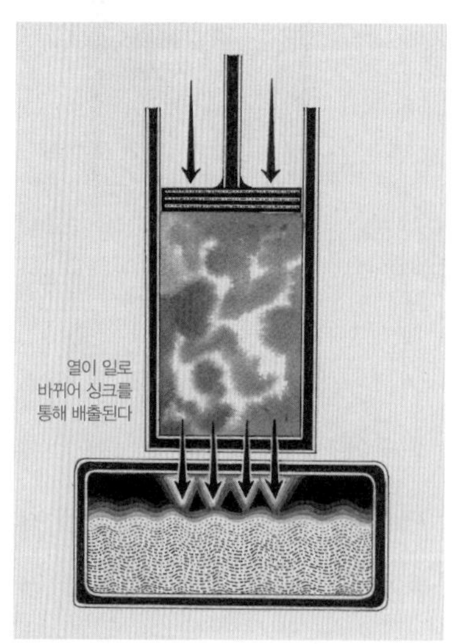

등온압축

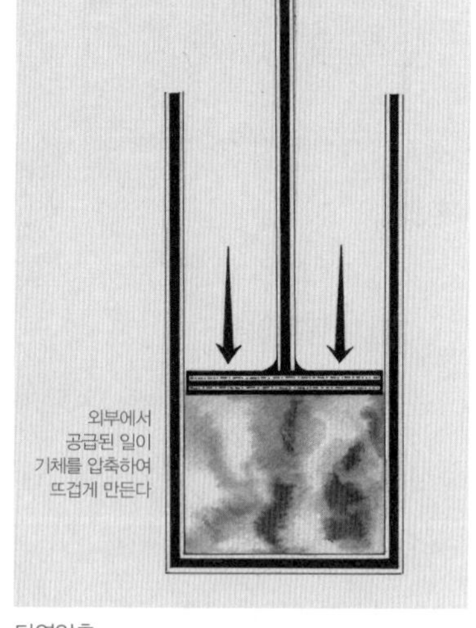

단열압축

단계	열의 흐름	일
1 등온팽창	H_1	W_1
2 단열팽창	0	W_2
3 등온압축	$-H_3$	$-W_3$
4 단열압축	0	$-W_4$ (크기는 W_2와 같음)
열로 바뀐 일의 총량	$H_1 \ -H_3$	
싱크로 배출된 열	H_3	
엔진이 한 일		$W_1 \ -W_3$

클라우지우스는 이상적인 엔진에서 일어나는 열의 흐름과 엔진이 한 일을 분석함으로써 서로 모순처럼 보이는 카르노의 이론과 줄의 이론을 조화롭게 연결시켰다. 이상적인 엔진과 관련하여 클라우지우스가 내린 결론은 다음과 같다.

줄의 생각대로 열의 일부는 일로 변환된다.

카르노의 생각대로 나머지 열은 싱크로 빠져나간다.

교훈: 모든 열을 일로 바꿀 수는 없다. *열의 일부는 낭비되게 마련이며, 싱크로 빠져나간 나머지 열을 일로 변환하는 것은 원리적으로 불가능하다.*

| 부록 III |

열역학의 네 가지 법칙

나는 열역학 제1법칙과 제2법칙에 초점을 맞춰서 이 책을 집필했다. 그러나 지난 20세기에 과학자들은 열역학을 다양한 경우에 적용하여 두 개의 법칙을 추가로 찾아냈다. 그중 하나가 열역학 제0법칙인데, 19세기 과학자들도 알고는 있었지만 모든 경우에 적용되는 법칙으로 간주하지 않았다. 두 번째로 추가된 열역학 제3법칙은 주로 절대온도 0K(−273℃)에 가까운 극저온 물체에 적용된다.

제0법칙

두 개의 열역학적 계 A, B가 세 번째 열역학적 계 C와 각각 평형상태에 있으면(즉 A와 C가 평형을 이루고 B와 C도 평형을 이루면), A와 B는 열역학적으로 평형상태이다.

(온도계를 예로 들어보자. 하나의 온도계로 두 물체의 온도를 측정했는데 같은 값이 나왔다면 두 물체를 접촉시켜도 열이 이동하지 않는다.)

제1법칙

우주의 에너지는 일정하다.

제2법칙

우주의 엔트로피는 항상 증가하는 경향이 있다.

제3법칙

계의 온도가 0K에 가까워지면 엔트로피는 일정한 값으로 수렴한다.

(이 법칙을 이용하면 '두 계의 엔트로피의 차이'뿐만 아니라 엔트로피의 절대적인 값을 알 수 있다.)

프롤로그

1 "Bluff Your Way in the Second Law of Thermodynamics", Jos Uffink, Department of History and Foundations of Science, Utrecht University (2000).

2 "The Collected Papers of Albert Einstein(아인슈타인 논문집)", vol. 2, 서문 xxi~xxii.

3 위와 같음.

4 '질서와 무질서(Order and Disorder)'라는 제목으로 제작된 이 다큐멘터리는 2012년 10월에 BBC에서 처음 방영되었다.

5 William Thomson(Lord Kelvin), "On the Dissipation of Energy", *Fortnightly Review*, March 1892.

6 Ludwig Boltzmann, "A German Professor's Journey into Eldorado" (Populäre, 1905).

1장 영국으로 가다

1 André Tiran, "De l'Angleterre et des Anglais: l'expertise de Jean-Baptiste Say de l'industrie anglaise", *Innovations* 45 (3) (2014).

2 David S. Landes, "Unbound Prometheus"의 인구 데이터에서 발췌.

3 "Cotton Textiles and the Great Divergence: Lancashire, India

and Shifting Competitive Advantage, 1600-1850", 표-2, Stephen Broadberry and Bishnupriya Gupta, Department of Economics, University of Warwick (2005).

4 Anna Plassart, "Un Impérialiste Libéral? Jean-Baptiste Say on Colonies and the Extra-European World", *French Historical Studies* 32 (2) (2009): 223-50.

5 Jean-Baptiste Say, "De l'Angleterre et des Anglais".

6 Gregory Clark, "The British Industrial Revolution, 1760-1860".

7 더럼 광산박물관(Durham Mining Museum), 헤튼광산(Hetton Colliery) 관련 자료에서 발췌.

8 Clark, "British Industrial Revolution", Landes, "Unbound Prometheus".

9 Robert T. Balmer, "Estimates of Newcomen engine efficiency from Modern Engineering Thermodynamics". 뉴커먼 엔진의 최대 효율은 1퍼센트를 조금 넘는 정도이다.

10 Landes, "Data from Unbound Prometheus", Emma Griffin, "A Short History of the British Industrial Revolution".

11 Alessandro Nuvolari and Bart Verspagen, "Unravelling the Duty: Lean's Engine Reporter and Cornish Steam Engineering" Eindhoven Centre for Innovation Studies, Netherlands (2005).

12 와트와 뉴커먼의 엔진은 구조가 크게 다르기 때문에 직접 비교하기가 쉽지 않다. 본문에서 말한 '4배'는 Balmer의 "Modern Engineering Thermodynamics"와 "Transactions of the Institution of Civil Engineers 3 (1)", (January 1842)에 수록된 데이터를 참고한 값이다.

13 와트가 증기기관을 개선하게 된 과정은 다음 장에서 자세히 다룰 예정이다.

14 특허법을 이용한 와트와 볼튼의 영업 전략에 대해서는 Michele Boldrin

과 David K. Levine의 "Against Intellectual Monopoly"를 참고하기 바란다.

15 자세한 내용을 알고 싶은 독자들은 Iwan Rhys Morus의 "When Physics Became King"을 읽어보기 바란다.

16 1800년에 잉글랜드의 대학교는 옥스퍼드와 케임브리지뿐이었고, 스코틀랜드에는 5개교(세인트앤드류스, 글래스고, 애버딘, 에든버러, 매리셜 컬리지)가 있었다.

17 Morus, "When Physics Became King" 참조.

18 John Gascoigne, "Mathematics and Meritocracy: The Emergence of the Cambridge Mathematical Tripos", *Social Studies of Science* 14 (4) (1984).

19 Alessandro Nuvolari, "The Theory and Practice of Steam Engineering in Britain and France, 1800–1850" *Documents pour l'histoire des techniques* (2010).

20 프랑스어 명칭은 Conservatoire national des arts et métiers이다. 이 학교에 대해서는 다음 장에서 다루기로 한다.

21 Morus, "When Physics Became King."

2장 **불을 이용한 동력**

1 R. H. Thurston 편저, "Reflections on the Motive Power of Heat by Sadi Carnot."

2 Robert Fox, "Reflections on the Motive Power by Carnot"의 서문에서 발췌.

3 사디 카르노의 형제인 이폴리트 카르노의 회고록에는 카르노 집안에 대해 자세히 기록되어 있다.

4 Charles Coulston Gillispie and Raffaele Pisano, "Lazare and Sadi

Carnot: A Scientific and Filial Relationship" *Vol. 19, History of Mechanism and Machine Science*.

5 Ivor Grattan-Guiness, "The École Polytechnique", 1794-1850: "Differences over Educational Purpose and Teaching Practice" *American Mathematical Monthly*.

6 사디 카르노가 국립미술공예학교에 재학하던 무렵, 이 학교의 상황에 대해서는 Robert Fox의 "Reflections on the Motive Power"의 서문에 잘 나와 있다.

7 Catharine M. C. Haines and Helen M. Stevens. "International Women in Science: A Biographical Dictionary to 1950."

8 "Le Producteur: Journal De L'Industrie, des Sciences et des Beaux Arts," 1825.

9 Robert Fox, "Reflections on the Motive Power" 서문 참조.

10 새뮤얼 애스턴(Samuel Aston)은 1818년에 마그데부르크에 'Wasser-kunst(인공분수)'라는 증기기관을 건설했다. "Grace's Guide to British Industrial History" 참조

11 Author D. S. L. Cardwell, "Carnot's text and From Watt to Clausius: The Rise of Thermodynamics in the Early Industrial Age." 이 책에는 다음과 같이 적혀 있다. "매사에 신중했던 와트는 팽창 원리를 이용하여 열기관의 성능 개선법을 제안했는데, 그 내용은 훗날 사디 카르노가 개발한 열의 일반론과 거의 정확하게 일치한다."

12 이 장에서는 "기계에서 방출된 열과 동일한 양의 열이 기계에 유입된다"는 카르노의 가정을 따르기로 한다. 사실 이 과정에서는 열의 일부가 일(work)로 변환되기 때문에 엄밀히 말하면 틀린 가정이다. 그러나 틀린 가정에도 불구하고 카르노의 논리는 여전히 옳다. 그 이유는 나중에 알아볼 것이다.

13 전진형 기관을 가동하는 데 필요한 열이 후진형 엔진을 통해 보급되기 때문이다.

14 본문의 그림은 카르노의 논리를 입증하기 위해 제시된 것일 뿐 세부 구조는 중요하지 않다.

15 카르노가 상상했던 완벽한 열기관의 구조는 책의 말미에 첨부된 〈부록 I〉을 참고하기 바란다.

16 이 수치는 카르노의 책에서 인용한 것이다.

17 Rudolf Diesel, "Theory and Construction of a Rational Heat Motor." 이 책에서 디젤은 사디 카르노의 업적을 칭송하면서 다음과 같이 적어 놓았다. "새로운 모터는 연소의 경제성을 유감없이 보여주고 있다. 이것은 완벽한 카르노 사이클의 원리에 기초한 결과이다."

18 이 금액은 Robert Fox, "Reflections on the Motive Power(Sadi Carnot)"의 영어 번역판 서문에서 인용한 것이다.

19 Revue d'Histoire des Sciences 27 (4) (1974).

3장 창조주의 포고령

1 D. S. L. Cardwell, "James Joule: A Biography."

2 제임스 줄의 삶에 대해서는 D. S. L. Cardwell의 "James Joule: A Biography"와 Osborne Reynolds의 "James Prescott Joule"을 참고하기 바란다.

3 "National Census and Registrar General's Mid-Year Population Estimates," Office for National Statistics.

4 자세한 내용을 알고 싶은 독자들은 D. S. L. Cardwell, "Science and Technology: The Work of James Prescott Joule," Technology and Culture 17 (4) (1976)을 읽어보기 바란다.

5 실험의 자세한 내용은 제임스 줄의 "Scientific Papers"를 참조하기 바

란다.

6 J. Young, "Heat, Work and Subtle Fluids: A Commentary on Joule (1850) 'On the Mechanical Equivalent of Heat,'" *Philosophical Transactions of the Royal Society A* 373 (2015): 20140348.

7 자세한 내용은 제임스 줄의 "Scientific Papers"에 잘 나와 있다. 이 실험에서 줄은 크랭크(손잡이)를 돌리면 전자석에 의해 코일과 물이 담긴 유리관에 자기장이 생성되도록 만들었다. 이 전자석은 배터리를 통해 작동된다.

8 줄이 사용한 발전기에는 정류자(整流子, commutator)가 설치되어 있어서, 교류 전류가 아니라 같은 방향으로 흐르는 전류(직류)가 펄스형으로 생성된다.

9 1873년에 영국과학진흥회에서 발표하기 위해 줄이 작성한 원고에서 발췌.

10 James Joule, "On the Calorific Effects of Magneto-Electricity, and on the Mechanical Value of Heat (1843)."

11 William Whewell, "Quarterly Review 51 (1834)."

12 James Joule, "Collected Papers Vol. 2 (1885)."

13 Reynolds, "James Prescott Joule."

14 John Forrester, "Chemistry and the Conservation of Energy: The Work of James Prescott Joule" *Studies in History and Philosophy of Science* 6 (4) (1975).

15 제임스 줄이 1885년에 쓴 편지에서 발췌.

16 윌리엄 톰슨이 1882년에 쓴 편지에서 발췌.

17 Andrew Gray, "Lord Kelvin: An Account of His Scientific Life and Work."

4장 **뜨거운 곳에서 차가운 곳으로**

1 William Thomson, "On the Dissipation of Energy," Fortnightly Review, March 1892.

2 윌리엄 톰슨의 전기로는 Crosbie Smith와 M. Norton Wise의 "Energy and Empire: A Biographical Study of Lord Kelvin"과 David Lindley의 "Degrees Kelvin," 그리고 Andrew Gray의 "Lord Kelvin: An Account of His Scientific Life and Work" 등이 있다.

3 A History of the University of Cambridge, Vol. 3, 1750–1870.

4 프랑스의 과학학술지, "Comptes Rendus de l'Académie des Sciences," 121(1895): 582.

5 헤르만 헬름홀츠가 프라우 헬름홀츠에게 보낸 편지(1863)에서 발췌.

6 제임스가 윌리엄에게 끼친 영향에 대해서는 Smith and Wise, "Energy and Empire"를 참고하기 바란다.

7 헤르만 헬름홀츠가 프라우 헬름홀츠에게 보낸 편지(1863)에서 발췌.

8 제임스 톰슨이 윌리엄 톰슨에게 보낸 편지(1846년 2월 22일)에서 발췌.

9 Henry Bell의 기록 "returns furnished to him by various ship-builders and engineers in Glasgow, Dumbarton, Greenock and Port-Glasgow," *Biographical Dictionary of Eminent Scotsmen*에서 발췌.

10 글래스고에서 건조된 선박은 "Transactions of the Glasgow Archaeological Society"에 잘 정리되어 있다. '시티 오브 글래스고'호는 1854년에 대서양을 건너던 중 승객 전원과 함께 실종되었다.

11 https://www.understandingglasgow.com/indicators/population/trends/historic_population_trend.

12 Reverend Donald Macleod, "Memoir of Norman Macleod, D.D.," *Christian's Penny Magazine, and Friend of the People*(1876).

13 Sir William Thomson, *Mathematical and Physical Papers* 1.

14 위와 같음.

15 위와 같음.

16 위와 같음.

5장 **물리학의 최대 현안**

1 에밀 뒤부아 레몽(Emil Du Bois-Reymond)이 1852년에 헤르만 헬름홀츠에게 보낸 편지에서 발췌(*Dokumente einer Fruendshaft* by Kirsten et al.).

2 베를린 공원의 증기기관과 19세기 프러시아의 문화에 대해서는 M. Norton Wise, "Architectures for Steam"의 〈5장 건축과 과학(The Architecture of Science)〉을 참고하기 바란다.

3 폰 몰트케의 모든 어록은 1851년에 그가 아내에게 쓴 편지에서 발췌한 것이다.

4 헬름홀츠의 전기로는 David Cahan의 "Helmholtz: A Life in Science"와 Leo Koenigsberger의 "Hermann von Helmholtz"(Frances A.Welby 번역), 그리고 John Gray McKendrick의 "Hermann Ludwig Ferdinand von Helmholtz" 등이 있다.

5 19세기 유럽의 산업화 과정에 대해서는 David S. Landes의 "The Unbound Prometheus: Technological Change and Industrial Development in Western Europe from 1750 to the Present"를 참조하기 바란다.

6 M. G. Mulhall, "Data from The Dictionary of Statistics," 4th ed.

7 1807년 10월 포고령.

8 관세동맹의 경제적 효과에 대해서는 Wolfgang Keller와 Carol Hua Shiue의 논문 "The Trade Impact of the Zollverein," March 2013, CEPR Discussion Paper no. DP9387을 참고하기 바란다.

9 당시 상인연맹회장이자 경제학자였던 프리드리히 리스트(Friedrich List)가 1829년에 제출한 탄원서에서 발췌.

10 Mulhall, "Dictionary of Statistics." (Leslie A. White의 "Modern Capitalist Culture"에서 인용됨).

11 Landes, "Unbound Prometheus."

12 Peter Watson, "The German Genius," p. 237.

13 R. Steven Turner, "The Growth of Professorial Research in Prussia, 1818 to 1848—Causes and Context," *Historical Studies in the Physical Sciences* 3 (1971).

14 Cahan, "Helmholtz," p. 72.

15 독일어로는 Lebenskraft(생명의 힘)이라고 한다.

16 Antoine Lavoisier and Pierre Simon de Laplace, "Memoire sur la Chaleur (1780)."

17 실험의 자세한 내용은 Robert Rigg이 *Medical Times*(1846)에 실은 기사에 잘 정리되어 있다.

18 헬름홀츠가 펼친 반론의 자세한 내용은 Peter M. Hoffmann, "Life's Ratchet: How Molecular Machines Extract Order from Chaos"를 참고하기 바란다.

19 1854년 2월 7일, 쾨니히스베르크(Königsberg)에서 열린 헬름홀츠의 강연 "On the Interaction of Natural Forces"에서 발췌.

20 이 사고실험은 내가 간단한 버전으로 수정한 것이다.

21 헬름홀츠가 1847년에 베를린학회에서 발표한 논문 "On the Conservation of Force"에서 발췌.

22 위와 같음.

6장 열의 흐름과 시간의 끝

1 John Tyndall, "Death of Professor Magnus," Nature 1 (1870): 607.

2 A. W. Hofmann, "Allgemeine Deutsche Biographie."

3 Stefan L. Wolff, "Rudolph Clausius: A Pioneer of the Modern Theory of Heat," Vacuum 90 (2013). Werner Ebeling and Dieter Hoffman, "The Berlin School of Thermodynamics Founded by Helmholtz and Clausius," *European Journal of Physics* 12 (1991).

4 클라우지우스의 전기는 별로 많지 않다. 기본적인 내용은 "Obituary Notices of Fellows Deceased," *Proceedings of the Royal Society of London* 48:i–xxi과 William H. Cropper의 "Great Physicists"에 나와 있다.

5 Christa Jungnickel and Russell McCormmach, "The Second Physicist: On the History of Theoretical Physics in Germany."

6 Rudolf Clausius, "On the Moving Force of Heat and the Laws Which Can Be Deduced Therefrom," *Annalen der Physik*, 1850.

7 자세한 내용은 이 책의 〈부록 II〉를 참조하기 바란다.

8 냉장고의 작동 원리는 10장에서 다룰 예정이다.

9 이 페이지의 그림은 클라우지우스의 것이 아니라 내가 넣은 것이다.

10 Crosbie Smith and M. Norton Wise, "Energy and Empire: A Biographical Study of Lord Kelvin."

11 Sir William Thomson (Lord Kelvin), "On a Universal Tendency in Nature to the Dissipation of Mechanical Energy," *Proceedings of the Royal Society of Edinburgh for April 19*, 1852.

12 *Glasgow City Council News Archive*, June 2018.

13 Smith and Wise, "Energy and Empire".

14 Smith, "The Science of Energy." Smith and Wise, "Energy and Empire."

15 Helmholtz, "On the Interaction of Natural Forces."

7장 엔트로피

1 *Annalen der Physik and Chemie* (1865).

2 이 값은 www.EngineeringToolBox.com에서 참고한 것이다.

3 본문에서 나는 온도에 따른 물질의 변화를 이용하여 온도를 측정하는 것이 항상 옳지 않다는 점을 강조하기 위해 다소 극단적인 사례를 들었다. 대부분의 액체는 온도가 높을수록 부피가 커지지만, 빙점(0℃) 근처의 물은 온도가 높을수록 부피가 줄어든다.

4 우리의 논리에서 PUFF라는 단위가 무엇인지는 중요하지 않다. 굳이 정하고 싶다면 '1킬로그램의 물체를 1미터 들어 올리는 데 필요한 일' 정도로 생각하면 된다.

5 자세한 내용은 Richard Feynman, "The Laws of Thermodynamics," https://www.feynmanlectures.caltech.edu/I_44.html을 참고하기 바란다.

6 클라우지우스는 1855년에 설립된 취리히공과대학 물리학과의 수석교수였다. 알베르트 아인슈타인은 1896년에 이 학교에 입학하여 1900년에 졸업했다.

7 Rudolf Clausius, "The Mechanical Theory of Heat, with Its Applications to the Steam Engine and to the Physical Properties of Bodies."

8 본문에서는 방을 예로 들었지만, 이 정의는 모든 물체에 똑같이 적용된다. 클라우지우스는 증기기관의 실린더에 유입되거나 방출되는 열을 대상으로 이와 같은 논리를 전개했다.

9 바람의 궁극적 에너지원은 태양에서 방출된 열이다. 바람이 부는 이유는 태양열이 지표면과 대기를 불규칙하게 달구기 때문이다.

10 클라우지우스는 자신의 저서 "Mechanical Theory of Heat"의 'Ninth Memoir'에 다음과 같이 적어놓았다. "나는 앞에서 *S*로 표기한 양을 물체의 '엔트로피'로 부를 것을 권한다. 이 단어는 그리스어로 변화를 뜻하는 '*τροπη*(뜨로뻬)'에서 따온 것이다. 가능한 한 에너지와 비슷한 뜻을 가진 단어를 찾다가 최종적으로 고른 것이 엔트로피였다. 에너지와 엔트로피는 물리적으로 비슷한 면이 있으므로, 의미가 비슷한 용어를 쓰는 것이 바람직하다고 생각한다."

11 이것은 클라우지우스가 쓴 "Mechanical Theory of Heat"의 'Ninth Memoir'의 마지막 문장이다.

12 찰스 다윈의 "Red Notebook," p. 130.

13 Charles Lyell, *Principles of Geology: Being an Attempt to Explain the Former Changes of the Earth's Surface, by Reference to Causes Now in Operation* (1830–33).

14 Joe D. Burchfield, *Lord Kelvin and the Age of the Earth*.

15 Sir William Thomson(Lord Kelvin), "On the Age of the Sun's Heat," *Macmillan's Magazine* 5 (1862년 3월 5일).

16 William Thomson, "On the Secular Cooling of the Earth," *Transactions of the Royal Society of Edinburgh* (1862).

17 F. Darwin and A. C. Seward, *More Letters of Charles Darwin*, 1869년 7월 24일에 쓴 편지.

18 J. Marchant, *Letters of Wallace* (1916), 1870년 1월 26에 다윈이 월러스(Wallace)에게 보낸 편지.

19 Charles Darwin, *On the Origin of Species*.

20 Ernest Rutherford, *Radiation and Emanation* (1904).

8장 **열의 운동**

1 Rudolf Clausius, "On the Moving Force of Heat and the Laws

Which Can Be Deduced Therefrom," *Annalen der Physik*, 1850. Rudolf Clausius, "The Nature of the Motion Which We Call Heat," *Annalen der Physik*, 1857. Elizabeth Wolfe Garber, "Clausius and Maxwell's Kinetic Theory of Gases," *Historical Studies in the Physical Sciences* 2 (1970): 299–319. Stephen G. Brush, *Kinetic Theory*, vol. 1.

2 Clausius, "Natüre of the Motion."

3 클라우지우스에게 가장 큰 영향을 미친 논문은 Karl August Kroenig의 "Grundzüge einer Theorie der Gase," *Annalen der Physik* (1856)이었다. Clausius, "Nature of the Motion" 참조.

4 *Hydrodynamics, or Commentaries on the Forces and Motions of Fluids* (1738). 라틴어로 쓰여진 이 책의 10장 소제목은 "On the Properties and Motions of Elastic Fluids, Especially Air(탄성유체, 특히 공기의 특성과 운동)"이다.

5 Brush, *Kinetic Theory*의 서문 참조.

6 베르누이의 삶과 업적에 대해서는 *Complete Dictionary of Scientific Biography*에 수록된 Hans Straub의 "Bernoulli, Daniel"을 참고하기 바란다.

7 Bernoulli, *Hydrodynamics*.

8 Bernoulli, *Hydrodynamics* 10장 참조. 영어 번역판으로는 Brush의 *Kinetic Theory*가 있다.

9 위와 같음.

10 이 논문의 심사위원은 존 윌리엄 러벅 경(Sir John William Lubbock)이었다. 그가 논문 저자에게 보낸 편지는 지금도 왕립학회 기록실에 보관되어 있다.

11 Christa Jungnickel and Russell McCormmach, *The Second Physicist: On the History of Theoretical Physics in Germany*.

12 Clausius, "Nature of the Motion."

13 수소나 헬륨처럼 가벼운 기체분자는 평균 속도가 지구의 탈출 속도보다 빠르기 때문에 대기 밖으로 쉽게 날아간다.

14 C. H. D Buijs-Ballot(Buys Ballot), "On the Nature of the Motion Which We Call Heat and Electricity," *Annalen der Physik*, 1858.

15 Rudolf Clausius, "On the Mean Lengths of the Paths Described by the Separate Molecules of Gaseous Bodies," *Annalen der Physik*, 1858.

16 *Edinburgh and Dublin Philosophical Magazine and Journal of Science*, 4th ser., 1859년 2월호.

9장 **확률의 법칙**

1 제임스 클러크 맥스웰 전기로는 Lewis Campbell의 *The Life of James Clerk Maxwell*과 Basil Mahon의 *The Man Who Changed Everything: The Life of James Clerk Maxwell* 등이 있다.

2 1857년 2월, 맥스웰이 미스 케이에게 쓴 편지에서 발췌.

3 'On the Description of Oval Curves, and Those Having a Plurality of Foci'라는 제목으로 발표된 이 논문은 1846년 4월 6일에 에든버러 왕립학회의 정기 회의에서 주요 의제로 다루어졌다.

4 Lewis Campbel, "Biographical Outline," *Life of James Clerk Maxwell.*

5 1858년 2월에 맥스웰이 미스 케이(Miss Cay)에게 쓴 편지.

6 Mahon, *Man Who Changed Everything*.

7 David Lindley, "Degrees Kelvin."

8 위와 같음

9 1858년에 맥스웰이 쓴 시.

10 1809년에 수학자이자 물리학자인 칼 프리드리히 가우스(Carl Friedrich Gauss)는 관측 자료로부터 소행성 세레스(Ceres)의 궤도를 계산하는 방법을 개발했다.

11 "Probabilities," 1850년 *Edinburgh Review*에 게재된 논문.

12 1850년에 맥스웰이 친구 루이스 캠벨에게 쓴 편지.

13 이것이 바로 존 허셸이 사용했던 방법이다. 그는 과녁 표시 없이 탄착점만 형성된 백지로부터 과녁의 중심을 찾는 방법을 개발했다.

14 James Clerk Maxwell, "Illustrations of the Dynamical Theory of Gases." 이 논문은 1859년에 애버딘에서 개최된 영국과학진흥회의 정기 회의에서 발표되었으며, 1860년에 *Philosophical Magazine*에 게재되었다.

15 기체분자의 속도 분포는 종형곡선을 그대로 따르지 않는다. 종형곡선은 평균값을 중심으로 좌우 대칭이지만(즉 평균에 못 미칠 확률이 평균을 초과할 확률과 같지만), 기체분자의 속도는 아래로 한계가 있다(0보다 느릴 수는 없다). 물론 위로는 이론적 한계가 없지만, 평균속도보다 세 배 또는 네 배 빠른 분자가 발견될 확률은 거의 0에 가깝다. 간단히 말해서, 기체분자의 속도 분포는 속도가 빠른 쪽으로 약간 치우친 종형곡선을 그린다.

16 단 공기의 온도가 일정하다는 가정하에 그렇다.

17 위 14번 내용과 동일.

18 1859년 3월에 맥스웰이 조지 가브리엘 스톡스(George Gabriel Stokes)에게 보낸 편지.

19 Raymond Flood, Mark McCartney, and Andrew Whitaker, *James Clerk Maxwell: Perspectives on His Life and Work*, 17–42, 304–310.

20 "The Bakerian Lecture: On the Viscosity or Internal Friction of Air and Other Gases," received November 23, 1865, read February 8, 1866.

21 Campbell, "Life of James Clerk Maxwell"에서 발췌.

22 17장 참조.

1 Muriel Rukeyser, *Willard Gibbs*.

2 비엔나 교향악단 홈페이지 참조. 〈영웅〉 교향곡이 연주된 정확한 날짜는 1866년 6월 1일(금요일)이었다. www.wienerphilharmoniker.at/converts/archive.

3 볼츠만의 생애와 업적에 대해서는 Carlo Cercignani의 *Ludwig Boltzmann: The Man Who Trusted Atoms*와 David Lindley의 *Boltzmann's Atom: The Great Debate That Launched a Revolution in Physics*를 읽어보기 바란다.

4 기브스의 전기로는 Muriel Rukeyser의 *Willard Gibbs*와 Lynde Phelps Wheeler의 *Josiah Willard Gibbs: The History of a Great Mind*, 그리고 Charles S. Hastings의 *Biographical Memoir of Josiah Willard Gibbs, 1839–1903*이 있다.

5 Walter Höflechner, *Ludwig Boltzmann: Leben und Briefe, Lindley*의 *Boltzmann's Atom*에서 인용됨.

6 볼츠만의 조수였던 슈테판 마이어의 회고. Lindley의 *Boltzmann's Atom*에서 인용됨.

7 비엔나대학교 물리학연구소에 대한 자세한 정보는 Wolfgang L. Reiter, *100 Jahre Physik an der Universität Wien* (2015)를 참고하기 바란다.

8 Ludwig Boltzmann, *Populäre Schriften*.

9 Dieter Flamm, "Scientific Discussion and Friendship between Loschmidt and Boltzmann." Wolfgang L. Reiter, "In Memoriam: Ludwig Boltzmann: A Life of Passion," *Physics in Perspective 9* (2007).

10 Cercignani, *Ludwig Boltzmann* 중 Dieter Flamm의 *Life and Personality of Ludwig Boltzmann*에서 인용됨.

11 Alfred Bader and Leonard Parker, "Joseph Loschmidt, Physicist and Chemist," *Physics Today* 54 (3) (2001): 45.

12 Lindley, *Boltzmann's Atom*.

13 Ludwig Boltzmann, "Further Studies in the Thermal Equilibrium of Gas Molecules," *Sitzungsberichte der Akademie der Wissenschaften* (Vienna).

14 위와 같음.

15 Höflechner, *Ludwig Boltzmann*: Lindley의 *Boltzmann's Atom*에서 인용됨.

16 Cercignani, *Ludwig Boltzmann*.

17 Muriel Rukeyser, *Willard Gibbs*.

18 위와 같음.

19 *How the Railroads Won the War*, 미국 스미소니언 예술박물관(Smithsonian American Art Museum), 2015년 2월.

20 Josiah Willard Gibbs, "Graphical Methods in the Thermodynamics of Fluids," 코네티컷 아카데미 학술회의 보고서(Transactions of the Connecticut Academy), 1873.

21 위와 같음. 그리고 Josiah Willard Gibbs, "A Method of Geometrical Representation of the Thermodynamic Properties of Substances by Means of Surfaces," 코네티컷 아카데미 학술회의 보고서, 1873.

22 "감자수프를 몇 시간 동안 끓였는데도 감자가 익지 않았다. 함께 있던 일행들은 한동안 토론을 주고받다가 '감자가 익지 않는 것은 냄비에 저주가 걸렸기 때문'이라는 결론에 도달했다." Charles Darwin, *The Voyage of the Beagle*.

23 국제에너지기구(International Energy Agency, IEA)의 데이터 참조. iea.org.

24 자세한 내용은 Andrew Rex, *Finn's Thermal Physics*를 참고하기 바란다.

25 Francesco Berna, Paul Goldberg, Liora Kolska Horwitz, James Brink, Sharon Holt, Marion Bamford, and Michael Chazan, "Microstratigraphic Evidence of In Situ Fire in the Acheulean Strata

of Wonderwerk Cave, Northern Cape Province, South Africa," *Proceedings of the National Academy of Sciences*, April 2, 2012.

26 프레데릭 튜더와 얼음사업에 대해서는 Carroll Gantz, *Refrigeration: A History*에 자세히 소개되어 있다.

27 Theron Hiles, *The Ice Crop: How to Harvest, Store, Ship and Use Ice*.

28 Bodil Bjerkvik Blain, *Melting Markets: The Rise and Decline of the Anglo-Norwegian Ice Trade*, 1850-1920. Global Economic History Network (GEHN)의 조사보고서 no. 20/06 (2006).

29 Carroll Gantz, *Refrigeration*.

30 J. H. Awbery, "Carl Von Linde: A Pioneer of 'Deep' Refrigeration," *Nature*, 1942.

31 Donald Cardwell, *The Development of Science and Technology in Nineteenth-Century Britain: The Importance of Manchester*.

32 확장밸브를 통과한 냉매는 액체와 기체가 섞인 상태로 존재한다.

33 A. E. Verrill, "How the Works of Professor Willard Gibbs Were Published," *Science* 61 (1925): 41-42.

11장 **파괴적인 후광**

1 Ludwig Boltzmann, "Lectures on Gas Theory," Stephen G. Brush 번역.

2 Carlo Cercignani, *Ludwig Boltzmann: The Man Who Trusted Atoms*. David Lindley, *Boltzmann's Atom: The Great Debate That Launched a Revolution in Physics*.

3 Dieter Flamm, *Ludwig Boltzmann-Henriette von Aigentler Briefwechsel*. Lindley의 *Boltzmann's Atom*에서 인용됨.

4 위와 같음.

5 Joseph Loschmidt, "Ueber den Zustand des Waermegleichgewichtes

eines Systems von Koerpern mit Ruecksicht auf die Schwerkraft" (1876).

6 Ludwig Boltzmann, "On the Relation of a General Mechanical Theorem to the Second Law of Thermodynamics," "On the Relationship between the Second Fundamental Theorem of the Mechanical Theory of Heat and Probability Calculations Regarding the Conditions for Thermal Equilibrium."

7 아인슈타인은 그의 저서 *On the Special and the General Relativity Theory: A Popular Exposition*에서 이 말을 인용했다.

8 Kim Sharp와 Franz Matschinsky의 *Entropy*(2015)에 실린 볼츠만의 논문 "On the Relationship between the Second Fundamental Theorem"의 번역본.

9 Josiah Willard Gibbs, "On the Equilibrium of Heterogeneous Substances," *Transactions of the Connecticut Academy*.

10 기브스는 이 법칙을 루돌프 클라우지우스의 독일어 논문 "Die Energie der Welt ist constant"와 "Die Entropie der Welt strebt einem Maximum zu"에서 인용했다.

11 이 논문은 1873년에 발표한 논문의 내용을 확장한 것으로, 논리가 매우 엄밀하고 복잡하기로 유명하다. 우리의 목적은 논문 전체를 이해하는 것이 아니라 기본 아이디어를 대략적으로 파악하는 것이다.

12 기브스의 자유 에너지는 압력과 온도가 일정할 때 취할 수 있다. 생화학을 비롯한 다수의 화학반응은 이런 조건하에서 진행되기 때문에 다방면에 응용될 수 있다. 자세한 설명은 Khan Academy video와 https://www.khanacademy.org/science/biology/energy-and-enzymes/free-energy-tutorial/a/gibbs-free-energy를 참고하기 바란다. 반면에 일정한 부피와 온도에서 진행되는 화학반응은 헬름홀츠 자유 에

너지와 관련되어 있다.

13 광합성에 대한 자세한 설명은 Khan Academy website를 참고하기 바란다.

14 물리학자 숀 캐럴(Sean Carroll)은 minutephysics라는 유튜브 채널에서 '생명의 목적은 무엇인가?(What Is the Purpose of Life?)'라는 동영상을 통해 생명의 순환을 명쾌하게 설명했다(Big Picture ep. 5/5). 그의 설명에 의하면 "모든 생명체는 엔트로피가 증가하는 경향을 십분 활용하여 생명 활동을 유지하고 있다." Jayant B. Udgaonkar, "Entropy in Biology," *Resonance: Journal of Science Education*, 2001.

15 Cercignani, *Ludwig Boltzmann*, Lindley, *Boltzmann's Atom*, Wolfgang L. Reiter, "In Memoriam: Ludwig Boltzmann: A Life of Passion," *Physics in Perspective* 9 (2007).

16 마흐의 관점은 Christa Jungnickel과 Russell McCormmach의 *Intellectual Mastery of Nature: Theoretical Physics from Ohm to Einstein*, vol. 2에 잘 정리되어 있다. 더 자세한 내용은 마흐의 *The Science of Mechanics*(1883)을 참고하기 바란다.

17 Robert Deltete, "Helm and Boltzmann: Energetics at the Lübeck Naturforscherversammlung," *Synthese* 119 (1999).

18 Robert Deltete, "Gibbs and the Energeticists," *Boston Studies in the Philosophy of Science book series* (BSPS, vol. 167) (1995).

19 막스 플랑크의 전기는 www.nobelprize.org/prizes/physics/1918/planck/biographical/을 참고하기 바란다.

20 Max Planck, *Vaporization, Melting and Sublimation* (1882). Thomas S. Kuhn의 *Black-Body Theory and the Quantum Discontinuity*, 1894-1912에서 인용됨.

21 Lindley, *Boltzmann's Atom*.

22 위와 같음.

23 Walter Höflechner, *Ludwig Boltzmann: Life and Letters*, Lindley의 *Boltzmann's Atom*에서 인용됨.

24 위와 같음

25 Fritz Hasenhoehrl 편저, *Wissenschaftliche Abhandlung von Ludwig Boltzmann*, *Lindley*의 *Boltzmann's Atom*에서 인용됨.

12장 **볼츠만 두뇌**

1 Walter Höflechner, *Ludwig Boltzmann: Life and Letters*, David Lindley의 *Boltzmann's Atom: The Great Debate That Launched a Revolution in Physics*에서 인용됨.

2 Ludwig Boltzmann, "On Zermelo's Paper 'On the Mechanical Explanation of Irreversible Processes'," 1897.

3 제르멜로의 반론을 방어한 볼츠만의 논리는 Sean Carroll의 *From Eternity to Here: The Quest for the Ultimate Theory of Time*에 잘 정리되어 있다.

4 Stephen G. Brush, *Kinetic Theory*, vol. 2에 수록된 Boltzmann의 논문 "On Zermelo's Paper"에서 인용됨.

5 Sean Carroll, *From Eternity to Here*.

6 Andreas Albrecht and Lorenzo Sorbo, "Can the Universe Afford Inflation?,", *Physical Review D* 70 (2004). Sean Carroll, *From Eternity to Here*.

7 Richard Feynman, *The Feynman Lectures on Physics* 1권, 46장 "래칫과 폴(Ratchet and Pawl)."

8 Ilse M. Fasol-Boltzmann(볼츠만의 손녀), "*Ludwig Boltzmann and His Family,*" *Ludwig Boltzmann Principien der Naturfilosofi: Lectures on Natural Philosophy, 1903-1906*의 서문에서 인용됨.

9 Höflechner, *Ludwig Boltzmann*, Lindley의 *Boltzmann's Atom*에서 인용됨.

10 Josiah Willard Gibbs, *Elementary Principles in Statistical Mechanics Developed with Special Reference to Rational Foundations of Thermodynamics*.

11 이 수필의 영어 번역본은 Carlo Cercignani의 *Ludwig Boltzmann: The Man Who Trusted Atoms*라는 책으로 출간되었다.

12 Lise Meitner, "The lecture was really": "Looking Back," *Bulletin of Atomic Scientists* 20 (1954).

13 Wolfgang L. Reiter, "In Memoriam: Ludwig Boltzmann: A Life of Passion," *Physics in Perspective* 9 (2007).

13장 **양자**

1 Max Planck, "On and Improvement of Wien's Equation for the Spectrum," 1900년 10월. "On the Theory of the Energy Distribution Law of the Normal Spectrum," 1900년 12월 D. ter Haar and Stephen G. Brush 번역.

2 물질의 복사열을 최초로 분석한 사람은 구스타프 키르히호프(Gustav Kirchhoff, 1824-87)였다. 그는 루트비히 볼츠만과 빌헬름 빈(Wilhelm Wien)의 이론에서 출발했는데, 자세한 내용은 Thomas S. Kuhn의 *Black-Body Theory and the Quantum Discontinuity, 1894-1912*와 Massimiliano Badino의 *The Bumpy Road: Max Planck from Radiation Theory to the Quantum, 1896-1906*을 참고하기 바란다.

3 1980년대 중반에 등장한 끈이론(string theory)과 혼동하지 않길 바란다. 끈이론은 소립자의 거동을 서술하는 이론이다.

4 맥스웰의 논리는 전기와 자기에 대하여 대칭적이어서, 진동하는 하전입자뿐만 아니라 진동하는 자석도 전자기파를 방출한다. 이 경우 파동은 자기력선을 따라 이동하면서 전기장을 만들어낸다. 그리고 이 경우

에 자기력은 '고무줄의 장력'에 해당하고 전기장은 '구슬의 무게'에 해당한다.

5 가마와 같은 물체는 거의 모든 빛을 흡수하기 때문에, 여기서 방출된 빛을 흑체복사(black body radiation)라 한다.

6 막스 플랑크의 박사학위 논문 주제도 열역학이었다.

7 플랑크는 그의 친구인 레오 그라에츠(Leo Graetz)에게 쓴 편지에서 "자연이 확률이 낮은 상태에서 높은 상태로 변한다는 것은 근거 없는 주장일 뿐"이라고 역설했다. Badino, *Black-Body Theory by Kuhn and Bumpy Road*(이 편지에는 1890년대에 볼츠만과 플랑크가 벌였던 논쟁도 언급되어 있다). Massimiliano Badino, *The Odd Couple: Boltzmann, Planck and the Application of Statistics to Physics, 1900-1913* (2009).

8 왕립물리기술연구소에서 실행했던 연구에 대해서는 막스 플랑크 과학사 연구소(Max Planck Institute f*ü*r Wissenschaftsgeschichte(2000)) Jochen Büttner, Olivier Darrigol, Dieter Hoffmann, Jürgen Renn, 그리고 Matthias Schemmel의 "Revisiting the Quantum Discontinuity"을 참고하기 바란다.

9 이것은 오늘날 '레일리-진스 법칙(Rayleigh-Jeans law)'으로 알려져 있다.

10 자세한 계산은 J. Oliver Linton의 "Black Body Radiation"을 참고하기 바란다.

11 1931년에 플랑크가 로버트 윌리엄스 우드(Robert Williams Wood)에게 보낸 편지에서 발췌.

12 Max Planck, "Theory of the Energy Distribution Law."

13 플랑크가 양자라는 용어를 처음으로 사용한 논문은 1901년에 발표한 "Ueber die Elementarquanta der Materie und der Elektricitaet"였지만, 양자의 기본 개념은 1900년 논문에 모두 들어 있다.

14 Max Planck,, "The Origin and Development of the Quantum Theory," H. T. Clarke와 L. Silberstein 번역. 노벨상 수상식과 기념 연설은 스웨덴 왕립과학아카데미(Royal Swedish Academy of Sciences at Stockholm, June, 2, 1920)에서 거행되었다.

14장 **설탕과 꽃가루**

1 1900년 9월 13일에 아인슈타인이 밀레바 마리치에게 보낸 편지에서 발췌,

2 Ludwig Boltzman, *Lectures on Gas Theory*, Stephen G. Brush 번역.

3 아인슈타인의 전기로는 Walter Isaacson의 *Einstein: His Life and Universe*와 Abraham Pais의 *Subtle Is the Lord: The Science and the Life of Albert Einstein*이 있다.

4 아인슈타인이 '기적의 해(1905년)'에 발표한 논문 목록은 다음과 같다.
(1) "On a Heuristic Viewpoint concerning the Production and Transformation of Light"
(2) "On the Motion of Small Particles Suspended in a Stationary Liquid, as Required by the Molecular Kinetic Theory of Heat"
(3) "On the Electrodynamics of Moving Bodies"
(4) "Does the Inertia of a Body Depend upon Its Energy Content?"

5 1901년 4월 4일에 아인슈타인이 밀레바 마리치에게 보낸 편지에서 발췌.

6 1901년 4월 15일에 아인슈타인이 밀레바 마리치에게 보낸 편지에서 발췌.

7 Peter Bucky and Allen G. Weakland, *The Private Albert Einstein*.

8 Martin J. Klein, "Thermodynamics in Einstein's Thought," *Science* 157 (1967); Clayton A. Gearhart, "Einstein before 1905: The Early

Papers on Statistical Mechanics," *American Journal of Physics*, 1990; Jos Uffink, "Insuperable Difficulties: Einstein's Statistical Road to Molecular Physics," Institute for History and Foundations of Science, Utrecht University; Luca Peliti and Raul Rechtman, "Einstein's Approach to Statistical Mechanics: The 1902-04 Papers," *Journal of Statistical Physics* (2016).

9 1905년 3월에 아인슈타인은 콘라드 하비흐트(Conrad Habicht)라는 친구에게 보낸 편지에 다음과 같이 적어놓았다. "빛의 복사와 에너지를 다룬 나의 첫 번째 논문은 매우 혁명적인 발상이라고 생각하네. 내 장담하는데, 이제 곧 유럽의 물리학자들이 관심을 보일 걸세."

10 Albert Einstein, "On a Heuristic Viewpoint."

11 위와 같음.

12 위와 같음. 아인슈타인은 이 논문에서 "빛의 방출이나 변환과 관련된 다른 현상들도 쉽게 이해할 수 있다"고 주장했다.

13 위와 같음. 6장 참조.

14 Albert Einstein, "A New Determination of Molecular Dimensions."

15 또한 아인슈타인은 설탕분자에 물분자가 들러붙어서 설탕분자의 유효 크기가 커진다고 주장했다.

16 Einstein, "On the Motion of Small Particles," Jeremy Bernstein, "Einstein and the Existence of Atoms," *American Journal of Physics* 74 (10) (October 2006).

17 이것은 아인슈타인의 논문 "On the Motion of Small Particles"의 마지막 문장이다.

18 아인슈타인의 논문이 발표되고 몇 달이 지난 후, 독일의 과학자 헨리 지덴토프(Henny Siedentopf)는 아인슈타인에게 보낸 편지에서 "새로 개발된 고성능 현미경을 사용하면 당신의 이론을 검증할 수 있을 것"

이라고 했다. 그러나 과학역사가들은 아인슈타인의 계산을 가장 정확하게 확인한 사람으로 장 페렝을 꼽는다. 페렝은 분자의 존재를 확인한 공로로 1926년에 노벨상을 받았다.

19 자세한 내용은 Jean Perrin, "Mouvement Brownien et Molécules," *Journal de Physique Théorique et Appliqueé*, April 15, 1909; by Charlotte Bigg, "Evident Atoms: Visuality in Jean Perrin's Brownian Motion Research," *Studies in History and Philosophy of Science* 39 (2008); Lew Brubacher, "An Experiment to Measure Avogadro's Constant. Repeating Jean Perrin's Confirmation of Einstein's Brownian Motion Equation," *Chem 13 News*, May 2006을 참고하기 바란다.

20 페렝은 원자의 존재를 확인하는 다른 실험도 실행했다. 액체 속에서 수직 방향으로 입자가 이동하다가 중력에 의해 서서히 가라앉는 과정을 측정한 실험이 그중 하나이다. 페렝은 높이에 따른 입자의 농도를 측정하여 원자론의 타당성을 재확인했다.

21 Jeremy Bernstein, "Einstein and the Existence of Atoms"에서 인용함.

22 Albert Einstein, *The Theory of Relativity and Other Essays*, (1946).

15장 **대칭**

1 Constance Reid, *Hilbert–Courant*.

2 Nathan Jacobsen, *Emmy Noether*의 논문집에서 발췌.

3 에미 뇌터의 전기로는 Auguste Dick, *Emmy Noether, 1882–1935*, H. I. Blocher 번역; Leon M. Lederman and Christopher T. Hill; *Symmetry and the Beautiful Universe*; Dwight E. Neuenschwander, *Emmy Noether's Wonderful Theorem* 등이 있다.

4 Auguste Dick, *Emmy Noether*에서 인용함.

5 에미 뇌터가 헤세(H. Hasse)에게 보낸 편지. Auguste Dick, *Emmy*

*Noether*에서 인용함.

6 뇌터의 정리는 '연속 대칭(continuous symmetry)'에 적용되며, '불연속 대칭(discrete symmetry)'에는 적용되지 않는다. 원은 임의의 각도로 돌려도 모양이 변하지 않으므로 연속 대칭이고, 정사각형은 90도의 배수만큼 돌려야만 모양이 변하지 않기 때문에 불연속 대칭이다.

7 자세한 내용은 https://www.preposterousuniverse.com/blog/2010/02/22/energy-is-not-conserved/에 소개되어있는 천문학자 션 캐롤의 설명을 참고하기 바란다.

8 자세한 내용은 Manjit Kumar, *Quantum: Einstein, Bohr and the Great Debate about the Nature of Reality*를 참고하기 바란다.

9 1926년에 아인슈타인이 막스 본에게 보낸 편지에서 발췌.

10 Dieter Hoffmann, *Einstein's Berlin: In the Footsteps of a Genius*.

11 Gene Dannen, "The Einstein-Szilard Refrigerators," *Scientific American*, 1997년 1월.

12 William Lanouette with Bela Silard, *Genius in the Shadows*.

13 Dieter Hoffmann, *Einstein's Berlin*.

14 Gene Dannen, "Einstein-Szilard Refrigerators"에서 인용함.

15 1930년 9월 7일에 실라르드가 아인슈타인에게 쓴 편지에서 발췌.

16 Constance Reid, *Hilbert-Courant*.

16장 **정보는 물리적이다**

1 이산화탄소에 의한 온난화 때문이 아니라 데이터센터에서 발생한 열 때문이다.

2 2009년에 게시된 구글의 공식 블로그에 의하면 한 번의 검색에 약 1킬로줄의 에너지가 소모된다. https://googleblog.blogspot.com/2009/01/powering-google-search.html. 차 한 잔을 끓일 때에는 물 200그램의

온도를 약 60℃가량 높여야 하는데, 이를 위해서는 약 70킬로줄의 에너지가 필요하다. 그 후로 구글의 기술은 더욱 효율적으로 발전했을 것이므로, 검색 단어의 수를 70개가 아닌 100개로 잡았다.

3 "Google Environmental Report 2019."

4 https://www.cia.gov/library/publications/the-world-factbook/fields/253rank.html.

5 "How to Stop Data Centres from Gobbling up the World's Electricity," *Nature*, 2018년 9월 12일.

6 위와 같음.

7 Anders S. G. Andrae and Tomas Edler, "On Global Electricity Usage of Communication Technology: Trends to 2030," *Challenges* 6 (1) (2015): 117-57.

8 "Computer Engineering: Feeling the Heat," *Nature* 492 (2012년 12월 13일).

9 벨연구소의 역사에 대해서는 Jon Gertner, *The Idea Factory: Bell Labs and the Great Age of American Innovation*을 참고하기 바란다.

10 위와 같음.

11 클로드 섀넌의 삶과 업적에 대해서는 Jimmy Soni와 Rob Goodman의 *A Mind at Play: How Claude Shannon Invented the Information Age*를 읽어보기 바란다.

12 Anthony Liversidge, *Claude Elwood Shannon: Collected Papers*의 서문 중 "Profile of Claude Shannon"에서 인용함.

13 Soni and Goodman, *Mind at Play*.

14 1938년 12월 15일자로 바네바 부시가 친구 E. B. Wilson에게 보낸 편지에서 발췌.

15 Soni and Goodman, *Mind at Play*.

16 Gertner, *Idea Factory*.

17 Soni and Goodman, *Mind at Play*.

18 Gertner, *Idea Factory*.

19 위와 같음.

20 Patrick D. Weadon, "Sigsaly Story," NSA 웹사이트.

21 1977년 2월 28일에 프리드리히 빌헬름 하게메이어(Friedrich-Wilhelm Hagemeyer)가 섀넌과 했던 인터뷰에서 발췌.

22 프라이스와 섀넌의 인터뷰에서.

23 Soni and Goodman, *Mind at Play*.

24 Claude Shannon, "A Mathematical Theory of Communication," *Bell System Technical Journal* 27 (1948).

25 위와 같음.

26 Myron Tribus and Edward C. McIrvine, "Energy and Information," *Scientific American*, 1971. 섀넌은 1982년에 한 기자와의 인터뷰에서 "내가 왜 엔트로피라는 용어를 갖다 붙였는지 기억이 나지 않는다"라고 했다.

27 Claude E. Shannon, "Information Theory," *Encyclopaedia Britannica*, 14th ed.

28 란다우어는 1991년에 "정보는 물리적이다"라는 제목의 글을 *Physics Today*에 기고했다.

29 Gertner, *Idea Factory*.

30 Paul J. Nahin, *The Logician and the Engineer: How George Boole and Claude Shannon Created the Information Age*의 10장 참조.

31 Gabriel Abadal Berini, Giorgos Fagas, Luca Gammaitoni, and Douglas Paul, "A Research Agenda Towards Zero-Power ICT," 2014.

32 위와 같음.

33 기후그룹이 Global eSustainability Initiative(GeSI)의 이름으로 발표한 보고서 *SMART 2020: Enabling the Low Carbon Economy in the Information Age*.

17장 **맥스웰과 실라르드의 도깨비**

1 William Thomson, *The Kinetic Theory of the Dissipation of Energy*, 1874.

2 이것은 *Sketch of Thermodynamics*라는 책으로 1868년에 출간되었다.

3 1867년 12월 6일에 테이트가 맥스웰에게 보낸 편지.

4 1867년 12월 11일에 맥스웰이 테이트에게 보낸 편지.

5 위와 같음.

6 위와 같음.

7 위와 같음.

8 위와 같음.

9 William Thomson, "The Kinetic Theory of the Dissipation of Energy," *Proceedings of the Royal Society of Edinburgh* 8 (1874).

10 Leo Szilard, "On the Extension of Phenomenological Thermodynamics to Fluctuation Phenomena." 이 논문은 1925년에 *Zeitschrift für Physik* 32호에 게재되었다.

11 Leo Szilard, "The Decrease of Entropy by Intelligent Beings." 이 논문은 1929년에 *Zeitschrift für Physik* 53호에 게재되었다.

12 위와 같음.

13 Harvey Leff and Andrew F. Rex 편저, Maxwell's Demon 2: Entropy, *Classical and Quantum Information, Computing* 섹션 1.3. Charles H. Bennett, "Demons, Engines and the Second Law," *Scientific American*, 1987년 11월.

14 이 기간 동안 실라르드의 도깨비를 다룬 논문으로는 Leon Brillouin,

"Maxwell'fs Demon Cannot Operate: Information and Entropy," (1951)과 Dennis Gabor, "Light and Information." (1964) 등이 있다.

15 Charles H. Bennett and Rolf Landauer, "The Fundamental Physical Limits of Computation," *Scientific American*, 1985년 7월.

16 Charles H. Bennett and Alan B. Fowler, *Rolf W. Landauer, 1927–1999: A Biographical Memoir*.

17 "Ballistic Research Laboratories Report no. 971," 미국 상무부 기술지원실(US Department of Commerce, Office of Technical Services), 1955년 12월. Mary Bellis, *The History of the ENIAC Computer*, ThoughtCo., 2020년 2월 11일.

18 이 컴퓨터의 이름은 IBM 7070이다.

19 J. Svigals, "IBM 7070 Data Processing System," *Proceedings of the Western Joint Computer Conference*, 1959.

20 R. Landauer, "Irreversibility and Heat Generation in the Computing Process," *IBM Journal*, 1961년 7월.

21 찰스 베넷의 이력은 IBM의 웹사이트에서 조회할 수 있다.

22 C. Bennett, "Demons, Engines."

23 Paul J. Nahin, section 10.4 of *Logician and the Engineer*, 10.4절 참조.

24 Antoine Bérut, Artak Arakelyan, Artyom Petrosyan, Sergio Ciliberto, Raoul Dillenschneider, and Eric Lutz, "Experimental Verification of Landauer's Principle Linking Information and Thermodynamics," *Nature* 483 (2012년 3월).

25 열을 방출하지 않는 컴퓨터에 대해서는 "Introduction to Nanoelectronics," MIT OpenCourseWare의 7장을 참고하기 바란다.

26 Victor Zhirnov, Ralph Cavin, and Luca Gammaitoni, "Minimum Energy of Computing, Fundamental Considerations," *ICT–Energy–Concepts*

Towards Zero-Power Information and Communication Technology.

18장 **생명체의 수학**

1 Alan Turing, "The Chemical Basis of Morphogenesis," *Philosophical Transactions of the Royal Society of London*, Series B 237 (1952-54).

2 앨런 튜링의 대표적 전기로는 David Leavitt의 *The Man Who Knew Too Much: Alan Turing and the Invention of the Computer*와 Andrew Hodges의 *Alan Turing: The Enigma*가 있다.

3 Hugh Alexander, *Cryptographic History of Work on the German Naval Enigma*.

4 UK 채널 4에서 방영된 영국의 극작가 휴 화이트모어(Huge Whitemore)가 영국 최고 암호 해독자를 그린 연극 'Breaking the Code'와 베네딕트 컴버비치가 주연으로 등장한 영화 〈이미테이션 게임〉이 대표적이다.

5 Dermott Turing(튜링의 조카), *Alan M. Turing by his mother, Sara Turing; and Alan Turing: The Life of a Genius*.

6 John Turing(튜링의 형), "My Brother Alan," 튜링의 어머니가 쓴 책의 끝부분에 등장하는 회고록.

7 Dermott Turing, *Alan M. Turing*.

8 위와 같음.

9 Edwin Tenney Brewster, *Natural Wonders Every Child Should Know*.

10 위와 같음.

11 1923년에 사라 튜링은 이 그림을 튜링이 다니던 학교의 양호교사에게 보냈다.

12 Alan Turing, "On Computable Numbers, with an Application to the Entscheidungsproblem," *Proceedings of the London Mathematical Society*, ser. 2, 42 (1936-37).

13 B. Jack Copeland, *The Turing Guide* 6장 참조.

14 Andrew Hodges의 *Alan Turing*과 튜링이 사망하기 직전에 아우겐펠트가 쓴 단편 에세이 참조.

15 John Turing, "My Brother Alan."

16 위와 같음.

17 Robert Dixon, "The Mathematical Daisy," *New Scientist*, 1981년 12월 17일.

18 B. Jack Copeland의 *Turing Guide* 6장과 B. Jack Copeland의 *The Essential Turing* 9장 참조. 맨체스터대학교 웹사이트 http://curation.cs.manchester.ac.uk/computer50/www.computer50.org/mark1/new.baby.html.

19 Alan Turing, "Computing Machinery and Intelligence," *Mind* 59 (1950).

20 이 논문은 *Philosophical Transactions of the Royal Society of London, Series B* 237 (1952-54)에 처음으로 게재되었다.

21 케임브리지대학교 킹스컬리지에 보관된 튜링 관련 디지털문서 ref. AMT/A 13 참조(이 문서는 출판되지 않았음).

22 Alan Turing, "Chemical Basis of Morphogenesis," *Philosophical Transactions*.

23 Jeremy B. A. Green and James Sharpe, "Positional Information and Reaction-Diffusion: Two Big Ideas in Developmental Biology Combine," *Development* 142 (2015): 1203-11.

24 Alan Turing, "Chemical Basis of Morphogenesis," *Philosophical Transactions*.

25 위와 같음.

26 튜링 관련 디지털 문서(Turing Digital Archive), AMT/C/27: image 014.

27 Alan Turing, "Chemical Basis of Morphogenesis," *Philosophical*

Transactions.

28 위와 같음.

29 "Pryce's Buoy," 튜링 관련 디지털문서(Turing Digital Archive), AMT/A 13.

30 이 내용은 튜링이 1953년 3월 11일자로 간디(Gandy)에게 보낸 편지에 기록되어 있다. Turing Digital Archive, AMT/D/4.

31 셰필드대학교 교수 앨런 페이시(Allan Pacey)의 인터뷰 "Britain's Greatest Codebreaker" 참조.

32 튜링 관련 디지털문서(Turing Digital Archive), AMT/C 27.

33 1954년 6월 11일자 *Daily Telegraph*에 실린 기사에서 인용함.

34 튜링이 노먼 루트리지(Norman Routledge)에게 보낸 편지에서 발췌. Turing Digital Archive, AMT/D 14a.

35 *Britain's Greatest Codebreaker*에 등장하는 더모트 튜링의 인터뷰에서 발췌.

36 위치 정보 이론의 자세한 내용은 Jeremy B. A. Green과 James Sharpe의 "Positional Information and Reaction-Diffusion"을 참고하기 바란다.

37 Lewis Wolpert, "Positional Information and Pattern Formation," *Current Topics in Developmental Biology* 6 (1971).

38 Lewis Wolpert, "Positional Information Revisited," *Development*, 1989.

39 Stefanie Sick, Stefan Reinker, Jens Timmer, and Thomas Schlake, "WNT and DKK Determine Hair Follicle Spacing through a Reaction-Diffusion Mechanism," *Science* 01 (December 2006).

40 Andrew D. Economou, Atsushi Ohazama, Thantrira Porntaveetus, Paul T. Sharpe, Shigeru Kondo, M. Albert Basson, Amel Gritli-Linde, Martyn T. Cobourne, and Jeremy B. A. Green, "Periodic Stripe Formation by a Turing-Mechanism Operating at Growth Zones in the Mammalian Palate," *Nature Genetics*, 2012년 2월 19일.

41 J. Raspopovic, L. Marcon, L. Russo, and J. Sharpe, "Digit Patterning Is Controlled by a Bmp-Sox9-Wnt Turing Network Modulated by Morphogen Gradients," *Science*, 2014년 2월.

42 YouTube, "Lewis Wolpert-Reaction Diffusion Theory That Goes Back to Alan Turing," 2017년 10월.

19장 **사건 지평선**

1 Leonard Susskind, *The Black Hole War: My Battle with Stephen Hawking to Make the World Safer for Quantum Mechanics*.

2 John Archibald Wheeler and Kenneth Ford, *Geons, Black Holes, and Quantum Foam: A Life in Physics*.

3 아인슈타인 논문 모음집 *The Collected Papers of Albert Einstein, Vol. 7: The Berlin Years*.

4 위와 같음.

5 1695년에 아이작 뉴턴이 리처드 벤틀리에게 보낸 편지에서 인용함.

6 Karl Schwarzschild, "Über das Gravitationsfeld eines Massenpunktes nach der Einsteinschen Theorie," 1916년 2월.

7 존 휠러(John Wheeler)는 1967년에 NASA의 고다드연구소(Goddard Institute)에서 강연을 하던 중 청중들에게 질문을 던졌다. "자체 중력에 의해 완전히 붕괴된 천체를 좀 더 짧은 이름으로 부르고 싶은데, 어떤 이름이 좋겠습니까?" 그러자 청중석에 앉아 있던 한 사람이 외쳤다. "블랙홀이요!" John Archibald Wheeler and Kenneth Ford, *Geons, Black Holes*.

8 이 비유는 레너드 서스킨드의 《블랙홀 전쟁》에서 인용한 것이다. 이 책에서 서스킨드는 최초 제안자가 브리티시콜롬비아대학교의 물리학자 빌 언루(Bill Unruh)라고 명시했다.

9 M. Parsa1, A. Eckart, B. Shahzamanian, V. Karas, M. Zajacek, J. A. Zensus, and C. Straubmeier, "Investigating the Relativistic Motion of the Stars Near the Supermassive Black Hole in the Galactic Center," *Astrophysical Journal*, 2017.

10 "Einstein's Gravitational Waves Found at Last," Nature, 2016년 2월.

11 호킹의 지도교수였던 로버트 버먼(Robert Berman)은 1983년 2월 23일에 《뉴욕타임스 매거진》의 기자와 인터뷰하는 자리에서 이런 말을 남겼다.

12 이 내용은 '호킹의 면적정리(Hawking's area theorem)'로 알려져 있다.

13 Stephen Hawking, *A Brief History of Time: From the Big Bang to Black Holes*.

14 이 토론의 자세한 내용과 두 사람의 전기에 대해서는 Jacob D. Bekenstein의 *Of Gravity, Black Holes and Information*과 John Archibald Wheeler와 Kenneth Ford의 *Geons, Black Holes*, 그리고 Kip S. Thorne, *Black Holes and Time Warps: Einstein's Outrageous Legacy*를 참고하기 바란다.

15 위와 같음.

16 Jacob Bekenstein, *Of Gravity, Black Holes*.

17 위와 같음.

18 John Archibald Wheeler and Kenneth Ford, *Geons, Black Holes*.

19 Jacob Bekenstein, *Of Gravity, Black Holes*.

20 Leonard Susskind, *From Black Hole War*.

21 Jacob D. Bekenstein, "Black Holes and Entropy," *Physical Review D* 7 (8) (1973년 4월 15일).

22 John Archibald Wheeler and Kenneth Ford, *Geons, Black Holes, and Quantum Foam: A Life in Physics*.

23 Jacob Bekenstein, *Of Gravity, Black Holes*.

24 Stephen Hawking, *A Brief History of Time*.

25 위와 같음.

26 이 내용을 완벽하게 이해하려면 일반 상대성 이론과 양자역학을 하나로 통일한 대통일 이론을 알아야 한다. 이 이론은 아직 완성되지 않았으나, 물리학자들은 호킹의 복사 이론 덕분에 한 걸음 가까이 다가갈 수 있었다.

27 위와 같음.

28 정보이론에 대해 자세히 알고 싶은 독자들은 Jacob D. Bekenstein, "Information in the Holographic Universe," *Scientific American*(2003년 8월)을 읽어보기 바란다.

29 "Observational Evidence from Supernovae for an Accelerating Universe and a Cosmological Constant," *Astronomical Journal*, 1998년 9월. Gerson Goldhaber, "The Acceleration of the Expansion of the Universe: A Brief Early History of the Supernova Cosmology Project," *AIP Conference Proceedings*, 2009.

30 Juan Maldecena, "The Illusion of Gravity," *Scientific American*, 2007년 4월 1일.

31 1988년 호킹의 인터뷰, 독일 주간지 《슈피겔(Der Spiegel)》.

에필로그

1 W. H. Brock, N. D. McMillan, and R. C. Mollan, *John Tyndall: Essays on a Natural Philosopher*. Mike Hulme, "On the Origin of 'the Greenhouse Effect': John Tyndall's 1859 Interrogation of Nature" *Royal Meteorological Society*, 2009.

2 John Tyndall, "On the Absorption and Radiation of Heat by Gases and Vapours, and on the Physical Connexion of Radiation, Absorption and Conduction," Bakerian Lecture, 1861.

3 “Some of the Problems Awaiting Solution,” 알렉산더 그레이엄 벨이 1917년 2월 1일에 워싱턴 D.C에 있는 맥킨리수공학교(McKinley Manual Training School)에서 했던 강연.

4 영국 기업-에너지-산업전략부(UK Department for Business, Energy & Industrial Strategy) 2020년도 보고서.

5 2004년 5월 24일자 *Independent*에 실린 제임스 러브록의 기사 참조.

6 Mark Lynas, *Nuclear 2.0: Why a Green Future Needs Nuclear Power*.

참고문헌

이 책은 크게 세 부분으로 나눌 수 있다 각 부분에 도움이 될만한 문헌을 정리해놓았으니 참고하기 바란다.

1부 **에너지와 엔트로피의 발견 (1~4장)**

Against Intellectual Monopoly by Michele Boldrin and David K. Levine

The Analytical Theory of Heat by Joseph Fourier

De l'Angleterre et des Anglais by Jean–Baptiste Say

Degrees Kelvin by David Lindley

The Edge of Objectivity: An Essay in the History of Scientific Ideas by Charles Coulston Gillespie

Energy and Empire: A Biographical Study of Lord Kelvin by Crosbie Smith and M. Norton Wise

Energy, the Subtle Concept by Jennifer Coopersmith

From Watt to Clausius by D. S. L. Cardwell

Great Physicists by William H. Cropper

Inventing Temperature: Measurement and Scientific Progress by Hasok Chang

James Joule: A Biography by D. S. L. Cardwell

James Prescott Joule by Osborne Reynolds

Jean–Baptiste Say: Revolutionary, Entrepreneur, Economist by Evert Schoorl

Lord Kelvin: An Account of His Scientific Life and Work by Andrew Gray
The Lunar Men: The Friends Who Made the Future by Jenny Uglow
Mathematical and Physical Papers, vols. 1–3, by Sir William Thomson
Modern Engineering Thermodynamics by Robert T. Balmer
The Oxford Handbook of the History of Physics by Jed Buchwald and Robert Fox
Popular Lectures and Addresses by Sir William Thomson
Reflections on the Motive Power of Fire by Sadi Carnot, translated and edited by Robert Fox. This contains a highly informative introduction by Fox.
Reflections on the Motive Power of Heat by Sadi Carnot, edited by R. H. Thurston. This version contains a memoir of Sadi by his brother, Hippolyte, and extracts from Sadi'sunpublished writings.
The Science of Energy by Crosbie Smith
Scientific Papers by James Joule
Song of the Clyde by Fred M. Walker
Theory and Construction of a Rational Heat Motor by Rudolf Diesel
The Unbound Prometheus: Technological Change and Industrial Development in Western Europe from 1750 to the Present by David S. Landes
When Physics Became King by Iwan Rhys Morus

2부 **고전 열역학(5~12장)**

Aesthetics, Industry, and Science: Hermann von Helmholtz and the Berlin Physical Society by M. Norton Wise
Black–Body Theory and the Quantum Discontinuity, 1894–1912 by Thomas S. Kuhn
Boltzmann's Atom: The Great Debate That Launched a Revolution in Physics by David Lindley

The Economic Development of France and Germany, 1815–1914 by J. H. Clapham

From Eternity to Here: The Quest for the Ultimate Theory of Time by Sean Carroll

The German Genius by Peter Watson

Helmholtz: A Life in Science by David Cahan

Hermann Ludwig Ferdinand von Helmholtz by John Gray McKendrick

Hermann von Helmholtz by Leo Koenigsberger, translated by Frances A. Welby

Intellectual Mastery of Nature: Theoretical Physics from Ohm to Einstein, vols. 1 and 2, by Christa Jungnickel and Russell McCormmach

Josiah Willard Gibbs: The History of a Great Mind by Lynde Phelps Wheeler

Kinetic Theory, vols. 1 and 2, by Stephen G. Brush

Lectures on Gas Theory by Ludwig Boltzmann, translated by Stephen G. Brush

The Life of James Clerk Maxwell by Lewis Campbell

Life's Ratchet: How Molecular Machines Extract Order from Chaos by Peter M. Hoffmann

Lord Kelvin and the Age of the Earth by Joe D. Burchfield

Ludwig Boltzmann: The Man Who Trusted Atoms by Carlo Cercignani

The Man Who Changed Everything: The Life of James Clerk Maxwell by Basil Mahon

The Mechanical Theory of Heat, with Its Applications to the Steam Engine and to the Physical Properties of Bodies by Rudolf Clausius

On the Origin of Species by Charles Darwin

Populäre Schriften by Ludwig Boltzmann

Refrigeration: A History by Carroll Gantz

The Scientific Papers of J. Willard Gibbs, vols. 1 and 2

The Second Physicist: On the History of Theoretical Physics in Germany by Christa Jungnickel and Russell McCormmach

Willard Gibbs by Muriel Rukeyser

Alan Turing: The Enigma by Andrew Hodges

Alan Turing: The Enigma Man by Nigel Cawthorne

Alan Turing: The Life of a Genius by Dermot Turing

The Black Hole War: My Battle with Stephen Hawking to Make the World Safer for Quantum Mechanics by Leonard Susskind

Black Holes and Time Warps: Einstein's Outrageous Legacy by Kip S. Thorne

A Brief History of Time: From the Big Bang to Black Holes by Stephen Hawking

The Bumpy Road: Max Planck from Radiation Theory to the Quantum, 1896–1906 by Massimiliano Badino

Einstein: His Life and Universe by Walter Isaacson

Einstein and the Quantum: The Quest of the Valiant Swabian by A. Douglas Stone

The Einstein Theory of Relativity: A Concise Statement by H. A. Lorentz

Einstein's Berlin: In the Footsteps of a Genius by Dieter Hoffmann

Einstein's Masterwork: 1915 and the General Theory of Relativity by John Gribbin

Emmy Noether, 1882–1935 by Auguste Dick, translated by H. I. Blocher

Emmy Noether's Wonderful Theorem by Dwight E. Neuenschwander

The Essential Turing: Seminal Writings in Computing, Logic, Philosophy, Artificial Intelligence and Artificial Life: Plus the Secrets of Enigma edited by B. Jack Copeland

Genius in the Shadows by William Lanouette with Bela Silard

Geons, Black Holes, and Quantum Foam: A Life in Physics by John Archibald Wheeler with Kenneth Ford

Of Gravity, Black Holes and Information by Jacob D. Bekenstein

The Idea Factory: Bell Labs and the Great Age of American Innovation by Jon Gertner

Information Theory: A Tutorial Introduction by James V. Stone

Information Theory and Evolution by John Scales Avery

An Institute for an Empire: The Physikalisch-Technische Reichsanstalt, 1871-1918 by David Cahan

An Introduction to Black Holes, Information and the String Theory Revolution: The Holographic Universe by Leonard Susskind and James Lindesay

An Introduction to Information Theory: Symbols, Signals and Noise by John R. Pierce

The Innovators by Walter Isaacson

Life and Scientific Work of Peter Guthrie Tate by Cargill Gilston Knott

The Logician and the Engineer: How George Boole and Claude Shannon Created the Information Age by Paul J. Nahin

Lonely Hearts of the Cosmos: The Story of the Scientific Quest for the Secret of the Universe by Dennis Overbye

The Man Who Knew Too Much: Alan Turing and the Invention of the Computer by David Leavitt

Maxwell's Demon 2: Entropy, Classical and Quantum Information, Computing edited by Harvey Leff and Andrew F. Rex

A Mind at Play: How Claude Shannon Invented the Information Age by Jimmy Soni and Rob Goodman

Planck's Original Papers in Quantum Physics translated by D. ter Haar and Stephen G. Brush

Quantum: Einstein, Bohr and the Great Debate about the Nature of Reality by Manjit Kumar

Quantum Profiles by Jeremy Bernstein

17 Equations That Changed the World by Ian Stewart

Significant Figures: Lives and Works of Trailblazing Mathematicians by Ian Stewart

Sketch of Thermodynamics by Peter Guthrie Tate

Stephen Hawking: His Life and Work by Kitty Ferguson

Stephen Hawking's Universe: An Introduction to the Most Remarkable Scientist of Our Time by John Boslough

A Student's Guide to Einstein's Major Papers by Robert E. Kennedy

Symmetry and the Beautiful Universe by Leon M. Lederman and Christopher T. Hill

The Theory of Relativity and Other Essays by Albert Einstein

Three Degrees above Zero by Jeremy Bernstein

The Turing Guide by B. Jack Copeland, Jonathan P. Bowen, Mark Sprevak, Robin Wilson, and others

에필로그

John Tyndall: Essays on a Natural Philosopher edited by W. H. Brock, N. D. McMillan, and R. C. Mollan

논문

간행물

A–Z

아인슈타인의 냉장고

뜨거운 것과 차가운 것의 차이로 우주를 설명하다

초판 1쇄 2021년 9월 27일

지은이 폴 센
옮긴이 박병철
펴낸이 서정희
펴낸곳 매경출판㈜
책임편집 김혜연
마케팅 강윤현 이진희 장하라
디자인 책만드는사람
조판 이은설

매경출판㈜
등록 2003년 4월 24일(No. 2-3759)
주소 (04557) 서울시 중구 충무로 2 (필동1가) 매일경제 별관 2층 매경출판㈜
홈페이지 www.mkbook.co.kr
전화 02)2000-2630(기획편집) 02)2000-2636(마케팅) 02)2000-2606(구입 문의)
팩스 02)2000-2609 **이메일** publish@mk.co.kr
인쇄 · 제본 ㈜M-print 031)8071-0961
ISBN 979-11-6484-326-8(03420)

책값은 뒤표지에 있습니다.
파본은 구입하신 서점에서 교환해 드립니다.